油气处理工艺及计算

（第二版）

李士富　高建保　夏　政　主编

中国石化出版社

内 容 提 要

本书在第一版的基础上进行了修改和补充；从最常用的油气处理工艺出发，对原油稳定、天然气凝液回收、天然气净化、炼厂气加工和天然气液化等常用处理工艺用 HYSYS(Unisim) 软件进行了计算，给出了 HYSYS(Unisim) 计算模型、计算结果和详细的计算步骤以及计算要点。

本书适合从事油气处理与加工的设计人员、科研人员、工程技术人员及生产管理人员阅读和参考。

图书在版编目（CIP）数据

油气处理工艺及计算/李士富，高建保，夏政主编.
—2 版 . —北京：中国石化出版社，2017.6
ISBN 978-7-5114-4439-4

Ⅰ.①油… Ⅱ.①李… ②高… ③夏… Ⅲ.①油气
处理–计算机辅助计算 Ⅳ.①TE624.1-39

中国版本图书馆 CIP 数据核字（2017）第 120697 号

中国石化出版社出版发行
地址：北京市朝阳区吉市口路 9 号
邮编：100020　电话：(010)59964500
发行部电话：(010)59964526
http://www.sinopec-press.com
E-mail:press@ sinopec.com
北京柏力行彩印有限公司印刷
全国各地新华书店经销
*
787×1092 毫米 16 开本 32.5 印张 824 千字
2017 年 9 月第 2 版　2017 年 9 月第 1 次印刷
定价：88.00 元

再版前言

本书第一版自 2010 年 10 月出版以来，由于内容的独特性、实用性和创新性，受到了广大读者的欢迎和喜爱。同时，广大读者也对本书内容提出了许多宝贵的意见和要求，我们深表谢意。随着时间的推移，相关标准、规范的更新以及油气田等石油加工工艺水平的提高，编者对第一版内容进行了更加深入和广泛的研究，为了适应新形势，满足广大读者的需要，结合国内外生产实际和最新技术进展，特对第一版内容进行修订再版。

本次修订在全书结构上变动不大，主要是在第一版的基础上进行了内容的修改和增补。第一章增加了相关热力学模型的简单说明，方便读者选择使用。第二章利用更多的评价数据对原油进行假组分表征，以提高准确性。第三章补充了天然气集输工艺介绍，附加了天然气含水率计算、甲醇损失计算、天然气水合物形成条件预测计算和天然气井场火焰加热炉加热防冻工艺的流程计算。第四章主要增加了原油常减压装置的模拟算例及催化裂化粗汽油负压稳定工艺的模拟算例，并对负压稳定工艺与常规吸收稳定工艺进行了详细的对比分析。第五章增加了法国燃气公司的 CII 法天然气液化工艺说明和详细模拟计算。除此之外，本次修订增加了"HYSYS 用于管网和设备计算"一章，用以介绍 HYSYS软件在天然气集气管网、管壳式换热器的设备核算和板式塔与填料塔的水力学设计与核算等方面的应用方法。

书中附有大量的工艺过程 HYSYS 模拟详细步骤，所有步骤均以 AspenHYSYS 7.3 版的操作方式为依据，与其他版本可能稍有不同。为方便读者使用软件，算例中 HYSYS 库组分在直接输入相关字符后即可自动筛选确定。HYSYS软件功能十分强大，本书在模拟时增加了一些逻辑单元应用算例，如用 Adjust模块自动调节控制参数、用 SpreadSheet 模块定义新的变量等，目的是方便工程技术人员了解和使用。

本书由李士富、高建保、夏政主编，修订补充内容全部由高建保完成并统稿，全书由夏政负责审稿。本书在编写过程中得到了西安长庆科技工程有限责任公司领导的大力支持与协助，在此表示衷心感谢！

本书可作为从事油气加工工艺设计、生产和科研等工程技术人员的重要参考书籍，也可作为化学工程、石油院校相关专业的专业辅助教材。

由于 HYSYS 软件公开的说明资料较少，模拟步骤很多，且编著者水平有限，书中如有不妥之处，敬请各位读者批评指正。

第一版前言

随着我国石油天然气工业的迅猛发展，油气处理工艺水平也在不断提升，要求设计速度和质量也要不断提高，作为设计重要依据的工艺计算尤显重要，那些靠公式和查图表的计算方法，已经不能满足需要，代之而来的是用计算机软件进行工艺计算，因为这些公式和图表都被专家们巧妙地编在软件之中，而HYSYS(Unisim)软件就是油气处理工艺计算中的佼佼者，专家们的辛勤劳动换来了我们的方便。但软件的计算掌握起来有一定的困难，对英语不熟练的人或根本不懂英语的人，更是不敢逾越的鸿沟。笔者就不懂英语，但基本学会了用HYSYS(Unisim)软件进行油气加工工艺的计算，其方法总结在本书中，愿与广大读者共享，对利用HYSYS(Unisim)软件进行工艺计算有一定的借鉴意义。

本书是笔者依据在工程实践中的经验积累编写而成的，理论联系实际，力求言简意赅，避免长篇大论。因此，不论是设计人员还是生产管理人员，也不论懂与不懂英语，只要想学HYSYS(Unisim)软件都可学会。本书对工程设计、生产装置运行情况的核算以及科学研究都十分方便，所以说本书可作为从事油气处理工程技术人员的参考书。

本书共分五章，包括概述、油田常用处理工艺、气田常用处理工艺、炼油厂常用加工工艺和天然气液化。

本书在编写过程中得到了西安长庆科技工程有限责任公司领导的大力支持，全书由何宗平同志审稿，在HYSYS软件学习过程中还得到了白俊生、徐伟、王铁等同志的热情帮助和指导，在此一并表示衷心的感谢！

由于编者的水平有限，书中难免有不妥之处，敬请广大读者和专家批评指正。

目　　录

第一章　概述 ………………………………………………………………（ 1 ）

　　第一节　原油的性质 ……………………………………………………（ 1 ）

　　第二节　天然气的组成 …………………………………………………（ 4 ）

　　第三节　基本概念 ………………………………………………………（ 8 ）

　　第四节　HYSYS 软件和 Unisim 软件介绍 …………………………（ 14 ）

　　第五节　热力学模型的选择 ……………………………………………（ 23 ）

第二章　油田常用加工工艺 ………………………………………………（ 36 ）

　　第一节　基本原理 ………………………………………………………（ 36 ）

　　第二节　产品的质量指标 ………………………………………………（ 37 ）

　　第三节　原油稳定 ………………………………………………………（ 39 ）

　　第四节　伴生气轻烃回收 ………………………………………………（ 62 ）

第三章　气田常用加工工艺 ………………………………………………（143）

　　第一节　基本原理 ………………………………………………………（143）

　　第二节　产品的质量指标 ………………………………………………（159）

　　第三节　天然气集输 ……………………………………………………（161）

　　第四节　天然气脱水 ……………………………………………………（177）

　　第五节　天然气脱硫脱碳 ………………………………………………（211）

　　第六节　从气田污水中回收甲醇 ………………………………………（228）

第四章　炼油厂常用加工工艺 ……………………………………………（235）

　　第一节　概述 ……………………………………………………………（235）

　　第二节　常减压蒸馏 ……………………………………………………（243）

　　第三节　催化裂化 ………………………………………………………（266）

　　第四节　气体分馏 ………………………………………………………（272）

　　第五节　气体分馏计算 …………………………………………………（276）

　　第六节　吸收稳定工艺计算 ……………………………………………（299）

第五章　天然气液化 ………………………………………………………（364）

　　第一节　概述 ……………………………………………………………（364）

　　第二节　带丙烷预冷的混合冷剂（C_3/MRC）液化流程 …………（366）

　　第三节　闭式混合冷剂天然气液化流程 ………………………………（377）

　　第四节　级联式液化流程 ………………………………………………（391）

　　第五节　CII 法级联式液化流程 ………………………………………（404）

　　第六节　调峰型液化天然气工艺计算 …………………………………（420）

　　第七节　煤层气的液化 …………………………………………………（429）

　　第八节　从 LNG 中回收乙烷 …………………………………………（445）

第六章　HYSYS 用于管网和设备计算 ……………………………………………… (460)

　第一节　管道计算 ……………………………………………………………………… (460)

　第二节　管壳式换热器核算 ………………………………………………………… (478)

　第三节　精馏塔水力学核算 ………………………………………………………… (486)

附录 …………………………………………………………………………………… (497)

　附表 1　部分烃和非烃组分的物理化学常数(一) ……………………………… (497)

　附表 2　部分烃和非烃组分的物理常数(二) …………………………………… (501)

　附表 3　部分烃和非烃组分的物理化学常数(三) ……………………………… (505)

　附表 4　天然气中有机硫化合物的主要性质 …………………………………… (507)

　附图 1　纯液甲烷中 CO_2 的溶解度 …………………………………………… (508)

　附图 2　轻质烃高温蒸气压 ………………………………………………………… (509)

　附图 3　甲烷的蒸气压 ……………………………………………………………… (509)

　附图 4　氮的蒸气压 ………………………………………………………………… (509)

　附图 5　轻质烃的汽化热 …………………………………………………………… (510)

　附图 6　甲烷的汽化热 ……………………………………………………………… (510)

　附图 7　液氮的汽化热 ……………………………………………………………… (510)

参考文献 ……………………………………………………………………………… (511)

第一章 概　述

第一节　原油的性质

石油是以烃类为主的极其复杂混合物，其主要成分为烃类，还含有少量的非烃化合物，如硫、氮、氧等。此外，原油中还含有微量的金属元素，如铁、镍、钒、铜、铅、钙、镁、钛、钠、钴、锌等。在非金属元素中还有微量的氯、硅、磷、砷等。

一、原油的一般性质

原油产地不同其性质也不同。我国主要油田原油的一般性质见表1-1。

表1-1　我国主要油田原油的一般性质

原　　油	大庆	胜利	孤岛	辽河	华北	中原	新疆	鲁宁管输	
API度	33.1	24.9	17.0	24.3	27.9	34.8	33.4	27.6	26.1
密度/(g/cm^3)									
20℃	0.8554	0.9005	0.9495	0.9042	0.8837	0.8466	0.8538	0.8852	0.8939
50℃		0.8823	0.9334	0.8866	0.8645				
运动黏度/(mm^2/s)									
50℃	20.19	83.36	333.7	37.26	57.1	10.32	18.8	34.05	37.8
70℃		25.35(80℃)		17.76	17.74(80℃)				
凝点/℃	30	28	2	21(倾点)		33	12	27	26.0
蜡含量/%(质量)	26.2	14.6	4.9	9.9	22.8	19.7	7.2	15.6	15.3
沥青质/%(质量)	0	<1	2.9	0	<0.1	0	10.6[3]	0	0
胶质/%(质量)	8.9[1]	19.1[1]	24.8[1]	13.7[1]	22.0[2]	9.5[2]		15.2[2]	16.0[2]
残炭/%(质量)	2.9	6.4	7.4	4.8	6.7	3.8	2.6	5.2	5.5
灰分/%(质量)	0.0027	0.02	0.096	0.01	0.0097		0.014	0.011	
元素分析/%(质量)									
碳	85.87	86.26	85.12	86.35			86.13	86.27	
氢	13.73	12.20	11.61	12.9			13.3	12.19	
硫	0.10	0.80	2.09	0.18	0.31	0.52	0.05	0.69	0.80
氮	0.16	0.41	0.43	0.31	0.38	0.17	0.13	0.36	0.29
镍/(μg/g)	3.1	26.0	21.1	32.5	15.0	3.3	5.6	12.4	12.3
钒/(μg/g)	0.04	1	2	0.6	0.7	2.4	0.07	1.5	1.5
馏程									
初馏点/℃	85	95			85		70	78	
馏出率/%									
100℃	2.0			2.9[2]		8.1[2]	2.5	2.0	3.2[2]
120℃	4.0	2.0		3.9	1.0	10.0	3.5	2.5	4.6
140℃	6.0	2.5	2.4[2]	4.9	3.5	12.5	6.0	5.0	5.8
160℃	8.5	4.0	3.2	6.3	6.0	14.8	11	6.5	7.3

原　油	大庆	胜利	孤岛	辽河	华北	中原	新疆	鲁宁管输	
180℃	10.0	5.5	4.5	7.8	8.5	17.2	13.5	8.0	8.8
200℃	12.5	7.5	6.1	9.4	10.0	19.4	16.0	11.5	10.5
220℃	14.0	8.5	7.1	11.4	12.5	22.5	20.3	14.0	12.5
240℃	16.0	10.5	8.2	13.4	15.0	26.0	23.5	16.5	14.9
260℃	18.5	12.5	9.9	16.0	18.5	28.5	27.0	19.0	17.4
280℃	21.0	14.5	12.1	19.1	22.5	31.3	30.5	23.0	20.1
300℃	24.0	18.0	14.3	22.1	26.0	35.3	34.5	28.0	23.1
原油分类	低硫、石蜡基	含硫、中间基	含硫环烷-中间基	低硫、中间基	低硫、石蜡基	低硫、石蜡基	低硫、石蜡-中间基	含硫、中间基	

① 氧化铝吸附法；
② 实沸点蒸馏收率；
③ 硅胶吸附法。

长庆油田原油的一般性质见表1-2。

表1-2　长庆油田原油的一般性质

原油名称	长庆混合原油	红井子原油	马岭原油	城壕原油	吴旗原油	直罗原油	长庆原油
密度/(g/m³)							
20℃	0.8456	0.8458	0.8437	0.8456	0.8452	0.8398	0.845
50℃	0.826	0.829	0.824	0.826	0.836	0.82	
运动黏度(50℃)/(mm²/s)	6.7	6.52	6.1	6.35	7.89	5.3	6.53
凝点/℃	17	18	5	7	20	14	17
含蜡量/%	10.2						
(沥青质+胶质)/%	5.7						
残炭/%	2.3	1.7	2.2	3.1	2.5	0.7	1.7
水分/%	01.0	3.4		0.2			
灰分/%	0.04						
硫含量/%	0.08	0.06	0.05	0.09	0.08	0.05	0.06
氮含量/%	0.1						
初馏点/℃	86	83	55	70	85	78	93
馏出率/%							
120℃	5	6	6	6	4	6	4.0
140℃	9	12	11	11	8	10	7.0
160℃	13	16	14	14	13	14	12.5
180℃	17	19	18	18	17	18	17.5
200℃	20	21	20	21	20	21	21.0
220℃	24	24	24	24	23	24	24.0
240℃	27	26	26	27	27	26	25.0
260℃	30	30	30	30	31	30	29.0
280℃	33	33	34	34	35	34	32.5
300℃	38	38	38	39	41	39	38.0

原油名称	长庆混合原油	红井子原油	马岭原油	城壕原油	吴旗原油	直罗原油	长庆原油
金属分析/(μg/g)							
钒(V)	0.4						
镍(Ni)	1.8						
铁(Fe)	10.6						
铜(Cu)	0.3						
砷(As)	0.15						
原油类别	低硫、中间-石蜡基						

注：摘自石油部石油化工科学研究院 1979.6 评价报告。

二、原油实沸点蒸馏

我国主要油田原油的实沸点蒸馏馏分收率见表 1-3。

表 1-3　我国主要油田原油的实沸点蒸馏馏分收率　　　　　%（质量）

原油	大庆	胜利	孤岛	辽河	华北	中原	新疆
切割点/℃							
100		1.6		2.9		8.1	4.7
150	7.4	4.2	2.7	5.6	3.0	13.5	9.6
200	11.5	7.6	6.1	9.4	6.1	19.4	15.4
250	17.0	11.7	8.6	14.6	10.7	27.1	23.0
300	23.0	17.8	14.3	22.1	16.5	35.3	31.7
350	31.2	25.1	21.0	30.9	26.0	44.5	41.4
200~350	19.7	17.5	14.9	21.5	19.9	25.1	26.0
400	38.7	31.7	27.4	39.4	34.0	52.9	49.8
450	47.9	43.0	38.0	48.8	45.6	60.5	60.5
500	57.2	52.6	48.2	60.1	60.9	67.7	70.3
350~500	26.0	27.5	27.2	29.2	34.9	23.2	29.9
大于500(减渣)	42.8	47.4	51.8	39.9	39.1	32.3	29.7

长庆油田原油实沸点蒸馏及窄馏分性质见表 1-4。

表 1-4　长庆油田原油实沸点蒸馏及窄馏分性质

沸点范围/℃	占原油/%（质量）		密度(20℃)/（g/cm³）	运动黏度/（mm²/s）			凝固点/℃	特性因数 K
	馏分	总馏分		20℃	50℃	100℃		
初馏~130	9.85	9.85	0.704					
130~145	1.94	11.79	0.752	0.91				11.94
145~160	2.02	13.81	0.762	1.03	0.73			11.93
160~180	2.65	16.46	0.774	1.21	0.84	0.54		11.9
180~200	2.89	19.53	0.784	1.52	1.03	0.64		11.92
200~220	2.77	22.12	0.794	1.97	1.25	0.73	-54	11.94
220~240	3.94	26.06	0.808	2.56	1.56	0.88	-37	11.90
240~260	3.79	29.85	0.821	3.72	2.07	1.05	-20	11.87

3

| 沸点范围/℃ | 占原油/%（质量） | | 密度（20℃）/ | 运动黏度/（mm²/s） | | | 凝固点/ | 特性因数 K |
	馏分	总馏分	（g/cm³）	20℃	50℃	100℃	℃	
260~280	3.46	33.31	0.824	4.77	2.46	1.23	-12	11.98
280~300	3.48	36.7	0.826	6.25	3.09	1.46	-2	12.08
300~330	7.03	43.82	0.83	9.49	4.17	1.78	9	12.21
330~350	3.57	47.39	0.84		5.87	2.24	21	12.19
350~380	5.94	53.33	0.846		8.16	2.85	28	12.32
380~400	3.68	57.01	0.852		11.80	3.73	35	12.39
400~450	10.44	67.45	0.877		29.16	6.47	40	12.22
450~500	10.64	78.09	0.889		59.98	10.08	44	12.36
500~518	1.6	79.69						
>518	19.77	99.46						
损失	0.54	100.00						

注：摘自石油部石油化工科学研究院 1979.6 评价报告。

第二节　天然气的组成

天然气可细分为气田气、凝析气和油田伴生气。对于气田气按其组成又可分为干气和湿气；对于伴生气又可分为富气和贫气。干气是指每一基方井流物中 C_5 以上重烃含量低于 13.5cm³ 的天然气。湿气是指每一基方井流物中 C_5 以上重烃含量大于 13.5cm³ 的天然气。贫气是指每一基方井流物中 C_3 以上烃类含量低于 94cm³ 的天然气。富气是指每一基方井流物中 C_3 以上重烃含量大于 94cm³ 的天然气。天然气除了其中的烃类化合物外，还含有非烃化合物，如 H_2S、CO_2、N_2、He、H_2O 等。当地层温度、压力超过临界条件以后，液态烃逆蒸发而生成的气体，称为凝析气。一旦采出后，由于地表压力、温度降低而逆凝结为轻质油，即凝析油。凝析气是石油在高温、高压条件下溶解在天然气中形成的混合物。凝析气位于地下数千米深的岩石中，开发得到的主要产品是凝析油和天然气。

一、国外重要气田的天然气组成

国外重要气田的天然气组成见表 1-5。

表 1-5　国外重要气田的天然气组成　　　　　　　　%（体积）

国　名	产　　地	CH_4	C_2H_6	C_3H_8	C_4H_{10}	C_5H_{12}	C_6^+	N_2	CO_2	H_2S	He
荷兰	格罗宁根	81.5	2.8	0.38	0.2			14.8			
英国	北海、莱曼海岸	94.0	3.2	0.6	0.2	0.1	0.1	1.3	0.5		
德国	斯洛赫特伦	82.0	2.7	0.4	0.2			14.0	0.7		0.06
	多灵根	80.2						7.5	7.1	5.0	0.05
	南奥登堡	75.0						5.0	9.0	11.0	
法国	拉克	69.4	2.9	0.9	0.6	0.3	0.4		10.0	15.5	
	圣福斯特	77.8	3.0		0.9	0.5	1.2	0.4	8.5	5.8	
意大利	阿河平原	97.0	1.6	0.9				0.3	0.2		
	科特马久瑞	89.0	4.4	1.6	0.8	1.6		1.7			
奥地利	亚登科拉亚 1	92.9	2.2	0.7	0.3	0.1	0.7	0.5	1.9		0.6
	亚登科拉亚 2	82.33	0.78	0.19	0.13	0.09	0.55	0.95	13.15		1.83

国　名	产　　地	CH₄	C₂H₆	C₃H₈	C₄H₁₀	C₅H₁₂	C₆⁺	N₂	CO₂	H₂S	He
加拿大	奥科托克斯	52.26	0.70	0.05	0.07	0.03	0.05	3.11	10.48		33.25
	亚尔伯塔	64.40	1.20	0.70	0.80	0.30	0.70	0.7	4.8		26.3
美国	德克萨斯	57.69	6.24	4.46	2.44	0.56	0.11	7.5	6.0		15.0
	佩尔逊	81.57	5.82	1.85	1.03	0.45	0.28	0.50	6.90		1.6
	路易斯安那，门罗	94.7	2.8					2.3	0.2		
	德克萨斯，阿马里罗	72.9	19.0					7.7	0.4		
	肯塔基，阿斯兰德	75.0	24.0					1.0			
前苏联	乌林郭斯克	97.8	0.10	0.03	0.002	0.01		1.7	0.3		
	奥伦堡	82.2	5.32	2.16	1.25	0.72	4.8		1.4	2.58	
	阿林布尔科斯克	83.8	5.2	1.3	1.05	0.8		5.06	1.0	1.3	
	列宁格勒斯克	86.9	6.0	1.6	1.0	0.5		2.8	1.2		
	卡拉达科斯克	93.2	2.1	1.2	1.0	1.2		0.5	0.80		
伊朗	马斯杰德，伊苏莱曼	62.8	0.7	0.2	0.1	0.1			11.0	25.0	
	阿格捷里	66.0	14.0	10.5	5.0	2.0		1.0	1.5		
卡塔尔	依德尔	74.0	8.3	4.5	2.0	0.8	微	2.0	6.4	1.0	
阿布扎比	布哈沙	68.5	11.1	7.9	4.8	1.8	0.5	0.3	4.9		
沙特阿拉伯	亚库姆	59.29	16.99	7.85	2.62	0.87	0.22	0.43	10.13	1.60	
阿尔及利亚	哈西特尔	75.5	7.5	2.5	5.0	5.5(包括CO₂)					

注：RSH、COS、CS₂摘录时未列入。

二、我国主要气田和凝析气田的天然气组成

我国主要气田和凝析气田的天然气组成见表1-6。

表1-6　我国主要气田和凝析气田的天然气组成　　　　　　　%(体积)

气田名称	C₁	C₂	C₃	i-C₄	n-C₄	i-C₅	n-C₅	C₆⁺	C₇⁺	CO₂	N₂	H₂S
长庆靖边	93.89	0.62	0.08	0.01	0.01	0.001	0.002			5.14	0.16	0.048
长庆榆林	94.31	3.41	0.50	0.08	0.07	0.013	0.041			1.20	0.33	
长庆苏里格	92.54	4.5	0.93	0.124	0.161	0.066	0.027	0.083	0.76	0.775		
中原油田气田气	94.42	2.12	0.41	0.15	0.18	0.09	0.09	0.26		1.25		
中原油田凝析气	85.14	5.62	3.41	0.75	1.35	0.54	0.59	0.67		0.84		
塔里木克拉-2	98.02	0.51	0.04	0.01	0.01	0	0	0.04	0.01	0.58	0.7	
塔里木牙哈	84.29	7.18	2.09									
海南崖13-1气田	83.87	3.83	1.47	0.4	0.38	0.17	0.10	1.11		7.65	1.02	
青海台南气田	99.2		0.02								0.79	
青海涩北-1气田	99.9										0.10	
青海涩北-2气田	99.96	0.08	0.02						0.09		0.02	
东海平湖凝析气田	81.30	7.49	4.07	1.02	0.83	0.29	0.19	0.20	0.14	3.87	0.66	
新疆柯克亚凝析气田	82.69	8.14	2.47	0.38	0.84	0.15	0.32	0.20	5.45	0.26	4.44	
华北苏桥凝析气田	78.58	8.26	3.13	1.43		0.55		0.39		1.41	0.80	
海南福山油田	72.26	13.55	6.04	0.91	1.17	0.40	0.24	0.21	0.03	3.97	1.22	

三、长庆气田天然气组成

长庆气田天然气组成见表1-7。

表 1-7 长庆气田天然气组成 %（体积）

序号	组分	苏里格天然气处理厂 （夏季）	（冬季）	榆林天然气 处理厂	第一净化厂 （汇15）	第二净化厂 （汇9）	第三净化厂 （汇5）
1	C_1	91.3880	91.4991	93.7797	94.310	93.290	93.040
2	C_2	5.2867	5.2918	3.2193	0.753	0.608	0.6392
3	C_3	1.0356	1.0358	0.4567	0.096	0.085	0.0248
4	$i-C_4$	0.1781	0.1778	0.0780	0.012	0.010	0.0007
5	$n-C_4$	0.1950	0.1945	0.0567	0.013	0.010	0.0013
6	$i-C_5$	0.0889	0.0881	0.0296	0.006	0.005	0.0002
7	$n-C_5$	0.0393	0.0388	0.0785	0.003	0.002	0.0001
8	$n-C_6$	0.0947	0.0831	0.0480	0.014	0.022	
9	$n-C_7$	0.1013	0.0971	0.0105			
10	$n-C_8$	0.0078	0.0053	0.0030			
11	$n-C_9$	0.0048	0.0018	0.0005			
12	$n-C_{10}$	0.0024	0.0003	0.0002			
13	C_{11}	0.0032	0.0001	0.00003			
14	C_{12}			0.0784			
15	C_{13}			0.0256			
16	C_{14}			0.00001			
17	CO_2	0.6660	0.6666	1.7342	4.608	5.747	5.9913
18	N_2	0.7560	0.7569	0.3127	0.115	0.189	0.2236
19	H_2O	0.1522	0.0466	0.0509			
20	He				0.036	0.031	
21	H_2S				$474mg/m^3$	$1270mg/m^3$	$883mg/m^3$
22	MeOH	0.0000	0.0159	0.0359			
	合计	100.000	100.000	100.000	100.000	100.000	100.000

注：第一、第二、第三净化厂数据为2005年10~11月平均值。

四、伴生气的组成

1. 一些国家油田伴生气的组成

一些国家油田伴生气的组成见表1-8。

表 1-8 一些国家油田伴生气的组成 %（体积）

国　名	C_1	C_2	C_3	C_4	C_5	C_6^+	CO_2	N_2	H_2S
印度尼西亚(1)	71.89	5.64	2.57	1.44	2.5	1.09	14.51	0.35	0.01
Jana 海上油田(2)	52.25	11.00	19.80	9.25	3.14	2.15	1.02	1.39	
沙特阿拉伯(1)	50.0	18.5	11.5	4.4	1.2	0.9	9.7	0.5	2.2
沙特阿拉伯(2)	62.24	15.07	6.64	2.40	1.12		9.20		2.80
科威特	78.2	12.6	5.1	0.6	0.6	0.2	1.6		0.1
阿联酋	55.66	16.63	11.65	5.41	2.81	1.0	5.5	0.55	0.79
伊朗	74.9	13.0	7.2	3.1	1.1	0.4	0.3		
利比亚	66.8	19.4	9.1	3.5	1.52				
卡塔尔	55.49	13.29	9.69	5.63	3.82	1.0	7.02	11.2	2.93
阿尔及利亚	83.44	7.0	2.1	0.87	0.36		0.21	5.83	

国　　名	C_1	C_2	C_3	C_4	C_5	C_6^+	CO_2	N_2	H_2S
北欧	85.90	8.10	2.70	0.90	0.30		1.60	0.50	
委内瑞拉	85.00	8.00	4.40	2.00			0.40		0.20
尼日利亚	83.60	6.80	4.50	2.60	1.40		0.10		1.00
英国北海	83.70	8.70	4.20	1.30	0.30	0.10	1.0	0.7	
俄罗斯秋明	86.9	2.60	3.50	2.70	1.20		0.80		
俄罗斯巴什基利亚	41.0	19.70	17.00	7.30	3.20		0.20	11.60	

2. 我国主要大油田伴生气的组成

我国主要大油田伴生气的组成见表1-9。

表1-9　我国主要大油田伴生气的组成　　　　　　　　　　　　%（体积）

油田名称	C_1	C_2	C_3	$i-C_4$	$n-C_4$	$i-C_5$	$n-C_5$	C_6^+	C_7^+	CO_2	N_2
大庆油田											
萨南	76.66	5.93	6.59	1.02	3.45	1.54		1.21	0.95	0.26	2.28
萨中	85.88	3.34	4.54	0.67	1.09	0.35	0.81	0.36	0.16	0.90	1.00
杏南	68.26	10.58	11.20	5.96		1.91		0.66	0.36	0.20	0.55
辽河油田											
兴隆台	82.70	7.21	4.16	0.74	1.46	0.44	0.37	1.04		0.42	1.47
辽中	87.53	6.20	2.74	0.62	1.22	0.36	0.30	0.21	0.46	0.03	0.33
中原油田	82.23	7.41	4.25	0.95	1.88	0.48	0.50	0.40		1.50	0.40
华北油田（任北）	59.37	6.48	10.02	9.21		3.81		1.34	1.40	4.58	1.79
胜利油田	87.75	3.78	3.74	0.81	2.31	0.82	0.65	0.06	0.03	0.53	0.02
吐哈油田											
丘陵	67.61	13.51	10.69	3.06	2.55	0.68	0.56	0.16	0.09	0.40	0.65
温米	76.12	9.28	6.77	2.82	1.65	0.84	0.30	0.22	0.07	0.26	1.59
鄯善	65.81	12.85	10.17	3.66	3.18	1.15	0.68	0.39	1.14	1.89	0.03
大港油田	80.94	10.20	4.84	0.87	1.06	0.34				0.41	0.34
冀东油田	71.84	10.72	7.72	2.57	3.11	1.35	0.27	0.69	0.24	0.35	1.17
长庆油田											
西峰	61.50	14.68	15.10	1.61	3.10	0.47	0.48	0.15		0.01	2.90
安塞	65.26	11.29	13.50	1.26	3.30	0.50	0.58				
靖安	47.00	15.29	23.93	2.92	6.82	1.47	1.50	1.08	0.53		
姬原	41.31	13.47	24.14	3.10	8.27	1.98	1.67	3.99		0.21	1.34
杏河	66.90	12.52	10.58	1.28	3.45	0.43	0.83	0.23	0.29	0.07	3.42

五、炼厂气的组成

典型炼厂气的组成见表1-10。

表1-10　典型炼厂气的组成　　　　　　　　　　　　%（体积）

项　　目	常压蒸馏	催化裂化	催化重整	加氢裂化	加氢精制	延迟焦化	减黏裂化
H_2		0.6	1.5	1.4	3.0	0.6	0.3
CH_4	8.5	7.9	6.0	21.8	24.0	23.3	8.0
C_2H_6	15.4	11.5	17.5	4.4	70.0	15.8	6.8
C_2H_4		3.6				2.7	1.5

项　目	常压蒸馏	催化裂化	催化重整	加氢裂化	加氢精制	延迟焦化	减黏裂化
C_3H_8	30.2	14.0	31.5	15.3	3.0	18.1	8.6
C_3H_6		16.4				6.9	4.8
C_4H_{10}	45.9	21.3	43.5	} 57.1		18.8	36.4
C_4H_8		24.2				13.8	33.5
合计	100.0	99.5	100.0	100.0	100.0	100.0	100

六、煤层气的组成

山西沁水煤层气中央处理厂煤层气夏季组成见表 1-11。

表 1-11　山西沁水煤层气组成　　　　　　　　　　　　% (体积)

组分	CH_4	C_2H_6	N_2	CO_2	H_2O	合计
组成	97.69	0.04	1.34	0.43	0.50	100.00

第三节　基本概念

在石油和天然气加工中常常遇到一些基本概念，弄懂这些基本概念是十分必要的。

（1）热力学第零定律

若两个物体同时与第三个物体达到热平衡，则这两个物体具有一个共同的性质——温度相等。

当两个或两个以上的物体相互接触时，它们之间必然产生热的传递，直到它们彼此温度相同达到热平衡为止。

（2）热力学第一定律

热力学第一定律也叫能量守恒定律。表述为：热能可以与机械能或其他形式的能量互相转换，可以从一个物体传递到另一个物体，在转换或传递过程中，总的能量保持不变。

（3）热力学第二定律

不可能从一个热源吸收热量并把它全部转化为功而不产生其他影响。或者说，热量不可能自发地从低温物体传向高温物体。热力学第二定律反映了自然界中热过程具有方向性。

（4）膨胀功

膨胀功是指气体由于容积增大对外所做的功。

（5）体系

把研究的一部分物质从其余的物质中划分出来，被划分出来的物质称为体系。

（6）状态和状态函数

热力学体系的状态是体系的物理性质和化学性质的综合表现。用来描述和规定热力学体系状态的物理量，称为状态函数。

（7）过程和途径

体系的性质，只要其中有一个随时间而发生变化，就称为过程。或者说，平衡状态的变化就是过程。常见的过程有：

① 单纯状态参量变化　指体系化学组成、聚集态不变，只有温度、压力、体积等参变量发生变化的过程。

② 相变化　指体系化学组成不变而聚集态发生变化的过程。如液体蒸发变成蒸汽，气体冷凝变成液体等。

③ 化学变化　指体系化学组成发生变化的过程。完成一个过程可以经过不同的具体路线和步骤，称之为途径。

（8）相平衡

宏观上说，体系的性质不随时间而变化的状态称为相平衡状态。平衡状态实际上是相对的，从微观上说，平衡的气液两相的界面附近，动能高出平均值的分子能够克服液相表面的吸引力而逸入气相；而气相中能量较低的分子在碰撞液体表面时可以进入液相。当两个方向分子的传递速率相等时，就称为相平衡。在工程上，只要按相平衡规律计得的结果与实际体系的符合程度在允许的范围以内，就认为体系处于平衡状态。通常用组分的相平衡常数值来表示气、液组成的关系。

$$K_i = \frac{y_i}{x_i} \qquad (1-1)$$

式中　K_i——组分 i 的相平衡常数；

y_i——组分 i 在气相中的摩尔分数；

x_i——组分 i 在液相中的摩尔分数。

（9）相率

相平衡体系中表示组分数、相数和平衡条件之间关系的称为相率，表达式为

$$F = C - \phi + 2 \qquad (1-2)$$

式中　F——该体系的自由度；

C——平衡体系中的组分数；

ϕ——该体系中的相数。

（10）逸度和逸度系数

对纯的理想气体逸度等于压力，对实际气体混合物，逸度 f_i 可视为校正的分压。而将逸度比 f/f^0 称为活度，表示一种物质相对其标准态的"活泼"程度。

（11）理想溶液

在给定的温度和压力下，若某溶液的体积等于在相同温度和压力下组成该溶液的各相应纯组分的体积之和，则该溶液称为理想溶液。

液体理想溶液的蒸气压服从拉乌尔定律

$$p_i = p_i^0 x_i \qquad (1-3)$$

式中　p_i——溶液中组分 i 的蒸气分压；

p_i^0——纯溶剂 i 的饱和蒸气压；

x_i——溶液中组分 i 的分子分率。

（12）玻意耳（Boyle）定律

在恒温条件下，一定量任何气体的体积 V 均与其压力成反比。

$$pV = 常数 \qquad (1-4)$$

（13）盖-吕萨克（Gay-Lussac）定律

在恒压条件下，一定量任何气体的体积与其绝对温度 T 成正比。

$$V/T = 常数 \qquad (1-5)$$

（14）阿伏伽德罗（Avogadto）定律

在相同温度和相同压力下各种气体在相同体积中所含的分子数均相等。实验表明，在温度为273.16K及压力为101.325kPa时，1mol的气体体积为22.4140L。

工程上常用标准状况下（0℃，101.325kPa）1kmol的气体体积为22.414m³。

（15）道尔顿（Dalton）分压定律

在理想状态，温度和体积相同条件下，总压力等于各组分分压之和。

$$p = \sum p_i \tag{1-6}$$

（16）拉乌尔定律

在理想溶液中 i 组分的蒸气分压等于纯溶剂 i 的饱和蒸气压与溶液中 i 组分的分子分数的乘积。

$$p_i = p_i^0 x_i \tag{1-7}$$

式中 p_i——溶液中组分 i 的蒸气分压；

p_i^0——纯溶剂 i 组分的饱和蒸气压；

x_i——溶液中 i 组分的分子分数。

（17）真实气体状态方程

在工程上常用的是真实气体，其状态方程最常用的是

$$pV = ZnRT \tag{1-8}$$

式中 p——系统压力；

Z——压缩系数；

n——分子数；

R——阿伏伽德罗常数；

T——系统温度。

（18）相对挥发度

一种液体汽化倾向的大小用挥发度 $v_{o,i}$ 来衡量。

$$v_{o,\,i} = \frac{p_i}{x_i} = \frac{y_i p}{x_i} = K_i p \tag{1-9}$$

两个组分 i 和 j 的挥发度 v_i 和 v_j 之比，称为相对挥发度。

$$A_{ij} = \frac{v_i}{v_j} = \frac{K_i}{K_j} \tag{1-10}$$

（19）平衡汽化与平衡冷凝

一个多元溶液被加热到一定的压力和温度，并达到气-液平衡，即为平衡汽化。所形成的气相量 V 占进料量的比率称为汽化率 e：

$$e = \frac{V}{F} \tag{1-11}$$

一个多元气相混合物被冷却至一定的压力和温度并达到气-液平衡，则为平衡冷凝。所形成的液相量占进料量的比率称为冷凝率：

$$e_L = \frac{L}{F} \tag{1-12}$$

（20）恩氏蒸馏曲线

对于复杂气-液平衡系统，在石油和石油馏分的气-液平衡关系中，恩氏蒸馏可以比较

简单易行的反映油品在一定条件下的汽化性能，由恩氏蒸馏数据可以计算油品的一部分性质。将馏出温度对馏出量作图(体积百分率)就得到恩氏蒸馏曲线。

（21）实沸点（TBP）蒸馏曲线

实沸点蒸馏是在几十层理论板的精馏柱中在相当高的回流比下进行的间歇精馏，按每馏分(质量或体积)将原油分割成若干组分，并测得每个馏分的性质的一种方法，该方法比较真实地反映了油品的性质。故常用于原油评价和各种计算。用每个窄馏分的馏出温度和馏出体积累积百分率作图即为实沸点蒸馏曲线。

（22）平衡汽化曲线（EFV）

在实验室的平衡汽化设备中，将油品加热汽化，使气、液两相在恒定的压力和温度下密切接触一段足够的时间后迅速分离，称为平衡汽化。用多次的平衡汽化数据绘制的曲线，称为平衡汽化曲线。

（23）天然气水合物

在一定的温度和压力下，由水和低相对分子质量烃类或非烃组分形成的结晶状笼形化合物，其中水分子借助氢键形成主体晶格网络，内充满轻烃或非烃气体分子，即为天然气水合物。

防止水合物生成的常用措施：

① 把压力降低到生成水合物压力以下；

② 把气流的温度加热到水合物形成温度以上；

③ 脱水至气体中的水蒸气露点低于操作温度；

④ 向气流中加入抑制剂，降低水合物的形成温度。

（24）抑制剂

防止天然气水合物生成的化学药剂。如乙二醇、甲醇、乙醇、二甘醇等。

（25）天然气凝液

由于条件的改变使天然气发生相态的变化，由气相变成液相的部分，称为天然气凝液。

（26）冷凝分离

采用某种制冷工艺，使天然气部分冷凝和分离并分离出天然气凝液的过程。

（27）凝液分馏

利用被分离组分相对挥发度的不同，按产品的技术要求对天然气凝液进行分离的过程。

（28）冷剂制冷工艺

利用液态冷剂相变时的吸热效应产生冷量，从而使天然气温降回收凝液的工艺。

（29）膨胀制冷工艺

使具有一定压力的天然气作绝热膨胀，温度降低分出凝液的工艺。采用等焓膨胀完成膨胀过程的称为节流膨胀制冷工艺；采用膨胀机完成多变膨胀过程的称为膨胀机制冷工艺。其温降表达式为

$$\Delta T = T_1 - T_2 = T_1\left[1 - \left(\frac{p_2}{p_1}\right)^{\frac{\gamma-1}{\gamma}}\right] \tag{1-13}$$

式中　ΔT——温度降；

T_1——气体膨胀前温度；

T_2——气体膨胀后温度；

p_1——气体膨胀前压力；

p_2——气体膨胀后压力；

Y——液化率。

（30）节流膨胀

当气体通过狭窄通道后，压力下降并产生温度变化的现象，称为节流。其效应称为焦耳–汤姆逊效应。

（31）循环效率（FOM）

理想循环所需最小功 w_i 与实际循环液化功 w 的比值。

$$FOM = \frac{w_i}{w}$$ （1-14）

（32）冷凝率

天然气物流降低温度后冷凝的凝液的数量与物流的总量的比值，以分子百分数表示。

（33）收率

回收凝液中某组分的数量与原料气中该组分的数量之比，通常以摩尔百分数表示。

（34）伴生气

与原油共生并与原油同时被采出的天然气。

（35）气井气

纯气田和凝析气田采出的天然气。

（36）水露点

天然气在一定压力下析出第一滴水时的温度。

（37）烃露点

天然气在一定压力下析出第一滴烃液时的温度。

（38）脱水深度

用水露点表示的天然气中水分的脱除程度。

（39）露点降

天然气脱水前后的露点温度差。

（40）吸收法

用甘醇类化合物或金属氯化物盐溶液等液体吸收剂吸收天然气中水蒸气的方法。

（41）吸附法

用固体吸附剂吸附天然气中水分的方法。

（42）低温法

用降低天然气温度的方法使天然气中的饱和水或重烃部分冷凝而析出的方法。

（43）汽提气

用天然气干气通过正在再生的甘醇富液，使其贫甘醇含水量进一步降低的气体。

（44）富甘醇

吸收了水分的甘醇。

（45）贫甘醇

经再生提浓后的甘醇。

（46）再生气

用来加热吸附剂使其脱出水分的气体。

（47）冷吹气

用来冷却吸附剂的气体。

（48）吸收剂

用于吸收过程中吸收水分的液体，称脱水吸收剂；用于吸收过程中脱出某一烃类的液体称为脱烃吸收剂。

（49）吸附剂

用于吸附水分的固体物质。如分子筛、硅胶、氧化铝等。

（50）甜气

不需净化就符合产品标准的天然气。

（51）酸性天然气

硫化氢和二氧化碳含量超过产品标准规定的天然气。

（52）压缩天然气

以甲烷为主要成分的压缩气体燃料。

（53）天然气凝液回收

改变温度和压力回收天然气中目的组分的工艺方法。

（54）天然气净化

将天然气中不符合天然气质量指标的组分分离出去的工艺方法。

（55）吸附剂平衡湿容量

吸附剂的吸附容量用来表示单位吸附剂吸附吸附质能力的大小，其单位通常用 kg 吸附质/100kg 吸附剂表示。当温度一定时，新鲜吸附剂与含水气体接触时水蒸气在干燥剂和气体中达到平衡，称为吸附剂的平衡湿容量。其中，在静态条件下（气体不流动）测定的平衡湿容量称为静态平衡湿容量；在动态条件下，即气体以一定的速度连续流过吸附剂床层时测定的平衡湿容量称为动态平衡湿容量。其值一般为静态湿容量的 40%~60%。

（56）吸附剂有效湿容量

在实际操作中，由于吸附剂床层反复脱水与再生，吸附剂被污染、再生时高温的影响，吸附剂的湿容量逐渐降低。此外，为确保干气露点，在脱水周期中吸附剂床层必须在出口干气水含量开始突然增加（即达到透过点）之前切换，故一部分床层不可能完全利用。因此，根据经验和经济等因素确定的设计湿容量称为有效湿容量。

（57）天然气处理

为使天然气符合商品质量指标或管输要求而采取的工艺过程。

（58）天然气加工

从天然气中回收某些组分并使之成为商品的工艺过程。

（59）原油稳定

从原油中分出部分轻质组分，降低原油蒸发损失的工艺过程。

（60）稳定原油

经稳定后饱和蒸气压符合产品标准的原油。

（61）负压闪蒸稳定工艺

稳定塔在负压状态下工作的稳定工艺。

（62）正压闪蒸稳定工艺

稳定塔在正压状态下工作的稳定工艺。

（63）分馏稳定工艺

稳定塔为分馏塔的稳定工艺。

（64）基本负荷型

指生产供当地使用或外运的大型天燃气液化装置。

（65）调峰型

指为了调峰负荷或补充冬季燃料供应的天然气液化装置。通常将低负荷时过剩的天然气液化储存，在高峰时或紧急情况下再汽化使用的天然气液化装置。

第四节 HYSYS 软件和 Unisim 软件介绍

一、HYSYS 软件

Hyprotech 公司创建于 1976 年，是世界上最早开拓石油、化工方面的工业模拟、仿真技术的跨国公司。其技术广泛应用于石油开采、储运、天然气加工、石油化工、精细化工、制药、炼制等领域。2002 年 7 月 Hyprotech 公司被 AspenTech 公司收购。目前 AspenTech 公司的软件产品在世界范围内的石油、化工、炼油等工艺流程模拟、仿真技术领域中占主导地位。Aspen HYSYS 软件现已有 17000 多家用户，遍布 80 多个国家，其注册用户数超过世界上任何一家过程模拟软件产品。

目前世界各大主要石油化工公司都在使用 Aspen HYSYS 软件，包括世界上名列前茅的前 15 家石油和天然气公司，前 15 家石油炼制公司中的 14 家和前 15 家化学制品公司中的 13 家。

Hyprotech 公司国外用户有 BP、Chevron、Dow、DuPont、Exxon Mobil、Fluor Daniel、Monsanto、Glaxo SmithKline、Rohm Hass、Bayer、Shell、PraxAir、UOP 等。

HYSYS 软件在 20 世纪 80 年代中期进入中国市场，国内所有油田设计院均使用该软件产品，用户达到 60 多家。所有的油田设计系统全部采用该软件进行工艺设计。主要用户有大庆油田设计院、辽河油田设计院、华北油田设计院、大港油田设计院、四川油田设计院、长庆油田设计院、青海油田设计院、中原油田设计院、江汉油田设计院、克拉玛依油田设计院、克拉玛依油田研究院、独山子炼油厂、独山子石化设计院、廊坊管道勘察设计研究院、中国海洋总公司生产研究中心、中国海洋总公司石油工程公司(天津塘沽)。中国海洋总公司南海分公司、壳牌中国分公司(Shell)、辽阳化纤公司、辽阳石化设计院、大庆石化设计院、岳阳石化公司、九江石化公司、南京石化公司、扬子石化公司、扬子石化设计院、抚顺石化设计院、抚顺石化公司、金陵石化公司、茂名石化设计院、镇江炼化工程公司等。

Aspen HYSYS 软件版本众多，目前已发布了 9.0 版本。不过，自 2.0 版本至 7.3 版本的软件操作界面基本相同。但 8.0 版本以后的软件用户界面发生了很大变化，与 Aspen Plus 非常相近。由于旧版本软件的用户群依然庞大，且低版本软件并不能打开高版本软件所做的算例，故本书模拟算例的操作方式以 7.3 版本为依据。

另外需要注意的是，随着软件版本的升级，一些模型的参数也会随之发生变化。用新版软件打开旧版软件所做的模拟文件时，软件仍将默认采用旧版软件的模型参数，因此可能导致完全用新版软件模拟所得结果与直接打开旧版软件模拟文件所算得结果有所差异。

（一）软件特点

1. 操作界面好

HYSYS 软件与同类软件相比具有非常好的操作界面，方便易学软件智能化程度高，通过拖拽就可完成设备布置。

2. 组分库内容丰富

HYSYS现在引进了Aspen Plus组分库，有4000种纯组分。25000个交互作用参数，对原油进行切割生成假组分。

3. 状态方程齐全

HYSYS软件(7.3版)热力学状态方程达33个之多，详见表1-12。可以根据不同的原料气组成，选择合适的状态方程。

表1-12 HYSYS软件(7.3版)热力学状态方程

BWRS	GCEOS	Glycol Package	Kabadi Danner
Lee-Kesler-Plocker	MBWR	Peng Robinson	PR-Twu
PRSV	Sour SRK	Sour PR	Soave Redlich Kwong
SRK-Twu	Twu-Sim-Tassone	Zudkevitch Joffee	Chien Null
Extended NRTL	General NRTL	Margules	NTRL
UNIQUAC	Van Laar	Wilson	Chao Seader
Grayson Streed	Antoine	Braun K10	Esso Tabular
Amine pkg	ASME Steam	Clean Fuels Pkg	NBS Steam
OLI-Electrolyte			

4. CRUDE原油处理器

CRUDE原油处理器可以对用户的任何实验数据进行处理、将原油转换成虚拟组分，原油管理器中提供了大量的关联式供用户选择：

Assay Types——TBP，D86，D1160，D86-D1160，D2887，EFV，Chromatographic(实验类型)。

Assay Options——Barometric correction，cracking correction。

实验选项——大气压力修正，裂化修正。

Property Curves——Viscosity，Density，Molecular Weight。

物性曲线——黏度、密度、相对分子质量。

5. 设备单元操作

(1)分离器 包括两相分离器，三相分离器、固体分离器、旋风分离器、真空过滤器、结晶器。

(2)塔 包括吸收(解吸)塔、有再沸器的吸收塔、有回流的吸收塔、液-液萃取塔、常减压塔、精馏塔、组分分离器、三相精馏塔(所有塔都能在板上加反应单元进行反应精馏)、自定义塔等。

(3)反应器 包括CSTR、PFR、Gibbs、平衡、转化率。

(4)换热器 包括热交换器、LNG多相流冷箱、加热器、冷却器、火焰加热器。

(5)输送单元 包括管道、混合器、分支器。

(6)压力设备 包括泵、压缩机、膨胀机、阀。

(7)逻辑单元 包括平衡、前置、PID调节器、电子计算表、传递函数发生器等。

(二)HYSYS主要功能

1. 最先进的集成式工程环境

由于使用了面向目标的新一代编程工具，使集成式的工程模拟软件成为现实。

2. 内置人工智能

在系统中设有人工智能系统，它在所有过程中都能发挥非常重要的作用。当输入的数据能满足系统计算要求时，人工智能系统会驱动系统自动计算。

3. 数据回归包

数据回归整理包提供了强有力的回归工具。

4. 严格物性计算包

HYSYS 提供了一组功能强大的物性计算包，它的基础数据也是来源于世界富有盛名的物性数据系统，并经过严格的校验。HYSYS 软件可以给出的物性数据见表 1-13。

表 1-13　HYSYS 软件物性(Properties)

序号	项　目	中　文
1	Molecular Weight	相对分子质量
2	Molar Density(kmol/m³)	摩尔密度
3	Mass Density(kg/m³)	质量密度
4	Act Volume Flow (m³/h)	实际体积流率
5	Mass Enthalpy(kJ/kg)	质量比焓
6	Mass Entropy(kJ/kg·℃)	质量比熵
7	Heat Capacity(kJ/kmol·℃)	摩尔比热容
8	Mass Heat Capacity(kJ/kg·℃)	质量比热容
9	LHV Vol Basis (Std)(MJ/m³)	单位体积低热值
10	HHV Vol Basis (Std)(MJ/m³)	单位体积高热值
11	HHV Mass Basis (Std)(kJ/kg)	单位质量高热值
12	CO_2 Loading	CO_2 负荷
13	CO_2 Apparent Mole Conc(kmol/m³)	表观 CO_2 摩尔浓度
14	CO_2 Apparent Wt Conc(kmol/kg)	表观 CO_2 质量浓度
15	LHV Mass Basis (Std)(kJ/kg)	单位质量低热值
16	Phase Fraction(Vol Basis)	体积相分率
17	Phase Fraction(Mass Basis)	质量相分率
18	Phase Fraction(Act Vol Basis)	实际体积相分率
19	Partial Pressure of CO_2(kPa)	CO_2 分压
20	Cost Based on Flow(Cost/s)	基于流量的成本
21	Act Gas Flow(ACT m³/h)	实际气体流率
22	Avg Liq Density(kmol/m³)	平均液体密度
23	Specific Heat(kJ/kmol·℃)	比热容
24	Std Gas Flow(STD m³/h)	标准气体流率
25	Std Ideal Liq Mass Density(kg/m³)	标准理想液体质量密度
26	Act Liq Flow(m³/s)	实际液体流率
27	Z Factor	压缩因子
28	Watson K	Watson K 特性因数
29	User Property	用户性质
30	Partial Pressure of H_2S(kPa)	H_2S 分压
31	$c_p/(c_p-R)$	比热容
32	c_p/c_v	绝热指数
33	Heat of Vap(kJ/kmol)	蒸汽热容
34	Kinematic Viscosity(cSt)(厘斯)	运动黏度

16

序号	项　目	中　文
35	Liq Mass Density (Std Cond)(kg/m³)	液体质量密度
36	Liq Vol Flow (Std Cond)(m³/h)	液体体积流率
37	Liquid Fraction	液体分率
38	Molar Volume(m³/kmol)	单位摩尔体积
39	Mass Heat of Vap(kJ/kg)	蒸发热
40	Phase Fraction(Molar Basis)	摩尔相分率
41	Surface Tension(dyne/cm)	表面张力
42	Thermal Conductivity(W/m · K)	导热率
43	Viscosity(cP)(厘泊)	动力黏度
44	c_v(Semi-Ideal)(kJ/kmol · ℃)	摩尔定容热容(半理想法)
45	Mass c_v(Semi-Ideal)(kJ/kg · ℃)	质量定容热容(半理想法)
46	c_v(kJ/kmol · ℃)	摩尔定容比热容
47	Mass c_v(kJ/kg · ℃)	质量定容比热容
48	c_v(Ent Method)(kJ/kmol · ℃)	摩尔定容比热容(熵法)
49	Mass c_v(Ent Method)(kJ/kg · ℃)	质量定容比热容(熵法)
50	c_p/c_v(Ent Method)	定压与定容比热容比
51	Reid VP at 37.8℃(kPa)	37.8℃下雷德蒸气压
52	True VP at 37.8℃(kPa)	37.8℃下真实蒸气压
53	Liq Vol Flow-Sum(Std Cond)(m³/h)	标态下液体累积体积流率
54	Viscosity Index	黏度指数

5. 功能强大的物性预测系统

对于 HYSYS 标准库没有包括的组分，可通过定义假组分，然后选择 HYSYS 的物性计算包来自动计算基础数据。

6. DCS 接口

HYSYS 通过其动态链接库 DLL 与 DCS 控制系统链接。装置的 DCS 数据可以进入 HYSYS，而 HYSYS 的工艺参数也可以传回装置。通过这种技术可以实现：①在线优化控制；②生产指导；③生产培训；④仪表设计系统的离线调试。

7. 事件驱动

将模拟技术和完全交互的操作方法结合，使 HYSYS 获得成功。而利用面向目标的技术使 HYSYS 这一交互方式提高到一个更高的层次，即事件驱动。

8. 工艺参数优化器

软件中增加了功能强大的优化器，它有五种算法供您选择，可解决无约束、有约束、等式约束及不等式约束的问题。

9. 夹点分析工具

利用 HYSYS 的夹点分析技术可对流程中的热网进行分析计算，合理设计热网，使能量的损失最小。

10. 方案分析工具

某些变量按一定趋势变化时，其他变量的变化趋势如何，了解这些对方案分析非常重要。

11. 各种塔板的水力学计算

HYSYS 增加了浮阀、填料、筛板等各种塔板的计算，使塔的热力学和水力学同时解决。

12. 任意塔的计算

我们以前接触的软件中所有分馏塔都是软件商提供了一个最全的塔，然后让用户自己选择保留部分。

13. 软件开发

通过 OLE 用户可以对 HYSYS 进行以下开发：

（1）建立用户自己的物性包。

（2）增加用户自己的反应方程。

（3）开发自己的专用单元操作。

（4）可用 VB 或 C++开发用户自己的专用模型（HYSYS 自带的 PIPE 除外），HYSYS 与 PIPESYS 有接口管线 PIPE 模拟功能，用于完成油田地面工程各种多相流集输流程的设计、评估及方案优化。

（5）站内管网、长输管线及泵站。

（6）管道停输的温降计算、管道压降计算和水力学计算。

（7）计算预测管线中断塞位置和所占体积。

（8）计算管径、保温、沉积物和阻尼流等。

（三）Aspen HYSYS 接口软件接口程序

1. 接口

与换热器模拟软件 HTFS（TASC，ACOL 等）有接口。

2. ACM Model ExporT^{TM} Option

ACM 导出模块使 ASPEN 系列设计软件创建模型时，可以利用 HYSYS 的稳态或动态模拟数据。

3. Aspen OnLine^{TM} Option

Aspen 联线模块，允许 HYSYS 模块连接实际的工厂数据，它可以使用户对过程模拟中获得的结果数据和工厂实际操作环境进行比较。

4. Aspen WebModels^{TM} Option

Aspen Web 模块使公司可以通过 Web 发布安全、预设好的模块。这可以允许工厂管理人员、操作工程师和经济分析人员使用更严格的模块去优化操作参数和作出更好的商业决策。

5. HYSYS Amines^{TM} Option

HYSYS 胺处理模块模拟和优化气相和液相胺处理过程，包括单相、混合相或活性胺。模拟了硫化氢和二氧化碳被工业溶剂高精度吸收反应的过程。一个更先进的热力学电解质模块 Li-Mather 可以计算出比原有的模块更准确结果，尤其是在处理混合胺方面。这个技术是由合作伙伴 Schlumberger 提供的，是基于 Oilphase-DBR 中的 AMSIM 模块。

6. HYSYS Crude Module^{TM} Option

模拟了原油的组分。由组分石油的虚拟组分表现烃物流的性能，并预测它们的热力学和传输性质。

7. HYSYS Data Rec^{TM} Option

利用 HYSYS 在线性能监控器和优化程序协调实际装置的数据。

8. HYSYS Dynamics™ Option

提供一个完全基于 HYSYS 环境的动态模拟器，稳态模块和动态模块比较后可以得出更严格、精确的有关装置性能资料的结果。

9. HYSYS Neural NeT™ Option

使用那些实际装置的数据模拟那些难以模拟的过程和操作。利用 HYSYS 流程图模型的数据形成一个数据网络以便处理类似的情况，这可以显著提高计算速度。

10. HYSYS OLGAS™ Option

综合了多相流管线的工业标准计算压力变化、流体停顿和流动规则。

11. HYSYS OLI Interface™ Option

基于 OLI 系统的先进技术，使 HYSYS 能够对复杂的电解液系统进行分析，扩展了 OLI 数据库和热力学性质，包括了超过 3000 种的电解质。

12. HYSYS Optimizer™ Option

优化模块采用最优化的运算法则，基于 SQP（有序二次方程式）技术。为工厂的设计优化、在线性能监控器和优化程序提供了优化工具。

13. HYSYS PIPESYS™ Option

PIPESYS 模块使 HYSYS 能够精确的进行单相和多相流体的设计、排除故障和优化管线。它可以分析管子的垂直分布，入口装置，管子材料的成分和流体的性质。

14. HYSYS Upstream™ Option

提供了处理石油流体的方法和技术的工业标准。可以在一个方便的界面中输入产品现场数据来建立所需的资本模型。

15. HYSYS Tacite™ Option

为陆地、近海和海底环境提供了多相流的模型。TACITE 是使用 IFP 中已证实有效的数据库模拟多相流。它是由稳态模块组成，计算压力变化、流体停顿和流动规则。

二、Unisim 软件

1. Unisim 发展过程

霍尼韦尔的 Unisim 流程模拟平台起源于 1976 年，其平台的流程模拟部分主要基于 Hyprotech 公司的 HYSYS 平台。2002 年 ASPEN 收购了 Hyprotech 公司全部股权，2004 年被美国联邦商务委员会（Federal Trade Commission）判决 Aspen 为垄断经营，当年 Honeywell 和 Aspen 达成最终协议，由 Honeywell 收购 Aspen 的 HYSYS 建模软件知识产权和操作员培训仿真 OTS 业务，2005 年霍尼韦尔在将其原有的流程模拟产品和收购的 Hyprotech 产品进行全面整合，主要包括 Hysys，ShadowPlant 和 OTISS，推出统一的流程模拟产品 Unisim。作为世界上主流的石油、天然气、化工方面的工业流程模拟、仿真技术平台，其技术广泛应用于石油开采、储运、天然气加工、石油炼制，化工、精细化工等领域，在世界范围内的石油化工模拟、仿真技术领域占主导地位。目前世界上名列前茅的石油和天然气公司、石油炼制公司和化学制品公司多使用 Unisim 及其系列流程模拟产品。目前国际上一些石油化工工业巨头和主要工艺供应商如 UOP，Linde，Shell 均全面采用 Unisim 作为其工艺设计和模拟的基础平台，其他的客户还包括 BP、Chevron、Dow、DuPont、Exxon Mobil、Fluor Daniel、Monsanto、Glaxo SmithKline、Rohm Hass、Bayer、PraxAir 等。Unisim 在国内几大石化公司（如中石油、中石化、中海油）和主要的油田、石化设计院也有着广泛的应用。

2. 最佳过程设计

油气生产、气体加工、石油精炼和化学行业必须优化其过程设计，以便于实现更可靠、更稳定的操作。最佳设计必须能够将返工风险降到最低，以便于企业在保持竞争力的同时获得最高的业绩。工艺工程师面临着严峻的挑战，他们需要及时决策，以高效、安全且经济的手段来操作，直到达到业务设计目标。

3. 将业务目标和过程设计相结合

过程建模是一项强大的技术，可以支持决策者和工程师将重大业务目标和过程设计相结合，进而完成真正的工厂生命周期建模。

采用 Unisim™ 设计套件完成过程建模的主要业务优势表现在：

（1）利用假设分析情景和敏感度分析，根据运作和业务目标确立最佳设计；

（2）确保合适的过程设备规格，以便能满足预期的产量和规格要求；

（3）评估进料变化、操作波动和设备停机对过程的安全性、可靠性和利润所带来的影响；

（4）以期望目标为基础对设备的性能进行监视；

（5）通过使用计划建造和已有工厂的动态模型来提高工厂的控制、操作性能和安全性。

4. Unisim 设计套件

Unisim 设计套件(Unisim Design)提供了一款直观的交互式过程建模解决方案，该方案可以支持工程师创建稳态和动态模型，用于工厂及其控制的设计、性能监控、故障诊断、操作改良、业务规划和资产管理等。

Unisim 设计套件可帮助过程工业在整个工厂生命周期内提高生产率和利润率。Unisim 设计套件所提供的强大的模拟和分析工具、实时应用和一体化工程解决方案可以帮助用户改进设计，优化生产，提高决策水平。这些模型还可对 Unisim 操作和 Unisim 优化套件所提供的高级培训和优化解决方案提供帮助。

5. Unisim 优势

（1）改进工艺设计

工程师可以快速评估最有利、最可靠并且最安全的设计。据估计，试车过程中现场设计变化所产生的费用占整个项目资金成本的7%。Unisim 可支持工程师更早地评估项目设计决策。如果是新的设计方案，Unisim 可支持用户快速创建模型，以便于对多种情景进行评估。交互式环境便于进行假设性研究和敏感度分析。研究结果可用于创建高保真模型，包括更多的设备和过程细节。

（2）监视设备性能

为了确保实现最佳设备性能，Unisim 允许用户快速确定设备的运行是否未达到规范要求。例如，工程师进行故障诊断或改进工厂运作，可以采用 Unisim 评估设备的低效问题，如热交换器污垢、精馏塔液泛等。负责工艺改进的工程师可快速评估设备在不同工况下的性能，或者评估基础设计改变所带来的后果。

（3）降低工程成本

采用 Unisim 设计套件进行模拟可以创建能够在工厂生命周期内始终发挥重要作用的模型，包括从概念设计到详细设计、定级、培训和优化，进而降低工程成本。它提供了一种能够确保快速、有效且一致地完成工作的工作平台，这样在生产及工艺数据的传送、整理和分析过程中避免了使用耗时的、容易出现错误的手工操作模式，从而最多可以节省30%的工程时间。

6. Unisim 的特点

为了达到使用高效，并能提供必要的信息和结果，过程建模工具必须兼具易用性和强大的计算能力。Unisim 采用经过验证的技术，具有 30 多年为油气、化工和炼油行业提供过程模拟工具的经验。主要特点包括：

（1）简单易用的窗口环境

PFD 提供了清晰、简明的图形建模环境，包括如下特点：如剪切、复制、粘贴，自动连接等，如果工艺流程过长，还可将流程图分解成子流程图，从而提高计算和收敛速度。

（2）完善的热力学和单元操作模型

确保准确计算物理特性、传送特性和相态。Unisim 包含一个强大的组分数据库，还允许用户添加自己自定义的组分。最新版本还包含新开发的纯复合物性库加载系统，用户可以直接访问外部的综合特性物性库，如 DIPPR。它能使用户非常灵活地选择他们认为最合适的物性信息，以满足其需要。Unisim 支持稳态和动态两种建模环境，可以建立蒸馏、反应、热传递、旋转设备和逻辑操作等的稳态和动态模型。经过实践验证，这些模型可以提供高准确度的模拟结果并可处理多种不同的情景，如容器抽空或者溢流以及多向流等。

（3）Active X（OLE 自动化）兼容性

支持集成用户自己创建的单元操作、特殊的反应动力方程和专用的物性包。轻松兼容诸如 Microsoft Excel 和 Visual Basic 等程序。

Unisim 许可证管理工具支持 Unisim 许可证临时绑定笔记本电脑、基于令牌的灵活的许可证授权模型以及改良的许可证管理工具。参数建模工具允许采用神经网络技术简化高保真模型，从而提高性能。

7. Unisim 选项

Unisim 设计套件采用的开放式架构可支持霍尼韦尔或第三方供应商轻松添加具体的行业功能，进而为用户提供最出色的灵活性和能力。Unisim 设计套件包含的以下选项有助于确保满足客户需要，增强模型在整个工厂生命周期的应用。

（1）Unisim 动态选项

该选项提供的动态模拟能力能够与 Unisim 设计环境完全集成。稳态模型能够很容易转换成动态模型，通过采用精确的设备和性能信息提供精准和高保真的模拟效果。动态模型的特性包括：压力和流动动态特性、全面的控制功能模块支持过程的动态控制和详细的过程监视、因果矩阵显示和事件安排。

Unisim 动态选项还增强了对固体处理过程的支持，新添了一个正位移泵模型以及嵌入了 ProfiT® Controller 功能模块。

（2）Unisim 酸性水预测（SW）选项

该选项是霍尼韦尔的预测酸性水腐蚀的预测软件工具，现已集成到 Unisim 设计套件中。酸性水预测选项为评估并控制 H_2S 主导的二硫化氨腐蚀提供了一种新的有效方法。通过与 Unisim 设计套件的集成，当选择对一个流股进行腐蚀率分析时，这个流股的条件（温度、压力）和流股组分可以自动传送给酸性水预测程序进行分析。酸性水预测计算程序在后台运行，然后更新应用中的腐蚀率和其他适用变量。注意，酸性水预测软件必须单独安装。

（3）Unisim PVTsim 选项

该选项可借助 Calsep 的热力学计算引擎，包括物理特性和闪蒸计算，支持储运工程师、计量专家和工艺工程师将可靠的流体特征程序与强大且有效的回归算法相结合，完成流体属性与实验数据之间的最佳匹配。

（4）Unisim MultiflashTM 选项

该选项基于标准的方法和 Infochem 提供的 PVT 分析工具，来确定上游油气工厂中复杂混合物的相平衡以及热力学特性。

（5）Unisim Blackoil 选项

该选项采用 Neotec 提供的针对上游油气工厂建模过程中处理石油液体的标准方法。该选项提供了一种独一无二的功能，可以以虚拟组分的方式进行流程建模。

（6）Unisim 电解质选项

该选项是基于 OLI Systems 公司开发的技术。OLI Systems 公司是水化学方面的专家。通过把 Unisim 模拟能力与强大的 OLI 数据库、多达 3000 种有机和无机电解质组分的热力学物理特性库集成在一起，可以分析复杂的水合电解质系统。它提供了 OLI 的全新混合溶液电解质模型，可用于模拟强电解质系统以及电解质和非电解质相结合的系统，同时连接 OLI 的腐蚀分析应用，在腐蚀发生之前研究腐蚀的起因。最新版 Unisim 设计套件还允许用户在 OLI 模拟环境下自定义虚拟组分，从而可以将该能力延伸到炼油厂方面的应用。

（7）Unisim Amines 选项

该选项可模拟并优化油气气体和液体脱硫醇过程，其中包括单一、混合或活性胺。它的逐板式模拟方法能够高精度模拟不同工业溶液中硫化氢和二氧化碳的吸收与反应。它的先进的热力学电解质模型获得了比经验模型更可靠的结果，这种优势尤其在混合胺方面更加明显。

（8）Unisim OLGAS™ 选项

该选项采用 Unisim 内嵌的工业标准的 Scandpower 多相管道流技术计算管道压力梯度、滞液和流体类型。

（9）Unisim 的 OLGA

该选项实时更新界面可支持在 Unisim 动态选项中应用 Scandpower 公司的 OLGA2000 软件，进而模拟油井和管道中油、水和气体的瞬态多相流。在 Unisim 设计套件中，工程师可以连接多个产品流，进行与工艺模拟相关的管网建模。

（10）Unisim PIPESYS™ 选项

该选项是基于 Neotec 的技术，可支持为合成油和黑油准确构建单相和多相流模型，从而进行管道系统设计、优化及脱瓶颈研究。它可以解释管线高度剖面、内嵌设备、管道构成和粗糙程度以及流体特性对流动的影响。

（11）Unisim 热交换器

这是支持热力学专家准确设计、检查、模拟并评估热交换设备的一组软件。这些程序可用于确定满足所有过程限定条件的最佳热交换配置。与 Unisim 设计套件配合使用可在整个过程设计中节约大量资本。这些产品是超过 40 年的行业协作和研究所获得的成果。该套件中提供的热交换器产品包括：管壳式热交换器建模工具、叉流式热交换器建模工具、板翅式换热器建模工具、加热炉建模工具、板式换热器建模工具、水加热器建模工具及工艺管线建模工具。

（12）兼容于 Aspen HYSYS

Unisim Design R390 之前的版本可以直接读取 Aspen HYSYS 2006 之前的任何版本所保存

的模拟文件，也可以保存为 HYSYS 格式模拟文件。但 2004 年转让协议所规定的 2 年支持期早已过去，Aspen HYSYS 自 7.0 版本开始已经不能读取 Unisim Design 软件的模拟文件。

第五节　热力学模型的选择

一、流体状态的描述模型

流程模拟离不开热力学性质的计算，主要参数有逸度系数、相平衡常数、焓、熵、Gibbs 自由能、密度、黏度、导热系数、扩散系数、表面张力等。热力学模型的恰当选择和正确使用决定着计算结果的准确性、可靠性和模拟成功与否。迄今为止，还没有任何一个热力学模型能适用于所有的物系和所有的过程。

热力学性质计算的准确程度由模型方程式本身和它的用法所决定，即使选择了恰当的热力学模型，如果使用不当，也会产生错误的结果。热力学模型的使用往往涉及原始数据的合理选取、模型参数的估计、从纯物质参数计算混合物参数时混合规则的选择等问题，需要正确处理。

根据相律，对一固定组成的均相混合物，满足状态方程 $f(p, V, T) = 0$。即在 p、V 和 T 三个变量中需指定两个作为独立变量。对一个指定的相（固体、液体或气体），热的测定给出了热力学性质如何随温度变化的信息，而体积的测定则给出了热力学性质在恒温下随压力或密度变化的信息。经典热力学的最大贡献在于它提供了由可测的热力学量及其相互关系推算不可测的热力学量的严格的数学方法。譬如化工计算经常碰到的热和功往往用焓变求得。焓不能直接测量，但可通过能直接测量的 p、V、T 和 C_p 等性质及其相互关系来计算。流体的 p-V-T 关系既是计算其他热力学性质的基础，又可用于设备或管道尺寸及强度的设计。可以说，只要有可靠的 p-V-T 关系，除化学反应平衡以外的热力学问题原则上均可得到解决。

一般说来，描述流体行为状态的方程可以分为状态方程和活度系数方程两个大类。对于非极性体系或者弱极性体系，一般可以通过一定形式的 p、V、T 关系模型方程来描述其状态，故称为状态方程法（Equation of State，EOS）。虽然大多数状态方程对烃类溶液（属正规溶液，与理想溶液偏离较小）确可同时应用于气、液相逸度计算，但对另一类生产中常见的极性溶液和电解质溶液，则由于其液相的非理想性较强，一般的状态方程并不适用。因此该类溶液中各组分的逸度常通过活度系数模型（Activity Coefficient Model）来计算。活度系数模型的建立与溶液理论密不可分。除少数纯经验性模型外，大多活度系数模型均以一定的溶液理论为基础。

本节将介绍几种在石油天然气工业和化学工业中常用的几个状态方程模型和活度系数方程模型。

1. 理想气体状态方程

理想气体是一种科学的抽象，实际上并不存在，可以视其为一种模型气体。这种气体由没有大小、没有相互作用的质点组成。理想气体在任何压力和温度范围内都不会出现相变，永远处于气体状态。理想气体的状态变化严格地遵循下面的理想气体状态方程：

$$pV = RT \tag{1-15}$$

任何真实流体，当压力趋于零或摩尔体积趋于无穷大时，均可将其当作理想气体看待。因此，一个真实气体状态方程在低压（低密度）下都要能够简化为理想气体状态方程，这是衡量一个状态方程是否可靠的一个最起码的指标。另外。由于理想气体的性质较易描述，因此理想气体状态常常被作为计算真实流体热力学性质的参考态，这样可使问题大为简化。

2. 维里(Virial)方程

真实流体的 p、V、T 行为和理想状态存在偏差，人们通过引入压缩因子来衡量这种偏差。引入压缩因子后，真实流体的状态方程可写为

$$z = \frac{pV}{RT} = 1 + \frac{B}{V} + \frac{C}{V^2} + \frac{D}{V^3} + \cdots \tag{1-16}$$

式中，z 即为压缩因子，有的文献中也称其为偏差系数。压缩因子也是状态函数。B、C、D 分别称为第二、第三、第四维里系数，它们只是物性和温度的函数，与摩尔体积无关。

维里方程由荷兰人翁内斯(Onnes)在 1901 年首先提出，维里方程具有严格的数学推导，从统计力学也可以推得维里方程，并赋予维里系数以明确的物理意义：如 B/V 项反映了双分子相互作用的贡献；C/V^2 反映了三分子相互作用的贡献，如此等等。第二维里系数很重要，在热力学性质计算和气-液平衡计算中都有应用。第二维里系数 B 可以用统计热力学理论求得，也可以用实验测定，还可用普遍化方法计算。由于实验测定比较麻烦，而用理论计算精度又不够，故目前工程计算大都采用比较简便的普遍化方法。

目前能比较精确测得的只有第二维里系数，少数物质也测得了第三和第四维里系数。维里方程的理论意义大于实际应用价值。对于密度不是很大的气体，维里截断式具有实际应用价值，对于稠密流体，特别是液体，高阶维里项迅速发散，维里方程不再具有实际应用价值。

3. 立方型方程

立方型状态方程大部分是在范德华方程的基础上建立起来的。其特点是可以展开成体积的三次方程，能够用解析法求解，精度较高，又不太复杂，很受工程界欢迎。近年来发展很快，各种新型的立方型状态方程不断出现，在 p、V、T 关系计算及气-液平衡计算中已占有不容忽视的地位。

比较典型的常用立方型方程主要有：范德华(v-d-W)方程(van der Waals Equation)、RK 方程、SRK 方程、PR 方程等。理论上，立方型方程可以预测液相的相行为，但由于某些方程用于预测液相密度或者焓时误差较大，有时需要利用其他方程来计算以提高精度。

（1）RK(Redlich-Kwong)和 SRK(Soave-Redlich-Kwong)方程

RK 方程的原始形式为

$$p = \frac{RT}{v - b} - \frac{\alpha}{T^{0.5} v(v + b)} \tag{1-17}$$

该方程在计算气相热力学参数时较好，但计算气、液相平衡时精度较差。

SRK 方程的形式为

$$p = \frac{RT}{v - b} - \frac{\alpha(T)}{v(v + b)} \tag{1-18}$$

SRK 方程在不失 RK 方程形式简单的情况下，大大改善了气相和液相描述效果。但 SRK 方程对液相密度的预测偏小；在混合物中含有氢时，使用该方程将导致较大偏差。

（2）PR(Peng-Robinson)状态方程

PR 方程属于半经验方程，并且也是对 RK 方程的修正，其形式为

$$p = \frac{RT}{v - b} - \frac{\alpha(T)}{v(v + b) + b(v - b)} \tag{1-19}$$

PR 方程能使气相热力学参数的计算得到满意的结果，而且预测液相密度比 SRK 方程更准确。HYSYS 软件对 PR 方程的二元交互作用参数进行了大量的扩充，大大地扩展了模型的适用范围，计算常采用此方程。

由于 PR 方程具有良好的计算精度，许多学者对其进行改进。例如，针对酸性组分 H_2S、CO_2、NH_3 采用 Wilson API-Sour 计算酸性组分在水相中的相平衡常数，形成了 Sour-PR 方程；针对 α 函数提出改进，则分别形成 PRSV 方程和 PR-Twu 方程。

4. 多参数状态方程

多参数状态方程式通常是在维里方程基础上发展起来的，如 BWR 方程及其改进形式 BWRS 方程和 Martin-Hou 方程等。这类方程通常有很多可调参数，需要由大量实验数据拟合得到。由于可调参数多、灵活性大，在拟合 p-v-T 数据时可以获得很高的精度。其最大的缺陷是计算复杂，且需机算，耗时多，又很难得到适合混合物计算的普遍化形式。

（1）BWR（Bendict-Webb-Rubin）方程

BWR 方程的表达式为

$$p = RT\rho + \left(B_0 RT - A_0 - \frac{C_0}{T^2}\right)\rho^2 + (bRT - a)\rho^3 + a\alpha\rho^6 + \frac{c\rho^3}{T^2}[(1 + \gamma\rho^2)\exp(-\gamma\rho^2)]$$
$$\tag{1-20}$$

BWR 方程为 8 参数状态方程，虽然针对轻烃及其混合物的热力学计算可取得良好的结果，但对非烃气体含量较多的混合物、己烷以上的烃类及较低的温度（$T_r < 0.6$）并不十分满意。

（2）SHBWR 方程

SHBWR 方程的表达式为

$$p = \rho RT + \left(B_0 RT - A_0 - \frac{C_0}{T^2} + \frac{D_0}{T^3} - \frac{E_0}{T^4}\right)\rho^2 + \left(bRT - a - \frac{d}{T}\right)\rho^3 + $$
$$\alpha\left(a + \frac{d}{T}\right)\rho^6 + \frac{c\rho^3}{T^2}(1 - \gamma\rho^2)ex(-\gamma\rho^2) \tag{1-21}$$

SHBWR 方程为 11 参数状态方程，同时适用于气相和液相，用其预测油田气的热力学和容积数据具有很高的精确度。这个方程的优点是适用范围 BWR 宽，对比温度 $T_r = 0.3$，对比密度可高达 $\rho_r = 3.0$。

（3）Lee-Kesler 方程

该方程是建立在对比态原理基础上的三参数方程，它也是对 BWR 方程的一种改进形式。方程将实际流体的热力学性质表示为简单流体和标准流体相应热力学性质函数，即

$$q = q^0 + \frac{\omega}{\omega^{(\gamma)}}[q^{(r)} - q^{(0)}] \tag{1-22}$$

Lee-Kesler 方程用于碳氢化合物焓值的计算已被公认为是精度最高的方程，另外它对非碳氢化合物及极性物质的烃类系统进行气-液平衡计算，结果也比较满意。

5. 活度系数方程

虽然大多数状态方程对烃类溶液（属正规溶液，与理想溶液偏离较小）确可同时应用于气、液相逸度计算，但对另一类生产中常见的极性溶液和电解质溶液，则由于其液相的非理

想性较强，一般状态方程并不适用。因此该类溶液中各组分的逸度常通过活度系数模型来计算。活度系数模型的建立与溶液理论密不可分。除少数纯经验性模型外，大多活度系数模型均以一定的溶液理论为基础。

常用的活度系数模型较多，适用性各有差异，下面仅介绍几个最常用的活度系数模型的特点和适用系统。

Margules、van Laar 等经验性较强的模型其优点是数学形式简单，易于从活度系数数据求取参数，以及能够描述包括部分互溶体系在内的偏离理想状态较大的二元混合物，但在没有二元或更高的交互作用参数时无法应用于多元系。

Wilson 模型只需用二元参数就能很好地表示二元和多元混合物的气-液平衡。相对于 NRTL 和 UNIQUAC 方程，Wilson 方程的形式比较简单，对二元系的回归精度一般更高。但原型的 Wilson 二方程无法应用于液-液平衡。

NRTL 模型在表示二元和多元系的气-液与液-液平衡方面是相当好的，且对水溶液体系的描述常优于其他方程。NRTL 的形式较 UNIQUAC 简单，其唯一缺点是对每一对组分包含有 3 个参数，但第三个参数 α 往往可依据组分的化学特性估计。实际上，不少研究者已习惯于将 α 作为一常数使用，例如在 DECHEMA LLE Data Collection 中，对所有混合物均采用 α 等于 0.2。

UNIQUAC 模型对每一对组分虽然也只有 2 个参数，但它的形式最复杂。该方程包含了纯组分的分子表面和体积信息，这些数值可通过基团贡献法估算。正由于这一原因，该法特别适用于分子大小相差较大的混合物。UNIQUAC 模型只需二元参数和纯组分参数便可适用于多元系的气-液和液-液平衡计算。以 UNIQUAC 为基础的 UNIFAC 基团贡献模型在相平衡计算中正得到越来越广泛的应用。只要已知组分的基团结构，就可估算软件数据库中没有的库组分或非库组分的二元交互作用参数。

活度系数模型必须由经验数据，例如相平衡数据，来估计或获得二元参数。活度系数模型的二元参数只有在获得数据的温度和压力范围内有效，使用有效范围外的二元参数应谨慎，特别是液-液平衡应用，如果得不到参数可用具有预测功能的 UNIFAC 模型。活度系数方法只能用于低压系统 10bar(1MPa) 以下，对于在低压下含有可溶气体并且其浓度很小的系统，使用亨利定律，对于在高压下的非理想化学系统用灵活的、具有预测功能的状态方程。

对不同活度系数模型的适用性和优劣作出全面而客观的评价并非易事。虽然各种活度系数模型理论基础的严密性上存在差别，而且一般而言，溶液理论的合理性越强，活度系数模型的适用性和计算精度理应越好，但最终的结论应该在广泛考察各模型对二元系到多元系、理想到非理想、互溶到不互溶、回归计算到预测计算等尽可能多的情况后得出。

二、气-液平衡计算

1. 流体的气-液平衡

对于单相流体可以通过单一的状态方程或者活度系数模型来描述系统状态和物性，但对于多相平衡系统则须首先进行相平衡计算，确定各相的组成和条件，然后再分别计算物性。

气-液平衡是许多生产过程(化工、石油和石油化工等)中最常见的相平衡现象，在混合物的分离过程(精馏、吸收等)及油气藏开采中占有极为重要的地位。气-液平衡数据包括温度 T、压力 p、气相组成 y_i 及液相组成 x_i。这些数据之间存在着一定的内在联系。

气相一般采用状态方程法计算逸度：

$$\hat{f}_i^V = \hat{\Phi}_i^V y_i p \tag{1-23}$$

非极性或者弱极性的液相则可采用状态方程法计算逸度：

$$\hat{f}_i^L = \hat{\Phi}_i^L x_i p \tag{1-24}$$

而非理想性较强的液相则须采用活度系数法计算逸度：

$$\hat{f}_i^L = \gamma_i x_i f_i^0 \tag{1-25}$$

在气-液相平衡计算中，根据气、液相逸度的算法，所有气-液平衡模型可概括为两类，即气、液相逸度均按 EOS 计算的 $(\Phi-\Phi)$ 法，和气相逸度按 EOS 而液相逸度按活度系数模型计算的 $(\Phi-\gamma)$ 法。

在相平衡的条件下，i 组分在气、液两相中的逸度必须相等：

$$\hat{f}_i^V = \hat{f}_i^L \tag{1-26}$$

在 $(\Phi-\Phi)$ 法中，气相和液相的逸度均通过逸度系数表达，相平衡方程可表达为

$$\hat{\Phi}_i^V y_i = \hat{\Phi}_i^L x_i \text{ 或 } K_i = \frac{y_i}{x_i} = \frac{\hat{\Phi}_i^L}{\hat{\Phi}_i^V} \tag{1-27}$$

在 $(\Phi-\gamma)$ 法中，气相和液相的逸度均通过逸度系数表达，相平衡方程可表达为

$$\hat{\Phi}_i^V y_i p = \gamma_i x_i f_i^0 \text{ 或 } K_i = \frac{y_i}{x_i} = \frac{\gamma_i f_i^0}{\hat{\Phi}_i^V p} = \frac{\gamma_i \Phi_i^0}{\hat{\Phi}_i^V} \tag{1-28}$$

式中，Φ_i^0 为纯液体组分 i 在体系条件下的逸度系数。

常用的状态方程中 PR 方程、SRK 方程、BWR 方程和 Lee-Kesler 方程等可以用于非极性或弱极性液相体积的物性计算，但是适用情况较复杂。

SRK 方程的结果与 PR 方程相近，不过应用范围窄得多，用于非理想系统时结果不可靠。SRK 方法会低估液体的密度，PR 方程对液体或液体混合物的密度估算效果较好。对烃类体系气-液平衡计算用 SRK 和 PR 方程具有简单、准确的优点，但不适用于含氢体系。SHBWR 方程在较宽的温度、压力范围内(特别是低温和接近临界区的情况下)具有较高的准确性，且可应用于含氢系统。在临界区则以 Lee-Erbar-Edmister 和 SHBWR 方程最为可靠。烃类体系焓值计算以上各种方程平均偏差相近，以 SRK 方程，SHBWR 方程和 LEE 方程更为准确。

活度系数方法是描述低压下高度非理想液体混合物的最好方法。极性或非理想系统通常采用双模型法预测气-液相平衡行为，即采用活度系数模型预测液相行为，而气相则采用状态方程模型预测气相行为。对于气相中出现二聚体的有机酸系统，气相则需采用维里方程模拟。

2. 烃类系统 $(\Phi-\gamma)$ 类气-液平衡模型

烃类系统一般采用 $(\Phi-\Phi)$ 类状态方程进行气-液平衡计算，但也有一些 $(\Phi-\gamma)$ 类气-液平衡模型。

(1) Chao-Seader 模型

该方程是用不同状态方程求气、液平衡常数，广泛用于烃类系统。该法用 RK 方程计算气相逸度系数 $\hat{\Phi}_i^V$，用 Scatchard-Hildebrand 方程计算活度系数 γ_i。纯液体组分 i 的逸度系数 Φ_i^0 则按 Pitzer 的三参数对应状态理论计算。

Chao-Seader 模型可应用于各类烃，如烷烃、烯烃、芳烃和环烷烃，并可应用至含氢的烃类体系。

(2) Lee-Erbar-Edmister 状态方程

该方程是三参数方程，在气、液相平衡计算中，主要用来计算气相逸度系数。方程的表现形式为

$$p = \frac{RT}{v-b} - \frac{a}{v(v-b)} + \frac{bc}{v(v-b)(v+b)} \qquad (1-29)$$

本模型可应用至烃类混合物及含有某些非烃气体的烃类混合物。适用的范围为 115 ～ 535K，压力则可高达混合物收敛压的 90%。对液相中含非烃气体超过 50%（摩尔分数）的体系以及无限稀释组分本模型不适用。

Lee 曾将本模型和 Chao-Seader 模型所预测的纯组分蒸气压及相平衡常数作对比，认为本模型的准确性有显著提高。

三、状态方程法和活度系数法的对比

状态方程法和活度系数法的工作方程在热力学上是可以做到完全严格的，然而在状态方程和活度系数模型中会有近似因素，从而导致误差的产生。这种近似在不同的条件或不同的体系下各不相同。这也就是在特定的条件下，对特定体系的气-液平衡数据关联时，不同的方法会一导致不同精度的原因。

两种方法的一般性对比见表 1-14。

表 1-14　状态方程法和活度系数法的比较

方法	优　点	缺　点
状态方程法	（1）不需要标准态。 （2）只需要 p-v-T 关系和纯物性数据，即使需要二元交互作用参数。其适用的温度、压力范围也很广。 （3）可以用在近临界区。 （4）可以包含超临界组分	（1）没有一个状态方程能完全适用于所有的密度范围。 （2）受混合规则的影响很大。 （3）采用简单混合规则时，对于含极性物质、大分子化合物和电解质的体系很难应用
活度系数法	（1）中、低压相平衡计算简单、比较适合手算。 （2）可适用的体系范围广，包括含极性组分、聚合物、电解质的高度非理想体系均能适用，当然更适合仅含非极性组分的体系。 （3）采用基团贡献法可预测复杂体系相平衡，无需实测实验数据	（1）高压相平衡计算不方便；难以在近临界区内应用。 （2）需要较多的实验数据确定模型参数，且模型参数受到温度的影响。 （3）对含有超临界组分的休系应用不够方便，需引入 Henry 定律

四、HYSYS 7.3 版本的热力学方程简介

HYSYS 7.3 版本将所有热力学方程分成以下 5 类：

EOS Model——主要适用于非极性或弱极性体系。

Activity Model——主要适用于低压下的极性体系。

Chao-Seader Model——主要适用于重烃或含氢的烃类体系。

Vapor Pressure Model——适用于特定体系。

Miscellaneous Types——专用流体包，主要包括醇胺、甘醇、水蒸气表和 OLI 电解质模型等。下面对这些模型的适用性进行简单的介绍。

（一）状态方程类

HYSYS 软件（7.3 版本）中状态方程类热力学模型和简介见表 1-15。

表 1-15　HYSYS 软件（7.3 版本）状态方程模型简介

模型名称	模型简介
GCEOS	GCEOS（Generalized Cubic Equation of State）方程为通用立方型状态方程，允许用户采用自己的立方型方程、混合规则与液体体积修正参数

模型名称	模型简介
Kabadi Danner	Kabadi Danner 方程是对 SRK 方程的改进，加强了水-烃系统，特别是稀溶液的气-液平衡计算。可用于计算烃类在水相(aqueous phase)中的溶解度或者水在烃相中的溶解度。如果需计算烃类在水中的溶解度可采用此模型
Lee-Kesler Plocker	Lee-Kesler Plocker 方程是描述非极性物质及混合物的最准确的通用型模型。特别推荐应用于乙烯塔。该方程没有采用 Costald 关联式计算液相密度，计算出的密度数值可能会与状态方程法计算值有一定的差异
Peng-Robinson	Peng-Robinson (PR)方程适用于计算烃类系统密度。Hyprotech 公司对 HYSYS 的 PR 方程做了很多改进，扩大了适用范围，并可应用于一些非理想体系。但高度非理想体系还是推荐适用活度系数模型。模型适用范围：温度大于-271℃，压力小于 100MPa。对于油气处理过程、石油化工过程通常推荐使用 PR 方程。推荐使用系统： 天然气或含芳烃天然气的 TEG 法脱水 * 低温气体处理 空气分离 原油常压蒸馏 减压蒸馏 高含氢系统 蓄热系统 水合物抑制 原油与处理
PRSV	Stryjek 和 Vera 等对 PR 方程进行过两次改进，最终称为 PRSV 方程，可扩展到中等程度非理想系统。PRSV 方程计算精度与采用 Gibbs 过剩自由能函数的活度系数方程如 Wilson，NRTL 或 UNIQUAC 相近。尽管 HYSYS 只有少量的 PRSV 方程二元参数回归数据，但该方程可推荐使用于中等程度的非理想系统，如水-醇、某些烃类-醇等。以下过程推荐采用 PRSV 方程： 低温气体处理 空气分离 化学系统 氢氟酸烷基化
Soave-Redlich-Kwong (SRK)	SRK 方程的精度在大多数情况下与 PR 方程相近，但适用范围大大缩小：温度大于 -143℃，压力小于 35MPa。SRK 方程不适用于非理想化学系统，如醇、酸等
Sour PR	Sour PR 方程结合了 PR 方程和 Wilson API-Sour 模型的优点，可应用于酸水汽提、原油塔及任何含烃-酸气-水的体系。方程采用 PR 方程计算气相或液相中烃类的逸度以及所有相的焓；用 Wilson API-Sour 模型描述 H_2S、CO_2、NH_3 组分在水相的电离过程，并计算其 K 值；用温度为函数的经验关联式计算水的 K 值。原始模型的适用温度 20~140℃，水分压力可至 345kPa，但 HYSYS 将模型的水分压拓展至 690kPa
Sour SRK	Sour SRK 模型结合了 SRK 方程和 Wilson API-Sour 模型的优点，可处理酸水汽提、原油塔及任何含烃-酸气-水的体系。原始模型适用温度 20~140℃，水分压力可至 345kPa，但 HYSYS 将模型的水分压拓展至 690kPa
Zudkevitch Joffee	Zudkevitch Joffee 模型是 RK 方程的改进型，可更好地预测烃类系统以及含氢系统的气-液平衡，改进了纯组分的气-液平衡结果。通常用于含氢系统
BWRS	Benedict-Webb-Rubin-Starling (BWRS)模型通常用于气相组分的压缩过程计算，上游或下游的气体处理过程均可使用。但 BWRS 模型需要 11 个参数，适用组分只有从 $C_1 \sim C_8$ 的正构烷烃、异丁烷、异戊烷、乙烯、丙烯和 N_2、H_2S、CO_2 等 15 种组分

模型名称	模型简介
MBWR	MBWR 物性包对是原始 BWR 方程的改进。这个含 32 项参数的状态方程仅适用于某些特定组分和特定操作条件
PR-Twu	PR-Twu 物性包在 PR 方程中加入了 Twu 状态方程的 α 函数以改进所有库组分的气相压力预测结果
SRK-Twu	SRK-Twu 物性包在 SRK 方程中加入了 Twu 状态方程的 α 函数以改进所有库组分的气相压力预测结果
Twu-Sim-Tassone	Twu-Sim-Tassone 方程属于立方型状态方程，采用了 Twu α 函数和 TST 过剩 Gibbs 能混合规则精确计算 K 值。在很宽的温度与压力范围内，TST 方程对高度非理想系统的气-液平衡预测结果与 PR 或 SRK 相近。HYSYS 已经给出了库组分计算 α 函数所需参数，特别是已经 TEG 脱水过程计算中所需的二元交互作用参数

注：＊计算表明，H_2O-TEG 系统采用 PR 方程计算泡点时可能出现两液相，且不同 TEG 浓度下的泡点温度曲线严重跳跃。实际应用时推荐采用 Glycol Pkg 或 PRSV。

（二）活度系数类模型

HYSYS 软件(7.3 版本)中活度系数类热力学模型和简介见表 1-16。

表 1-16　HYSYS 软件(7.3 版本)活度系数模型简介

模型名称	模型简介
Chien Null	Chien Null 模型提供一个通用的框架以计算活度系数，可用于高度非理想体系。通过合理定义通用表达式的二元项，模型可以采用最合适的活度系数表达式。这一特点使得模型可以直接利用从其他具有热力学一致性的活度系数模型回归得到的二元交互作用参数
NRTL	Non-Random-Two-Liquid（NRTL）模型是 Wilson 方程的扩充，采用了统计学原理及液体池理论描述液体结构。可用于描述 VLE、LLE 和 VLLE 体系的相行为。NRTL 物性包可用于含有高度非理想化合物的化学系统和氢氟酸烷基化
Extended NRTL	Extended NRTL 模型是对 NRTL 方程的拓展，允许用于输入某些参数以计算组分活度系数。适用场合：宽沸点体系；需要对宽沸点系统或者组分浓度变化幅度较大的系统进行 VLE 和 LLE 计算
General NRTL	General NRTL 模型属于 NRTL 方程的变型，允许用户选择模型参数 t 和 x 的方程形式。适用场合：宽沸点体系；需要对宽沸点系统或者组分浓度变化幅度较大的系统进行 VLE 和 LLE 计算
Margules	Margules 模型第一次提出了过量 Gibbs 自由能表达式。这一方程没有任何理论基础，但适用于快速估算和数据内插。HYSYS 对模型进行了扩充
UNIQUAC	UNIQUAC 模型采用统计学原理和 Guggenheim 拟化学理论描述液体结构。可处理 LLE、VLE 和 VLLE 系统，精度与 NRTL 方程相当。但不需要非随机因子（non-randomness factor）。方程可适用于含水、醇、腈、胺、酯、酮、醛、卤代烃和烃的系统
van Laar	Van Laar 模型适合许多系统，特别是 LLE。可用于对 Raoult 定律呈正偏差或负偏差的系统，但不能用于预测活度系数的最大值或最小值。因此，对卤代烃和醇的系统表现较差。用于多组分系统时须小心，有错误产生两液相的可能。对于稀溶液系统表现较差，不能用于醇-烃混合物（alcohol-hydrocarbon mixtures）
Wilson	Wilson 方程是第一个由局部浓度模型推导出过量 Gibbs 能表达式的活度系数方程，提供了一个从回归的二元平衡数据能够保持热力学一致性的预测多组分行为的方法。Wilson 方程可用于几乎所有的高度非理想化学系统，但电解质溶液和部分互溶溶液（LLE 或 VLLE）除外。用从二元组分系统回归得到的参数预测三元组分的相行为时，Wilson 方程具有良好的精度

（三）Chao Seader 类模型

HYSYS 将半经验型的 Chao Seader 模型和 Grayson Streed 模型单独分类，简介见表1-17。

表1-17 Chao Seader 类模型简介

模型名称	模型简介
Chao Seader	C-S 模型属于半经验模型，用 RK 方程计算气相逸度。重烃系统的压力小于10342kPa，温度范围 $-17.78 \sim 260℃$ 时可使用 C-S 关联式，C-S 关联式还可应用于蒸汽系统。用于三相闪蒸计算时必须将水相严格限定为第二液相。由于内有蒸汽表的精确关联式，对于气相或液相的主要组分为水的系统，倾向使用 C-S 关联式。蒸汽表的适用范围是：温度 $-18 \sim 260℃$，压力小于10MPa。C-S 关联式可适用于 N_2，CO_2 和 H_2S 各自的含量不超过5%的烃类系统计算
Grayson Streed	G-S 关联式是 Chao-Seader 关联式的扩展，重点改进了对氢气的预测。推荐使用于高含氢系统，还可用于模拟原油拔头单元和重烃减压蒸馏单元。G-S 关联式模拟减压塔时精度较高，用于三相闪蒸计算时必须将水相严格限定为第二液相。模型适用范围：温度 $-18 \sim 425℃$，压力小于20MPa。需要注意的是，计算含 N_2，CO_2 和 H_2S 的烃类混合物时，上述组分各自的浓度必须小于5%。G-S 关联式中的蒸汽压模型由 API Data Book 蒸汽表和煤油溶解度曲线回归得到，用于处理气相中的水分时不是非常精确。G-S 关联式虽然可以进行所有系统的三相平衡计算，但水相均视为纯水

（四）蒸气压类模型

HYSYS 软件(7.3 版本)中蒸气压类热力学模型和简介见表1-18。

表1-18 HYSYS 软件(7.3 版本)蒸气压类模型简介

模型名称	模型简介
Antoine	Antoine 模型可用于接近理想体系的低压系统。用于重烃分馏系统计算时结果可与严格模型相媲美。高压系统或者有相当数量轻烃的系统不能考虑该模型。模型适用范围：温度小于 $1.6T_c$，压力小于700kPa
Braun K10	Braun K10 模型严格限定于低压下的重烃系统。模型应用 Braun K10 理想气体模型计算气-液平衡、用 Lee-Kesler 方法计算焓和熵。原型适用范围：$-17.8 \sim 1.6T_{ci}$。在有大量酸性气或轻烃时精度受到影响。所有三相计算均假设水相是纯水，水在烃相中的溶解度均由 API Data Book 中的煤油溶解度方程计算 HYSYS 对 Braun K10 模型做了改进，增加了大量的烃类和轻组分气体的系数，假组分的沸点可覆盖至 $177 \sim 427℃$，更重的馏分还可用 AspenTech 提出的方法来处理。模型适用范围扩展至：$-140℃ < T < 527℃$，$p < 700kPa$。 Braun K10 模型应用于沸点的 $177 \sim 427℃$ 之间的单纯的脂肪烃类混合物或者单纯的芳香烃类混合物结果最佳。但用于同时含有脂肪烃与芳香烃的多种烃类混合物时精度有所降低。对于含气态轻烃、中等压力的混合物建议适用 C-S 或 G-S 关联式。 HYSYS 软件在适用 Braun K10 模型时有用户选择气相蒸气压模型的选项，可选择默认值，物性包状态栏会显示黄色，可忽略该警告
Esso Tabular	Esso Tabular 模型严格限定于低压下的烃类系统。对于重烃系统，计算结果与改进的 Antoine 方程相近。非烃组分的 K 值由 Antoine 方程计算。不过，轻烃系统中如果存在大量的酸性气，精度将受到影响。所有三相计算均假设水相是纯水，水在烃相中的溶解度均由 API Data Book 中的煤油溶解度方程计算。 适用范围：$T < 1.6T_{ci}$，$p < 700kPa$

（五）其他类模型 Miscellaneous Types

HYSYS 软件(7.3 版本)中还有一些专用模型，简介见表1-19。

表 1-19　HYSYS 软件(7.3 版本)专用模型简介

模型名称	模型简介
Amine Package	Amine Package 内有 D. B. Robinson 等开发的醇胺法处理专用模拟器 AMSIM。为使模拟结果更加接近真实情况，模型根据用户给定的塔径和塔内件结构计算吸收塔和再生塔中 H_2S 和 CO_2 组分的板效率。组分板效率是温度、压力、相组成、流率、物性、塔径和塔内件设计以及动力学和传质参数等的函数。 Amines 物性包中液相可采用 Kent-Eisenberg 模型(默认)或 Li-Mather 模型进行醇胺-酸性气系统的气-液平衡计算，气相采用 PR 模型。模型的物化性质严格限定于醇胺及以下组分。 酸性气：CO_2、H_2S、COS、CS_2 烷烃：$C_1 \sim C_{12}$ 烯烃：$C_2^=$、$C_3^=$、$C_4^=$、$C_5^=$ 硫醇：M-Mercaptan(甲硫醇)，E-Mercaptan(乙硫醇) 非烃：H_2、N_2、O_2、CO、H_2O 芳烃：C_6H_6、Toulene、e-C_6H_6(乙苯)、m-Xylene(间二甲苯) 醇胺醇胺　浓度/%(质量)　酸气分压/kPa　　温度/℃ 　MEA　　　 $0 \sim 30$　　 $0.00007 \sim 2068$　 $25 \sim 126.7$ 　DEA　　　 $0 \sim 50$　　 $0.00007 \sim 2068$　 $25 \sim 126.7$ 　TEA　　　 $0 \sim 50$　　 $0.00007 \sim 2068$　 $25 \sim 126.7$ 　MDEA*　　 $0 \sim 50$　　 $0.00007 \sim 2068$　 $25 \sim 126.7$ 　DGA　　　 $50 \sim 70$　 $0.00007 \sim 2068$　 $25 \sim 126.7$ 　DIPA　　　 $0 \sim 40$　　 $0.00007 \sim 2068$　 $25 \sim 126.7$
ASME Steam	ASME Steam 物性包严格限定于只有水组分的系统，采用 ASME 1967 蒸汽表。应用限制与原始 ASME 蒸汽表相同： $p < 103$MPa $0℃ < T < 815℃$
Glycol Package	Glycol 物性包内有 Twu-Sim-Tassone(TST)方程，可更准确地和更具热力学一致性地计算 TEG-水体系的相行为。模型已存有 TEG 脱水过程中所需组分的物性数据和二元交互作用参数数据。可用于以下系统 TEG 脱水系统，适用范围： 脱水塔　$15 \sim 50℃$　 $10 \sim 100$atm 甘醇再生塔　$202 \sim 206℃$　 1.2atm
NBS Steam	NBS Steam 物性包严格限定于只有水组分的系统，采用 NBS 1984 蒸汽表，在近临界点区域比 ASME 1967 蒸汽表精度更高。应用限制与原始 ASME 蒸汽表相同
OLI Electrolyte	OLI Electrolyte 物性包用于预测水溶液中出现相变化和反应的化学系统。采用 OLI Electrolyte 物性包时不使用 HYSYS 组分库，而使用 OLI 数据库。模型有两个选项： Limited 含 1000 种组分的标准数据库，可满足绝大部分过程工业的需要，是完整数据库的子数据库。 Full　含 3000 种组分的电解质数据库，也包括 GEOCHEM(采矿组分)电解质数据库
Clean Fuels Package	主要用于清洁燃料系统的热力学计算，可以进行 ppm 级硫含量的计算。用 Twu-Sim-Tassone(TST)模型作为描述清洁燃料系统的两参数立方型方程，包括了立方型方程和混合规则的最新进展、用 DIPPER 蒸气压数据修正过的最新蒸气压 α 函数，以及 1454 种 HYSYS 库组分的 DIPPER 纯组分物性库。新的数据库含有 101 个含硫醇-烃的二元参数。新的专有硫醇-烃估算方法可以预测共沸物的形成条件，并可根据无限稀释活度系数数据计算二元参数

注：*混合醇胺 DEA/MDEA 和 MEA/MDEA 被认为主要是 MDEA，因此用 MDEA 模拟混合溶剂。H_2S 和 CO_2 负荷大于 1.0mol 酸气/mol 醇胺时没有关联。

五、HYSYS 软件推荐的各种过程适用热力学模型

针对一些特定过程，HYSYS 软件(7.3 版本)推荐采用的热力学模型见表 1-20~表 1-27。

表 1-20　化学过程液相推荐模型

压力范围	推荐模型
$p<10\text{bar}(1\text{MPa})$	可用活度系数模型：如 Chien Null、Extended NRTL、General NRTL、Margules、NRTL、UNIQUAC、van Laar or Wilson。低压下的概念设计：UNIFAC。 活度系数模型气相默认采用理想气体状态方程，可选择 RK、PR 和 SRK 方程来模拟高压下的气体。但对于含羧酸等有机酸的特殊体系，气相中的酸分子可能形成二聚体，需要用 Virial 方程来模拟气相中分子的聚合行为
$p>10\text{bar}(1\text{MPa})$	可用状态方程，如 BWRS、GCEOS、Glycol Package、Kabadi-Danner、Lee-Kesler-Plocker、MBWR、Peng-Robinson、PR-Twu、PRSV、Sour SRK、Sour PR、SRK、SRK-Twu 或 Zudkevitch-Joffee。 如果存在极性组分，推荐 PRSV。 空气分离推荐用 Peng-Robinson 或 PRSV

表 1-21　电解质系统推荐模型

溶剂类型	推荐模型
水溶剂	OLI Electrolyte
含水混合溶剂	Aspen Properties Electrolyte

表 1-22　环境过程推荐模型

压力范围	推荐模型
$p<10\text{bar}(1\text{MPa})$	可用活度系数模型：如 Chien Null、Extended NRTL、General NRTL、Margules、NRTL、UNIQUAC、van Laar 或 Wilson。低压下的概念设计用 UNIFAC
$p>10\text{bar}(1\text{MPa})$	可用状态方程如 BWRS、GCEOS、Glycol Package、Kabadi-Danner、Lee-Kesler-Plocker、MBWR、Peng-Robinson、PR-Twu、PRSV、Sour SRK、Sour PR、SRK、SRK-Twu 或 Zudkevitch-Joffee。 如果存在极性组分可用 PRSV。空气分离用 Peng-Robinson 或 PRSV。 在环境处理工艺模拟中，模型准确描述痕量组分的能力非常重要，必须保证所选择的模型计算得到的痕量组分在无限稀释溶液中活度系数值足够准确

表 1-23　油气处理过程推荐模型

过程类型	推荐模型
气体脱水(Gas dehydration)	Peng-Robinson/Glycol Package
酸水处理(Sour Water)	低压下 Sour PR、Sour SRK
低温气体处理(Cryogenic Gas Processing)	PR、PRSV
油藏处理(Reseriours)	PR
水合物(Hydrates)	PR

表 1-24　采矿及冶金过程推荐模型

溶剂类型	推荐模型
有电解质	OLI Electrolyte Package
含水混合溶剂	Aspen Properties Electrolyte

表 1-25　石油化工过程推荐模型

过程类型	推荐模型
芳烃抽提 BTX 抽提 Aromatics BTX extractions	活度系数模型，如 Chien Null、Extended NRTL、General NRTL、Margules、NRTL、UNIQUAC、van Laar 或 Wilson。 两液相时可用 NRTL 或 UNIQUAC 模型及其衍生模型。 或者用 UNIFAC-LL 预测液-液平衡(LLE)的交互作用参数

过程类型	推荐模型
醚类生产 MTBE ETBE TAME	活度系数模型，如 Chien Null、Extended NRTL、General NRTL、Margules、NRTL、UNIQUAC、van Laar 或 Wilson。 两液相时可用 NRTL 或 UNIQUAC 模型及其衍生模型。 或者用 UNIFAC-LL 预测液-液平衡(LLE)的交互作用参数
乙苯或苯乙烯 Ethylbenzene Styrene	立方形模型，如 BWRS、GCEOS、Glycol Package、Kabadi-Danner、Lee-Kesler-Plocker、MBWR、Peng-Robinson、PR-Twu、PRSV、Sour SRK、Sour PR、SRK、SRK-Twu 或 Zudkevitch-Joffee。 气相采用状态方程时，液相可使用活度系数模型，如 Chien Null、Extended NRTL、General NRTL、Margules、NRTL、UNIQUAC、van Laar 或 Wilson
乙烯生产 Ethylene plant	主分馏塔用 Lee-Kesler-Plocker。其他分离器、急冷塔用 Peng-Robinson 或 SRK

表 1-26　能源系统推荐模型

过程类型	推荐模型
常规体系	Peng-Robinson or SRK，BWRS、GCEOS、Glycol Package、Kabadi-Danner、Lee-Kesler-Plocker、MBWR、PR-Twu、PRSV、Sour SRK、Sour PR、SRK-Twu、或 Zudkevitch Joffee
水	NBS Steam 或 ASME Steam

表 1-27　石油炼制过程推荐模型

过程类型	推荐模型
常规体系	Braun K10、Chao-Seader and Grayson-Streed；Peng-Robinson 或 SRK
含氢系统	Peng-Robinson、Zudkevitch-Joffee 或 Grayson Streed
酸水系统	Sour PR 或 Sour SRK
常压塔	Peng-Robinson 或 Grayson Streed
减压塔	Peng-Robinson、Grayson Streed ($p<10mmHg$)、Braun K10 或 Esso Tabular ($p>10mmHg$)
氢氟酸烷基化	PRSV 或带专用二元交互作用参数的 NRTL 模型

六、ASPEN HYSYS 软件应用案例

HYSYS 软件是世界著名油气加工模拟软件工程公司开发的大型专家系统软件。该软件分动态和稳态两大部分。其动态和稳态主要用于油田地面工程建设设计和石油石化炼油工程设计计算分析。其动态部分可用于指挥原油生产和储运系统的运行。对于油田地面建设该软件可以解决以下问题：

1. 在油田地面工程建设中的应用

(1) 各种集输流程的设计、评估及方案优化。

(2) 站内管网、长输管线及泵站。

(3) 管道停输的温降。

(4) 收发清管球及段塞流的预测。

(5) 油气分离。

(6) 油、气、水三相分离。

(7) 油气分离器的设计计算。

(8) 天然气水合物的预测。

（9）油气的相图绘制及预测油气的反析点。

（10）原油脱水。

（11）原油稳定装置设计、优化。

（12）天然气脱水(甘醇或分子筛)、脱硫装置设计、优化。

（13）天然气轻烃回收装置设计、优化。

（14）泵、压缩机的选型和计算。

2. 在石油石化炼油方面的应用

（1）常减压系统设计、优化。

（2）FCC 主分馏塔设计、优化。

（3）气体装置设计与优化。

（4）汽油稳定、石脑油分离和汽提、反应精馏、变换和甲烷化反应器、酸水分离器、硫和 HF 酸烷基化、脱异丁烷塔等设计与优化。

（5）在气体处理方面，可完成：胺脱硫、多级冷冻、压缩机组、脱乙烷塔和脱甲烷塔、膨胀装置、气体脱氢、水合物生成/抑制、多级、平台操作、冷冻回路、透平膨胀机优化。

3. 天然气液化

（1）天然气液化。

（2）从 LNG 中回收乙烷。

第二章　油田常用加工工艺

第一节　基本原理

油田加工工艺主要指原油稳定和轻烃回收工艺。

一、气-液平衡原理

气-液平衡就是在一定的温度和压力下，液相蒸发进入气相的分子数与气相冷凝进入液相的分子数相等，不同的温度和压力就有不同的气-液平衡数据。分馏塔就是根据这一原理设计的，在分馏塔的顶部温度和压力最低，蒸出的组分最轻，越往下面温度越高压力也越高，组分也就越重，因此，在分馏原油的常压塔中顶部出来的是汽油，往下出来的是煤油，再往下出来的是柴油和重柴油，塔底出来的是常压渣油。

在轻烃回收中往往利用提高压力和降低温度来使天然气中 C_3 以上的重组分冷凝下来，再利用气-液平衡原理，通过脱乙烷塔重沸器加温脱出多余的乙烷，再在液化气塔中通过重沸器加温将液化气脱出，塔底得到稳定轻油。

二、吸收脱吸原理

吸收过程实质上是气相组分在液相中的溶解过程。各种气体在液体中都有一定的溶解度。当气体和液体接触时，气体溶于液体中的浓度逐渐增加直至饱和为止。被溶解的气叫溶质，溶解气体的液体叫溶剂或吸收剂。当溶质在气相中的分压大于它在液相中的饱和蒸气压时，此压力差即为吸收过程的推动力；当压差等于零时，过程达到了平衡。如果条件相反，溶质自液相转入气相，即为脱吸过程。当溶质在液相中的饱和压力等于它在气相中的分压时，脱吸过程就达到了平衡。

吸收与蒸馏的共同点是都属于气、液两相平衡问题。但从质量交换过程来看，吸收过程只包括被吸收组分自气相进入吸收剂的传质过程，而蒸馏过程则不仅有气相中的重组分进入液相，而且还有液相中的轻组分转入气相的传质过程。因此，吸收过程是单向传质，蒸馏过程则为双向传质。

脱吸过程与吸收过程正好相反；因此，凡有利于吸收的因素，都不利于脱吸，而不利于吸收的因素，都有利于脱吸。

反复利用吸收和脱吸就实现了从天然气中回收液化气和稳定轻油的目的。

（一）吸收操作条件的选择

1. 压力

压力愈高对吸收愈有利。由吸收因数 $A = L/KV$ 可以看出：当塔板上的液气分子比 L/V 和温度不变时，压力增大，相平衡常数 K 变小，因而使 A 值增大。但应指出(图 2-1)：

（1）当压力增加到一定范围后，相平衡常数 K 值降低的程度愈来愈小；

（2）当压力增加时，单体烃 K 值的降低幅度以相对分子质量较小者降低幅度较大。因此，在选择压力时，过高的压力对提高吸收率的作用并不显著，反而急剧地增加了气体压缩所需的动能及设备投资，并增加了高压操作的困难。油田轻烃回收中气体吸收采用的操作压力在 1.5~1.7MPa 大气压范围内即可。

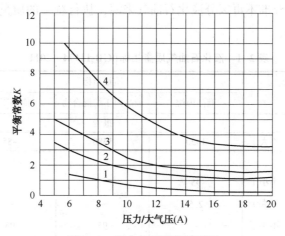

图 2-1　压力与相平衡关系图

1—C_3H_8(在 15℃)；2—C_3H_8(在 65℃)；3—C_2H_6(在 15℃)；4—C_2H_6(在 65℃)

2. 温度

吸收温度对吸收率的影响很大，温度愈低，效率愈高。由图 2-1 可以看出：当压力增加到一定数值时，15℃的 K 值较 65℃的 K 值小 1 倍左右，相应地增加了吸收效率。有关资料指出：温度降低 1℃，吸收率约可提高 2%~4%。

吸收过程伴有放热效应，特别是在原料中含有被吸收组分较多，又要求有较高的吸收率时，吸收塔内的温度将显著上升，这会大大影响吸收效率，采用预饱和技术可以减少放热效应。

3. 吸收剂

吸收剂的选择原则：

(1) 吸收剂的重度与相对分子质量的比值(ρ/M)越大，吸收效率越高。芳烃的 ρ/M 比值最大，环烷烃次之，烷烃最小。

(2) 应具有较好的选择性，即对原料气中的产品组分(如 C_3、C_4 组分)的吸收能力强，而对非产品组分(如 C_1、C_2)吸收能力弱。在中压(<5.0MPa)条件下，烷烃选择性最好，环烷烃次之，芳香烃最差。

根据参考文献的数据，在相同的条件下($p = 0.85MPa$，$t = 32$℃，$N = 10$ 块理论板)，当 C_3H_8 的吸收率为 0.7 时，核算结果表明，芳香烃基和环烷烃基的吸收油量分别比烷烃基吸收油量要大 56%和 20%。

(3) 黏度小。黏度愈小，全塔板效率愈高。

(4) 比热容小。解吸时消耗的热量较少，节约燃料。

综上所述，在天然气轻烃回收中，采用稳定轻油作为冷油吸收的吸收剂是非常合适的。

第二节　产品的质量指标

一、液化石油气的质量指标

我国过去对不同来源的液化石油气质量分别执行不同的标准，油田液化石油气执行 GB 9052.1—1998、炼厂液化石油气执行 GB 11174—1997。2011 年 12 月 30 日，国家质量监督检验检疫总局和国家标准化管理委员会发布了 GB 11174—2011《液化石油气》，并于 2012 年

7月1日起实施。新的标准不再区分液化石油气来源，执行统一的质量控制标准。新标准的主要质量指标见表2-1。

表2-1　液化石油气质量指标（GB 11174—2011）

项　目		质量指标			试验方法
		商品丙烷	商品丙丁烷混合物	商品丁烷	
密度(15℃)/(kg/m³)		报告			SH/T 0021[①]
37.8℃时的蒸气压/kPa	不大于	1430	1380	485	GB/T 12576
组分[②]/%(体积)					SH/T 0230
C₃烃类组分	不小于	95			
C₄及以上组分	不大于	2.5	—	—	
(C₃+C₄)烃类组分	不小于		95	95	
C₅及C₅以上组分	不大于	—	3.0	2.0	
残留物					
100mL蒸发残留物/mL	不大于	0.05			SY/T 7509
油渍观察		通过[③]			
铜片腐蚀(40℃，1h)/级	不大于	1			SH/T 0232
总硫含量/(mg/m³)	不大于	343			SH/T 0222
硫化氢(需满足下列要求之一)					
乙酸铅法		无			SH/T 0125
层析法/(mg/m³)	不大于	10			SH/T 0231
游离水		无			目测[④]

① 密度也可用GB/T 12576方法计算，有争议时以SH/T 0221为仲裁方法。

② 液化石油气中不允许人为加入除加臭剂以外的非烃类化合物。

③ 按SY/T 7509方法所述，每次以0.1mL的增量将0.3mL溶剂-残留物混合液滴到滤纸上，2 min后在口光下观察，无持久不退的油环为通过。

④ 有争议时，采用SH/T 0221的仪器及试验条件目测是否存在游离水。

与原先的标准相比，新标准主要有以下主要变化：①增加了对硫化氢的检测；②增加了C₃+C₄烃类组分不小于95%的指标；③最重要的是增加了"液化石油气中不允许人为加入除加臭剂以外的非烃类化合物"的规定，不再允许在液化气中加入二甲醚、甲醇等非烃类化合物。此标准的颁布实施，起到了规范液化石油气市场的作用。

二、稳定轻烃的质量指标

我国执行的稳定轻烃的质量指标见表2-2。

表2-2　我国稳定轻烃质量指标（GB 9053—2013）

项　目		质量指标		试验方法
		1号	2号	
饱和蒸气压/kPa		74~200	夏[①]<74，冬[②]<88	GB/T 8017
馏程				
10%蒸发温度/℃	不低于	—	35	GB/T 6536
90%蒸发温度/℃	不高于	135	150	
终馏点/℃不高于		190	190	
60℃蒸发率(体积分数)/%		实测		

项　　目	质量指标		试验方法
	1 号	2 号	
含硫量③/% 　　　　不大于	0.05	0.10	SH/T 0689
机械杂质及水分	无	无	目测④
铜片腐蚀/级	1	1	GB/T 5096
颜色(塞波特色号)不小于	+25	—	GB/T 3555

① 夏季指 5 月 1 日~10 月 31 日。

② 冬季指 11 月 1 日~第二年 4 月 30 日。

③ 硫含量允许采用 GB/T 17040 和 SH/T 0253 进行测定,但仲裁试验应采用 SH/T 0689。

④ 将油样注入 100mL 的玻璃量筒中观察,应当透明,没有悬浮与沉淀的机械杂质和水分。

与原先执行的标准 GB 9053—1998 相比,新标准在指标种类和数值上没有变化,主要是增加了正文首页的"警告";在规范性引用文件中删除了标准的版本年代号;增加了一些新的规范性引用文件。最主要的区别是将"冬季"的定义从 9 月 1 日至第二年 2 月 29 日修改为从 11 月 1 日至第二年 4 月 30 日,"夏季"也相应地调整为从 5 月 1 日至 10 月 30 日。

第三节　原油稳定

一、原油稳定的作用

原油在油气集输过程中,为了满足各种工艺要求,需要降压、加热、转输、储存等,这就为原油中的轻组分挥发提供了良好的条件。从近几年各油田油气损耗调查情况看,对于开式集输流程,原油在敞口储罐中的挥发损失约占总损耗的 40%。原油损耗发生在原油饱和蒸气压大于当地大气压的情况下,原油稳定的目的就是将原油中的轻组分拔出,使原油的饱和蒸气压低于当地大气压,从而减少原油的挥发损耗。当地大气压与海拔高度的关系见表 2-3。

表 2-3　高度与大气压的关系

海拔高度		大气压力(A)	
ft	m	bf/in²①	kPa
0	0	14.69	101.325
500	152.4	14.42	99.422
1000	304.8	14.16	97.629
1500	457.2	13.91	95.906
2000	609.6	13.66	94.128
2500	762.0	13.41	92.458
3000	914.4	13.16	90.735
3500	1066.8	12.92	89.080
4000	1219.2	12.68	87.425
4500	1371.6	12.45	85.839
5000	1524.0	12.22	84.253
5500	1676.4	11.99	82.668
6000	1828.8	11.77	81.151
6500	1981.2	11.55	79.134

海拔高度		大气压力（A）	
ft	m	bf/in²[①]	kPa
7000	2133.6	11.33	78.117
7500	2286.0	11.12	76.669
8000	2438.4	10.91	75.221
8500	2590.8	10.70	73.773
9000	2743.2	10.50	72.394
9500	2895.6	10.30	71.016
10000	3048.0	10.10	69.637
10500	3200.0	9.90	68.258
11000	3352.8	9.71	66.948
11500	3505.2	9.52	65.638
12000	3657.6	9.34	64.397
12500	3810.0	9.15	63.087
13000	3962.4	8.97	61.845
13500	4114.5	8.80	60.673
14000	4267.2	8.62	59.432
15000	4572.0	8.28	57.088

① 1bf/in² = 6.894kPa。

有些油田地处高原地带，如鄂尔多斯盆地地处黄土高原，海拔一般在 1100~1760m，大气压为 89~82kPa，花土沟油田海拔 3200m，大气压只有 68.26kPa，大大低于标准大气压 101.325kPa。长庆油田皆为低渗透或特低渗透，所产原油比较轻，20℃ 密度在 839.8~855.2kg/m³ 之间。气油比较低，马岭油田一般为 25m³/t 左右，新开发的西峰油田气油比较高，可达 60~110m³/t。在原油中 C_2~C_4 含量较高。因此，在原油集输过程中，如果不采取密闭流程，挥发损失较大。长庆油田部分原油烃组成见表 2-4。

表 2-4　长庆原油色谱分析数据表　　　　　　　　　% (体积)

组分	王窑集中处理站	杏河联合站	马岭中区集中处理站	西一联合站	西二联合站	靖二联合站	白于山联合站
C_2	0.15	0.23	0.15	0.07	0.11	0.15	0.05
C_3	0.16	2.01	2.24	1.61	0.57	1.73	0.85
C_4	3.05	3.48	4.05	3.18	1.27	2.66	2.03
C_5	3.21	3.18	3.83	3.45	1.54	2.55	2.39
C_6	3.22	2.15	3.44	3.17	1.56	2.36	2.28
C_7	3.32	2.75	3.35	3.40	1.89	2.71	2.35
C_8	3.77	4.32	3.42	3.95	2.59	3.26	2.11
C_9	3.96	3.58	3.68	3.18	2.39	2.43	2.03
C_{10}	3.52	3.45	3.57	3.67	2.87	2.78	2.17
C_{11}	3.68	3.47	3.72	3.89	3.61	3.14	2.64
C_{12}	3.69	3.41	3.85	4.28	4.32	3.45	2.75
C_{13}	3.64	3.84	4.18	4.80	5.22	3.91	3.34
C_{14}	4.40	3.97	4.19	4.90	5.16	4.17	3.72
C_{15}	4.43	4.38	4.89	5.42	6.14	4.74	4.08
C_{16}	4.35	4.22	4.18	4.40	4.93	4.74	3.92

组分	王窑集中处理站	杏河联合站	马岭中区集中处理站	西一联合站	西二联合站	靖二联合站	白于山联合站
C_{17}	4.33	4.52	4.23	4.32	4.92	4.49	4.31
C_{18}	4.28	4.48	4.08	4.16	4.70	4.46	4.68
C_{19}	4.59	4.86	4.65	4.44	4.81	4.64	5.20
C_{20}	4.26	4.62	4.04	4.31	4.70	4.87	5.09
C_{21}	4.69	4.62	3.91	3.85	4.60	4.56	5.42
C_{22}	3.80	4.12	3.49	3.68	3.85	3.96	5.19
C_{23}	3.83	4.06	3.40	3.12	4.07	3.91	5.23
C_{24}	3.56	3.47	2.90	3.12	3.51	3.24	4.42
C_{25}	3.11	3.34	3.11	2.82	3.63	3.55	4.58
C_{26}	3.04	2.72	2.56	2.73	3.15	3.14	4.11
C_{27}	2.37	2.71	2.42	2.33	3.17	2.20	3.84
C_{28}	2.30	2.20	1.87	2.30	2.65	2.30	2.91
C_{29}	1.56	2.07	1.86	1.70	2.77	1.51	2.68
C_{30}	1.43	1.49	1.52	1.47	1.95	2.02	1.97
C_{31}	1.28	1.04	1.29	0.89	1.68	0.70	1.59
C_{32}	0.62	0.57	0.76	0.50	0.72	1.08	0.92
C_{32}^+	0.98	0.67	1.20	0.92	0.96	4.62	1.16
合计	100.02	100.00	100.03	100.03	100.01	100.03	100.01
$C_2 \sim C_4$ 合计	3.36	5.72	6.44	4.86	1.95	4.54	2.93

从表中可以看出，马岭油田中区 $C_2 \sim C_4$ 含量高达 6.44%，而最低的西二联合站 $C_2 \sim C_4$ 含量仍达 1.95%，原油中 C_4 以前平均含量为 4.26%。为了降低油气集输过程中的原油蒸发损耗，使原油的蒸气压在集输温度下低于当地大气压，最有效的方法就是油气集输采用密闭流程，同时原油进行稳定。原油稳定的目的就是降低原油的蒸发损失，合理利用油气资源，保护环境，提高原油在储运过程中的安全性。通过原油稳定将原油中的 $C_2 \sim C_4$ 和部分 C_5 组分拔出，减少蒸发损失，同时回收价值高的轻烃，减少环境污染。由于原油较轻，原油和伴生气中 $C_3 \sim C_4$ 含量较高（伴生气 C_3 含量一般在 15%~25%）。加之近来液化气和稳定轻油价格较贵，因此原油稳定、轻烃回收效益较好，调动了人们进行大罐烃蒸气回收、原油稳定和轻烃回收以及稳定轻烃进一步加工的积极性，一些大罐抽气、原油稳定和轻烃回收装置纷纷建设，取得了很好的经济效益和社会效益。

按照原油稳定的要求，稳定后的原油其饱和蒸气压要低于当地大气压0.7倍。

二、原油稳定工艺方法

原油稳定应结合原油脱水工艺选择不同的稳定方法，如原油稳定方法有油罐烃蒸气回收、微正压闪蒸稳定法、负压闪蒸稳定法和分馏稳定法等。

现根据稳定方法分述如下：

1. 油罐烃蒸气回收工艺

在流程没有密闭的情况下，回收油罐气也是节能、保护环境的重要措施。20世纪80年代，长庆油田的大部分油田采用井口加药、管道破乳、大罐沉降脱水工艺，结合这一工艺，研制了油罐烃蒸气回收工艺。

（1）接转站油罐烃蒸气回收技术

接转站油罐比较小，一般为200m³，且分离缓冲罐分出的气有一定的压力，为此研制了用分离缓冲罐气体作动力气源的引射器油罐烃蒸气回收技术，用于常压油罐密闭抽气工艺上有其独特的优点。

引射器是一种流体机械，它以高速流体的紊动来传导能量而不直接消耗机械能。它没有相对的运动部件、无磨损、无泄漏，因而有设备简单，运行可靠，维护管理方便等特点。用计量接转站具有一定能量的伴生气作引射器的动力气，直接抽吸油罐挥发气，并通过一简单的油罐压力调节装置，控制油罐压力在20~80mmH₂O范围内。该装置对于产量不同的接转站均有一定的适应性，尤其对气油比较大的油田，其经济意义更大。引射器的结构见图2-2。

如图2-2所示，具有一定能量的伴生气经渐扩型喷嘴以音速或超音速喷出后形成高速射流，在混合室形成负压，由于射流与被吸气体之间的黏滞作用，把被吸气体带走，再经扩压管增压外输。引射器抽气原则流程见图2-3。

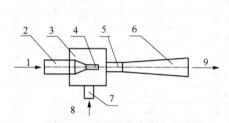

图2-2 引射器结构原理图

1—动力气；2—动力气入口管；3—混合室；
4—喷嘴；5—混合段；6—扩压管；7—吸气管；
8—抽吸气；9—混合气

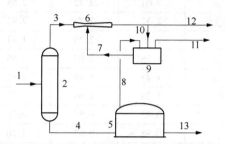

图2-3 引射器抽气原则流程图

1—来油；2—分离器；3—动力气；4—原油；5—储油罐；
6—引射器；7—抽吸气；8—油罐挥发气；9—压力调节器；
10—补充气；11—放空气；12—外输气；13—原油外输

由分离器来的伴生气进入引射器作动力气，通过引射器将油罐挥发气抽出外输。当油罐挥发气小于抽气量时，油罐压力下降，到20mmH₂O时，压力调节器向油罐补气；当油罐挥发气大于抽气能力时，油罐压力上升，到80mmH₂O时，压力调节器放空一部分气体。分离器分出的油去外输。

储油罐是微正压容器，其承受压力范围在-50~200mmH₂O内。压力控制系统在抽气过程中控制油罐压力远小于这个范围，所以在压力调节器正常工作的情况下，可以保证油罐的安全。工作原理见图2-4。

压力控制系统用ϕ89×4管线旁接于油罐，使油罐与方箱内压力一致。引射器经旋启式单流阀和计量仪表抽吸油罐挥发气，与动力气混合后外输。从外输气中引一部分作为补充气，以调节油罐压力。方箱被分为内室和外室。外室盛有防冻液，用连通管与内室连通。内室压力与油罐相同。当浮筒罩在连通管上后，通过液封作用，浮筒内压力为油罐内压力，浮筒外空间则为大气压力。当油罐压力发生变化时，与大气压产生压差，在重锤和杠杆的共同作用下，使浮筒上下移动，同时带动压力调节阀外筒转动，根据罐内压力大小自动进行补气或放气。

（2）沉降脱水罐烃蒸气回收技术

长庆油田脱水沉降罐大多为3000~5000m³，抽气工艺基本相同，现以白于山集油站为例，其余不再赘述。其工艺流程见图2-5。

白于山集油站内两座5000m³脱水罐和两座5000m³净化油罐的挥发气，经输气管至分

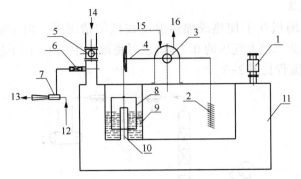

图 2-4　压力调节器结构原理图

1—可读数液封阀；2—柔性配重；3—压力调节阀；4—杠杆；5—气量记数表；6—单向阀；

7—喷射器；8—浮筒；9—防冻液；10—连通管；11—方箱；12—动力气；13—混合气；

14—油罐挥发气；15—补充气；16—放空气

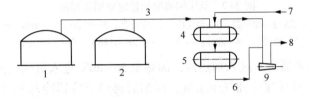

图 2-5　大罐抽气原则流程图

1—沉降脱水罐；2—净化油罐；3—挥发气；4—缓冲罐；5—储液罐；

6—凝液；7—补充气；8—外输气；9—螺杆抽气压缩机

离缓冲罐，分离掉凝液后再由自控调压器进一步调压后进入负压抽气压缩机的入口，缓冲罐的凝液自流到储液罐在累积到一定液位后也定期由负压螺杆压缩机抽出，输往轻烃回收装置，压缩机出口引出一部分气体作为补充气，保持油罐压力在安全范围内。

　　2. 微正压闪蒸稳定法

　　微正压闪蒸稳定原理流程见图 2-6。原油先与稳定原油换热后进入加热器，加热至 100~120℃，压力为 0.1~0.3MPa，进入原油稳定塔，在此闪蒸出 C_5 以前组分，塔顶闪蒸气经空冷器冷却至 40℃ 左右进入缓冲罐，然后用泵抽出送往轻烃回收装置。塔底稳定原油与未稳定原油热后用泵抽出外输或直接进大罐。

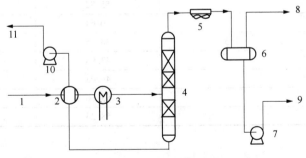

图 2-6　微正压闪蒸法原油稳定原则流程图

1—未稳定原油；2—换热器；3—加热器；4—稳定塔；5—空冷器；6—缓冲罐；7—液烃泵；

8—不凝气；9—液烃；10—外输泵；11—稳定原油

3. 负压闪蒸稳定法

利用负压螺杆压缩机在不加热或加热温度较低的情况下，由于温度低（一般在50～80℃）、压力低（一般为当地大气压的0.7倍）也可将原油中的C_5以下轻烃闪蒸出来，达到稳定的目的。其原理流程见图2-7。

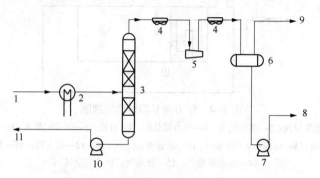

图2-7 负压闪蒸原油稳定原则流程图

1—未稳定原油；2—加热器；3—稳定塔；4—空冷器；5—螺杆抽气压缩机；6—缓冲罐；
7—液烃泵；8—液烃；9—稳定气；10—外输泵；11—稳定原油

原油自大罐或分离器出来进入加热器，加热至50～80℃进入负压闪蒸塔，塔顶气体经空冷器冷却至40℃进入负压螺杆抽气压缩机，压缩后再经空冷器冷却至40℃进入缓冲罐，然后液烃用泵抽出打入轻烃回收装置。稳定气去轻烃回收装置原料气罐。螺杆压缩机前加空冷器可以使重烃冷凝，螺杆压缩机的螺杆得到润滑，密封性提高，即可提高抽气效率，又可提高螺杆机的使用寿命。

某原油经分析，C_2、C_3、C_4含量分别为：0.15%、2.42%、4.08%，微正压闪蒸与负压闪蒸C_4拔出率见表2-5。

表2-5 微正压闪蒸与负压闪蒸C_4拔出率

进料温度/℃	稳定塔顶压力/kPa	C_4收率/%	稳定原油饱和蒸气压/kPa
65	65	32.23	36.05
70		38.65	32.40
75		44.77	29.15
80		50.52	26.25
85		55.82	23.66
90		60.64	21.34
100	115	38.45	33.92
105		43.93	30.88
110		49.08	28.14
115		53.86	25.67
120		58.26	23.44

4. 分馏稳定法

就是将原油温度加热得更高，塔底一般为180℃，塔顶一般为50～90℃，压力一般为0.05～0.1MPa（g），让原油中的轻组分蒸发得更加彻底，闪蒸气从塔顶出来后经过冷凝冷却器冷凝后进入回流罐，再用泵抽出一部分打入塔顶作回流，将由于温度高而带入塔顶的C_6以上的重组分再压回塔内，在馏出物中含C_6以上的组分较少，稳定深度深，但流程复杂，能耗较高，但如果与外输原油热处理结合起来，就可降低能耗。其原理流程见图 2-8。图 2-8 是安塞油田王窑集中处理站原油稳定装置流程图，稳定出来的气体直接生产液化气和稳定轻油。

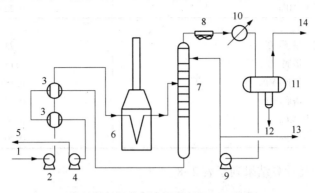

图 2-8　分馏稳定法原油稳定原则流程图
1—原油；2—原油泵；3—换热器；4—外输泵；5—稳定原油；6—加热炉；7—原油稳定塔；
8—空冷器；9—回流泵；10—冷却器；11—三相分离器；12—水；13—轻烃；14—不凝气

原油(1)用原油泵(2)抽来打入换热器(3)与稳定原油换热后进入加热炉(6)，加热至 150~180℃闪蒸出其中的轻组分，塔顶闪蒸气经空冷器(8)、水冷器(10)冷却至 35℃左右进入回流罐(11)，然后用回流泵(9)抽出一部分打入塔顶作回流，一部分去轻烃回收。回流罐顶部不凝气体去轻烃回收。

三种稳定方法采用哪一种，要根据原油性质决定。根据调查，各油田一般采用负压闪蒸稳定法较多。投资省、流程简单，稳定深度可满足要求。

三种稳定工艺比较见表 2-6。

表 2-6　三种稳定工艺比较

序号	比较项目	分馏	负压闪蒸		微正压闪蒸
			与集输共用热能	加热	
1	稳定效果	最佳	比分馏差		差
2	流程复杂程度	最复杂	简单	比较简单	比较简单
3	操作难易程度	操作条件及控制要求严	操作简单	操作简单	操作简单
4	单位能耗	最高	能耗低	能耗较低	略低于加热负压闪蒸
5	装置投资	最高	低	较低	较低
6	投资回收期/年	4.1	1~2	4	

三种稳定方法根据原油轻重程度不同，其操作条件见表 2-7。

表 2-7　三种稳定方法的操作条件

序号	工艺参数	范围
一	负压闪蒸稳定	
1	闪蒸温度/℃	60
2	闪蒸压力/MPa	0.07
二	微正压闪蒸稳定	
1	闪蒸温度/℃	88~100
2	闪蒸压力/MPa	0.15
3	进料泵压力/MPa	0.67~0.71

序号	工艺参数	范　围
4	出料泵压力/MPa	0.22~0.29
三	分馏稳定	
1	闪蒸温度：塔顶/℃	73~80
2	塔底/℃	115~168
3	闪蒸压力：塔顶/MPa	0.15~0.30
4	塔底/MPa	0.25~0.35
5	进料泵压力/MPa	0.26~0.41
6	出料泵压力/MPa	0.20~0.26

三种稳定方法能耗计算结果列于表 2-8。

表 2-8　三种稳定方法能耗计算结果

序号	项　目	热量全回收	热量部分回收
1	稳定原油量/(kg/h)	315200	312500
2	$C_1 \sim C_4$ 潜含量/%(mol)	0.2848~7.90	0.2848~7.90
3	负压稳定工艺/10^4kJ/h	958.01~1355.02	958.01~1355.02
4	微正压稳定工艺/10^4kJ/h	934.97~3558.03	1602.05~13241.44
5	分馏稳定工艺/10^4kJ/h	811.80~4265.20	2431.38~22355.79

三、原油稳定计算

(一) 负压稳定法及微正压稳定法

1. 基础数据

(1) 原油的组成

以马岭油田中区集中处理站为例，未稳定原油的组成见表 2-9。

表 2-9　未稳定原油的组成　　　　　　　　　%(体积)

组分	C_2	C_3	C_4	C_5	C_6	C_7
组成	0.15	2.24	4.05	3.83	3.44	3.35
组分	C_8	C_9	C_{10}	C_{11}	C_{12}	C_{13}
组成	3.42	3.68	3.57	3.72	3.85	4.18
组分	C_{14}	C_{15}	C_{16}	C_{17}	C_{18}	C_{19}
组成	4.19	4.89	4.18	4.23	4.08	4.65
组分	C_{20}	C_{21}	C_{22}	C_{23}	C_{24}	C_{25}
组成	4.04	3.91	3.49	3.40	2.90	3.11
组分	C_{26}	C_{27}	C_{28}	C_{29}	C_{30}	C_{31}
组成	2.56	2.42	1.87	1.86	1.52	1.29
组分	C_{32}	C_{32}^+	合计			
组成	0.76	1.20	100.03			

(2) 闪蒸温度：60℃。

(3) 闪蒸压力：70kPa。

(4) 稳定原油量：200×10^4t/a(250t/h, 1102kmol/h)。

(5) 年操作时间：8000h。

2. 负压闪蒸 HYSYS 软件计算模型

负压闪蒸 HYSYS 软件计算模型见图 2-9。

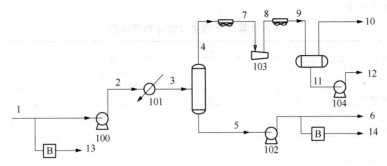

图 2-9 负压闪蒸 HYSYS 计算模型

3. 负压闪蒸计算结果汇总

负压闪蒸计算结果见表 2-10。

表 2-10 负压闪蒸计算结果

流　号	1	2	3	4	5
气相分数	0.0000	0.0000	0.0361	1.0000	0.0000
温度/℃	35.00	35.01	70.00	70.00	70.00
压力/kPa	150.00	200.00	70.00	70.00	70.00
摩尔流率/(kmol/h)	1102.00	1102.00	1102.00	39.82	1062.18
质量流率/(kg/h)	250008.46	250008.46	250008.46	2322.49	247685.97
体积流率/(m³/h)	322.9418	322.9418	322.9418	4.0329	318.9089
热流率/(kJ/h)	-4.925×10^8	-4.925×10^8	-4.720×10^8	-4.828×10^8	-4.672×10^8
流　号	6	7	8	9	10
气相分数	0.0000	0.9969	1.0000	0.7526	1.0000
温度/℃	70.28	40.00	94.51	40.00	40.00
压力/kPa	1500.00	60.00	300.00	290.00	290.00
摩尔流率/(kmol/h)	1062.18	39.82	39.82	39.82	29.97
质量流率/(kg/h)	247685.97	2322.49	2322.49	2322.49	1602.68
体积流率/(m³/h)	318.9089	4.0329	4.0329	4.0329	2.8873
热流率/(kJ/h)	-4.665×10^8	-4.960×10^6	-4.730×10^6	-5.221×10^6	-3.526×10^6
流　号	11	12	13	14	
气相分数	0.0000	0.0000	0.0000	0.0000	
温度/℃	40.00	40.13	37.80	37.80	
压力/kPa	290.00	500.00	63.92	35.13	
摩尔流率/(kmol/h)	9.85	9.85	1102.00	1062.18	
质量流率/(kg/h)	719.81	719.81	250008.46	247685.97	
体积流率/(m³/h)	1.1456	1.1456	322.9418	318.9089	
热流率/(kJ/h)	-1.695×10^6	-1.695×10^6	-4.910×10^8	-4.853×10^8	

稳定前原油饱和蒸气压为 63.92kPa，稳定后为 35.13kPa。闪蒸气的组成见表 2-11。

表 2-11　闪蒸气的组成　　　　　　　　　　　　　　　%(体积)

组分	C_2	C_3	C_4	C_5	C_6	C_7	C_8
组成	4.20	43.09	37.91	11.81	2.46	0.44	0.07
组分	C_9	C_{10}	C_{11}				合计
组成	0.01	0.00	0.00				99.99

4. 详细计算步骤

输入计算所需的全部组分和流体包

步骤	内　　容	流号及数据
1	New Case[新建空白文档]	
2	Add[加入]	
3	Components：$C_2 \sim C_{30}$（C_{30}包含 C_{31}、C_{32}、C_{32}^+）*	添加库组分
4	×	
5	Fluid Pkgs	加流体包
6	Add	
7	Peng-Robinson	选状态方程
8	×	
9	Enter Simulation Environment	进入模拟环境

注：* C_{32}^+为假组分、HYSYS 库组分无 C_{31}，且稳定过程中重烃并发生不分离，故将 C_{31} 以上组分都归入 C_{30} 组分中。

加入原料油

步骤	内　　容	流号及数据
1	选中 Material Stream[蓝色箭头]置于 PFD 窗口中	
2	双击[Material Stream]	
3	在 Stream Name 栏填上	1
4	Temperature/℃	35
5	Pressure/kPa	150
6	Molar Flow/(kmol/h)	1102
7	双击 Molar Flow/(kmol/h)	
8	Composition(填摩尔组成)	
	Ethane	0.0015
	Propane	0.0224
	i-Butane	0.0000
	n-Butane	0.0405
	i-Pentane	0.0000
	n-Pentane	0.0380
	n-Hexane	0.0344
	n-Heptane	0.0335
	n-Octane	0.0342
	n-Nonane	0.0368
	n-Decane	0.0357
	n-C_{11}	0.0372
	n-C_{12}	0.0385
	n-C_{13}	0.0418
	n-C_{14}	0.0419
	n-C_{15}	0.0489
	n-C_{16}	0.0418
	n-C_{17}	0.0423
	n-C_{18}	0.0408
	n-C_{19}	0.0465
	n-C_{20}	0.0404
	n-C_{21}	0.0391
	n-C_{22}	0.0349
	n-C_{23}	0.0340
	n-C_{24}	0.0290
	n-C_{25}	0.0311
	n-C_{26}	0.0256
	n-C_{27}	0.0242
	n-C_{28}	0.0187
	n-C_{29}	0.0186
	n-C_{30}	0.0477

步骤	内 容	流号及数据
9	Nomalize（圆整为 1。如果偏离 1 过大，输入有误请检查）	
10	OK	
11	×	

加入平衡（Balance）功能计算原料油的饱和蒸气压

步骤	内 容	流号及数据
1	选中 Balance 置于 PFD 窗口 Stream 1 附近	
2	双击平衡［Balance］	
3	Inlet Streams	1
4	Outlet Streams	13
5	Parameters	
6	在 Balance Type 栏点选：Component Mole Flow	
7	Worksheet	
8	点击 Stream Name 13 下相应位置输入	
9	Vapour（气相分率）	0
10	Temperature/℃	37.8
11	软件自动计算出 Stream 13 的饱和蒸气压：63.92kPa	
12	×	

加入进料泵

步骤	内 容	流号及数据
1	从图例板点泵［Pump］置于 PFD 窗口中	
2	双击泵［Pump］	
3	Inlet	1
4	Outlet	2
5	Energy	100
6	Worksheet	
7	点击 Stream Name 2 下相应位置输入	
8	Pressure/kPa	200
9	×	

加入加热器

步骤	内 容	流号及数据
1	从图例板点加热器［Heater］置于 PFD 窗口中	
2	双击加热器［Heater］	
3	Inlet	2
4	Outlet	3
5	Energy	101
6	Parameters	
7	Delta P/kPa*	130
8	Worksheet	
9	点击 Stream Name 3 下相应位置输入	
10	Temperature/℃	70
11	×	

注：*为简化计算过程，加热器压降数值已将负压闪蒸罐的节流调压过程考虑在内。

加闪蒸罐

步骤	内　容	流号及数据
1	从图例板点二相分离器[Separator]置于PFD窗口中	
2	双击二相分离器[Separator]	
3	Inlet《Stream》	3
4	Vapour Outlet	4
5	Liquid Outlet	5
6	×	

加空冷器

步骤	内　容	流号及数据
1	从图例板点空冷器[Air Cooler]置于PFD窗口中	
2	双击空冷器[Air Cooler]	
3	Process Stream Inlet	4
4	Process Stream Outlet	7
5	Parameters	
6	Process Stream Delta P/kPa	10
7	Worksheet	
8	点击Stream Name 7下相应位置输入	
9	Temperature/℃	40
10	×	

加抽气压缩机

步骤	内　容	流号及数据
1	从图例板点压缩机[Compressor]置于PFD窗口中	
2	双击压缩机[Compressor]	
3	Inlet	7
4	Outlet	8
5	Energy	103
6	Worksheet	
7	点击Stream Name 8下相应位置输入	
8	Pressure/kPa	300
9	×	

注：由于空冷器出口气相分率已稍低于1.0，压缩机会出现黄色警告，告知入口有液体，可不用理会。

加空冷器

步骤	内　容	流号及数据
1	从图例板点空冷器[Air Cooler]置于PFD窗口中	
2	双击空冷器[Air Cooler]	
3	Process Stream Inlet	8
4	Process Stream Outlet	9
5	Parameters	
6	Process Stream Delta P/kPa	10
7	Worksheet	
8	点击Stream Name 9下相应位置输入	
9	Temperature/℃	40
10	×	

加闪蒸罐(分离器)

步骤	内　　容	流号及数据
1	从图例板点二相分离器[Separator]置于PFD窗口中	
2	双击二相分离器[Separator]	
3	Inlet《Stream》	9
4	Vapour Outlet	10
5	Liquid Outlet	11
6	×	

加轻烃外输泵

步骤	内　　容	流号及数据
1	从图例板点泵[Pump]置于PFD窗口中	
2	双击泵[Pump]	
3	Inlet	11
4	Outlet	12
5	Energy	104
6	Worksheet	
7	点击Stream Name 12下相应位置输入	
8	Pressure/kPa	500
9	×	

加稳定原油外输泵

步骤	内　　容	流号及数据
1	从图例板点泵[Pump]置于PFD窗口中	
2	双击泵[Pump]	
3	Inlet	5
4	Outlet	6
5	Energy	102
6	Worksheet	
7	点击Stream Name 6下相应位置输入	
8	Pressure/kPa	1500
9	×	

加入平衡(Balance)功能计算稳定原油的饱和蒸气压

步骤	内　　容	流号及数据
1	从图例板选中Balance置于PFD窗口Stream 6附近	
2	双击平衡[Balance]	
3	Inlet Streams	6
4	Outlet Streams	14
5	Parameters	
6	在Balance Type栏点选:Component Mole Flow	
7	Worksheet	
8	点击Stream Name 14下相应位置输入	
9	Vapour	0
10	Temperature/℃	37.8
11	软件自动计算出Stream 14的饱和蒸气压:35.13kPa	
12	×	

马岭油田平均海拔约 1200m，大气压 87kPa，0.7 倍为 60.9kPa，稳定后原油饱和蒸气压为 35.13kPa，符合规范要求。

5. 微正压闪蒸法

为了对比，未稳定原料油性质和流率不变。

（1）微正压闪蒸法 HYSYS 软件计算模型

微正压闪蒸法 HYSYS 软件计算模型见图 2-10。

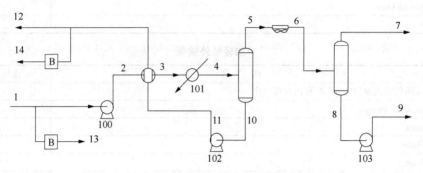

图 2-10　微正压闪蒸法 HYSYS 软件计算模型

（2）计算结果汇总

微正压闪蒸法计算结果汇总见表 2-12。

表 2-12　微正压闪蒸法计算结果汇总

流　号	1	2	3	4	5
气相分数	0.0000	0.0000	0.0000	0.0426	1.0000
温度/℃	35.00	35.01	85.00	100.00	100.00
压力/kPa	150.00	200.00	180.00	115.00	115.00
摩尔流率/(kmol/h)	1102.00	1102.00	1102.00	1102.00	46.91
质量流率/(kg/h)	250008.46	250008.46	250008.46	250008.46	2884.00
体积流率/(m³/h)	322.9418	322.9418	322.9418	322.9418	4.9041
热流率/(kJ/h)	-4.925×10^8	-4.925×10^8	-4.638×10^8	-4.538×10^8	-5.731×10^6

流　号	6	7	8	9	10
气相分数	0.9189	1.0000	0.0000	0.0000	0.0000
温度/℃	40.00	40.00	40.00	40.09	100.00
压力/kPa	110.00	110.00	110.00	300.00	115.00
摩尔流率/(kmol/h)	46.91	43.11	3.80	3.80	1055.09
质量流率/(kg/h)	2884.00	2520.18	363.82	363.82	247124.45
体积流率/(m³/h)	4.9041	4.3667	0.5374	0.5374	318.0378
热流率/(kJ/h)	-6.185×10^6	-5.377×10^6	-8.077×10^5	-8.075×10^5	-4.481×10^8

流　号	11	12	13	14	
气相分数	0.0000	0.0000	0.0000	0.0000	
温度/℃	100.31	51.09	37.80	37.80	
压力/kPa	1500.00	1480.00	63.92	33.88	
摩尔流率/(kmol/h)	1055.09	1055.09	1102.00	1055.09	
质量流率/(kg/h)	247124.45	247124.45	250008.46	247124.45	
体积流率/(m³/h)	318.0378	318.0378	322.9418	318.0378	
热流率/(kJ/h)	-4.475×10^8	-4.761×10^8	-4.910×10^8	-4.840×10^8	

同一种原料，从两种稳定方法看，微正压 115kPa、100℃时稳定原油的蒸气压 33.88kPa，效果与负压 70kPa、70℃时相当。

6. 分馏稳定法

（1）分馏稳定法 HYSYS 软件计算模型

分馏稳定法 HYSYS 软件计算模型见图 2-11。

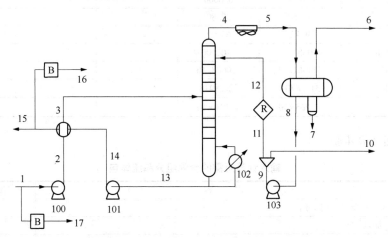

图 2-11　分馏稳定法 HYSYS 软件计算模型

（2）计算结果汇总

分馏稳定法 HYSYS 软件计算结果汇总见表 2-13。

表 2-13　计算结果汇总

流　　号	1	2	3	4	5
气相分数	0.0000	0.0000	0.0769	1.0000	0.2449
温度/℃	35.00	35.02	185.00	72.60	40.00
压力/kPa	150.00	300.00	295.00	290.00	280.00
摩尔流率/(kmol/h)	1102.00	1102.00	1102.00	216.68	216.68
质量流率/(kg/h)	250008.46	250008.46	250008.46	14253.64	14253.64
体积流率/(m³/h)	322.9418	322.9418	322.9418	23.4955	23.4955
热流率/(kJ/h)	$-4.925×10^8$	$-4.924×10^8$	$-3.971×10^8$	$-2.861×10^7$	$-3.342×10^7$
流　　号	6	7	8	9	10
气相分数	1.0000	0.0000	0.0000	0.0000	0.0000
温度/℃	40.00	40.00	40.00	40.02	40.02
压力/kPa	280.00	280.00	280.00	310.00	310.00
摩尔流率/(kmol/h)	53.06	0.00	163.63	163.63	43.63
质量流率/(kg/h)	2926.45	0.00	11327.19	11327.19	3020.07
体积流率/(m³/h)	5.1899	0.0000	18.3056	18.3056	4.8807
热流率/(kJ/h)	$-6.376×10^6$	0.000	$-2.705×10^7$	$-2.704×10^7$	$-7.211×10^6$
流　　号	11	12	13	14	15
气相分数	0.0000	0.0000	0.0000	0.0000	0.0000
温度/℃	40.02	40.02	224.92	225.42	78.70
压力/kPa	310.00	310.00	300.00	1500.00	1495.00
摩尔流率/(kmol/h)	120.00	120.00	1005.32	1005.32	1005.32
质量流率/(kg/h)	8307.12	8306.31	244061.13	244061.13	244061.13

流　号	11	12	13	14	15
体积流率/(m³/h)	13.4249	13.4241	312.8704	312.8704	312.8704
热流率/(kJ/h)	-1.983×10^7	-1.983×10^7	-3.585×10^8	-3.578×10^8	-4.532×10^8

流　号	16	17
气相分数	0.0000	0.0000
温度/℃	37.80	37.80
压力/kPa	9.72	63.92
摩尔流率/(kmol/h)	1005.32	1102.00
质量流率/(kg/h)	244061.13	250008.46
体积流率/(m³/h)	312.8704	322.9418
热流率/(kJ/h)	-4.765×10^8	-4.910×10^8

（3）详细计算步骤

输入计算所需的全部组分和流体包

步骤	内　容	流号及数据
1	New Case[新建空白文档]	
2	Add[加入]	
3	Components：$C_2 \sim C_{30}$，其中 C_{30} 包含 C_{31}、C_{32}、C_{32}^+	添加库组分
4	×	
5	Fluid Pkgs	加流体包
6	Add	
7	Peng-Robinson 或者 Braun K10	选状态方程
8	×	
9	Enter Simulation Environment	进入模拟环境

加入原料油

步骤	内　容	流号及数据
1	选中 Material Stream[蓝色箭头]置于 PFD 窗口中	
2	双击[Material Stream]	
3	在 Stream Name 栏填上	1
4	Temperature/℃	35
5	Pressure/kPa	150
6	Molar Flow/(kmol/h)	1102
7	双击 Molar Flow/(kmol/h)	1
8	Composition（填摩尔组成）	
	C_2	0.0015
	C_3	0.0224
	i-C_4	0.0000
	n-C_4	0.0405
	i-C_5	0.0000
	n-C_5	0.0380
	C_6	0.0344
	C_7	0.0335
	C_8	0.0342

步骤	内 容	流号及数据
	C_9	0.0368
	C_{10}	0.0357
	C_{11}	0.0372
	C_{12}	0.0385
	C_{13}	0.0418
	C_{14}	0.0419
	C_{15}	0.0489
	C_{16}	0.0418
	C_{17}	0.0423
	C_{18}	0.0408
	C_{19}	0.0465
	C_{20}	0.0404
	C_{21}	0.0391
	C_{22}	0.0349
	C_{23}	0.0340
	C_{24}	0.0290
	C_{25}	0.0311
	C_{26}	0.0256
	C_{27}	0.0242
	C_{28}	0.0187
	C_{29}	0.0186
	C_{30}	0.0477
9	Nomalize(圆整为 1。如果偏离 1 过大，输入有误请检查)	
10	OK	
11	×	

加入平衡(Balance)功能计算原料油的饱和蒸气压

步骤	内 容	流号及数据
1	从图例板选中 Balance 置于 PFD 窗口 Stream 1 附近	
2	双击平衡[Balance]	
3	Inlet Streams	1
4	Outlet Streams	17
5	Parameters	
6	在 Balance Type 栏点选：Component Mole Flow	
7	Worksheet	
8	点击 Stream Name 17 下相应位置输入	
9	Vapour	0
10	Temperature/℃	37.8
11	软件自动计算出 Stream 17 的饱和蒸气压：63.92kPa	
12	×	

加入进料泵

步骤	内 容	流号及数据
1	从图例板点泵[Pump]置于 PFD 窗口中	
2	双击泵[Pump]	
3	Inlet	1
4	Outlet	2
5	Energy	100
6	Worksheet	
7	点击 Stream Name 2 下相应位置输入	
8	Pressure/kPa	300
9	×	

加入换热器

步骤	内 容	流号及数据
1	从图例板点换热器[Heat Exchanger]置于 PFD 窗口中	
2	双击换热器[Heat Exchanger]	
3	Tube Side Inlet	2
4	Tube Side Outlet	3
5	Shell Side Inlet	14
6	Shell Side Outlet	15
7	Parameters	
8	在 Heat Exchanger Model 中单选：Exchanger Design(Weighted)	
9	Tube Side Delta P/kPa	5
10	Shell Side Delta P/kPa	5
11	Worksheet	
12	点击 Stream Name 3 下相应位置输入	
13	Temperature/℃	185
14	×	

加循环及稳定塔顶回流液初始组成

步骤	内 容	流号及数据
1	从图例板点循环[Recycle]置于 PFD 窗口中	
2	双击循环[Recycle]	
3	Inlet	11
4	Outlet	12
5	Worksheet	
6	点击 Stream Name 12 下相应位置输入	
7	Temperature/℃	20
8	Pressure/kPa	300
9	Molar Flow/(kmol/h)	120
10	双击 Stream 12 的 Molar Flow/(kmol/h)	
11	Composition(填 Stream 12 初始摩尔组成)	
	n-Pentane *	1.0
	其他	0.0
12	×	

注： * 稳定塔顶回流主要是液态的轻烃，为简化迭代计算，可假设其全部是 n-C_5。

加入原油稳定塔

步骤	内　　容	流号及数据
1	从图例板点不完全塔［Reboiled Absorber］置于 PFD 窗口中	
2	双击不完全塔［Reboiled Absorber］	
3	理论板数 $n=$	10
4	Top Stage Inlet	12
5	Optional Inlet Streams： 　　Stream　　　Inlet Stage 　　　3　　　　　5	
6	Ovhd Vapour Outlet	4
7	Bottoms Liquid Outlet	13
8	Reboiler Energy Stream（重沸器能流）	102
9	Next，Next	
10	Top Stage Pressure/kPa	290
11	Reboiler Pressure/kPa	300
12	Next，Next，Done	
13	Monitor	
14	Add Spec…	
15	Column Component Fraction	
16	Add Spec(s)	
17	《Stage》	
18	Reboiler	
19	《Component》	
20	i-Butane，n-Butane（总丁烷）	
21	Spec Value（要求重沸器 C_4 含量 1%）	0.0095
22	×	
23	Specifications 栏下	
24	点击 Ovhd Prod Rate 右侧 Active 点击失效	
25	点击 Comp Fraction 右侧 Active，使之生效	
26	Run，运行结束，Converged 变绿色	
27	×	

加空冷器

步骤	内　　容	流号及数据
1	从图例板点空冷器［Air Cooler］置于 PFD 窗口中	
2	双击空冷器［Air Cooler］	
3	Process Stream Inlet	4
4	Process Stream Outlet	5
5	Parameters	
6	Process Stream Delta P/kPa	10
7	Worksheet	
8	点击 Stream Name 5 下相应位置输入	
9	Temperature/℃	40
10	×	

加三相分离器

步骤	内 容	流号及数据
1	从图例板点三相分离器[3-Phase Separator]置于 PFD 窗口中	
2	双击三相分离器[3-Phase Separator]	
3	Inlet《Stream》	5
4	Vapour	6
5	Light Liquid	8
6	Heavy Liquid（水）	7
7	×	

加回流泵

步骤	内 容	流号及数据
1	从图例板点泵[Pump]置于 PFD 窗口中	
2	双击泵[Pump]	
3	Inlet	8
4	Outlet	9
5	Energy	103
6	Worksheet	
7	点击 Stream Name 9 下相应位置输入	
8	Pressure/kPa	310
9	×	

加分配器

步骤	内 容	流号及数据
1	从图例板点分配器[Tee]置于 PFD 窗口中	
2	双击分配器[Tee]	
3	Inlet	9
4	Outlets	10, 11
5	Worksheet	
6	点击 Stream Name 11 下相应位置输入	
7	Molar Flow/（kmol/h）	120
8	×	

程序将自动完成带回流的稳定塔收敛计算。

加稳定原油外输泵

步骤	内 容	流号及数据
1	从图例板点泵[Pump]置于 PFD 窗口中	
2	双击泵[Pump]	
3	Inlet	13
4	Outlet	14
5	Energy	101
6	Worksheet	
7	点击 Stream Name 14 下相应位置输入	
8	Pressure/kPa	1500
9	×	

程序自动计算出温度原油出换热器的温度。

加入平衡(Balance)功能计算稳定原油的饱和蒸气压

步骤	内　容	流号及数据
1	从图例板选中 Balance 置于 PFD 窗口 Stream 15 附近	
2	双击平衡[Balance]	
3	Inlet Streams	15
4	Outlet Streams	16
5	Parameters	
6	在 Balance Type 栏点选：Component Mole Flow	
7	Worksheet	
8	点击 Stream Name 16 下相应位置输入	
9	Vapour	0
10	Temperature/℃	37.8
11	软件自动计算出 Stream 16 的饱和蒸气压：9.72kPa	
12	×	

马岭油田海拔约 1200m，大气压 87kPa，0.7 倍为 60.9kPa，稳定后原油饱和蒸气压为 9.72kPa，符合规范要求，稳定深度较深。

7. 实沸点蒸馏数据法

当没有原油色谱分析数据时，如果有实沸点蒸馏数据，可以用 HYSYS 油管理器 Oil Manager 进行油品表征，根据蒸馏曲线切割成一系列假组分用于物性计算。此时的流程模拟步骤是一样的，计算方法不再赘述，只将油品表征方法做一介绍。例如某原油的实沸点数据见表 2-14。

表 2-14　原油实沸点蒸馏数据

沸点范围/℃	占原油/%(质量)		密度(20℃)/ (g/cm³)	运动黏度/(mm²/s)			凝固点/℃	特性因数
	馏分	总馏分		20℃	50℃	100℃		
初馏~130	9.85	9.85	0.704					
130~145	1.94	11.79	0.752	0.91				11.94
145~160	2.02	13.81	0.762	1.03	0.73			11.93
160~180	2.65	16.46	0.774	1.21	0.84	0.54		11.90
180~200	2.89	19.53	0.784	1.52	1.03	0.64		11.92
200~220	2.77	22.12	0.794	1.97	1.25	0.73	-54	11.94
220~240	3.94	26.06	0.808	2.56	1.56	0.88	-37	11.90
240~260	3.79	29.85	0.821	3.72	2.07	1.05	-20	11.87
260~280	3.46	33.31	0.824	4.77	2.46	1.23	-12	11.98
280~300	3.48	36.79	0.826	6.25	3.09	1.46	-2	12.08
300~330	7.03	43.82	0.830	9.49	4.17	1.78	9	12.21
330~350	3.57	47.39	0.840		5.87	2.24	21	12.19
350~380	5.94	53.33	0.846		8.16	2.85	28	12.32
380~400	3.68	57.01	0.852		11.80	3.73	35	12.39
400~450	10.44	67.45	0.877		29.16	6.47	40	12.22
450~500	10.64	78.09	0.889		59.98	10.08	44	12.36
500~518	1.6	79.69						

沸点范围/℃	占原油/%(质量)		密度(20℃)/	运动黏度/(mm²/s)			凝固点/℃	特性因数
	馏分	总馏分	(g/cm³)	20℃	50℃	100℃		
>518	19.77	99.46						
损失	0.54	100.00						

实沸点蒸馏数据(TBP)原油表征步骤见表2-15。

表 2-15　实沸点蒸馏数据(TBP、ASTM D86)原油假组分表征

步骤	内　　容	流号及数据
1	New Case[新建空白文档]	
2	Fluid Pkgs①	加流体包
3	Add	
4	Peng-Robinson	选状态方程
5	×	
6	Oil Manager	
7	Enter Oil Environment	
8	Assay	
9	Add	
10	Bulk Properties 右侧下拉菜单，点选	Not Used
11	Assay Data Type 右侧下拉菜单，点选	TBP
12	Assay Basis	Mass
13	Edit Assay	
14	在 Assay Input Data 栏输入 TBP 数据：	
	Assay Pencent/%	Temperature /℃
	9.85	130
	11.79	145
	13.81	160
	16.46	180
	19.53	200
	22.12	220
	26.06	240
	29.85	260
	33.31	280
	36.7	300
	43.82	330
	47.39	350
	53.33	380
	57.01	400
	67.45	450
	78.09	500
	79.69	518
15	OK	
16	Density Curve 右侧下拉菜单，点选	Dependent②
17	Input Data 栏下点击：Density	
18	Edit Assay	

步骤	内　　容	流号及数据
19	在 Assay Input Data 栏输入实沸点分析馏分油的密度数据/(kg/m³) 　9.85 　11.79 　13.81 　16.46 　19.53 　22.12 　26.06 　29.85 　33.31 　36.7 　43.82 　47.39 　53.33 　57.01 　67.45 　78.09	 704 752 762 774 784 794 808 821 824 826 830 840 846 852 877 889
20	OK	
21	Viscosity Curves 右侧下拉菜单，点选	Dependent
22	Input Data 栏下点击：Viscosity 1	
23	Viscosity Type	Kinematic
24	Temperature/℃	20
25	Edit Assay	
26	在 Assay Input Data 栏输入实沸点馏分的运动黏度数据/cSt 　11.79 　13.81 　16.46 　19.53 　22.12 　26.06 　29.85 　33.31 　36.7 　43.82	（1mm²/s＝1cSt） 0.91 1.03 1.21 1.52 1.97 2.56 3.72 4.77 6.25 9.49
27	OK	
28	Input Data 栏下点击：Viscosity 2	
29	Viscosity Type	Kinematic
30	Temperature/℃	100
31	Edit Assay	
32	在 Assay Input Data 栏输入实沸点馏分的运动黏度数据/cSt 　16.46 　19.53 　22.12 　26.06 　29.85 　33.31 　36.7 　43.82 　47.39 　53.33 　57.01 　67.45 　78.09	（1mm²/s＝1cSt） 0.54 0.64 0.73 0.88 1.05 1.23 1.46 1.78 2.24 2.85 3.73 6.47 10.08

步骤	内　　容	流号及数据
33	OK	
34	Calculate	
35	×	
36	Cut/Blend	
37	Add	
38	在 Available Assays 栏下，点选	Assay-1
39	Add --->	
40	Cut Ranges 栏 Cut Option Select 下 Auto Cut(程序自动切割假组分)，默认 User Ranges(用户可指定某一温度范围内切割的假组分数量) User Points(用户指定全程的切割假组分数量)	Auto Cut
41	点击 Tables 下的 Table Type，选 Oil Distributions 可看到油品的馏分收率 点击 Distribution Plot 可看到油品馏分收率分布柱状图	
42	×	
43	Install Oil	
44	点击 Blend-1 右侧的 Stream Name 处，输入油品的流号名	Crude Oil
45	Enter	
46	Calculate All[③]	
47	Return to Basis Environment	
48	Enter to Simulation Environment	
49	在 PFD 窗口即可看到名为 Crude Oil 的流号名	
50	双击 Crude Oil	
51	双击 Molar Flow，即可看到程序切割得到的假组分及其组成。 NBP[0]30 即表示一个常压沸点为 30℃ 的烃类假组分，可能没有真实组分与其对应	

① 没有对原油分析轻组分，故不需选择库组分，全部采用油品表征得到的假组分。

② Dependent 表示采用评价曲线的馏分油分析数据；Independent 表示独立的馏分油分析数据。

③ 如果出现流号 Crude Oil 中没有假组分的情况，请删除 Cut/Blend 中的 Blend-1，再重新执行步骤 37 以后的操作。

进行油品表征时，评价数据越多，假组分切割精度越高。本例的原油评价数据较充分，故采用了评价所切割得到馏分油的密度和黏度数据。

第四节　伴生气轻烃回收

随着天然气和伴生气产量的不断增长，气体的综合利用具有重大意义。从天然气中分离出乙烷、丙烷、丁烷、稳定轻油等产品，在国民经济各个部门尤其是用于乙烯原料，具有十分可观的经济效益。

轻烃回收方法可分为低温冷凝法和油吸收法两类。油吸收法又可分为常温油吸收和低温油吸收，炼油厂催化裂化气体吸收稳定用常温油吸收法，而油田伴生气轻烃回收一般用冷油吸收法。

冷冻循环是气体加工装置的主要环节之一，可分为两类：用冷剂制冷和气体膨胀制冷。

如果冷冻温度高于 -40℃ 称为浅冷，冷冻温度在 -40 ~ -80℃ 范围内称为中冷，低于 -80℃ 称为深冷。浅冷一般用一种冷剂如氨或丙烷就可实现；中冷和深冷有时需要混合冷剂串级制冷和冷剂制冷与膨胀制冷相结合。在冷剂制冷的串级循环中可用甲烷、乙烷、乙烯、丙烷、丙烯、混合物、氨、氮、氢等作为制冷剂。各种制冷剂的性质见表2-16。

表 2-16　常用制冷剂的性质

制冷剂	分子式	相对分子质量	代号	标准沸点/℃	凝固点/℃	37.8℃蒸气压/MPa	正常沸点下蒸发潜热/(kJ/kg)	临界参数		
								p_{cr}/MPa	T_{cr}/℃	V_{cr}/(m³/kg)
甲烷	CH_4	16.04	R50	−161.49	−182.48	34.47	29.11	4.60	−82.5	6.186
乙烷	C_2H_6	30.08	R170	−88.60	−183.2	5.52	27.94	4.88	32.1	4.919
丙烷	C_3H_8	44.06	R290	−42.04	−187.1	1.31	24.30	4.20	96.0	4.601
异丁烷	$i\text{-}C_4H_{10}$	58.08	R601	−11.72	−159.6	0.50	20.92	3.65	134.94	4.520
正丁烷	$n\text{-}C_4H_{10}$	58.08	R600	−0.50	−135.0	0.36	22.00	3.80	152.03	4.382
乙烯	C_2H_4	28.05	R1150	−103.8	−168.5	8.61	27.56	5.03	9.7	4.601
丙烯	C_3H_6	42.08	R1270	−47.0	−185.0	1.56	24.99	4.61	91.6	4.301
二氧化碳	CO_2	44.01	R744	−78.50	−56.6	1.3	32.72	7.38	31.06	2.135
二甲醚	C_2H_6O	46.07		−24.8	−141.5	0.91	26.66	5.37	126.8	
氨	NH_3	17.00	R717	−33.3	−77.7	1.3	78.34	11.28	132.4	4.251
氮	N_2	28.01		−195.8			11.36	3.40	−147.1	3.209
氢	H_2	2.00		−252.6			25.91	1.30	−240	32.256

用烃类混合物作制冷剂的冷冻循环称为"MRC"法，天然气液化常用此法。与每级压缩用一种制冷剂的冷冻循环相比，具有下列优点：①可以使用一种型号的压缩机；②不需耗费昂贵的制冷剂及其生产、运输和储存费用；③烃类混合物来源方便，可以从原料气中获得。混合制冷剂的缺点是制冷剂的组成可能略有变化，有时会引起气体低温加工装置个别环节温度条件的破坏。

一、浅冷法工艺流程

浅冷流程由于 C_3 收率低，一般用于气量比较小，原料气比较富的情况，如长庆油田油田伴生气的轻烃回收。

（一）马岭油田中区集中处理站轻烃回收工艺流程

马岭油田中区集中处理站原油稳定及气体处理装置于 1981 年 10 月建成投产。处理油田伴生气 $6.0×10^4 m^3/d$。采用压缩浅冷流程，其原则流程见图 2-12。

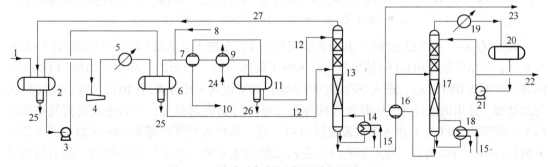

图 2-12　浅冷法轻烃回收原则流程图（一）

1—原料气；2—三相分离器；3—液烃泵；4—压缩机；5—冷却器；6—三相分离器；7—贫富气换热器；8—三甘醇；
9—氨蒸发器；10—干气；11—低温三相分离器；12—液烃；13—脱乙烷塔；14—重沸器；15—蒸汽；16—换热器；
17—脱丁烷塔；18—重沸器；19—冷却器；20—回流罐；21—回流泵；22—液化气；23—稳定轻油；24—氨；
25—水；26—甘醇水溶液；27—循环富气

63

原料气(1)进入分液罐(2)分液后，分出的水(25)去污水处理，分出的液烃用泵(3)抽出打入三相分离器(6)，分出的气体用4L-12.5/22压缩机(4)将原料气压缩至1.8MPa(g)，经冷却器(5)冷却后进入三相分离器(6)，分出的液烃靠自压进入脱乙烷塔中部，分出的气与三甘醇(8)混合后进入贫富液换热器(7)与干气(10)换热后进入氨蒸发器(9)，冷至-20℃进入低温三相分离器(11)，分出的甘醇水溶液(26)去三甘醇再生系统，分出的液烃自压去脱乙烷塔顶部，在塔底重沸器(14)的作用下脱出多余的乙烷。塔顶气体因富含C₃组分，故循环至原料气罐。脱乙烷塔底液烃与稳定轻油换热后进入脱丁烷塔(17)，在塔底重沸器(18)的作用下塔顶蒸出液化气，经冷凝冷却后进入回流罐(20)，然后用泵(21)抽出，一部分打入塔顶作回流，一部分去液化气储罐。塔底稳定轻油与脱乙烷塔底液烃换热后，再经冷却至40℃进入稳定轻烃储罐。

该流程特点是首次将脱乙烷塔顶气体引至原料气罐，防止由于脱乙烷塔操作波动造成的C₃组分损失，提高了C₃收率，同时弥补了原料气不足，稳定了操作。

(二) 西峰油田西一联轻烃回收流程

西峰油田西一联轻烃回收流程见图2-13。

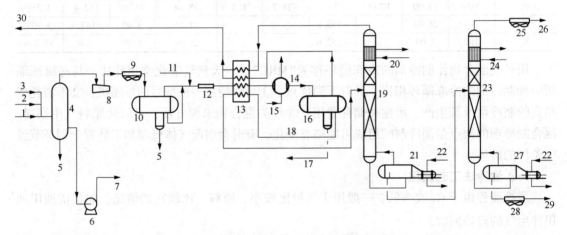

图2-13 浅冷法轻烃回收原则流程图(二)

1—分离器来气；2—原油稳定气；3—大罐气；4—分液罐；5—水；6—液烃泵；7—液烃；8—原料气压缩机；9—空冷器；10—三相分离器；11—乙二醇；12—静态混合器；13—贫富换热器；14—丙烷蒸发器；15—丙烷；16—低温三相分离器；17—乙二醇水溶液；18—液烃；19—脱乙烷塔；20—丙烷；21—重沸器；22—导热油；23—脱丁烷塔；24—循环水；25—空冷器；26—液化气；27—重沸器；28—空冷器；29—稳定轻油；30—干气

大罐气(3)、原油稳定气(2)和分离器来气(1)，先进入分液罐(4)。分出的水(5)去污水处理；分出的液烃用泵(6)抽出打入打入脱丁烷塔(19)。分出的气相用压缩机(8)抽出经两级加压至2.0MPa(g)，进入空冷器(9)冷却至40℃进入三相分离器(10)，分出的水(5)去污水处理，分出的液烃和气体混合后再与乙二醇(11)防冻剂混合，然后进入贫富气换热器(13)温度降至10℃左右进入丙烷蒸发器(14)，进一步将天然气冷却至-20~-25℃进入低温分离器(16)，分出的乙二醇水溶液(17)去乙二醇再生系统，再生后循环使用。分出的液烃进入贫富气换热器复热后进入脱乙烷塔(19)中部，在塔底重沸器(21)的作用下，脱出多余的乙烷，塔底液烃进入脱丁烷塔，在塔底重沸器(27)的作用下，蒸出液化气(26)组分，经冷凝冷却后去液化气罐区。脱乙烷塔顶有部分冷凝器用丙烷(20)冷却形成部分回流，提高C₃收率。液化气塔顶也安装了部分冷凝器，形成内回流，控制液化气质量。液化气塔底稳定轻油冷却后去储罐。

该流程的特点是在脱乙烷塔顶增加了部分冷凝器，用丙烷作冷却介质，可以提高浅冷流程中 C_3 收率。

（三）浅冷法工艺计算

以西峰油田西一联合站轻烃回收为例计算。

1. 原料气组成

西一联生产工况的原料气组成见表 2-17。

表 2-17　原料气组成　　　　　　　　　　　　　　%

组分	C_1	C_2	C_3	$i\text{-}C_4$	$n\text{-}C_4$	$i\text{-}C_5$	$n\text{-}C_5$
组成	34.04	17.07	30.68	10.60	4.75	1.39	1.48

2. 处理量

140.1kmol/h，3368m³/h（20℃，101.325kPa）。

3. 主要操作条件

来气温度：25℃。

来气压力：160kPa。

4. 工艺计算原则流程图（图 2-13）

因分析资料中原料气没有水含量，因此必须求得原料气中水的含量，其方法是将原料气与水混合，在相同温度和压力下求得原料气中的饱和含水量。然后进入分离器将水分出。含饱和水的原料气进入压缩机经 2 级压缩加压至 2000kPa，再进入水冷器冷至 40℃进入三相分离器。分出的水从下部流出，分出的液烃和原料气及乙二醇（EG）混合进入板翅式换热器与低温液烃、干气换热后进入氨蒸发器，温度降低至-20℃进入低温三相分离器。分出的乙二醇水溶液去再生系统，分出的液烃经节流降压至 1760kPa 进入板翅式换热器复热至 14℃进入脱乙烷塔中部，分出的干气经节流降压至 300Pa 进入板翅式换热器复热后作为干气外输。脱乙烷塔顶气相经氨冷器冷却后产生部分凝液作为回流进入脱乙烷塔顶部。未冷凝部分作为干气的一部分，经节流降压至 300kPa，与低温分离器分出的干气混合后外输。脱乙烷塔底液烃自压进入液化气塔，塔顶分出液化气，塔底分出稳定轻油。

在进行 HYSYS 软件计算前，要先绘出流程图，一步一步进行计算。

5. HYSYS 软件计算模型

HYSYS 软件计算模型见图 2-14。

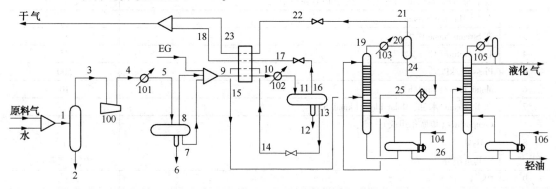

图 2-14　西一联轻烃回收 HYSYS 软件计算模型

6. 详细计算步骤

输入计算所需的全部组分和流体包

步骤	内　　　容	流号及数据
1	New Case[新建空白文档]	
2	Add[加入]	
3	Components：C_1、C_2、C_3、$i\text{-}C_4$、$n\text{-}C_4$、$i\text{-}C_5$、$n\text{-}C_5$、H_2O、EG	添加库组分
4	×	
5	Fluid Pkgs	加流体包
6	Add	
7	Peng-Robinson	选状态方程
8	×	
9	Enter Simulation Environment	进入模拟环境

加入原料气

步骤	内　　　容	流号及数据
1	选中 Material Stream[蓝色箭头]置于 PFD 窗口中	
2	双击[Material Stream]	
3	在 Stream Name 栏填上	原料气
4	Temperature/℃	25
5	Pressure/kPa	160
6	Molar Flow/(kmol/h)	140.1
7	双击 Stream"原料气"的 Molar Flow/(kmol/h)	
8	Composition(填摩尔组成)	
	Methane	0.6395
	Ethane	0.1774
	Propane	0.1453
	i-Butane	0.0114
	n-Butane	0.0236
	i-Pentane	0.0014
	n-Pentane	0.0014
9	Nomalize(圆整为 1。如果偏离 1 过大，输入有误请检查)	
10	OK	
11	×	

加入水

步骤	内　　　容	流号及数据
1	选中 Material Stream[蓝色箭头]置于 PFD 窗口中	
2	双击[Material Stream]	
3	在 Stream Name 栏填上	水
4	Temperature/℃	25
5	Pressure/kPa	500
6	Molar Flow/(kmol/h)	10
7	双击 stream"水"的 Molar Flow/(kmol/h)	
8	Composition(填摩尔组成)	
	H_2O	1
	其余组分	0(或空着)
9	OK	
10	×	

66

因为原料气中没有含水量，实际上是含有饱和水的。为求得饱和水量，需要加入水，饱和后再将多余的水分离出来。

加混合器

步骤	内 容	流号及数据
1	从图例板点混合器[Mixer]置于PFD窗口中	
2	双击混合器[Mixer]	
3	Inlets	原料气，水
4	Outlet	1
5	×	

加原料气分液罐

步骤	内 容	流号及数据
1	从图例板点二相分离器[Separator]置于PFD窗口中	
2	双击二相分离器[Separator]	
3	Inlet《Stream》	1
4	Vapour	3
5	Liquid	2
6	×	

加入压缩机

步骤	内 容	流号及数据
1	从图例板点压缩机[Compressor]置于PFD窗口中	
2	双击压缩机[Compressor]	
3	Inlet	3
4	Outlet	4
5	Energy	100
6	Worksheet	
7	点击 Stream Name 4 下相应位置输入	
8	Pressure/kPa	2000
9	×	

加冷却器

步骤	内 容	流号及数据
1	从图例板点冷却器[Cooler]置于PFD窗口中	
2	双击冷却器[Cooler]	
3	Inlet	4
4	Outlet	5
5	Energy	101
6	Parameters	
7	Delta P/kPa	10
8	Worksheet	
9	点击 Stream Name 5 下相应位置输入	
10	Temperature/℃	40
11	×	

加三相分离器

步骤	内　　容	流号及数据
1	从图例板点三相分离器[3-Phase Separator]置于 PFD 窗口中	
2	双击三相分离器[3-Phase Separator]	
3	Inlet《Stream》	5
4	Vapour	8
5	Light Liquid	7
6	Heavy Liquid（水）	6
7	×	

加混合器并输入 EG 条件

步骤	内　　容	流号及数据
1	从图例板点混合器[Mixer]置于 PFD 窗口中	
2	双击混合器[Mixer]	
3	Inlets	EG, 8, 7
4	Outlet	9
5	Worksheet	
6	点击 Stream Name "EG" 下相应位置输入	
7	Temperature/℃	40
8	Pressure/kPa	2000
9	Molar Flow/(kmol/h)	7.036
10	双击 Molar Flow，输入 EG 组成	
11	Component H_2O EGlycol	 0.5223 0.4777
12	×	

加入板式换热器

步骤	内　　容	流号及数据
1	从图例板点板式换热器[LNG Exchanger]置于 PFD 窗口中	
2	双击板式换热器[LNG Exchanger]	
3	Add Side, Add Side	
4	填流号、压降及属性： 　Inlet Streams 　Outlet Streams 　Pressure Drop/kPa 　Hot/Cold 　Inlet Streams 　Outlet Streams 　Pressure Drop/kPa 　Hot/Cold 　Inlet Streams 　Outlet Streams 　Pressure Drop/kPa 　Hot/Cold 　Inlet Streams 　Outlet Streams 　Pressure Drop/kPa 　Hot/Cold	 9 10 10 Hot 14 15 10 Cold 17 18 10 Cold 22 23 10 Cold

步骤	内　　容	流号及数据
5	Worksheet	
6	在指定 Stream Name 输入指定温度	10, 23, 15
7	Temperature/℃	−5, 20, 14
8	×	

LNG 换热器未收敛，说明计算未完成。因为其他流号还未计算出来，待流程全连通了再调整所设温度。

加氨蒸发器

步骤	内　　容	流号及数据
1	从图例板点冷却器[Cooler]置于 PFD 窗口中	
2	双击冷却器[Cooler]	
3	Inlet	10
4	Outlet	11
5	Energy	102
6	Parameters	
7	Delta P/kPa	10
8	Worksheet	
9	点击 Stream Name 11 下相应位置输入	
10	Temperature/℃	−25
11	×	

加三相分离器

步骤	内　　容	流号及数据
1	从图例板点三相分离器[3-Phase Separator]置于 PFD 窗口中	
2	双击三相分离器[3-Phase Separator]	
3	Inlet《Stream》	11
4	Vapour	16
5	Light Liquid	13
6	Heavy Liquid（水）	12
7	×	

加入干气节流阀

步骤	内　　容	流号及数据
1	从图例板点节流阀[Valve]置于 PFD 窗口中	
2	双击节流阀[Valve]	
3	Inlet	16
4	Outlet	17
5	Worksheet	
6	点击 Stream Name 17 下相应位置输入	
7	Pressure/kPa	300
8	×	

因为外输气一般站内使用，压力不需要那么高，加节流阀可以回收冷量，使温度进一步降低。

加入凝液节流阀

步骤	内 容	流号及数据
1	从图例板点节流阀[Valve]置于 PFD 窗口中	
2	双击节流阀[Valve]	
3	Inlet	13
4	Outlet	14
5	Worksheet	
6	点击 Stream Name 14 下相应位置输入	
7	Pressure/kPa	1760
8	×	

加循环及脱乙烷塔回流液初值

步骤	内 容	流号及数据
1	从图例板点循环[Recycle]置于 PFD 窗口中	
2	双击循环[Recycle]	
3	Inlet	24
4	Outlet	25
5	Worksheet	
6	点击 Stream Name 25 下相应位置输入	
7	Temperature/℃	−25
8	Pressure/kPa	1700
9	Molar Flow/(kmol/h)	10
10	双击 Stream 25 的 Molar Flow 位置	
11	Composition(填 Stream 25 初始摩尔组成)	
	Ethane	1.0
	其他	0.0
12	×	

加入脱乙烷塔

步骤	内 容	流号及数据
1	从图例板点不完全塔[Reboiled Absorber]置于 PFD 窗口中	
2	双击不完全塔[Reboiled Absorber]	
3	理论板数 $n=$	15
	Top Stage Inlet	25
4	Optional Inlet Streams:	
	Stream Inlet Stage	
	15 8	
5	Ovhd Vapour Outlet	19
6	Bottoms Liquid Outlet	26
7	Reboiler Energy Stream(重沸器能流号)	104
8	Next, Next	
9	Top Stage Pressure/kPa	1700
10	Reboiler Pressure/kPa	1720
11	Next, Next, Done	
12	Monitor	

70

步骤	内　容	流号及数据
13	Add Spec…	
14	Column Component Fraction	
15	Add Spec(s)	
16	《Stage》	
17	Reboiler	
18	《Component》	
19	Ethane	
20	Spec Value(要求重沸器 C_2 含量6%，看液化气饱和蒸气压，如果过低可增加乙烷含量)	0.06
21	×	
22	Specifications 栏下	
23	点击 Ovhd Prod Rate 右侧 Active，使之失效	
24	点击 Comp Fraction 右侧 Active，使之生效	
25	Run，运行结束，Converged 变绿色	
26	×	

加氨蒸发器

步骤	内　容	流号及数据
1	从图例板点冷却器[Cooler]置于 PFD 窗口中	
2	双击冷却器[Cooler]	
3	Inlet	19
4	Outlet	20
5	Energy	103
6	Parameters	
7	Delta P/kPa	10
8	Worksheet	
9	点击 Stream Name 20 下相应位置输入	
10	Temperature/℃	−25
11	×	

在脱乙烷塔顶加一氨冷器，目的是产生部分回流，增加 C_3 收率。

加分液罐

步骤	内　容	流号及数据
1	从图例板点二相分离器[Separator]置于 PFD 窗口中	
2	双击二相分离器[Separator]	
3	Inlet《Stream》	20
4	Vapour	21
5	Liquid	24
6	×	

程序将自动完成回流收敛计算，可能还会显示流号 25 的压力低于塔压力，可以不予理会，因为这里省略了回流泵，不会影响计算结果。

步骤	内　　容	流号及数据
1	从图例板点节流阀[Valve]置于 PFD 窗口中	
2	双击节流阀[Valve]	
3	Inlet	21
4	Outlet	22
5	Worksheet	
6	点击 Stream Name 22 下相应位置输入	
7	Pressure/kPa	300
8	×	

如果循环单元为黄色，说明达到规定的最大迭代次数而还没有收敛，可双击该单元，点击 Continue 按钮，继续运算。

调整板翅式换热器温度

给出板翅式换热器各冷流出口温度，此温度一般低于热流入口温度 2~3℃即可。

前面已在 LNG 换热器的 worksheet 下给定了流号 23 温度 20℃、流号 15 温度 14℃，此时换热器计算出最后流号 18 的温度为 23.49℃，已低于热流入冷箱温度（41℃）。

加混合器

步骤	内　　容	流号及数据
1	从图例板点混合器[Mixer]置于 PFD 窗口中	
2	双击混合器[Mixer]	
3	Inlets	18，23
4	Outlet	干气
5	×	

加入液化气塔

步骤	内　　容	流号及数据
1	从图例板点完全塔[Distillation]置于 PFD 窗口中	
2	双击完全塔[Distillation]	
3	理论板数 $n=$	15
4	Inlet Streams	26
5	Condenser	Total
6	Ovhd Liquid Outlet	31
7	Bottoms Liquid Outlet	32
8	Reboiler Energy Stream（重沸器能流号）	106
9	Condenser Energy Stream（冷凝器能流号）	105
10	Next，Next	
11	Top Stage Pressure/kPa	1300
12	Reboiler Pressure/kPa	1320
13	Next，Next，Done	
14	Monitor	
15	Add Spec…	
16	Column Component Fraction	

步骤	内　　容	流号及数据
17	Add Spec(s)	
18	《Stage》	
19	Reboiler	
20	《Component》	
21	i-Butane, n-Butane	
22	Spec Value	0.00887
23	×	
24	Add Spec…	
25	Column Component Fraction	
26	Add Spec(s)	
27	《Stage》	
28	Condenser	
29	《Component》	
30	i-Pentane, n-Pentane	
31	Spec Value(冷凝器 C_5 含量不大于3%，初设0.5%)	0.005
32	×	
33	Specifications 栏下	
34	点击 Reflux Ratio 右侧 Specified Value*	3
35	点击 Distillate Rate 右侧 Specified Value	16
36	程序自动完成上述设计规定下计算，结果用于新规定计算初值	
37	点击 Reflux Ratio 右侧 Active，使之失效	
38	点击 Distillate Rate 右侧 Active，使之失效	
39	点击 Comp Fraction 右侧 Active，使之生效	
40	点击 Comp Fraction-2 右侧 Active，使之生效	
41	Run，运行结束，Converged 变绿色	
42	×	

注：*先以简单的设计规定完成塔的计算，产生塔内变量初值，再按照设计规定计算，更易收敛。

加入平衡(Balance)功能计算液化气的饱和蒸气压

步骤	内　　容	流号及数据
1	从图例板选中 Balance 置于 PFD 窗口流号31附近	
2	双击平衡[Balance]	
3	Inlet Streams	31
4	Outlet Streams	液化气
5	Parameters	
6	在 Balance Type 栏点选：Component Mole Flow	
7	Worksheet	
8	点击 Stream Name "液化气" 下相应位置输入	
9	Vapour	0
10	Temperature/℃	37.8
11	软件自动计算出 Stream "液化气" 的饱和蒸气压：1232kPa 液化气饱和蒸气压小于 1380kPa 为合格	
12	×	

加入平衡(Balance)功能计算轻油的饱和蒸气压

步骤	内　　　容	流号及数据
1	从图例板选中 Balance 置于 PFD 窗口流号 32 附近	
2	双击平衡[Balance]	
3	Inlet Streams	32
4	Outlet Streams	轻油
5	Parameters	
6	在 Balance Type 栏点选：Component Mole Flow	
7	Worksheet	
8	点击 Stream Name "轻油"下相应位置输入	
9	Vapour	0
10	Temperature/℃	37.8
11	软件自动计算出 Stream "轻油"的饱和蒸气压：122.3kPa (1# 轻烃饱和蒸气压 74～200kPa 为合格)	
12	×	

7. 计算结果汇总

计算结果汇总见表 2-18。

表 2-18　计算结果汇总

流　号	原料气	水	EG	1	2
气相分数	1.0000	0.0000	0.0000	0.9437	0.0000
温度/℃	25.00	25.00	40.00	15.61	15.61
压力/kPa	160.00	500.00	2000.00	160.00	160.00
摩尔流率/(kmol/h)	140.10	10.00	7.04	150.10	8.46
质量流率/(kg/h)	3395.67	180.15	274.82	3575.82	152.35
体积流率/(m³/h)	9.2136	0.1805	0.2542	9.3941	0.1527
热流率/(kJ/h)	-1.163×10^7	-2.862×10^6	-2.559×10^6	-1.449×10^7	-2.427×10^6
流　号	3	4	5	6	7
气相分数	1.0000	1.0000	0.9930	0.0000	0.0000
温度/℃	15.61	203.46	40.00	40.00	40.00
压力/kPa	160.00	2000.00	1990.00	1990.00	1990.00
摩尔流率/(kmol/h)	141.64	141.64	141.64	0.99	0.00
质量流率/(kg/h)	3423.48	3423.48	3423.48	17.85	0.00
体积流率/(m³/h)	9.2414	9.2414	9.2414	0.0179	0.0000
热流率/(kJ/h)	-1.207×10^7	-1.066×10^7	-1.204×10^7	-2.823×10^5	0.000
流　号	8	9	10	11	12
气相分数	1.0000	0.9508	0.8929	0.7691	0.0000
温度/℃	40.00	41.18	-5.00	-25.00	-25.00
压力/kPa	1990.00	1990.00	1980.00	1970.00	1970.00
摩尔流率/(kmol/h)	140.65	147.69	147.69	147.69	7.59
质量流率/(kg/h)	3405.63	3680.45	3680.45	3680.45	284.72
体积流率/(m³/h)	9.2235	9.4777	9.4777	9.4777	0.2641
热流率/(kJ/h)	-1.176×10^7	-1.432×10^7	-1.482×10^7	-1.522×10^7	-2.768×10^6
流　号	13	14	15	16	17
气相分数	0.0000	0.0236	0.2776	1.0000	1.0000

流　　号	13	14	15	16	17
温度/℃	−25.00	−26.52	14.00	−25.00	−42.41
压力/kPa	1970.00	1760.00	1750.00	1970.00	300.00
摩尔流率/(kmol/h)	26.52	26.52	26.52	113.58	113.58
质量流率/(kg/h)	1047.29	1047.29	1047.29	2348.45	2348.45
体积流率/(m³/h)	2.2363	2.2363	2.2363	6.9774	6.9774
热流率/(kJ/h)	−3.157×10⁶	−3.157×10⁶	−2.985×10⁶	−9.294×10⁶	−9.294×10⁶
流　　号	18	19	20	21	22
气相分数	1.0000	1.0000	0.4796	1.0000	1.0000
温度/℃	23.49	−5.93	−25.00	−25.00	−45.20
压力/kPa	290.00	1700.00	1690.00	1690.00	300.00
摩尔流率/(kmol/h)	113.58	19.26	19.26	9.24	9.24
质量流率/(kg/h)	2348.45	553.97	553.97	231.25	231.25
体积流率/(m³/h)	6.9774	1.4974	1.4974	0.6670	0.6670
热流率/(kJ/h)	−8.990×10⁶	−1.693×10⁶	−1.829×10⁶	−7.842×10⁵	−7.842×10⁵
流　　号	23	24	25	26	31
气相分数	1.0000	0.0000	0.0000	0.0000	0.0000
温度/℃	20.00	−25.00	−25.00	54.52	40.23
压力/kPa	290.00	1690.00	1690.00	1720.00	1300.00
摩尔流率/(kmol/h)	9.24	10.02	10.02	17.27	16.98
质量流率/(kg/h)	231.25	322.71	322.47	815.79	794.76
体积流率/(m³/h)	0.6670	0.8304	0.8296	1.5684	1.5349
热流率/(kJ/h)	−7.572×10⁵	−1.045×10⁶	−1.044×10⁶	−2.124×10⁶	−2.108×10⁶
流　　号	32	轻油	液化气	干气	
气相分数	0.0000	0.0000	0.0000	1.0000	
温度/℃	135.27	37.80	37.80	23.19	
压力/kPa	1320.00	122.29	1232.39	290.00	
摩尔流率/(kmol/h)	0.29	0.29	16.98	122.82	
质量流率/(kg/h)	21.03	21.03	794.76	2579.70	
体积流率/(m³/h)	0.0335	0.0335	1.5349	7.6444	
热流率/(kJ/h)	−4.504×10⁴	−5.060×10⁴	−2.113×10⁶	−9.747×10⁶	

8. 要点说明

脱乙烷塔顶加氨冷产生部分回流后比不加氨冷 C_3 收率提高17.3%。

二、直接接触法(DHX法)

DHX工艺是加拿大埃索公司(ESSO)1984年创造并在Judy Creek工厂首先应用的。该法是利用脱乙烷塔顶气体与膨胀制冷后的低温原料气体直接换热，使气体中的 C_2 以上的烃类冷凝，再进入直接接触塔(DHX塔)顶，在与原料气接触过程中，由于 C_2 是烷烃，选择性好，相对分子质量小吸收能力又强，在 C_2 的吸收作用和蒸发后产生的冷量直接与原料气换热下，使原料气的温度进一步降低，从而获得高的 C_3 收率。我国大港压气站1995年引进了美国PR-QUIP公司100×10⁴m³/d天然气处理装置，1997年吐哈油田丘陵联合站引进了德国LINDE公司120×10⁴m³/d天然气处理装置，此后该工艺在我国得到广泛应用。

最初的DHX法工艺流程见图2-15。

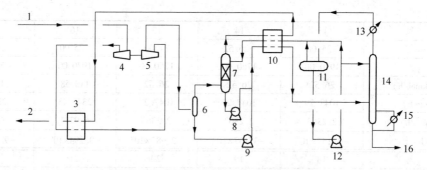

图 2-15　初期的 DHX 工艺原则流程图

1—原料气；2—干气；3—大冷箱；4—增压机；5—膨胀机；6—低温分离器；7—直接接触塔；8、9—液烃泵；
10—小冷箱；11—回流罐；12—回流泵；13—丙烷蒸发器；14—脱乙烷塔；15—重沸器；16—液烃去脱丁烷塔

大港油田压气站 1995 年引进了美国 PRO-QUIP 公司 $100×10^4 m^3/d$ 天然气处理装置，主要处理凝析气田和油田的伴生气，回收天然气中 C_3 以上组分，丙烷设计收率为 95%。其工艺流程见图 2-16。

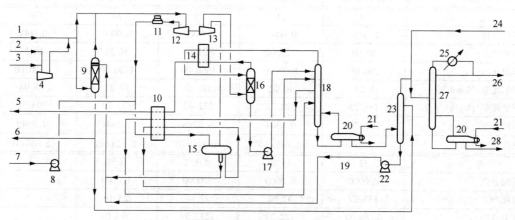

图 2-16　大港油田压气站 DHX 工艺原则流程图

1—高压气；2—中压气；3—低压气；4—压缩机；5—干气；6—污水；7—甲醇；8—注醇泵；9—甲醇接触塔；
10—大冷箱；11—空冷器；12—同轴压缩机；13—膨胀机；14—小冷箱；15—三相分离器；16—直接接触塔；
17—液烃泵；18—脱乙烷塔；19—回流；20—重沸器；21—热媒；22—回流泵；23—水洗塔；24—板大站轻烃；
25—冷凝器；26—液化气；27—脱丁烷塔；28—稳定轻油

从图中可以看出，回流罐和回流泵取消了，流程得到简化，操作更加平稳。

国内部分 DHX 工艺装置设计参数及原料气组成见表 2-19。

表 2-19　部分轻烃回收装置设计参数及原料气组成

名　　称	大港混合气	玉门青西气	吐哈温米气	吐哈丘陵气	涠洲岛终端气
原料压力/kPa	3000	3200	2900	3600	2000
外输压力/kPa	890	1400	1500	1400	500
脱乙烷塔压力/kPa	1000	1900	2130	2500	1700
流量/$(10^4 m^3/d)$	100	25	70	120	50
组分组成/%（mol）					
N_2	0.36	2.17	2.80	2.45	1.44
CO_2	2.15	5.44	0.02	0.07	2.01
C_1	77.51	63.47	72.74	74.55	69.38

名 称	大港混合气	玉门青西气	吐哈温米气	吐哈丘陵气	涠洲岛终端气
C_2	9.95	13.93	11.73	10.75	14.59
C_3	4.80	8.02	6.23	6.94	8.38
$i\text{-}C_4$	1.10	1.54	1.86	1.53	1.62
$n\text{-}C_4$	1.38	3.42	2.31	2.04	1.62
$i\text{-}C_5$	0.49	0.75	0.82	0.45	0.33
$n\text{-}C_5$	0.41	1.01	0.80	0.57	0.32
C_6^+	1.47	0.69	0.63	0.65	0.39
H_2O	0.38	0.71	—	—	—
合计	100.00	100.00	100.00	100.00	100.00

(一) 直接接触法(DHX)工艺特点

1. 冷量利用合理

直接接触塔采用低温吸收制冷工艺,富含 C_3 组分的脱乙烷塔顶气经过与直接接触塔塔顶低温气体换冷后,将气体中绝大部分 C_3 和部分甲烷、乙烷冷凝下来,再进入直接接触塔塔顶与膨胀机出口的低温气体在塔内逆流接触,同时进行直接传质传热,通过换热闪蒸出凝液中大量的 C_1、C_2 等轻组分。由于凝液中 C_1、C_2 等轻组分的汽化制冷和吸收作用,因此直接接触塔塔顶的气相温度比进料温度还低,这就增加了膨胀机出口气体在塔内 C_3 的凝液量,不仅回收了脱乙烷塔顶气中的绝大部分 C_3 组分,使 C_3 组分的收率可达 95%~97%。又可降低脱乙烷塔的气相负荷。

2. 脱乙烷塔顶回流操作平稳

与最初的 DHX 法相比,改进的 DHX 工艺省去脱乙烷塔回流罐、回流泵等设备,投资也较少。直接接触塔塔底低温凝液直接作为回流进入脱乙烷塔顶部,由于回流凝液操作温度低且其中 C_2 组分及较轻组分含量大幅下降,在直接接触塔内压力较低,C_1、C_2 组分的蒸发,使塔底液烃中含轻组分较少,因此,塔底增压泵运行平稳。

(二) 直接接触法(DHX)工艺的应用条件

对于 DHX 工艺的适应性研究报道较少,也不够深入,中国石油大学(华东)通过工艺模拟软件计算表明,与单级膨胀机制冷法相比,DHX 工艺 C_3 收率的提高幅度主要取决于气体中 C_1/C_2 体积分数之比,而气体中 C_3 烃类含量对其影响甚小。原料气中 C_3^+ 含量对 DHX 工艺影响较小,原因是大部分 C_3^+ 在膨胀机前低温分离器分出。有文献统计了全国各油田 38 种伴生气组成,平均结果列于表 2-20。

表 2-20 原料气组成的统计结果 　　　　　　　　　　　　%(体积)

C_1	C_2	C_3	$i\text{-}C_4$	$n\text{-}C_4$	$i\text{-}C_5$	$n\text{-}C_5$	$n\text{-}C_6$	$n\text{-}C_7$
78.790	8.294	6.670	1.229	2.619	0.701	0.963	0.503	0.231

研究结果表明,并非所有的原料气都适用于 DHX 工艺,原料气中 C_1/C_2 对该工艺 C_3 回收率提高幅度有显著影响,而 C_3^+ 含量对此影响较小,原料气中 C_1/C_2 越小,DHX 工艺 C_3 回收率提高幅度越大。随 C_1/C_2 增大,DHX 工艺和 ISS 两种工艺的 C_3 收率相差很小,故 DHX 工艺应用范围受原料气组成的限制。笔者在文献数据的基础上用 HYSYS 软件对国内外 13 种 C_3 含量不同的原料气进行了模拟计算,做了进一步的研究探讨,以考察 DHX 工艺对

原料气的适应性。结果发现原料气中的 C_3 含量多少对 DHX 工艺不是影响甚微，而是当 C_3 含量大于11%时，DHX 工艺优越性已经不明显，甚至不能使用，此时 C_1/C_2 再小也没有用处。研究结果如下：

1. 原料气组成

研究选择的原料气组成见表 2-21。

表 2-21　油田伴生气组成　　　　　　　　　　　　%（体积）

组　分	大港油田混合气	福山油田气	冀东柳赞气	中亚公司气	杏河套管气	长庆薛岔气	哈萨克 KUMKPL
C_1	77.80	72.50	71.84	69.04	66.90	65.40	54.49
C_2	9.99	13.59	10.72	13.71	12.52	16.09	13.35
C_3	4.82	6.03	7.72	8.67	10.58	11.05	13.30
$i-C_4$	1.10	0.91	2.57	1.62	1.28	0.86	2.30
$n-C_4$	1.39	1.17	3.11	2.96	3.45	2.26	6.20
$i-C_5$	0.49	0.10	1.35	1.01	0.43	0.27	1.58
$n-C_5$	0.41	0.24	0.27	0.64	0.83	0.50	1.99
$n-C_6$	1.48	0.15	0.69	0.32	0.23	0.01	1.20
$n-C_7$		0.06	0.23	0.29	0.29		2.22
$n-C_8$		0.02	0.01				0.23
$n-C_9$		0.01					0.13
CO_2	2.16	3.98	0.35	0.24	0.07	0.50	0.23
N_2	0.36	1.22	1.14	1.79	3.42	2.77	2.78
合计	100.00	100.00	100.00	100.00	100.00	100.00	100.00
C_1/C_2	7.79	5.33	6.70	5.04	5.34	4.06	4.08
组　分	长庆西二联气	长庆长南联气	长庆王南联气	长庆靖三联气	长庆姬源联气	长庆西一联气	
C_1	61.50	56.65	53.98	47.00	41.31	34.06	
C_2	14.68	14.60	12.03	15.29	13.47	17.08	
C_3	15.10	17.46	19.25	23.93	24.14	30.69	
$i-C_4$	1.61	1.97	2.07	2.92	3.10	4.70	
$n-C_4$	3.10	4.66	7.25	6.82	8.27	10.60	
$i-C_5$	0.47	0.87	1.54	1.47	1.98	1.48	
$n-C_5$	0.48	0.92	1.79	1.50	1.67	1.39	
$n-C_6$	0.15	0.11	0.87	1.08	3.99		
$n-C_7$					0.30		
$n-C_8$					0.23		
$n-C_9$							
CO_2	0.01	0.20	0.20		0.21		
N_2	2.90	2.56	1.04		1.34		
合计	100.00	100.00	100.00	100.00	100.00	100.00	
C_1/C_2	4.19	3.88	4.49	3.07	3.07	1.99	

2. 工艺流程

【方案1】DHX 典型流程

DHX 典型流程见图 2-17。

1600kPa 的干燥后的原料气（1）进入一级压缩机（2）增压至 3500kPa，经水冷器（3）水冷

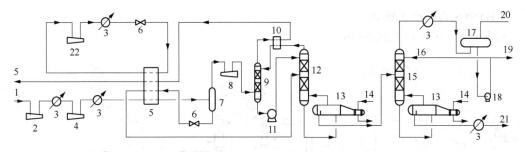

图 2-17 DHX 法工艺原则流程图一

1—原料气；2——级压缩机；3—水冷器；4—二级压缩机；5—大冷箱；6—节流阀；7—低温分离器；8—膨胀机；

9—DHX 塔；10—小冷箱；11—液烃泵；12—脱乙烷塔；13—重沸器；14—导热油；15—脱丁烷塔；16—回流；

17—回流罐；18—回流泵；19—液化气；20—不凝气；21—稳定轻油；22—丙烷制冷压缩机

后温度降至 45℃，然后进入二级压缩机（4）增压至 4320kPa，经水冷器（3）冷却至 35℃，进入大冷箱（5）温度降至 -30℃进入低温分离器（7）。低温分离器（7）底部液烃经节流阀（6）节流至 2100kPa，进入大冷箱与原料气换热，温度复热至 10℃进入脱乙烷塔（12）下部；低温分离器（7）顶部气体进入膨胀机（8），膨胀至 1800kPa 进入 DHX 塔（9）下部，与顶部进入的液烃逆流接触，原料气中的 C_3 以上组分绝大部分被吸收。DHX 塔底部的液烃用液烃泵（11）抽出打入脱乙烷塔（12）的顶部，在塔底重沸器（13）的作用下，脱出多余的乙烷。塔顶脱出的富含乙烷的气体进入小冷箱（10）与 DHX 塔顶干气换热后进入 DHX 塔顶部，完成一个循环。出小冷箱后的干气进入大冷箱与原料气换热后温度为 25℃去外输。脱乙烷塔底脱乙烷后的液烃靠自压去脱丁烷塔（15），在塔底重沸器的作用下蒸出液化气组分，再经水冷器（3）冷却至 35℃进入回流罐（17），然后用回流泵（18）抽出，一部分打入塔顶作回流，另一部分作为产品出装置。塔底稳定轻油冷却至 35℃出装置。

丙烷循环系统：液态丙烷压力为 1590kPa 经节流阀（6）节流至 103kPa 进入大冷箱（5）用丙烷对原料气进行冷却，汽化后的丙烷温度 -6℃左右进入丙烷压缩机（22），压缩至 1600kPa 进入水冷器冷却至 35℃进入节流阀，完成一个循环（省略了丙烷储罐）。

【方案 2】压缩机水冷器后出口加分离器流程

压缩机水冷器后出口加分离器流程见图 2-18。

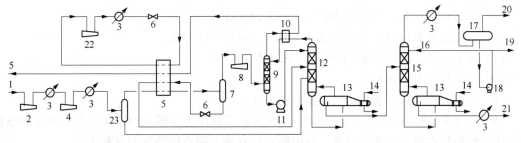

图 2-18 DHX 法工艺原则流程图二

1—原料气；2——级压缩机；3—水冷器；4—二级压缩机；5—大冷箱；6—节流阀；7—低温分离器；8—膨胀机；

9—DHX 塔；10—小冷箱；11—液烃泵；12—脱乙烷塔；13—重沸器；14—导热油；15—脱丁烷塔；16—回流；

17—回流罐；18—回流泵；19—液化气；20—不凝气；21—稳定轻油；22—丙烷制冷压缩机；23—分液罐

该流程只是原料气出二级压缩机经水冷后进入分液罐（23），分液罐顶部气体进入大冷箱（5）冷却至 -30℃进低温分离器（7），以后的流程与图 2-17 完全一样，不再赘述。分离器（23）底部液烃直接去脱乙烷塔（12）下部，进行脱乙烷。

3. HYSYS 软件计算模型

标准模型(方案1)见图 2-19。

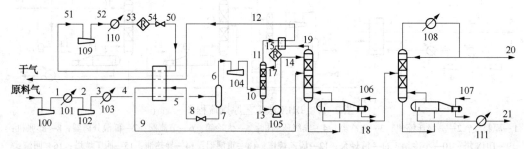

图 2-19　标准 DHX 模型

压缩机二级出口加分离器模型(方案2)见图 2-20。

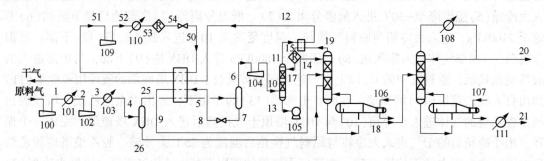

图 2-20　压缩机二级出口加分离器模型

4. 计算结果

在用 HYSYS 软件对各组分进行计算时，需规定统一的操作条件，以便对比。

1) 约束条件

以福山油田 DHX 流程为典型流程(方案1)，各约束条件如下：

(1) 原料气压缩最终压力：4320kPa。

(2) 原料气流量：886.6kmol/h(0℃，101.325kPa)。

(3) 原料气出大冷箱温度-30℃。

(4) 脱乙烷塔压力：顶部1870kPa，底部1950kPa。

(5) 直接接触塔(DHX)压力顶部1770kPa，底部1800kPa。

(6) 脱丁烷塔压力：顶部1400kPa，底部1410kPa。

(7) 外输气压力1760kPa。

(8) 低温分离器底部液相出大冷箱温度10℃。

(9) 所有13种原料气组分统一采用 DHX 工艺计算作为方案1，C_3 含量大于10%的原料气在压缩机出口水冷器后加分离器，分出的重烃直接去脱乙烷塔作为方案2。

(10) 压缩机二级出口水冷器冷却温度为35℃。

(11) 产品液化气和稳定轻油符合国家或行业标准。

2) 主要操作条件

在 DHX 工艺统一模式下，用 HYSYS 软件计算结果如下。

(1) 温度

方案1各关键点温度见表2-22。

表 2-22 温度 ℃

| 气 源 | 膨胀机出口 | DHX 塔 | | | 脱乙烷塔顶 |
		塔顶	塔底	顶进料	
大港油田气	-64.51	-72.97	-67.24	-69.00	-24.70
福山油田气	-61.58	-66.50	-65.02	-55.00	-23.79
冀东柳赞气	-63.45	-66.58	-65.96	-54.00	-17.49
中亚公司气	-62.35	-61.71	-65.13	-46.00	-16.57
长庆杏河套管气	-62.04	-62.07	-64.52	-47.00	-14.92
长庆薛岔联气	-60.78	-53.28	-61.86	-34.00	-11.49
哈萨克 KUMKPL 气	-64.11	-40.93	-63.37	-24.00	-10.16
长庆西二联气	-60.75	-43.33	-61.16	-23.00	-5.75
长庆长南联气	-61.27	-34.96	-61.57	-16.00	-3.94
长庆王南联气	-61.08	-40.16	-61.45	-21.00	-5.54
长庆靖三联气	-61.95	-12.70	-61.25	-2.00	3.59
长庆姬源联气	-63.07	-11.76	-62.10	-2.00	3.15
长庆西一联气[①]	-50.87	5.44	-49.28	9.00	10.87

① 当大冷箱原料气出口温度-30℃时，低温分离器无气相，即天然气全部液化，无法进行计算，本温度是大冷箱原料气出口温度-20℃时的数据。

方案 2 各关键点温度见表 2-23。

表 2-23 压缩机出口水冷器后加分离器各关键点温度 ℃

| 气 源 | 膨胀机出口 | DHX 塔 | | | 脱乙烷塔顶 |
		塔顶	塔底	顶进料	
长庆杏河套管气	-61.64	-62.61	-64.10	-48.00	-15.02
长庆薛岔联气	-60.73	-53.30	-61.80	-34.00	-11.46
哈萨克 KUMKPL 气	-61.43	-49.49	-60.74	-32.00	-10.79
长庆西二联气	-60.74	-43.33	-61.13	-23.00	-5.74
长庆长南联气	-60.70	-37.99	-60.98	-18.00	-4.21
长庆王南联气	-61.08	-38.27	-61.45	-18.00	-4.87
长庆靖三联气	-60.48	-23.70	-60.27	-7.00	0.77
长庆姬源联气	-60.56	-25.41	-60.48	-8.00	0.29
长庆西一联气	-60.25	-5.14	-58.87	6.00	10.54

（2）压力

各关键点压力见约束条件。

（3）组成

① 压缩机出口分液罐凝液组成（表 2-24）

表 2-24 压缩机出口分液罐凝液组成 %（体积）

组分	杏河套管气	长庆薛岔气	哈萨克 KUMKPL	长庆西二联气	长庆长南联气	长庆王南联	长庆靖三联气	长庆姬源联气	长庆西一联气
C_1	16.43	15.54	16.07	17.12	17.16	17.18	16.92	16.28	16.63
C_2	10.98	13.90	12.01	13.90	13.92	11.00	14.17	12.60	16.33
C_3	23.72	24.69	22.95	34.45	35.30	33.05	37.41	34.16	39.52

组分	杏河套管气	长庆薛岔气	哈萨克KUMKPL	长庆西二联气	长庆长南联气	长庆王南联	长庆靖三联气	长庆姬源联气	长庆西一联气
$i-C_4$	5.29	3.76	5.55	6.67	6.22	4.95	5.92	5.26	6.87
$n-C_4$	18.01	12.87	16.52	15.98	17.00	19.22	14.89	14.72	16.02
$i-C_5$	3.96	2.98	5.08	4.10	4.31	4.97	3.71	3.85	2.38
$n-C_5$	9.03	6.79	6.68	4.87	4.91	6.05	3.91	3.31	2.27
$n-C_6$	4.43	0.31	4.49	2.55	0.73	3.33	3.07	8.30	
$n-C_7$	8.22	18.68	8.73					0.64	
$n-C_8$			0.92					0.49	
$n-C_9$			0.53						
CO_2	0.03	0.22	0.12		0.10	0.11		0.13	
N_2	0.34	0.26	0.35	0.35	0.34	0.15		0.25	
合计									
C_1+C_2	27.41	29.44	28.08	31.02	31.08	28.18	31.09	30.45	32.96

② 产品组成(只列出方案 1 产品组成)

a. 干气组成见表 2-25。

表 2-25　干气组成　　　　　　　　　　%(体积)

气　源	C_1	C_2	C_3	$i-C_4$	$n-C_4$	CO_2	N_2
大港混合气	86.62	10.32	0.24			2.40	0.40
福山联合站气	79.74	14.24	0.28			4.38	1.35
冀东柳赞气	85.98	11.47	0.76	0.01		0.42	1.36
中亚公司气	81.75	14.93	0.92			0.28	2.12
长庆杏河套管气	81.02	13.69	1.06			0.08	4.14
长庆薛岔联气	76.63	17.66	1.87			0.58	3.25
哈萨克 KUMKPL 气	75.36	15.77	4.64	0.04	0.02	0.32	3.85
长庆西二联气	75.65	16.43	4.31	0.02	0.01	0.01	3.57
长庆长南联气	72.88	16.76	6.72	0.05	0.03	0.26	3.29
长庆王南联气	75.95	14.07	8.05	0.01		0.28	1.46
长庆靖三联气[①]	66.93	18.79	12.93	0.59	0.75	$i-C_5$ 0.01	
长庆姬源联气[②]	66.08	17.34	12.42	0.63	1.03	0.34	2.14
长庆西一联气[③]	54.77	23.20	18.38	1.33	2.15	$i-C_5$ 0.11	$n-C_5$ 0.01

① 还有 $i-C_5$ 0.03、$n-C_5$ 0.01;

② 还有 $i-C_5$ 0.02;

③ 还有 $i-C_5$ 0.03、$n-C_5$ 0.01。

b. 液化气组成见表 2-26。

表 2-26　液化气组成　　　　　　　　　　%(体积)

气　源	CO_2	C_2	C_3	$i-C_4$	$n-C_4$	$i-C_5$	$n-C_5$
大港混合气[①]	0.01	8.88	57.36	13.65	17.08	2.22	0.80
福山联合站气	0.01	7.64	67.09	10.57	13.59	0.98	0.11
冀东柳赞气		8.18	50.16	18.18	21.99	1.44	0.05
中亚公司气		7.96	57.88	11.83	21.58	0.67	0.07
长庆杏河套管气		7.58	60.29	7.93	21.34	1.50	1.36

气 源	CO_2	C_2	C_3	$i-C_4$	$n-C_4$	$i-C_5$	$n-C_5$
长庆薛岔联气		7.34	67.58	6.10	16.12	1.33	1.53
哈萨克 KUMKPL 气		9.29	47.69	10.87	29.28	2.02	0.84
长庆西二联气		7.23	64.04	8.81	17.05	1.84	1.02
长庆长南联气		7.46	68.53	9.23	22.08	1.93	0.78
长庆王南联气		7.928	53.37	7.82	28.09	1.97	0.77
长庆靖三联气		7.90	56.27	9.47	23.62	1.98	0.75
长庆姬源联气		8.74	54.54	8.98	24.99	2.04	0.71
长庆西一联气		7.35	53.46	10.75	25.69	2.12	0.61

① 还有 $n-C_6$ 0.02。

c. 稳定轻油组成见表 2-27。

表 2-27　稳定轻油组成　　　　　　　　　　　　　%(体积)

组 分	$i-C_4$	$n-C_4$	$i-C_5$	$n-C_5$	$n-C_6$	$n-C_7$	$n-C_8$	$n-C_9$
大港混合气	0.15	0.86	14.42	16.10	68.47			
福山油田气	0.01	0.22	40.03	29.29	19.03	7.61	2.54	1.27
冀东柳赞气	0.02	0.30	48.85	11.20	29.40	9.80	0.43	
中亚公司气	0.02	0.58	48.84	33.54	17.01			
长庆杏河气	0.08	1.12	14.09	45.80	17.19	21.71		
长庆薛岔气	0.09	1.12	12.33	42.17	1.46	42.83		
哈萨克 KUMKPL 气	0.08	1.12	16.96	26.54	17.55	32.48	3.36	1.90
长庆西二联气	0.11	1.10	23.38	50.02	25.39			
长庆长南联气	0.13	1.59	34.35	55.83	8.10			
长庆王南联气	0.08	1.69	29.16	44.68	24.39			
长庆靖三联气	0.13	1.65	27.86	38.44	31.92			
长庆姬源联气	0.12	1.66	18.17	19.54	53..41	4.02	3.08	
西长庆一联气	0.03	0.50	36.32	63.15				

③ C_3 收率

按标准模式流程(方案1)计算的 C_3 收率见表 2-28。

表 2-28　标准模式流程 C_3 收率

气 源	原料中 C_3 含量		干气中 C_3 含量		收率
	kmol/h	kg/h	kmol/h	kg/h	%
大港混合气	42.730	1884.3	1.95	86.00	95.44
福山联合站气	53.546	2361.2	2.28	100.52	95.74
冀东柳赞气	68.453	3018.6	5.66	249.44	91.73
中亚公司气	76.869	3389.7	6.79	299.29	91.17
长庆杏河套管气	93.803	4136.5	7.74	341.29	91.74
长庆薛岔联气	97.952	4319.4	14.18	625.32	85.52
哈萨克 KUMKPL 气	117.91	5199.4	29.76	1312.2	74.76
长庆西二联气	133.88	5903.6	31.07	1370.0	76.79
长庆长南联气	154.80	6826.3	46.33	2042.8	70.07
长庆王南联气	170.69	7526.7	50.72	2236.4	70.28

气　源	原料中 C₃ 含量		干气中 C₃ 含量		收率
	kmol/h	kg/h	kmol/h	kg/h	%
长庆靖三联气	212.14	9355.0	80.42	3546.2	62.09
长庆姬源联气	214.01	9437.0	68.81	3034.5	67.84
长庆西一联气	272.10	11999.0	101.30	4466.9	62.77

压缩机出口加分离器(方案2)时的产品收率,见表2-29。

表2-29　压缩机出口加分离器时的产品收率

气　源	原料中 C₃ 含量		干气中 C₃ 含量		收率
	kmol/h	kg/h	kmol/h	kg/h	%
长庆杏河套管气	93.803	4136.5	7.210	317.73	92.31
长庆薛岔联气	97.952	4319.4	14.159	624.37	85.54
哈萨克 KUMKPL 气	117.91	5199.4	16.639	733.72	85.89
长庆西二联气	133.88	5903.6	31.089	1370.9	76.78
长庆长南联气	154.80	6826.3	39.352	1735.3	74.58
长庆王南联气	170.69	7526.7	37.370	1647.9	78.11
长庆靖三联气	212.14	9355.0	63.155	2784.9	70.23
长庆姬源联气	214.01	9437.0	53.778	2371.5	74.87
长庆西一联气	272.10	11999.0	90.506	3991.0	66.74

④ 主要关键点的流率

【方案1】标准流程。

标准流程主要关键点的流率见表2-30。

表2-30　主要关键点的流率　　　　　　　　　　　　　　　　　　kmol/h

气　源	低温分离器		DHX 塔		脱乙烷塔		制冷丙烷
	顶部6	底部7	顶部11	底部13	顶部19	底部18	
大港混合气	741.3	145.3	796.3	75.39	130.4	90.31	115.0
福山联合站气	732.5	154.1	803.4	117.5	188.4	83.13	131.0
冀东柳赞气	629.4	257.2	740.7	81.43	192.8	145.9	180.0
中亚公司气	681.1	268.5	748.7	102.3	233.1	137.7	210.0
长庆杏河套管气	604.0	282.6	731.9	97.33	225.4	154.5	210.0
长庆薛岔联气	600.0	286.6	756.7	107.1	263.8	129.9	195.0
哈萨克 KUMKPL 气	393.2	493.4	640.9	63.68	311.6	245.5	180.0
长庆西二联气	512.7	373.9	720.1	92.60	300.9	165.6	245.0
长庆长南联气	421.6	465.0	688.3	76.24	343.8	197.4	230.0
长庆王南联气	333.8	552.9	630.3	58.19	354.6	256.5	190.0
长庆靖三联气	195.5	691.1	622.0	38.10	465.1	264.1	150.0
长庆姬源联气	154.1	732.5	553.9	26.94	427.0	332.4	140.0
长庆西一联气	45.46	841.1	551.1	9.545	515.5	335.2	110.0

【方案2】压缩机出口加分离器流程。

压缩机出口加分离器流程主要关键点的流率见表2-31。

表 2-31　压缩机出口加分离器流程主要关键点的流率　　　kmol/h

气　源	低温分离器		DHX 塔		脱乙烷塔		制冷丙烷
	顶部 6	底部 7	顶部 11	底部 13	顶部 19	底部 18	
长庆杏河套管气	612.8	254.2	731.4	97.87	216.6	155.0	210.0
长庆薛岔联气	601.0	283.7	756.7	102.7	262.9	130.0	195.0
哈萨克 KUMKPL 气	469.1	210.0	626.4	81.91	239.4	260.0	160.0
长庆西二联气	513.3	371.9	720.6	92.66	300.3	165.7	260.0
长庆长南联气	450.9	359.8	680.8	82.29	312.8	205.2	230.0
长庆王南联气	407.8	272.0	615.0	67.15	274.2	271.8	180.0
长庆靖三联气	304.7	294.3	596.5	60.61	352.2	290.3	150.0
长庆姬源联气	281.6	196.1	529.0	53.73	301.1	357.7	120.0
长庆西一联气	164.8	213.9	526.8	37.21	399.0	360.1	80.0

⑤ 主要关键点的能耗

【方案 1】主要关键点的能耗见表 2-32。

表 2-32　主要关键点的能耗

气　源	液烃泵/(kJ/h)	脱乙烷塔底重沸器/($\times 10^6$ kJ/h)	丙烷压缩机/($\times 10^6$ kJ/h)
长庆杏河套管气	2443	2.054	1.836
长庆薛岔联气	2673	1.902	1.722
哈萨克 KUMKPL 气	1033	3.091	1.390
长庆西二联气	2363	2.169	2.200
长庆长南联气	2101	2.432	2.006
长庆王南联气	1720	2.782	1.571
长庆靖三联气	1552	3.072	1.335
长庆姬源联气	1379	3.733	1.048
长庆西一联气	970.4	3.876	7.937

【方案 2】主要关键点的能耗见表 2-33。

表 2-33　主要关键点的能耗

气　源	液烃泵/(kJ/h)	脱乙烷塔底重沸器/($\times 10^6$ kJ/h)	丙烷压缩机/($\times 10^6$ kJ/h)
大港混合气	1826	1.552	1.006
福山联合站气	2775	1.641	1.169
冀东柳赞气	2032	2.080	1.599
中亚公司气	2517	2.103	1.852
长庆杏河套管气	2472	2.112	1.868
长庆薛岔联气	2670	1.909	1.726
哈萨克 KUMKPL 气	806	3.514	1.592
长庆西二联气	2361	2.172	1.161
长庆长南联气	1953	2.519	2.018
长庆王南联气	1503	3.092	1.696
长庆靖三联气	1005	3.241	1.326
长庆姬源联气	719.3	4.178	1.244
长庆西一联气	270.4	4.044	8.968

5. 降低膨胀机出口压力模拟计算

据报道：对原料气中 C_1/C_2 比值较高，采用 DHX 工艺效果不理想的场合，可同时采取降低膨胀机出口压力的办法，以达到大幅提高 C_3 收率的目的。为此，模拟了降低膨胀机出口压力，以考察其效果。

DHX 塔塔顶由 1770kPa 降低到 1350kPa，塔底由 1800kPa 降低到 1400kPa，膨胀机出口由 1800kPa 降低到 1450kPa，外输气压力由 1750kPa 降低到 1330kPa。对原料气中 C_3 含量 4.82%~11.05% 的 6 组原料气进行了模拟计算，结果见表 2-34。

表 2-34　降低膨胀机出口压力温度和收率

气　源	温度/℃			C_3 收率/%
	膨胀机出口	DHX 塔顶	DHX 塔顶进料	
大港混合气	−71.27	−80.17	−69.0	98.44
福山联合站气	−68.02	−72.86	−54.0	97.14
冀东柳赞气	−70.26	−77.01	−62.0	97.43
中亚公司气	−68.95	−69.92	−49.0	94.82
长庆杏河套管气	−68.63	−71.34	−52.0	95.78
长庆薛岔联气	−67.17	−62.34	−38.0	90.64

6. DHX 工艺与 ISS 工艺及其他工艺的比较

为了进一步考察 DHX 工艺对原料的适应性，在相同约束条件下，对 DHX 工艺、ISS 工艺、节流制冷工艺及冷油吸收工艺用 HYSYS 软件进行模拟计算，其收率情况列于表 2-35。

表 2-35　各种工艺 C_3 收率比较表　　　　　　　　　　%

气　源	C_1/C_2	冷油吸收[①]	DHX	ISS	节流制冷
大港混合气	7.79	91.46	95.44	72.79	57.95
福山凝析气	5.33	89.02	95.74	73.08	57.60
冀东柳赞气	6.70	94.06	91.73	77.94	69.94
中亚公司气	5.04	93.56	91.17	76.72	68.56
长庆杏河套管气	5.34	93.92	91.74	78.71	71.14
长庆薛岔气	4.06	93.26	85.52	77.34	69.29
哈萨克 KUMKPL 气	4.08	97.35	74.76	83.32	81.06
长庆西二联气	4.19	94.72	76.79	79.78	74.76
长庆长南联气	3.88	95.76	70.07	81.62	78.31
长庆王南联气	4.49	97.10	70.28	84.73	82.85
长庆靖三联气	3.07	96.72	62.09	84.82	83.86
长庆姬源联气	3.07	97.88	67.84	84.85	84.29
长庆西一联气	1.99	97.62	无法运行	无法运行	86.68

① 冷油吸收工艺原料气压力 2000kPa，冷冻温度为 −30℃，吸收剂量为 8.8t/h。

7. 工艺分析

(1) 产品收率

当原料气中 C_3 含量在 10.58% 时，C_3 收率仍可达 91.74%，但当原料气中 C_3 含量为 11.05% 时 C_3 收率明显下降，只有 85.52%，此时 DHX 工艺优越性已不明显。C_3 含量大于 13.3% 时 DHX 工艺 C_3 收率低于 ISS 工艺和节流制冷工艺。因此，该工艺用于 C_3 含量小于 10% 的情况比较合理。大于 11% 应采用其他简单有效的加工工艺。

（2）关于 C_1/C_2 比值

原料气中 C_3^+ 含量对 DHX 工艺影响较小，原因是大部分 C_3^+ 在膨胀机前低温分离器分出。此种说法不能成立，从表 2-35 可以看出，随着原料气中 C_3 含量的增加，当 C_3 含量达到 11%以上时，C_1/C_2 的比值已经不起作用，西—联原料气中 C_3 含量 30.69%，C_1/C_2 只有 1.99，C_3 收率只有 62.77%。这是因为原料气中 C_3 以上重组分较多时，不管是方案 1 还是方案 2，分离出的重组分含有大量的 C_1、C_2 组分，表 2-24 显示，凝液中 $C_1+C_2 = 27.41\% \sim 32.96\%$，不能直接进入脱丁烷塔，只能进脱乙烷塔。从表 2-30 和表 2-31 可以看出，当原料气中 C_3 含量从 4.82%增加到 30.69%时，脱乙烷塔顶气体流率增加了 3.95 倍，而低温分离器顶部气体则减少了 16.3 倍，脱乙烷塔底重沸器热负荷随着原料气中 C_3 含量的增加而增加了 2.6 倍。由此导致了脱乙烷塔顶温度的升高，进而影响了 DHX 塔顶进料温度。从表 2-22 可以看出，原料气中 C_3 含量由 4.82%提高到 30.69%时，脱乙烷塔顶温度由 -24℃上升至 10.87℃，而 DHX 塔顶进料温度则由 -69℃上升至 9℃，塔顶温度由 -72.97℃上升至 -11.76℃，当 C_3 含量大于 11%时完全破坏了 DHX 工艺的优越性。

（3）降低膨胀机出口压力的影响

据文献报道：对原料气中 C_1/C_2 比值较高，采用 DHX 工艺效果不理想的场合，可同时采取降低膨胀机出口压力的办法，以达到大幅提高 C_3 收率的目的。为此，模拟了降低膨胀机出口压力，以考察其效果。结果发现 C_3 收率增加了 2.7%~5.21%。但降低外输压力是有条件的，如果降低后还要增压要做经济比较。

8. 结论

（1）对原料的适应性考察，结果证明当原料气中 C_3 含量大于 11%时，DHX 工艺优越性不明显。C_3 含量大于 11%时可采用其他简单有效加工工艺。

（2）C_1/C_2 的比值不是 DHX 工艺应用的必要条件，而原料气中 C_3 含量才是影响 DHX 工艺应用的主要因素。

（3）降低 DHX 塔压力，膨胀机出口温度降低，C_3 收率可提高 2.7%~5.2%，但如果外输时还需增压，要做经济比较才能确定是否采用该工艺。

（4）原料气压缩机二级出口水冷器后加分离器，分出的液烃直接去脱乙烷塔，C_3 收率略高于不加分离器。

（5）DHX 工艺需要足够且合理的冷量，一般要求脱乙烷塔顶气体乙烷的冷凝率达到 20%~40%为宜，当其冷凝率不够时，可采用丙烷制冷等措施辅冷，但原料气中 C_3 含量太高时，即使采用辅冷也不适合采用 DHX 工艺。

为了适应原料气中 C_3 含量大于 11%的原料气，须在脱乙烷塔顶小冷箱增加丙烷补充冷源，以弥补由于重烃多而造成的脱乙烷塔顶温度过高对 DHX 工艺的破坏作用。加辅冷的 DHX 工艺由于受丙烷制冷温度的限制，虽然还不能算真正的 DHX 工艺，但 C_3 收率有的可达 90%左右。带辅冷的 DHX 工艺 HYSYS 软件计算模型见图 2-21。

（6）DHX 塔的理论板数减去 4~6 块为宜，实践证明，过多的理论版数对提高 C_3 收率用处不大。

（三）DHX 法 HYSYS 软件计算详细步骤

【例一】带丙烷预冷的 DHX 法

本例中 $C_1/C_2 = 5.33$，C_3 含量<10%，适合采用 DHX 法。

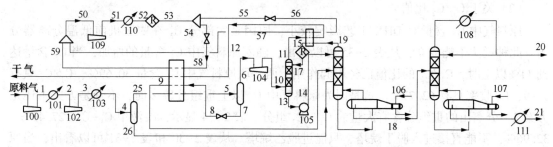

图 2-21　带辅冷的 DHX 工艺 HYSYS 软件计算模型

1. 原始数据

原料气压力：1600kPa。

原料气温度：30℃。

原料气流量：886.6kmol/h（101.325kPa，20℃）。

原料气组成见表 2-36。

表 2-36　原料气组成

组成	C_1	C_2	C_3	$i-C_4$	$n-C_4$	$i-C_5$	$n-C_5$
组分/%	0.7226	0.1355	0.0604	0.0091	0.0117	0.0040	0.0024
组成	C_6	C_7	C_8	C_9	CO_2	N_2	合计
组分/%	0.0015	0.0006	0.0002	0.0001	0.0397	0.0122	100.00

2. HYSYS 软件计算模型图

HYSYS 软件计算模型见图 2-22。

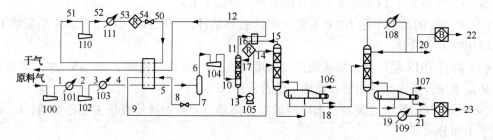

图 2-22　直接接触法 HYSYS 软件计算模型

3. 输入数据

输入计算中所用的全部组分和软件包步骤方法同前，不再赘述。

4. 工艺计算详细步骤

本计算从分子筛脱水部分以后计算。

输入计算所需的全部组分和流体包

步骤	内　容	流号及数据
1	New Case［新建空白文档］	
2	Add［加入］	
3	Components：C_1、C_2、C_3、$i-C_4$、$n-C_4$、$i-C_5$、$n-C_5$、C_6、C_7、C_8、C_9、CO_2、N_2	添加库组分
4	×	

步骤	内　　容	流号及数据
5	Fluid Pkgs	加流体包
6	Add	
7	Peng-Robinson	选状态方程
8	×	
9	Enter Simulation Environment	进入模拟环境

加入原料气

步骤	内　　容	流号及数据
1	选中 Material Stream[蓝色箭头]置于 PFD 窗口中	
2	双击[Material Stream]	
3	在 Stream Name 栏填上	原料气
4	Temperature/℃	30
5	Pressure/kPa	1600
6	Molar Flow/(kmol/h)	886.6
7	双击 Stream Name"原料气"的 Molar Flow 位置	
8	Composition(填摩尔组成)	
	Methane	0.7226
	Ethane	0.1355
	Propane	0.0604
	i-Butane	0.0091
	n-Butane	0.0117
	i-Pentane	0.0040
	n-Pentane	0.0024
	n-Hexane	0.0015
	n-Heptane	0.0006
	n-Octane	0.0002
	n-Nonane	0.0001
	CO_2	0.0397
	Nitrogen	0.0122
9	Nomalize(圆整为 1。如果偏离 1 过大，输入有误请检查)	
10	OK	
11	×	

加入压缩机

步骤	内　　容	流号及数据
1	从图例板点压缩机[Compressor]置于 PFD 窗口中	
2	双击压缩机[Compressor]	
3	Inlet	原料气
4	Outlet	1
5	Energy	100
6	Worksheet	
7	点击 Stream Name 1 下相应位置输入	
8	Pressure/kPa	3500
9	×	

加冷却器

步骤	内 容	流号及数据
1	从图例板点冷却器[Cooler]置于 PFD 窗口中	
2	双击冷却器[Cooler]	
3	Inlet	1
4	Outlet	2
5	Energy	101
6	Parameters	
7	Delta P/kPa	10
8	Worksheet	
9	点击 Stream Name 2 下相应位置输入	
10	Temperature/℃	45
11	×	

加入二级压缩机

步骤	内 容	流号及数据
1	从图例板点压缩机[Compressor]置于 PFD 窗口中	
2	双击压缩机[Compressor]	
3	Inlet	2
4	Outlet	3
5	Energy	102
6	Worksheet	
7	点击 Stream Name 3 下相应位置输入	
8	Pressure/kPa	4320
9	×	

加冷凝冷却器

步骤	内 容	流号及数据
1	从图例板点冷却器[Cooler]置于 PFD 窗口中	
2	双击冷却器[Cooler]	
3	Inlet	3
4	Outlet	4
5	Energy	103
6	Parameters	
7	Delta P/kPa	10
8	Worksheet	
9	点击 Stream Name 4 下相应位置输入	
10	Temperature/℃	40
11	×	

加入贫富气板式换热器

步骤	内 容	流号及数据
1	从图例板点板式换热器[LNG Exchanger]置于 PFD 窗口中	
2	双击板式换热器[LNG Exchanger]	
3	Add Side, Add Side	

步骤	内　　容	流号及数据
4	填流号、压降及属性：	
	Inlet Streams	4
	Outlet Streams	5
	Pressure Drop/kPa	10
	Hot/Cold	Hot
	Inlet Streams	8
	Outlet Streams	9
	Pressure Drop/kPa	10
	Hot/Cold	Cold
	Inlet Streams	12
	Outlet Streams	干气
	Pressure Drop/kPa	10
	Hot/Cold	Cold
	Inlet Streams	50
	Outlet Streams	51
	Pressure Drop/kPa	10
	Hot/Cold	Cold
5	Worksheet	
6	在指定 Stream Name 输入指定温度	5，9，干气
7	Temperature/℃	−30，10，25
8	在 Stream Name 50 下输入丙烷制冷剂的初值	
9	Temperature/℃（初定）	10
10	Pressure/kPa	
11	Molar Flow/（kmol/h）	100
12	双击 Stream 50 的 Molar Flow 位置	
13	Composition（填摩尔组成）	
	Propane（假设制冷剂全部都是 C_3）	1.0
	其余组分	0.0
14	OK	
15	×	

目前换热器还不能收敛，因为流号 8、流号 12 还未计算出来，待流程全连通了再调整所设温度。

加低温分离器

步骤	内　　容	流号及数据
1	从图例板点二相分离器［Separator］置于 PFD 窗口中	
2	双击二相分离器［Separator］	
3	Inlet《Stream》	5
4	Vapour	6
5	Liquid	7
6	×	

加入节流阀

步骤	内　容	流号及数据
1	从图例板点节流阀［Valve］置于 PFD 窗口中	
2	双击节流阀［Valve］	
3	Inlet	7
4	Outlet	8
5	Worksheet	
6	点击 Stream Name 8 下相应位置输入	
7	Pressure/kPa	2100
8	×	

加入膨胀压缩机

步骤	内　容	流号及数据
1	从图例板点膨胀机［Expander］置于 PFD 窗口中	
2	双击膨胀机［Expander］	
3	Inlet	6
4	Outlet	10
5	Energy	104
6	Worksheet	
7	点击 Stream Name 10 下相应位置输入	
8	Pressure/kPa	1800（外输气要求）
9	×	

加循环及重接触塔回流初值

步骤	内　容	流号及数据
1	从图例板点循环［Recycle］置于 PFD 窗口中	
2	双击循环［Recycle］	
3	Inlet	16
4	Outlet	17
5	Worksheet	
6	点击 Stream Name 17 下相应位置输入	
7	Temperature/℃	−55
8	Pressure/kPa	1860
9	Molar Flow/(kmol/h)	180
10	双击 Stream 17 的 Molar Flow 位置	
11	Composition（填摩尔组成）　　Methane　　Ethane	0.50　　0.50
12	OK	
13	×	

加入重接触塔

步骤	内　容	流号及数据
1	从图例板点吸收塔［Absorber］置于 PFD 窗口中	
2	双击吸收塔［Absorber］	
3	理论板数 $n=$	6

步骤	内　容	流号及数据
4	Top Stage Inlet	17
5	Bottom Stage Inlet	10
6	Ovhd Vapour Outlet	11
7	Bottoms Liquid Outlet	13
8	Next	
9	Top Stage Pressure/kPa	1770
10	Reboiler Pressure/kPa	1800
11	Next，Done	
12	Run，Converged 变绿色	
13	×	

加入液烃泵

步骤	内　容	流号及数据
1	从图例板点泵[Pump]置于 PFD 窗口中	
2	双击泵[Pump]	
3	Inlet	13
4	Outlet	14
5	Energy	105
6	Worksheet	
7	点击 Stream Name 14 下相应位置输入	
8	Pressure/kPa	2100
9	×	

加入脱乙烷塔

步骤	内　容	流号及数据
1	从图例板点不完全塔[Reboiled Absorber]置于 PFD 窗口中	
2	双击不完全塔[Reboiled Absorber]	
3	理论板数 $n=$	15
4	Top Stage Inlet	14
5	Optional Inlet Streams 　　Streams　　Inlet Stage 　　　9　　　　　4	
6	Ovhd Vapour Outlet	15
7	Bottoms Liquid Outlet	18
8	Reboiler Energy Stream(重沸器能流)	106
9	Next，Next	
10	Top Stage Pressure/kPa	1870
11	Reboiler Pressure/kPa	1890
12	Next，Next，Done	
13	Monitor	
14	Add Spec…	
15	Column Component Fraction	
16	Add Spec(s)	
17	《Stage》	
18	Reboiler	

步骤	内　　容	流号及数据
19	《Component》	
20	Ethane	
21	Spec Value(要求重沸器 C_2 含量7%)	0.07
22	×	
23	Specifications 栏下	
24	点击 Ovhd Prod Rate 右侧 Active，使之失效	
25	点击 Comp Fraction 右侧 Active，使之生效	
26	Run，Converged 变绿色	
27	×	

加入液化气塔

步骤	内　　容	流号及数据
1	从图例板点完全塔［Distillation］置于 PFD 窗口中	
2	双击完全塔［Distillation］	
3	理论板数 $n=$	16
4	Inlet Streams	18
5	Condenser	Total
6	Ovhd Liquid Outlet	20
7	Bottoms Liquid Outlet	19
8	Reboiler Energy Stream(重沸器能流)	107
9	Condenser Energy Stream(冷凝器能流)	108
10	Next，Next	
11	Top Stage Pressure/kPa	1300
12	Reboiler Pressure/kPa	1320
13	Next，Next，Done	
14	Monitor	
15	Add Spec…	
16	Column Component Fraction	
17	Add Spec(s)	
18	《Stage》	
19	Reboiler	
20	《Component》	
21	i-Butane, n-Butane	
22	Spec Value	0.02
23	×	
24	Add Spec…	
25	Column Component Fraction	
26	Add Spec(s)	
27	《Stage》	
28	Condenser	
29	《Component》	
30	i-Pentane, n-Pentane	
31	Spec Value(塔顶冷凝器 C_5 含量不大于3%)	0.024
32	×	

步骤	内　容	流号及数据
33	Specifications 栏下	
34	点击 Reflux Ratio 右侧 Specified Value，输入	3
35	点击 Distillate Rate 右侧 Specified Value，输入	65
36	程序自动完成上述设计规定下计算，结果用于新规定计算初值	
37	点击 Reflux Ratio 右侧 Active，使之失效	
38	点击 Distillate Rate 右侧 Active，使之失效	
39	点击 Comp Fraction 右侧 Active，使之生效	
40	点击 Comp Fraction-2 右侧 Active，使之生效	
41	Run，运行结束，Converged 变绿色	
42	×	

加入板式换热器

步骤	内　容	流号及数据
1	从图例板点板式换热器[LNG Exchanger]置于 PFD 窗口中	
2	双击板式换热器[LNG Exchanger]	
3	填流号、压降及属性： 　Inlet Streams	15
	Outlet Streams	16
	Pressure Drop/kPa	10
	Hot/Cold	Hot
	Inlet Streams	11
	Outlet Streams	12
	Pressure Drop/kPa	10
	Hot/Cold	Cold
4	Worksheet	
5	点击 Stream Name 16 下相应位置输入	
6	Temperature/℃	−54
7	×	

此时可计算出断裂流号 16 的数值，通过 Recycle 单元程序自动完成重接触塔回流液 17 的迭代。

加冷却器

步骤	内　容	流号及数据
1	从图例板点冷却器[Cooler]置于 PFD 窗口中	
2	双击冷却器[Cooler]	
3	Inlet	19
4	Outlet	21
5	Energy	109
6	Parameters	
7	Delta P/kPa	10
8	Worksheet	
9	点击 Stream Name 21 下相应位置输入	
10	Temperature/℃	40
11	×	

加入丙烷压缩机

步骤	内 容	流号及数据
1	从图例板点压缩机[Compressor]置于 PFD 窗口中	
2	双击压缩机[Compressor]	
3	Inlet	51
4	Outlet	52
5	Energy	110
6	Worksheet	
7	点击 Stream Name 52 下相应位置输入	
8	Pressure/kPa	1600
9	×	

丙烷压缩机和后面的冷却器此时还不能完成计算，不用理会。

加冷却器

步骤	内 容	流号及数据
1	从图例板点冷却器[Cooler]置于 PFD 窗口中	
2	双击冷却器[Cooler]	
3	Inlet	52
4	Outlet	53
5	Energy	111
6	Parameters	
7	Delta P/kPa	10
8	Worksheet	
9	点击 Stream Name 53 下相应位置输入	
10	Temperature/℃	40
11	×	

加入节流阀

步骤	内 容	流号及数据
1	从图例板点节流阀[Valve]置于 PFD 窗口中	
2	双击节流阀[Valve]	
3	Inlet	53
4	Outlet	54
5	Worksheet	
6	点击 Stream Name 54 下相应位置输入	
7	Pressure/kPa	115
8	×	

加循环

步骤	内 容	流号及数据
1	从图例板点循环[Recycle]置于 PFD 窗口中	
2	双击循环[Recycle]	
3	Inlet	54
4	Outlet	50
5	×	

此时程序自动完成制冷循环系统的工艺计算。

如果计算收敛后发现贫富气换热器为黄色，制冷剂出冷箱温度高达72.8℃，说明制冷负荷严重不足。需要调整制冷剂(流号50)的流量，最终使得流号51的温度低于15℃。

加入逻辑调节单元(Adjust)

步骤	内　　容	流号及数据
1	从图例板点调节单元[Adjust]置于PFD窗口中	
2	双击调节单元[Adjust]	
3	Adjusted Variable 下： 　　Object 　　Select Var… 　　Object 　　Variable 　　OK	50 Molar Flow
4	Target Variable 下： 　　Object 　　Select Var… 　　Object 　　Variable 　　OK	51 Temperature
5	Target Value 下： 　　Specified Target Value	15
6	点击 Start 运行，以后全部为 Reset	
7	×	

经过 Adjust 单元自动计算得到满足制冷负荷所需的制冷剂循环量为134.2kmol/h。

加入平衡(Balance)功能计算液化气的饱和蒸气压

步骤	内　　容	流号及数据
1	从图例板选中 Balance 置于 PFD 窗口 Stream 20 附近	
2	双击平衡[Balance]	
3	Inlet Streams	20
4	Outlet Streams	22
5	Parameters	
6	在 Balance Type 栏点选：Component Mole Flow	
7	Worksheet	
8	点击 Stream Name 22 下相应位置输入	
9	Vapour	0
10	Temperature/℃	37.8
11	软件自动计算出流号22(液化气)的饱和蒸气压：1261kPa 液化气饱和蒸气压小于1380kPa 为合格	
12	×	

步骤	内　　　容	流号及数据
1	从图例板选中 Balance 置于 PFD 窗口 Stream 21 附近	
2	双击平衡[Balance]	
3	Inlet Streams	21
4	Outlet Streams	23
5	Parameters	
6	在 Balance Type 栏点选：Component Mole Flow	
7	Worksheet	
8	点击 Stream Name 23 下相应位置输入	
9	Vapour	0
10	Temperature/℃	37.8
11	软件自动计算出 Stream 23 的饱和蒸气压：94.37kPa (1#轻烃饱和蒸气压 74~200kPa 为合格)	
12	×	

5. 计算结果汇总

计算结果汇总见表 2-37。

表 2-37　计算结果汇总

流　　　号	原料气	1	2	3	4
气相分数	1.0000	1.0000	1.0000	1.0000	1.0000
温度/℃	30.00	94.72	45.00	62.94	40.00
压力/kPa	1600.00	3500.00	3490.00	4320.00	4310.00
摩尔流率/(kmol/h)	886.60	886.60	886.60	886.60	886.60
质量流率/(kg/h)	19784.73	19784.73	19784.73	19784.73	19784.73
体积流率/(m³/h)	54.2164	54.2164	54.2164	54.2164	54.2164
热流率/(kJ/h)	$-8.145×10^7$	$-7.909×10^7$	$-8.131×10^7$	$-8.070×10^7$	$-8.175×10^7$

流　　　号	5	6	7	8	9
气相分数	0.8257	1.0000	0.0000	0.2254	0.6345
温度/℃	-30.00	-30.00	-30.00	-44.53	10.00
压力/kPa	4300.00	4300.00	4300.00	2100.00	2090.00
摩尔流率/(kmol/h)	886.60	732.08	154.52	154.52	154.52
质量流率/(kg/h)	19784.73	14495.22	5289.51	5289.51	5289.51
体积流率/(m³/h)	54.2164	42.3273	11.8891	11.8891	11.8891
热流率/(kJ/h)	$-8.644×10^7$	$-6.751×10^7$	$-1.893×10^7$	$-1.893×10^7$	$-1.765×10^7$

流　　　号	10	11	12	13	14
气相分数	0.9474	1.0000	1.0000	0.0000	0.0000
温度/℃	-61.58	-66.06	-24.76	-64.74	-64.50
压力/kPa	1800.00	1770.00	1760.00	1800.00	2100.00
摩尔流率/(kmol/h)	732.08	803.52	803.52	115.17	115.17
质量流率/(kg/h)	14495.22	15682.61	15682.61	3619.74	3619.74
体积流率/(m³/h)	42.3273	46.4707	46.4707	8.7808	8.7808
热流率/(kJ/h)	$-6.819×10^7$	$-7.510×10^7$	$-7.374×10^7$	$-1.408×10^7$	$-1.408×10^7$

流 号	15	16	17	18	19
气相分数	1.0000	0.4609	0.4612	0.0000	0.0000
温度/℃	−22.80	−54.00	−54.00	61.99	150.57
压力/kPa	1870.00	1860.00	1860.00	1890.00	1320.00
摩尔流率/(kmol/h)	186.82	186.82	186.61	82.87	6.08
质量流率/(kg/h)	4813.19	4813.19	4807.13	4096.06	482.87
体积流率/(m³/h)	12.9392	12.9392	12.9242	7.7308	0.7484
热流率/(kJ/h)	−1.966×10⁷	−2.102×10⁷	−2.099×10⁷	−1.046×10⁷	−9.872×10⁵

流 号	20	21	22	23	50
气相分数	0.0000	0.0000	0.0000	0.0000	0.4827
温度/℃	39.21	40.00	37.80	37.80	−39.26
压力/kPa	1300.00	1310.00	1260.71	94.37	115.00
摩尔流率/(kmol/h)	76.79	6.08	76.79	6.08	134.16
质量流率/(kg/h)	3613.19	482.87	3613.19	482.87	5915.93
体积流率/(m³/h)	6.9824	0.7484	6.9824	0.7484	11.6759
热流率/(kJ/h)	−9.602×10⁶	−1.130×10⁶	−9.617×10⁶	−1.133×10⁶	−1.584×10⁷

流 号	51	52	53	54	干气
气相分数	1.0000	1.0000	0.0000	0.4827	1.0000
温度/℃	15.05	140.10	40.00	−39.26	25.00
压力/kPa	105.00	1600.00	1590.00	115.00	1750.00
摩尔流率/(kmol/h)	134.16	134.16	134.16	134.16	803.52
质量流率/(kg/h)	5915.93	5915.93	5915.93	5915.93	15682.61
体积流率/(m³/h)	11.6759	11.6759	11.6759	11.6759	46.4707
热流率/(kJ/h)	−1.405×10⁷	−1.277×10⁷	−1.584×10⁷	−1.584×10⁷	−7.212×10⁷

流 号	32	轻油	液化气		
气相分数	0.0000	0.0000	0.0000		
温度/℃	135.27	37.80	37.80		
压力/kPa	1320.00	122.29	1232.39		
摩尔流率/(kmol/h)	0.29	0.29	16.98		
质量流率/(kg/h)	21.03	21.03	794.76		
体积流率/(m³/h)	0.0335	0.0335	1.5349		
热流率/(kJ/h)	−4.504×10⁴	−5.060×10⁴	−2.113×10⁶		

6. 要点说明

先计算脱乙烷塔，再计算 DHX 塔，最后计算液化气塔。

三、冷油吸收法

(一)改进的冷油吸收法工艺流程

以长庆西峰油田第二轻烃厂为例，改进的冷油吸收工艺流程见图 2-23。

1. 工艺流程

压力为 1600kPa 的原料气(1)进入压缩机(2)压缩至 2000kPa 进入水冷器(3)冷却至 35℃进入贫富气换热器(4)温度降至 0℃，然后进入丙烷蒸发器(5)，在此原料气被冷却至 −30℃进入低温分离器(6)，底部液烃与原料气换热后温度复热至 20℃进入脱乙烷塔下部；

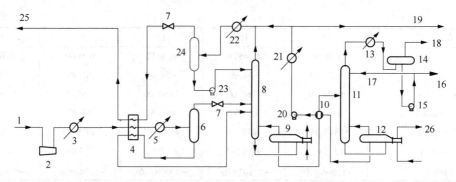

图 2-23　改进的冷油吸收工艺流程

1—原料气；2—压缩机；3—冷却器；4—贫富气换热器；5—丙烷蒸发器；6—低温分液罐分液罐；7—节流阀；
8—脱乙烷塔丙烷；9—脱乙烷塔底重沸器；10—换热器；11—脱丁烷塔；12—脱丁烷塔底重沸器；13—冷却器；
14—回流罐；15—回流泵；16—液化气；17—回流；18—不凝气；19—稳定轻油；20—吸收剂泵；
21—冷却器；22—丙烷蒸发器；23—液烃泵；24—分液罐；25—干气；26—导热油

顶部气体经节流阀节流至1850kPa进入脱乙烷塔中部，与顶部打入的吸收剂逆流接触，将其中的 C_3 组分大部分吸收下来。脱乙烷塔底液烃在重沸器（9）的作用下蒸出其中大部分乙烷。脱乙烷后的液烃进入换热器（10）与稳定轻油换热后进入脱丁烷塔（11）中部，在塔底重沸器的作用下脱出液化气组分。塔底稳定轻油与脱乙烷塔底油换热后用泵（20）抽出，经冷却器（21）冷却至35℃后分成两路，一路作为产品出装置，另一路与脱乙烷塔顶气混合进入丙烷蒸发器（22）冷却至-30℃进入分液罐（24）。分液罐顶部气体经节流阀（7）节流1770kPa进入贫富气换热器（4），复热至25℃出装置。分液罐底部液烃用泵（23）抽出，打入脱乙烷塔顶作为吸收剂完成一个循环。

2. 主要操作条件

（1）操作温度。改进后的冷油吸收工艺，天然气和吸收剂的冷冻温度一般为-20～-25℃即可，采用氨冷。如果采用丙烷冷冻至-30～-35℃效果更好，在相同 C_3 收率的情况下，溶剂循环量可以进一步降低。

（2）操作压力。吸收压力一般在1.7MPa左右即可，太高的吸收压力在有压力能可利用的情况下对吸收有利，也可以采用；如果用压缩机加压则1.7MPa已完全可以满足 C_3 收率要求，压力太高对 C_3 收率影响并不明显，反而造成设备笨重、能耗增加，经济上不合算。

（3）吸收剂量。吸收剂量是根据 C_3 收率要求来确定的。但冷油吸收过程是一个吸收剂循环的过程，因此，吸收剂量要慢慢提升，直到 C_3 收率满足规定为止。开始时没有稳定轻油出装置，待吸收剂的量符合要求时，才有多余的稳定轻油出装置。开工前最好事先准备一定的稳定轻油作吸收剂，天然气脱水正常后，即可启动溶剂循环泵，生产很快进入正常。

3. 影响 C_3 收率的因素

（1）溶剂循环量。随着吸收剂量的增加，C_3 收率增加较快。因此，吸收剂量就成为调节 C_3 收率的主要手段。溶剂循环量的增加，带来了能耗的上升，因此，确定合理的 C_3 收率和合理的溶剂循环量是装置节能的重要措施，不要轻易地追求太高的 C_3 收率，一般为90%～95%即可。同时，由于循环量的增加，干气中 C_5 以上组分的携带量也要增加，这是必须注意的。

（2）冷冻温度。温度对 C_3 收率的影响也比较敏感，一般说来，设计时冷冻温度已经确定，冷冻介质也已确定，温度的调节范围有限。

（3）吸收压力。在吸收剂量不变的情况下，吸收压力的提高对 C_3 收率影响并不敏感。压力从 1700kPa 增加到 2500kPa，C_3 收率只提高了 2.34%，虽然冷冻负荷降低了 43.6kW，但重沸器热负荷增加了 149.7kW，加之压缩机的动力消耗，得不偿失。因此，在没有压力能可利用的情况下，吸收压力 1.7MPa(a) 即可，不必再提高吸收压力。

该流程的特点是采用预饱和措施，吸收剂循环量比没有预饱和时的循环量减少 16.7%。

（二）冷油吸收法工艺计算

以长庆西二联为例，说明详细计算步骤。

1. 原始数据

原料气压力：150kPa。

原料气温度：15.6℃。

原料气流量：69.33kmol/h(101.325kPa，20℃，$4×10^4$m^3/d)。

原料气组成（以 2008 年 2 月 27 日研究院分析数据为准）见表 2-38。

表 2-38　原料气组成

组成	C_1	C_2	C_3	$i-C_4$	$n-C_4$	$i-C_5$
组分/%	0.6148	0.1468	0.1509	0.0161	0.0310	0.0047
组成	$n-C_5$	C_6	H_2	CO_2	N_2	合计
组分/%	0.0048	0.0015	0.0003	0.0001	0.0290	1.0000

2. 流程说明

工艺计算原则流程及说明见图 2-23。只是分析资料原料气中没有水含量，因此必须求得原料气中水的含量，其方法是将原料气与水混合，在相同温度和压力下求得原料气中的饱和含水量，然后进入分离器将水分出。

3. HYSYS 软件计算模型图

在进行 HYSYS 软件计算前，要先绘出 HYSYS 软件计算模型图，一步一步进行计算。HYSYS 软件计算模型见图 2-24。

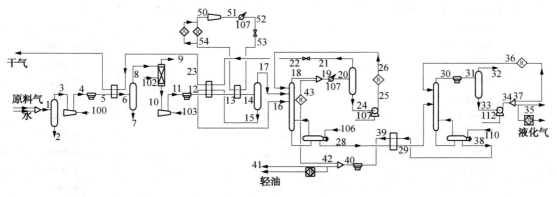

图 2-24　HYSYS 软件计算模型

4. 流程特点

（1）采用相对分子质量小于 100 的稳定轻油为吸收剂，吸收能力强、选择性好，溶剂循环量小，且采用了预饱和措施，因而更节能。

（2）C_3 收率高，可在 90%~98% 之间用溶剂循环量任意调节。

101

（3）冷冻温度为-20~-30℃皆可，冷剂可用丙烷也可用氨。

（4）不用低温钢材，投资小。

（5）由于气-液平衡的关系，在干气中带有少量的吸收剂，是该流程的不足之处。
该流程特别适用于处理量小于 $10×10^4 m^3/d$ 的较富的油田伴生气。

5. 工艺计算详细步骤

输入计算所需的全部组分和流体包

步骤	内　　容	流号及数据
1	NewCase[新建空白文档]	
2	Add[加入]	
3	Components：C_1、C_2、C_3、$i-C_4$、$n-C_4$、$i-C_5$、$n-C_5$、C_6、H_2、CO_2、N_2、H_2O	添加库组分
4	×	
5	Fluid Pkgs	加流体包
6	Add	
7	Peng-Robinson	选状态方程
8	×	
9	Enter Simulation Environment	进入模拟环境

加入原料气

步骤	内　　容	流号及数据
1	选中 Material Stream[蓝色箭头]置于 PFD 窗口中	
2	双击[Material Stream]	
3	在 Stream Name 栏填上	原料气
4	Temperature/℃	25
5	Pressure/kPa	160
6	Molar Flow/(kmol/h)	69.33
7	双击 Stream"原料气"的 Molar Flow 位置	
8	Composition(填摩尔组成)	
	Methane	0.6148
	Ethane	0.1468
	Propane	0.1509
	$i-$Butane	0.0161
	$n-$Butane	0.0310
	$i-$Pentane	0.0047
	$n-$Pentane	0.0048
	$n-$Hexane	0.0015
	Hydrogen	0.0003
	CO_2	0.0001
	Nitrogen	0.0290
	H_2O	0.0000
9	Nomalize(圆整为 1。如果偏离 1 过大，输入有误请检查)	
10	OK	
11	×	

102

加入水

步骤	内 容	流号及数据
1	选中 Material Stream[蓝色箭头]置于 PFD 窗口中	
2	双击[Material Stream]	
3	在 Stream Name 栏填上	水
4	Temperature/℃	25
5	Pressure/kPa	160
6	Molar Flow/(kmol/h)	15.0
7	双击 Stream"水"的 Molar Flow 位置	
8	Composition(填摩尔组成) 　　H_2O 　　其余	 1.0 0.0
9	OK	
10	×	

因为原料气组成分析数据中没有含水量,实际上是含有饱和水的。为求得饱和水量,需要加入水,饱和后再将多余的水分离出来。

加混合器

步骤	内 容	流号及数据
1	从图例板点混合器[Mixer]置于 PFD 窗口中	
2	双击混合器[Mixer]	
3	Inlets	原料气,水
4	Outlet	1
5	×	

加原料气分液罐

步骤	内 容	流号及数据
1	从图例板点二相分离器[Separator]置于 PFD 窗口中	
2	双击二相分离器[Separator]	
3	Inlet《Stream》	1
4	Vapour	3
5	Liquid	2
6	×	

加入一级压缩机

步骤	内 容	流号及数据
1	从图例板点压缩机[Compressor]置于 PFD 窗口中	
2	双击压缩机[Compressor]	
3	Inlet	3
4	Outlet	4

步骤	内　　容	流号及数据
5	Energy	100
6	Worksheet	
7	点击 Stream Name 4 下相应位置输入	
8	Pressure/kPa	550
9	×	

加一级压缩机空冷器

步骤	内　　容	流号及数据
1	从图例板点空冷器[AirCooler]置于 PFD 窗口中	
2	双击空冷器[Air Cooler]	
3	Process Stream Inlet	4
4	Process Stream Outlet	5
5	Parameters	
6	Process Stream Delta P/kPa	10
7	Worksheet	
8	点击 Stream Name 5 下相应位置输入	
9	Temperature/℃	40
10	×	

加入板式换热器

空冷后再用干冷，尽量多分出一些水分，以便减少分子筛的脱水负荷。

步骤	内　　容	流号及数据
1	从图例板点板式换热器[LNG Exchanger]置于 PFD 窗口中	
2	双击板式换热器[LNG Exchanger]	
3	填流号、压降及属性： 　Inlet Streams 　Outlet Streams 　Pressure Drop/kPa 　Hot/Cold 　Inlet Streams 　Outlet Streams 　Pressure Drop/kPa 　Hot/Cold	 5 6 10 Hot 23 干气 10 Cold
4	Worksheet	
5	点击 Stream Name 6 下相应位置输入	
6	Temperature/℃	14
7	×	

换热器尚不能收敛，因为流号 23 还未计算出来，待流程全连通了再调整所设温度。

加二相分离器

步骤	内　　容	流号及数据
1	从图例板点二相分离器[Separator]置于 PFD 窗口中	
2	双击二相分离器[Separator]	
3	Inlet《Stream》	6
4	Vapour	8
5	Liquid	7
6	×	

加气相分子筛脱水

步骤	内　　容	流号及数据
1	从图例板点干燥器[Component Splitter]置于 PFD 窗口中	
2	双击干燥器[Component Splitter]	
3	Inlets	8
4	Overhead Outlet	9
5	Bottoms Outlet	10
6	Energy Streams	102
7	Parameters	
8	在 Use Stream Flash Specifications 下指定 Stream 处输入	9，10
9	Temperature/℃	35，35
10	Pressure/kPa	530，530
11	Splits	
12	Stream 9 中 H_2O 填 1.0，其余 0.0(即水全部从塔顶排出)	
13	×	

加入二级压缩机

步骤	内　　容	流号及数据
1	从图例板点压缩机[Compressor]置于 PFD 窗口中	
2	双击压缩机[Compressor]	
3	Inlet	10
4	Outlet	11
5	Energy	103
6	Worksheet	
7	点击 Stream Name 11 下相应位置输入	
8	Pressure/kPa	2000
9	×	

加二级压缩机空冷器

步骤	内 容	流号及数据
1	从图例板点空冷器[Air Cooler]置于 PFD 窗口中	
2	双击空冷器[Air Cooler]	
3	Process Stream Inlet	11
4	Process Stream Outlet	12
5	Parameters	
6	Process Stream Delta P/kPa	20
7	Worksheet	
8	点击 Stream Name 12 下相应位置输入	
9	Temperature/℃	40
10	×	

加入贫富气板式换热器

步骤	内 容	流号及数据
1	从图例板点板式换热器[LNG Exchanger]置于 PFD 窗口中	
2	双击板式换热器[LNG Exchanger]	
3	AddSide	
4	填流号、压降及属性：	
	Inlet Streams	12
	Outlet Streams	13
	Pressure Drop/kPa	10
	Hot/Cold	Hot
	Inlet Streams	15
	Outlet Streams	16
	Pressure Drop/kPa	10
	Hot/Cold	Cold
	Inlet Streams	22
	Outlet Streams	23
	Pressure Drop/kPa	10
	Hot/Cold	Cold
5	Worksheet	
6	在指定 Stream Name 输入指定温度	13, 16
7	Temperature/℃	0, 35
8	×	

目前换热器还不能收敛，因为流号 15、流号 22 还未计算出来，待流程全连通了再调整所设温度。

加丙烷蒸发器

步骤	内 容	流号及数据
1	从图例板点板式换热器[LNG Exchanger]置于 PFD 窗口中	
2	双击板式换热器[LNG Exchanger]	

步骤	内　容	流号及数据
3	填流号、压降及属性：	
	Inlet Streams	13
	Outlet Streams	14
	Pressure Drop/kPa	20
	Hot/Cold	Hot
	Inlet Streams	53
	Outlet Streams	54
	Pressure Drop/kPa	10
	Hot/Cold	Cold
4	Worksheet	
5	点击 Stream Name 14 下相应位置输入	
6	Temperature/℃	−30
7	×	

加低温分离器

步骤	内　容	流号及数据
1	从图例板点二相分离器[Separator]置于 PFD 窗口中	
2	双击二相分离器[Separator]	
3	Inlet《Stream》	14
4	Vapour	17
5	Liquid	15
6	×	

加循环及脱乙烷塔回流液初值

步骤	内　容	流号及数据
1	从图例板点循环[Recycle]置于 PFD 窗口中	
2	双击循环[Recycle]	
3	Inlet	25
4	Outlet	26
5	Worksheet	
6	点击 Stream Name 26 下相应位置输入	
7	Temperature/℃	−30
8	Pressure/kPa	1700
9	Molar Flow/(kmol/h)	20
10	双击 Stream 26 的 Molar Flow 位置	
11	Composition(填摩尔组成)	
	n-Pentane	0.5
	n-Hexane	0.5
	其余	0.0
12	OK	
13	×	

加入脱乙烷塔兼吸收塔

步骤	内　　容	流号及数据
1	从图例板点不完全塔[Reboiled Absorber]置于 PFD 窗口中	
2	双击不完全塔[Reboiled Absorber]	
3	理论板数 $n=$	15
4	Top Stage Inlet	26
5	Optiona lInlet Streams 下 　　Stream　　　　　　　　Inlet Stage 　　　17　　　　　　　　　　8 　　　16　　　　　　　　　　10	
6	Ovhd Vapour Outlet	18
7	Bottoms Liquid Outlet	28
8	Reboiler Energy Stream(重沸器能流)	106
9	Next，Next	
10	Top Stage Pressure/kPa	1600
11	Reboiler Pressure/kPa	1650
12	Next，Next，Done	
13	Monitor	
14	Add Spec...	
15	Column Component Fraction	
16	Add Spec(s)	
17	《Stage》	
18	Reboiler	
19	《Component》	
20	Ethane	
21	Spec Value(要求重沸器 C_2 含量4%)	0.04
22	×	
23	Specifications 栏下	
24	点击 Ovhd Prod Rate 右侧 Active，使之失效	
25	点击 Comp Fraction 右侧 Active，使之生效	
26	×	

加入板式换热器

步骤	内　　容	流号及数据
1	从图例板点板式换热器[LNG Exchanger]置于 PFD 窗口中	
2	双击板式换热器[LNG Exchanger]	
3	填流号、压降及属性： 　Inlet Streams 　Outlet Streams 　Pressure Drop/kPa 　Hot/Cold 　Inlet Streams 　Outlet Streams 　Pressure Drop/kPa 　Hot/Cold	38 39 10 Hot 28 29 10 Cold

步骤	内　　容	流号及数据
4	Worksheet	
5	点击 Stream Name 29 下相应位置输入	
6	Temperature/℃	90
7	×	

加循环及液化气塔回流液初值

步骤	内　　容	流号及数据
1	从图例板点循环[Recycle]置于 PFD 窗口中	
2	双击循环[Recycle]	
3	Inlet	37
4	Outlet	36
5	Worksheet	
6	点击 Stream Name 36 下相应位置输入	
7	Temperature/℃	−30
8	Pressure/kPa	1700
9	Molar Flow/(kmol/h)	24
10	双击 Stream 36 的 Molar Flow 位置	
11	Composition(填摩尔组成) 　Propane 　其余	 1.0 0.0
12	OK	
13	×	

加入液化气塔

如果只做方案设计，可用 Distillation Column 模块，定义比较简单。如果施工图设计要知道空冷器负荷、回流泵负荷、回流量等参数，要用以下方法计算。

步骤	内　　容	流号及数据
1	从图例板点不完全塔[Reboiled Absorber]置于 PFD 窗口中	
2	双击不完全塔[Reboiled Absorber]	
3	理论板数 $n=$	15
4	Top Stage Inlet	36
5	Optional Inlet Streams 下 　Stream　　　　　　　Inlet Stage 　29　　　　　　　　　8	
6	Ovhd Vapour Outlet	30
7	Bottoms Liquid Outlet	38
8	Reboiler Energy Stream(重沸器能流)	110
9	Next, Next	
10	Top Stage Pressure/kPa	1380
11	Reboiler Pressure/kPa	1400
12	Next, Next, Done	

109

步骤	内　　容	流号及数据
13	Monitor	
14	AddSpec...	
15	Column Temperature(注：液化塔可选择重沸器温度或关键组分浓度为设计规定。此处用温度，目的是方便计算。可边算边看液化气组成，调整温度直到液化气合格)	
16	AddSpec(s)	
17	《Stage》	
18	Reboiler	
19	Spec Value/℃	152
20	×	
21	Specifications 栏下	
22	点击 Ovhd Prod Rate 右侧 Specified Value，输入	40
23	Run，Converged 变绿色	
24	点击 Ovhd Prod Rate 右侧 Active，使之失效	
25	点击 Temperature 右侧 Active，使之生效	
26	Run，Converged 变绿色	
27	×	

加塔顶空冷器

步骤	内　　容	流号及数据
1	从图例板点空冷器[Air Cooler]置于 PFD 窗口中	
2	双击空冷器[Air Cooler]	
3	Process Stream Inlet	30
4	Process Stream Outlet	31
5	Parameters	
6	Process Stream Delta P/kPa	20
7	Worksheet	
8	点击 Stream Name 31 下相应位置输入	
9	Temperature/℃	35
10	×	

加二相分离器

步骤	内　　容	流号及数据
1	从图例板点二相分离器[Separator]置于 PFD 窗口中	
2	双击二相分离器[Separator]	
3	Inlet《Stream》	31
4	Vapour	32
5	Liquid	33
6	×	

加入回流泵

步骤	内 容	流号及数据
1	从图例板点泵[Pump]置于PFD窗口中	
2	双击泵[Pump]	
3	Inlet	33
4	Outlet	34
5	Energy	112
6	Worksheet	
7	点击Stream Name 34下相应位置输入	
8	Pressure/kPa	1400
9	×	

加分配器

步骤	内 容	流号及数据
1	从图例板点分配器[Tee]置于PFD窗口中	
2	双击分配器[Tee]	
3	Inlet	34
4	Outlets	35，37
5	Worksheet	
6	点击Stream Name 37下相应位置输入	
7	MolarFlow/(kmol/h)	24
8	×	

程序自动完成液化气塔的回流收敛计算。

加稳定轻油换热后空冷

步骤	内 容	流号及数据
1	从图例板点空冷器[Air Cooler]置于PFD窗口中	
2	双击空冷器[Air Cooler]	
3	Process Stream Inlet	39
4	Process Stream Outlet	40
5	Parameters	
6	Process Stream Delta P/kPa	90
7	Worksheet	
8	点击Stream Name 40下相应位置输入	
9	Temperature/℃	45
10	×	

111

加分配器

步骤	内　容	流号及数据
1	从图例板点分配器[Tee]置于 PFD 窗口中	
2	双击分配器[Tee]	
3	Inlet	40
4	Outlets	41，42
5	Worksheet	
6	点击 Stream Name 42 下相应位置输入	
7	Molar Flow/（kmol/h）	14
8	×	

此时流号 41 的流量可能出现负值，因流程还未收敛，可不用理会。

加循环

步骤	内　容	流号及数据
1	从图例板点循环[Recycle]置于 PFD 窗口中	
2	双击循环[Recycle]	
3	Inlet	42
4	Outlet	43
5	×	

加混合器

步骤	内　容	流号及数据
1	从图例板点混合器[Mixer]置于 PFD 窗口中	
2	双击混合器[Mixer]	
3	Inlets	18，43
4	Outlet	19
5	×	

加吸收剂蒸发器

步骤	内　容	流号及数据
1	从图例板点冷却器[Cooler]置于 PFD 窗口中	
2	双击冷却器[Cooler]	
3	Inlet	19
4	Outlet	20
5	Energy	107
6	Parameters	
7	Delta P/kPa	10
8	Worksheet	
9	点击 Stream Name 20 下相应位置输入	
10	Temperature/℃	−30
11	×	

加二相分离器

步骤	内　容	流号及数据
1	从图例板点二相分离器[Separator]置于 PFD 窗口中	
2	双击二相分离器[Separator]	
3	Inlet《Stream》	20
4	Vapour	21
5	Liquid	24
6	×	

加入节流阀

步骤	内　容	流号及数据
1	从图例板点节流阀[Valve]置于 PFD 窗口中	
2	双击节流阀[Valve]	
3	Inlet	21
4	Outlet	22
5	Worksheet	
6	点击 Stream Name 22 下相应位置输入	
7	Pressure/kPa	580
8	×	

加入溶剂循环泵

步骤	内　容	流号及数据
1	从图例板点泵[Pump]置于 PFD 窗口中	
2	双击泵[Pump]	
3	Inlet	24
4	Outlet	25
5	Energy	108
6	Worksheet	
7	点击 Stream Name 25 下相应位置输入	
8	Pressure/kPa	1700
9	×	

程序将自动进行迭代运算。

加入制冷剂丙烷的条件(初定)

步骤	内　容	流号及数据
1	选中 Material Stream[蓝色箭头]置于 PFD 窗口中	
2	双击该 Stream	
3	Stream Name	50
4	Temperature/℃(初定)	

步骤	内 容	流号及数据
5	Pressure/kPa	
6	Molar Flow/(kmol/h)	20
7	双击 Stream 50 的 Molar Flow 位置	
8	Composition(填摩尔组成) 　Propane 　其余组分	1.0 0.0
9	OK	
10	×	

此时流号 50 及后面的一些单元无法收敛，不用理会。

加入丙烷压缩机

步骤	内 容	流号及数据
1	从图例板点压缩机[Compressor]置于 PFD 窗口中	
2	双击压缩机[Compressor]	
3	Inlet	50
4	Outlet	51
5	Energy	111
6	Worksheet	
7	点击 Stream Name 51 下相应位置输入	
8	Pressure/kPa	1700
9	×	

加冷却器

步骤	内 容	流号及数据
1	从图例板点冷却器[Cooler]置于 PFD 窗口中	
2	双击冷却器[Cooler]	
3	Inlet	51
4	Outlet	52
5	Energy	114
6	Parameters	
7	Delta P/kPa	10
8	Worksheet	
9	点击 Stream Name 52 下相应位置输入	
10	Temperature/℃	40
11	×	

加入节流阀

步骤	内 容	流号及数据
1	从图例板点节流阀[Valve]置于PFD窗口中	
2	双击节流阀[Valve]	
3	Inlet	52
4	Outlet	53
5	Worksheet	
6	点击Stream Name 53下相应位置输入	
7	Pressure/kPa	115
8	×	

加循环

步骤	内 容	流号及数据
1	从图例板点循环[Recycle]置于PFD窗口中	
2	双击循环[Recycle]	
3	Inlet	54
4	Outlet	50
5	×	

计算收敛后发现丙烷蒸发器为黄色,说明换热温差有问题,导致制冷剂出换热器温度过高。需要调整制冷剂(流号50)的流量,最终使得流号51的温度低于−5℃。

加入逻辑调节单元 Adjust

步骤	内 容	流号及数据
1	从图例板点调节单元[Adjust]置于PFD窗口中	
2	双击调节单元[Adjust]	
3	Adjusted Variable 下: 　Object 　Select Var... 　Object 　Variable 　OK	 50 MolarFlow
4	Target Variable 下: 　Object 　Select Var... 　Object 　Variable 　OK	 54 Temperature
5	Target Value 下: 　Specified Target Value	 −5
6	点击Start(以后显示为Reset)	
7	×	

收敛后冷剂循环量 22.1kmol/h。如果 Adjust 单元不能正常收敛，可点击 Parameters，减小 Step Size 数值。

加入平衡(Balance)功能计算液化气的饱和蒸气压

步骤	内　　容	流号及数据
1	从图例板选中 Balance 置于 PFD 窗口 Stream 35 附近	
2	双击平衡[Balance]	
3	Inlet Streams	35
4	Outlet Streams	液化气
5	Parameters	
6	在 Balance Type 栏点选：Component Mole Flow	
7	Worksheet	
8	点击 Stream Name"液化气"下相应位置输入	
9	Vapour	0
10	Temperature/℃	37.8
11	软件自动计算出 Stream"液化气"的饱和蒸气压：1290kPa 液化气饱和蒸气压小于 1430kPa 为合格	
12	×	

加入平衡(Balance)功能计算轻油的饱和蒸气压

步骤	内　　容	流号及数据
1	从图例板选中 Balance 置于 PFD 窗口 Stream 41 附近	
2	双击平衡[Balance]	
3	Inlet Streams	41
4	Outlet Streams	轻油
5	Parameters	
6	在 Balance Type 栏点选：Component Mole Flow	
7	Worksheet	
8	点击 Stream Name"轻油"下相应位置输入	
9	Vapour	0
10	Temperature/℃	37.8
11	软件自动计算出 Stream"轻油"的饱和蒸气压：93.28kPa （1#轻烃饱和蒸气压 74~200kPa 为合格）	
12	×	

加 Spreadsheet 计算 C₃ 收率

步骤	内　　容	流号及数据
1	从图例板从图例板点击[Spreadsheet]置于 PFD 窗口中	
2	双击[Spreadsheet]	
3	Add Import	
4	Object 点选	原料气

步骤	内 容	流号及数据
5	Variable 下选：Master Component Mass Flow	
6	Variable Specifics 下选	Propane
7	OK	
8	Add Import	
9	Object 点选	液化气
10	Variable 下选 Master Component Molar Flow	
11	Variable Specifics 下选：	Propane
12	OK	
13	Add Import	
14	Object 点选	轻油
15	Variable 下选 Master Component Molar Flow	
16	Variable Specifics 下选：	Propane
17	OK	
18	Spreadsheet	
19	点击 B1，输入	＝（A2+A3）/A1＊100
20	（计算得到 C₃ 的收率为 97.7%）	
21	×	

液化气饱和蒸气压为 1288kPa，规定为 1380kPa，说明脱乙烷塔的乙烷含量合适；稳定轻油的饱和蒸气压为 92.92kPa，符合要求。

6. 计算要点

（1）吸收塔的进料顺序：塔顶进吸收剂、塔中部进欲吸收的天然气、塔下部为复热后的液烃，顺序不能搞乱。

（2）因为用的是不完全塔，计算时脱乙烷塔给重沸器中 C_2 组成，保证液化气质量和产量。C_3 收率用循环的吸收剂量来调节，需慢慢调节，否则，轻油量不够，计算不易收敛。

（3）液化气塔最好用组成为设计规定计算，以保证轻油中 C_4 组分含量在 1%～2% 为宜，即保证轻油的蒸气压符合产品标准。保证在液化气中 C_5 含量不大于 3%。

7. 计算结果汇总

计算结果汇总见表 2-39。

表 2-39　计算结果汇总

流　号	原料气	1	2	3	4
气相分数	1.0000	0.0000	0.8319	0.0000	1.0000
温度/℃	25.00	25.00	16.78	16.78	16.78
压力/kPa	160.00	160.00	160.00	160.00	160.00
摩尔流率/（kmol/h）	69.33	15.00	84.33	14.18	70.15
质量流率/（kg/h）	1754.15	270.23	2024.37	255.37	1769.01
体积流率/（m³/h）	4.5448	0.2708	4.8155	0.2559	4.5597
热流率/（kJ/h）	$-5.687×10^6$	$-4.293×10^6$	$-9.980×10^6$	$-4.066×10^6$	$-5.914×10^6$

流　号	4	5	6	7	8
气相分数	1.0000	1.0000	0.9912	0.0000	1.0000
温度/℃	104.16	40.00	14.00	14.00	14.00
压力/kPa	550.00	540.00	530.00	530.00	530.00
摩尔流率/(kmol/h)	70.15	70.15	70.15	0.62	69.54
质量流率/(kg/h)	1769.01	1769.01	1769.01	11.08	1757.92
体积流率/(m³/h)	4.5597	4.5597	4.5597	0.0111	4.5485
热流率/(kJ/h)	$-5.608×10^6$	$-5.845×10^6$	$-5.961×10^6$	$-1.766×10^5$	$-5.785×10^6$

流　号	9	10	11	12	13
气相分数	0.0000	1.0000	1.0000	1.0000	0.9187
温度/℃	35.00	35.00	132.47	40.00	0.00
压力/kPa	530.00	530.00	2000.00	1980.00	1970.00
摩尔流率/(kmol/h)	0.21	69.33	69.33	69.33	69.33
质量流率/(kg/h)	3.78	1754.15	1754.15	1754.15	1754.15
体积流率/(m³/h)	0.0038	4.5448	4.5448	4.5448	4.5448
热流率/(kJ/h)	$-5.985×10^4$	$-5.663×10^6$	$-5.322×10^6$	$-5.683×10^6$	$-5.915×10^6$

流　号	14	15	16	17	18
气相分数	0.7528	0.0000	0.4423	1.0000	1.0000
温度/℃	-30.00	-30.00	35.00	-30.00	-15.20
压力/kPa	1950.00	1950.00	1940.00	1950.00	1600.00
摩尔流率/(kmol/h)	69.33	17.14	17.14	52.19	60.37
质量流率/(kg/h)	1754.15	700.71	700.71	1053.43	1218.91
体积流率/(m³/h)	4.5448	1.4619	1.4619	3.0828	3.6435
热流率/(kJ/h)	$-6.178×10^6$	$-2.096×10^6$	$-1.905×10^6$	$-4.083×10^6$	$-4.681×10^6$

流　号	19	20	21	22	23
气相分数	0.7964	0.7283	1.0000	1.0000	1.0000
温度/℃	10.77	-30.00	-30.00	-36.35	-16.47
压力/kPa	1300.00	1290.00	1290.00	580.00	570.00
摩尔流率/(kmol/h)	74.37	74.37	54.16	54.16	54.16
质量流率/(kg/h)	2294.56	2294.56	1039.36	1039.36	1039.36
体积流率/(m³/h)	5.3232	5.3232	3.1653	3.1653	3.1653
热流率/(kJ/h)	$-7.192×10^6$	$-7.461×10^6$	$-4.155×10^6$	$-4.155×10^6$	$-4.114×10^6$

流　号	24	25	26	28	29
气相分数	0.0000	0.0000	0.0000	0.0000	0.0711
温度/℃	-30.00	-29.79	-29.79	86.45	90.00
压力/kPa	1290.00	1700.00	1700.00	1650.00	1640.00
摩尔流率/(kmol/h)	20.21	20.21	20.21	29.17	29.17
质量流率/(kg/h)	1255.20	1255.20	1255.21	1790.44	1790.44
体积流率/(m³/h)	2.1579	2.1579	2.1579	3.0592	3.0592
热流率/(kJ/h)	$-3.306×10^6$	$-3.304×10^6$	$-3.304×10^6$	$-4.199×10^6$	$-4.154×10^6$

流 号	30	31	32	33	34
气相分数	1.0000	0.0000	1.0000	0.0000	0.0000
温度/℃	57.20	35.00	35.00	35.00	35.05
压力/kPa	1380.00	1360.00	1360.00	1360.00	1400.00
摩尔流率/(kmol/h)	38.92	38.92	0.00	38.92	38.92
质量流率/(kg/h)	1814.07	1814.07	0.00	1814.07	1814.07
体积流率/(m³/h)	3.5190	3.5190	0.0000	3.5190	3.5190
热流率/(kJ/h)	-4.200×10^6	-4.846×10^6	0.000	-4.846×10^6	-4.846×10^6

流 号	35	36	37	38	39
气相分数	0.0000	0.0000	0.0000	0.0000	0.0000
温度/℃	35.05	35.05	35.05	152.00	139.31
压力/kPa	1400.00	1400.00	1400.00	1400.00	1390.00
摩尔流率/(kmol/h)	14.92	24.00	24.00	14.25	14.25
质量流率/(kg/h)	695.41	1118.68	1118.66	1095.06	1095.06
体积流率/(m³/h)	1.3490	2.1698	2.1700	1.7101	1.7101
热流率/(kJ/h)	-1.858×10^6	-2.988×10^6	-2.988×10^6	-2.236×10^6	-2.281×10^6

流 号	40	41	42	43	50
气相分数	0.0000	0.0000	0.0000	0.0000	1.0000
温度/℃	45.00	45.00	45.00	45.00	-4.98
压力/kPa	1300.00	1300.00	1300.00	1300.00	105.00
摩尔流率/(kmol/h)	14.25	0.25	14.00	14.00	22.10
质量流率/(kg/h)	1095.06	19.40	1075.66	1075.65	974.33
体积流率/(m³/h)	1.7101	0.0303	1.6798	1.6798	1.9230
热流率/(kJ/h)	-2.556×10^6	-4.529×10^4	-2.511×10^6	-2.511×10^6	-2.346×10^6

流 号	51	52	53	54	干气
气相分数	1.0000	0.0000	0.4824	1.0000	1.0000
温度/℃	121.81	40.00	-39.26	-4.98	38.47
压力/kPa	1700.00	1690.00	115.00	105.00	560.00
摩尔流率/(kmol/h)	22.10	22.10	22.10	22.10	54.16
质量流率/(kg/h)	974.33	974.33	974.33	974.33	1039.36
体积流率/(m³/h)	1.9230	1.9230	1.9230	1.9230	3.1653
热流率/(kJ/h)	-2.146×10^6	-2.610×10^6	-2.610×10^6	-2.346×10^6	-3.998×10^6

流 号	轻油	液化气			
气相分数	0.0000	0.0000			
温度/℃	37.80	37.80			
压力/kPa	92.92	1288.26			
摩尔流率/(kmol/h)	0.25	14.92			
质量流率/(kg/h)	19.40	695.41			
体积流率/(m³/h)	0.0303	1.3490			
热流率/(kJ/h)	-4.563×10^4	-1.852×10^6			

8. *产品质量及 C_3 收率*

产品质量及 C_3 收率见表 2-40。

表 2-40 产品质量及 C_3 收率

序号	组 分	组成/%（mol）		
		液化气	干气	稳定轻油
1	C_1	0.11	78.71	
2	C_2	7.79	16.64	
3	C_3	68.41	0.46	0.03
4	i-C_4	7.46	0.01	0.23
5	n-C_4	14.15	0.05	1.85
6	i-C_5	1.25	0.13	17.45
7	n-C_5	0.94	0.22	45.45
8	n-C_6		0.04	34.98
9	CO_2		0.01	
10	N_2		3.71	
11	合计	100.00	100.00	100.00
12	C_3 收率/%（质量）	97.64	2.35	0.00
13	饱和蒸气压/kPa（绝）	1288		92.92

四、冷油吸收工艺与 DHX 工艺的比较

DHX 工艺在原料气中 C_3 含量大于 11% 的情况下，由于冷凝液比较多，且含有大量的甲烷、乙烷，因此必须在脱乙烷塔脱出多余的乙烷，因而使脱乙烷塔顶温度升高，加之干气量较少，脱乙烷塔顶气与干气换热后获得的冷量较少，破坏了 DHX 工艺的使用，C_3 收率明显下降。而冷油吸收工艺则不受 C_3 含量的影响，在原料气中 C_3 含量低于 11% 的情况下仍可使用，但能耗稍高，且干气中含有少量的吸收剂是其缺点。而在原料气中 C_3 含量大于 11% 的场合，冷油吸收工艺无论是 C_3 收率还是能耗都明显优于 DHX 工艺。下面以 C_3 含量 8.67%~15.10% 的 5 种原料气在两种工艺条件相同的情况下，用 HYSYS 软件计算，对两种工艺进行比较。

（一）基础数据

1. 原料气组成

原料气组成见表 2-41。

表 2-41 原料气组成 %（mol）

组分	中亚公司	长庆杏河	长庆薛岔	哈萨克	长庆西二联
C_1	69.04	66.90	65.40	54.49	61.50
C_2	13.71	12.52	16.09	13.35	14.68
C_3	8.67	10.58	11.05	13.30	15.10
i-C_4	1.62	1.28	0.86	2.30	1.61
n-C_4	2.96	3.45	2.26	6.20	3.10

组分	中亚公司	长庆杏河	长庆薛岔	哈萨克	长庆西二联
$i\text{-}C_5$	1.01	0.43	0.27	1.58	0.47
$n\text{-}C_5$	0.64	0.83	0.50	1.99	0.48
$n\text{-}C_6$	0.32	0.23	0.01	1.20	0.15
$n\text{-}C_7$		0.29	0.29	2.22	
$n\text{-}C_8$				0.23	
$n\text{-}C_9$				0.13	
CO_2	0.24	0.07	0.50	0.23	0.01
N_2	1.79	3.42	2.77	2.78	2.90
合计	100.00	100.00	100.00	100.00	100.00
C_1/C_2	5.04	5.34	4.06	4.08	4.19

2. 原料气处理量

886.6kmol/h(0℃，101.325kPa)。

3. 主要操作条件

主要操作条件见表2-42。

表2-42　主要操作条件

项目	温度/℃			压力/kPa			
	原料气	原料气冷冻	冷油冷冻	原料气	干气外输	脱乙烷塔顶	脱丁烷塔顶
操作数据	35	-30	-30	250	1750	1800	1400

(二) 工艺流程

冷油吸收工艺流程见图2-25。DHX流程见图2-26。

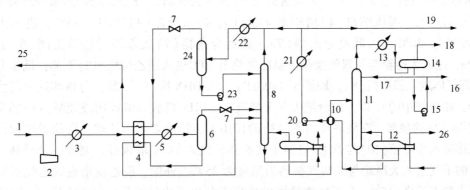

图2-25　冷油吸收原则流程图

1—原料气；2—压缩机；3—水冷器；4—贫富气换热器；5—原料气丙烷蒸发器；6—低温分离器；7—节流阀；
8—脱乙烷塔；9—重沸器；10—换热器；11—脱丁烷塔；12—重沸器；13—水冷器；14—回流罐；
15—回流泵；16—液化气；17—塔顶回流；18—不凝气；19—稳定轻油；20—吸收剂泵；21—水冷器；
22—吸收剂丙烷蒸发器；23—液烃泵；24—分液罐；25—干气；26—导热油

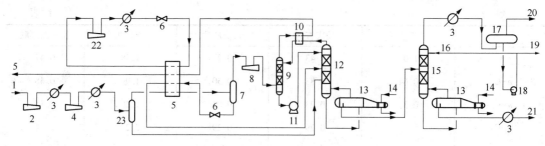

图 2-26　DHX 原则流程图

1—原料气；2——级压缩机；3—水冷器；4—二级压缩机；5—大冷箱；6—节流阀；7—低温分离器；
8—膨胀机；9—DHX 塔；10—小冷箱；11—液烃泵；12—脱乙烷塔；13—重沸器；14—导热油；15—脱丁烷塔；
16—回流；17—回流罐；18—回流泵；19—液化气；20—不凝气；21—稳定轻油；22—丙烷制冷压缩机

1. 冷油吸收流程

压力为 250kPa 的原料气(1)进入压缩机(2)压缩至 2000kPa 进入水冷器(3)冷却至 35℃ 进入贫富气换热器(4)温度降至 0.0℃，然后进入丙烷蒸发器(5)，在此原料气被冷却至 -30℃ 进入低温分离器(6)，底部液烃与原料气换热后温度复热至 25℃ 进入脱乙烷塔下部；顶部气体经节流阀节流至 1850kPa 进入脱乙烷塔中部，与顶部打入的吸收剂逆流接触，将其中的 C₃组分大部分吸收下来。脱乙烷塔底液烃在重沸器(9)的作用下蒸出其中大部分乙烷。脱乙烷后的液烃进入换热器(10)与稳定轻油换热后进入脱丁烷塔(11)中部，在塔底重沸器的作用下脱出液化气组分。塔底稳定轻油与脱乙烷塔底油换热后用泵(20)抽出，经冷却器(21)冷却至 35℃ 后分成两路，一路作为产品出装置，一路与脱乙烷塔顶气混合进入丙烷蒸发器(22)冷却至 -30℃ 进入分液罐(24)。分液罐顶部气体经节流阀(7)节流 1770kPa 进入贫富气换热器(4)，复热至 25℃ 出装置。分液罐底部液烃用泵(23)抽出，打入脱乙烷塔顶作为吸收剂完成一个循环。

2. DHX 流程

250kPa 的原料气(1)进入一级压缩机(2)增压至 3500kPa，经水冷器(3)水冷后温度降至 45℃，然后进入二级压缩机(4)增压至 4320kPa，经水冷器(3)冷却至 35℃，进入大冷箱(5)温度降至 -30℃ 进入低温分离器(7)。低温分离器(7)底部液烃经节流阀(6)节流至 2100kPa，进入大冷箱与原料气换热，温度复热至 10℃ 进入脱乙烷塔(12)下部；低温分离器(7)顶部气体进入膨胀机(8)，膨胀至 1800kPa 进入 DHX 塔(9)下部，与顶部进入的液烃逆流接触，原料气中的 C₃ 以上组分绝大部分被吸收。DHX 塔底部液烃用液烃泵(11)抽出打入脱乙烷塔(12)的顶部，在塔底重沸器(13)的作用下，脱出多余的乙烷。塔顶脱出的富含乙烷的气体进入小冷箱(10)与 DHX 塔顶干气换热后进入 DHX 塔顶部，完成一个循环。出小冷箱后的干气进入大冷箱与原料气换热后温度为 25℃ 去外输。脱乙烷塔底脱乙烷后的液烃靠自压去脱丁烷塔(15)，在塔底重沸器的作用下蒸出液化气组分，再经水冷器(3)冷却至 35℃ 进入回流罐(17)，然后用回流泵(18)抽出，一部分打入塔顶作回流(16)，一部分作为产品(19)出装置。塔底稳定轻油(21)经水冷器(3)冷却至 35℃ 出装置。

丙烷循环系统：液态丙烷压力为 1590kPa 经节流阀(6)节流至 103kPa 进入大冷箱(5)用丙烷对原料气进行冷却，气化后的丙烷温度 -6℃ 左右进入丙烷压缩机(22)，压缩至 1600kPa 进入水冷器(3)冷却至 35℃ 进入节流阀，完成一个循环(省略了丙烷储罐)。

因为该工艺与冷油吸收工艺不同，稳定轻油的量很少，与脱乙烷塔底液烃换热温度只提高 2~3℃，因此流程中不设换热器。

注：冷油吸收工艺和 DHX 工艺脱水部分省略。

（三）HYSYS 软件计算模型

冷油吸收工艺 HYSYS 软件计算模型见图 2-27。DHX 工艺 HYSYS 软件计算模型见图2-28。

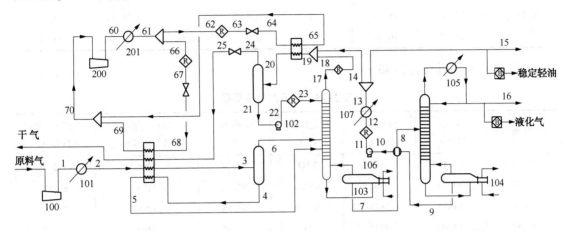

图 2-27 冷油吸收 HYSYS 计算模型

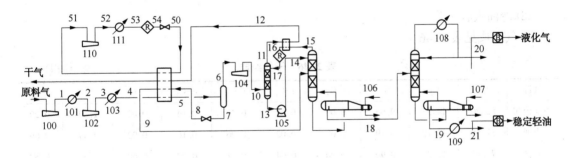

图 2-28 DHX 工艺 HYSYS 计算模型

（四）计算结果比较

1. 操作条件相同时的比较

（1）C$_3$ 收率比较

操作条件相同两种工艺 C$_3$ 收率的比较见表 2-43。

表 2-43 操作条件相同两种工艺 C$_3$ 收率的比较 %（体积）

采用工艺	中亚公司	长庆杏河	长庆薛岔	哈萨克	长庆西二联
DHX	93.74	92.32	85.54	86.06	74.82
冷油吸收	93.76	93.87	93.13	97.30	94.62
差值	+0.02	+1.55	+7.59	+11.24	+19.80

（2）产品产量及质量比较

① DHX 工艺

干气组成见表 2-44。

表 2-44　干气组成　　　　　　　　　　　　　　　% (体积)

气源	C_1	C_2	C_3	$i\text{-}C_4$	$n\text{-}C_4$	N_2	CO_2
中亚公司	81.96	14.95	0.67			2.13	0.28
杏河	81.08	13.70	0.99			4.15	0.08
薛岔	76.63	17.66	1.87			3.25	0.58
哈萨克	77.14	15.96	2.62	0.01		3.94	0.32
西二联	75.12	16.40	4.90	0.02	0.01	3.54	0.01

产品产量及质量见表 2-45。

表 2-45　产品产量及质量

气源	干气/ (kg/h)	液化气/ (kg/h)	稳定轻油/ (kg/h)	C_3 收率/ %	液化气饱和 蒸气压/kPa	稳定轻油饱和 蒸气压/kPa
中亚公司	13940	5882	1241	93.74	1206	112.3
杏河	13720	6862	952.0	92.32	1198	80.89
薛岔	14830	5825	503.9	85.54	1258	71.60
哈萨克	12260	9772	5182	86.06	1169	65.42
西二联	14640	7406	404.7	74.82	1215	99.72

② 冷油吸收工艺

干气组成见表 2-46。

表 2-46　干气组成　　　　　　　　　　　　　　　% (体积)

气源	C_1	C_2	C_3	$i\text{-}C_4$	$n\text{-}C_4$	$i\text{-}C_5$	$n\text{-}C_5$	$n\text{-}C_6$	N_2	CO_2
中亚公司	82.20	14.33	0.65	0.00	0.02	0.22	0.14	0.02	2.13	0.29
杏河	81.59	13.10	0.79	0.00	0.02	0.06	0.16	0.02	4.17	0.09
薛岔	77.82	17.20	0.90	0.00	0.04	0.11	0.00	0.00	3.30	0.59
哈萨克	79.24	15.63	0.52	0.00	0.02	0.09	0.10	0.02	4.04	0.33
西二联	78.74	16.23	1.04	0.00	0.02	0.08	0.13	0.04	3.71	0.01

产品产量及收率见表 2-47。

表 2-47　产品产量及收率

气源	干气/ (kg/h)	液化气/ (kg/h)	稳定轻油/ (kg/h)	C_3 收率/%	液化气饱和 蒸气压/kPa	稳定轻油饱和 蒸气压/kPa
中亚公司	14120	6114	831.6	93.76	1266	104.5
杏河	13650	7104	786.3	93.87	1299	70.95
薛岔	14430	6354	371.1	93.13	1381	53.75
哈萨克	11640	10560	5022	97.30	1239	62.78
西二联	13300	8956	184.3	94.62	1327	78.35

(3) 能耗比较

两种工艺能耗比较见表 2-48。

表 2-48　两种工艺能耗比较

项　目	中亚公司	杏河	薛岔	哈萨克	西二联
DHX 工艺/kW	10588.5	10480.9	9639.1	12991.9	10479.0
冷油吸收工艺/kW	12661.2	12121.8	11549.2	15343.2	12778.2
差值/kW	+2072.7	+1640.9	+1910.0	+2351.3	+2299.2
冷油吸收较 DHX 差/%	+19.63	+15.66	+19.82	+18.1	+21.94

2. 收率相同时的比较

（1）C_3 收率

两种工艺 C_3 收率比较见表 2-49。

表 2-49　两种工艺 C_3 收率比较　　　　　　　　　　　% (体积)

项　目	中亚公司	杏河	薛岔	哈萨克	西二联
DHX 工艺	93.47	92.32	85.54	86.06	74.82
冷油吸收工艺	93.48	93.33	85.57	86.16	75.15

（2）产品产量及质量比较

① DHX 工艺

干气组成同表 2-44。产品产量及质量同表 2-45。

② 冷油吸收工艺

干气组成见表 2-50。

表 2-50　干气组成　　　　　　　　　　　　　% (mol)

气源	C_1	C_2	C_3	$i\text{-}C_4$	$n\text{-}C_4$	$i\text{-}C_5$	$n\text{-}C_5$	$n\text{-}C_6$	N_2	CO_2
中亚公司	82.05	14.47	0.67		0.02	0.22	0.14	0.02	2.31	0.29
杏河	81.37	13.14	0.99		0.02	0.06	0.16	0.02	4.16	0.08
薛岔	76.79	17.32	1.87		0.02	0.04	0.11	0.01	3.25	0.59
哈萨克	77.02	15.94	2.60		0.01	0.07	0.08	0.01	3.93	0.32
西二联	75.27	16.36	4.59		0.01	0.07	0.09	0.02	3.55	0.01

产品产量及质量见表 2-51。

表 2-51　产品产量及质量

气源	干气/ (kg/h)	液化气/ (kg/h)	稳定轻油/ (kg/h)	液化气饱和 蒸气压/kPa	稳定轻油饱和 蒸气压/kPa
中亚公司	14050	6203	897.1	1285	104.2
杏河	13720	7029	795.6	1285	73.29
薛岔	14830	5920	400.4	1321	57.65
哈萨克	12340	9815	5076	1137	63.57
西二联	14610	7533	291.6	1221	92.68

（3）能耗比较

两种工艺能耗比较见表 2-52。

表 2-52　两种工艺能耗比较　　　　　　　　　　　kW/h

项　　目	中亚公司	杏河	薛岔	哈萨克	西二联
DHX 工艺	10588.5	10480.9	9639.1	12991.9	10479.0
冷油吸收工艺	12301.2	11758.5	9822.4	12963.8	9760.6
差值	+1712.7	+1277.6	+183.3	-28.1	-718.4
冷油吸收较 DHX 差/%	+16.18	+12.19	+1.9	-0.20	-6.86

3. 设备及材质比较

(1) 主要设备

主要设备见表 2-53。

表 2-53　主要设备

工艺方法	机泵类			冷换类			塔类			分离器
	压缩机	膨胀机	泵	大冷箱	小冷箱	蒸发器	DHX	脱乙烷塔	脱丁烷塔	
DHX 工艺	2	1	1	1	1	1	1	1	1	1
冷油吸收工艺	1		2	1		2		1	1	2

(2) 设备材质

DHX 工艺的 DHX 塔、脱乙烷塔上部及膨胀机系统需用低温钢材，冷油吸收工艺 16MnR 即可。

(五) 结论

(1) DHX 工艺在原料气中 C_3 含量为 11.05%(薛岔)时，小冷箱出口温度已达-34℃，用丙烷辅冷温降已很有限，用乙烷冷冻又增加一套系统，经济上不合算，因此，DHX 工艺在 C_3 含量为 11.03%时，C_3 收率只能达到 85.54%。

(2) 在 DHX 工艺可以应用的场合，即原料气中 C_3 含量低于 11%的情况下，C_3 收率相同，采用 DHX 工艺能耗比用冷油吸收工艺平均低 10.09%。干气中不含 C_4 以上组分。在规模比较大的天然气处理装置，不管 C_1/C_2 比值为多少都应优先采用 DHX 工艺。

(3) 原料气中 C_3 含量大于 11%的场合，应采用改进后的冷油吸收工艺，在 C_3 收率相同的情况下，冷油吸收工艺能耗比 DHX 工艺平均低 3.5%。同时冷油吸收工艺可以很容易地使 C_3 收率达到 90%以上，设计中应优选冷油吸收工艺。

(4) 冷油吸收工艺设备皆为一般设备，材质也要求不高，因而投资较省，DHX 工艺设备压缩机和膨胀机投资较高，直接接触塔(DHX)、脱乙烷塔及膨胀机系统需用低温钢材。

(5) 冷油吸收工艺干气中含有少量吸收剂，因含量较低，不影响外输气压力下的烃露点，只是损失少量轻油。

(6) DHX 工艺受外输气压力的影响，加之膨胀机有一定的膨胀比，如果膨胀后压力太低还需要增压，此种情况下要慎重，要做经济比较才能确定。

冷油吸收工艺因原料气与外输气间压差很小，可在外输压力下适当增加点压力满足系统压力损失即可。就吸收工艺本身来说，吸收最高压力 1700~1800kPa 即可满足吸收要求。

五、深冷法工艺流程

深冷工艺方法很多，典型的如美国的兰德公司和德国的林德公司的深冷装置应用较广。

（一）美国兰德（RANDALL）公司的深冷装置

美国兰德公司的深冷装置是世界上使用最多的，并被制成各种加工能力的标准化橇装装置。工艺原则流程见图 2-29。

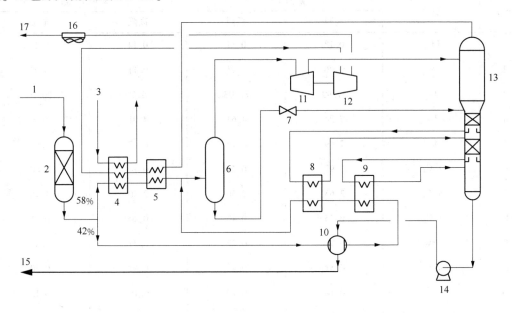

图 2-29　美国兰德公司天然气深冷工艺原则流程图

1—原料气；2—分子筛脱水器；3—丙烷；4—冷箱 1；5—冷箱 2；6—低温分离器；7—节流阀；8—冷箱 3；
9—冷箱 4；10—换热器；11—膨胀机；12—同轴压缩机；13—脱甲烷塔；14—液烃泵；
15—液烃；16—空冷器；17—干气

温度为 26℃、压力为 5.2MPa 的原料气（1），经分子筛脱水器（2）脱水后分成两路：一路（58%）去丙烷预冷器（4）冷至 -34℃然后进入冷箱 2（5），与脱甲烷塔顶干气换热；另一路（42%）去换热器（10）先与脱甲烷塔底液烃换热，然后依次与脱甲烷塔侧线1（9）、侧线 2（8）换热，再与冷箱 2 出来的原料气汇和，压力为 5.05MPa，温度为 -53℃进入低温分离器（6），在此分出的液相经节流阀（7）节流后进入脱甲烷塔中部；分出的气相进入膨胀机（11），膨胀至 1.28MPa，温度为 -102℃进入脱甲烷塔（13）。脱甲烷塔顶干气分别在冷箱 2、冷箱 1 与原料气换热后进入与膨胀机同轴的压缩机（12）压缩至 1.45MPa 进入空冷器（16），冷却至 40℃作为干气（17）外输。脱甲烷塔底液烃温度为 -27℃用液烃泵（14）抽出经换热器（10）与原料气换热后去脱乙烷塔。

该流程是典型的带丙烷预冷的单级膨胀制冷流程，其特点是利用了脱甲烷塔内的低温，相当于 42% 的原料气作为脱甲烷塔的重沸器的热源，而塔底不设重沸器，既节能又节省了投资。

（二）德国林德公司（LINDE）深冷装置

大庆油田 1984 年从德国林德公司引进 2 套深冷装置，为大庆石化总厂乙烯装置提供原料。1987 年 5 月投料试运行，9 月 18 日考核成功。每套装置的处理能力为 $60 \times 10^4 \, \text{m}^3/\text{d}$（0℃，101.325kPa），波动范围为 80%~120%。设计乙烷回收率为 85%。

（1）原料气组成

原料气组成见表2-54。

表2-54 原料气组成 %(mol)

序号	组分	萨南工厂		萨中工厂	
		高限	低限	高限	低限
1	CO_2	0.18	0.11	0.14	0.40
2	N_2	0.96	1.11	0.11	0.92
3	C_1	77.99	83.03	82.70	90.76
4	C_2	7.28	4.61	4.91	1.76
5	C_3	7.89	6.13	6.13	2.94
6	$i-C_4$	0.97	0.74	0.74	0.60
7	$n-C_4$	2.65	2.50	2.50	1.48
8	$i-C_5$	0.45	0.40	0.40	0.31
9	$n-C_5$	0.98	0.77	0.77	0.40
10	$n-C_6$	0.51	0.41	0.41	0.30
11	$n-C_7$	0.14	0.19	0.19	0.13
总计		100.00	100.00	100.00	100.00

（2）工艺流程

该工艺采用二级膨胀制冷，其工艺流程见图2-30。

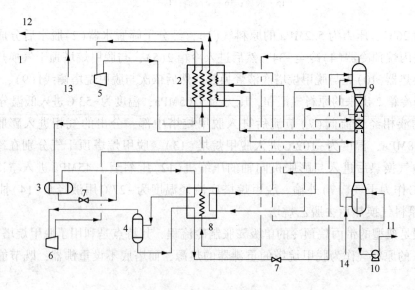

图2-30 二级膨胀制冷工艺原则流程图

1—原料气；2—冷箱1；3—分离器；4—低温分离器；5—二级膨胀机；6—一级膨胀机；
7—节流阀；8—冷箱2；9—脱甲烷塔；10—液烃泵；11—液烃去脱乙烷塔；
12—干气；13—甲醇；14—重烃

原料气经过燃气轮机驱动的三级压缩机压缩后，再经过与膨胀机同轴的压缩机两次增压后，压力为 5.0MPa，经空冷器冷却至 38℃ 分液后进入分子筛脱水器(此前流程没有画出)，脱水后的原料气(1)在进入冷箱换热之前有甲醇(13)解冻设施。原料气在冷箱 1(2)与干气(12)、二级膨胀机出口气体、脱甲烷塔底和塔中抽出液换热后温度降为 -23℃，然后进入分液罐(3)。分液罐分出的气相进入冷箱 2(8)，与脱甲烷塔顶干气、脱甲烷塔侧抽出液及低温分离器底部液体换热，原料气在此被冷却至 -57℃ 进入低温分离器(4)。低温分离器分出的气相进入一级膨胀机(6)膨胀到 1.7MPa，温度 -97℃ 进入脱甲烷塔(9)28 层塔盘。分离器(3)分出的液体节流后去脱甲烷塔(9)，低温分离器(4)底部液体与原料气换热后经过节流阀(7)降压至 1.7MPa 温度降为 -101℃，进入脱甲烷塔顶。脱甲烷塔底液烃用泵(10)抽出送脱乙烷塔。脱甲烷塔顶气体先进入冷箱 2 与原料气换热，再进入冷箱 1 与原料气换热后进入二级膨胀机，膨胀至 425kPa 作为燃料气。

（3）主要特点

① 工艺流程合理，采用双级膨胀制冷不带辅助制冷分离工艺，流程简单，设备少便于维护管理，能耗低等优点，乙烷设计收率为 85%，考核结果为 83.3%。通过提高脱甲烷塔的压力至 1.7MPa，为二级膨胀创造了条件。

② 脱甲烷塔采用不同温度下的多股进料以适应塔内温度梯度和浓度梯度，利用两个侧线再沸器和塔底重沸器平衡了塔内负荷并回收了冷量，降低了能耗。

③ 根据 CO_2 的特性，在 1.7MPa 下 CO_2 没有结冰的可能性，还有一定的余量，因此确定不设脱 CO_2 设施，节省了投资，简化了流程。

（三）辽河油田引进的日本挥发油公司(JGC)轻烃回收工艺流程

辽河油田引进的日本挥发油公司(JGC)轻烃回收工艺流程见图 2-31。

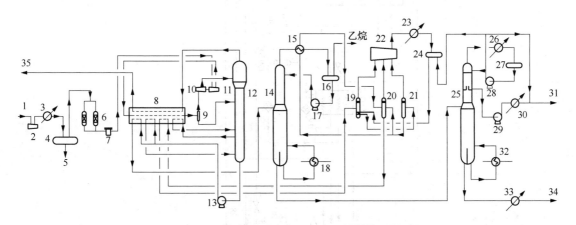

图 2-31　带丙烷预冷的膨胀制冷工艺原则流程

1—原料气；2—压缩机；3—冷却器；4—分液罐；5—重烃和水；6—分子筛干燥器；7—过滤器；
8—板翅式换热器；9—低温分离器；10—膨胀机；11—同轴压缩机；12—脱甲烷塔；13—塔底泵；14—脱乙烷塔；
15—丙烷蒸发器；16—回流罐；17—回流泵；18—脱乙烷塔底重沸器；19~21—分液罐；22—丙烷压缩机；
23—冷凝器；24—丙烷储液罐；25—脱丁烷塔；26—冷凝；27—回流罐；28—回流泵；29—液化气泵；
30—冷却器；31—液化气；32—脱丁烷塔底重沸器；33—冷却器；34—稳定轻油；35—外输干气

（四）HYSYS 软件计算模型

以大庆萨南流程为计算依据，HYSYS 软件计算模型见图 2-32，该装置采用 Linde 工艺。

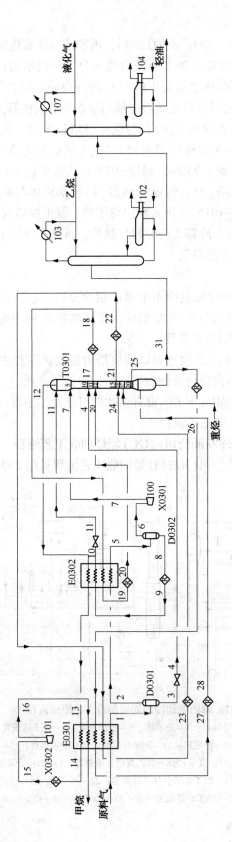

图2-32 HYSYS软件计算模型图

1. 基础数据

（1）脱硫脱水后的原料气组成见表2-55。

表2-55　脱硫脱水后的原料气组成

组分	C_1	C_2	C_3	$i-C_4$	$n-C_4$	$i-C_5$
组成/%	78.6079	7.3007	7.8008	0.9301	2.5103	0.4000
组分	$n-C_5$	$n-C_6$	$n-C_7$	CO_2	N_2	合计
组成/%	0.8501	0.3700	0.0800	0.1800	0.9701	100.0000

（2）温度：37.8℃。

（3）压力：5140kPa。

（4）流量：1339kmol/h（$3×10^4$/h，0℃，101.325kPa）。

2. HYSYS 软件计算详细步骤

输入计算所需的全部组分和流体包

步骤	内　　容	流号及数据
1	New Case［新建空白文档］	
2	Add［加入］	
3	Components：C_1、C_2、C_3、$i-C_4$、$n-C_4$、$i-C_5$、$n-C_5$、C_6、C_7、CO_2、N_2	添加库组分
4	×	
5	Fluid Pkgs	加流体包
6	Add	
7	Peng-Robinson	选状态方程
8	×	
9	Enter Simulation Environment	进入模拟环境

加入原料气

步骤	内　　容	流号及数据
1	选中 Material Stream［蓝色箭头］置于 PFD 窗口中	
2	双击［Material Stream］	
3	在 Stream Name 栏填上	原料气
4	Temperature/℃	37.8
5	Pressure/kPa	5140
6	Molar Flow/（kmol/h）	1339
7	双击 Stream"原料气"的 Molar Flow 位置	
8	Composition（填摩尔组成）	
	Methane	0.7861
	Ethane	0.0730
	Propane	0.0780
	$i-$Butane	0.0093
	$n-$Butane	0.0251
	$i-$Pentane	0.0040
	$n-$Pentane	0.0085
	$n-$Hexane	0.0037
	$n-$Heptane	0.0008
	CO_2	0.0018
	N_2	0.0097

步骤	内　容	流号及数据
9	Nomalize(圆整为1。如果偏离1过大，输入有误请检查)	
10	OK	
11	×	

加入大冷箱换热器

步骤	内　容	流号及数据
1	从图例板点板式换热器[LNG Exchanger]置于PFD窗口中	
2	双击板式换热器[LNG Exchanger]	
3	Add Side, Add Side, Add Side	
4	填流号、压降及属性：	
	Inlet Streams	原料气
	Outlet Streams	1
	Pressure Drop/kPa	10
	Hot/Cold	Hot
	Inlet Streams	13
	Outlet Streams	14
	Pressure Drop/kPa	10
	Hot/Cold	Cold
	Inlet Streams	16
	Outlet Streams	甲烷
	Pressure Drop/kPa	10
	Hot/Cold	Cold
	Inlet Streams	26
	Outlet Streams	27
	Pressure Drop/kPa	10
	Hot/Cold	Cold
	Inlet Streams	22
	Outlet Streams	23
	Pressure Drop/kPa	10
	Hot/Cold	Cold
5	Worksheet	
6	在指定 Stream Name 输入指定温度	1, 14, 23, 27
7	Temperature/℃	−25, 14, 32, 30
8	×	

加二相分离器

步骤	内　容	流号及数据
1	从图例板点二相分离器[Separator]置于PFD窗口中	
2	双击二相分离器[Separator]	
3	Inlet《Stream》	1
4	Vapour	2
5	Liquid	3
6	×	

加入小冷箱换热器

步骤	内　容	流号及数据
1	从图例板点板式换热器[LNG Exchanger]置于PFD窗口中	
2	双击板式换热器[LNG Exchanger]	
3	Add Side，Add Side	
4	填流号、压降及属性： 　　Inlet Streams 　　Outlet Streams 　　Pressure Drop/kPa 　　Hot/Cold 　　Inlet Streams 　　Outlet Streams 　　Pressure Drop/kPa 　　Hot/Cold 　　Inlet Streams 　　Outlet Streams 　　Pressure Drop/kPa 　　Hot/Cold 　　Inlet Streams 　　Outlet Streams 　　Pressure Drop/kPa 　　Hot/Cold	 2 5 10 Hot 9 10 10 Hot 18 19 10 Cold 12 13 10 Cold
5	Worksheet	
6	在指定Stream Name输入指定温度	5，13，10
7	Temperature/℃	-50，-40，-92
8	×	

加二相分离器

步骤	内　容	流号及数据
1	从图例板点二相分离器[Separator]置于PFD窗口中	
2	双击二相分离器[Separator]	
3	Inlet《Stream》	5
4	Vapour	6
5	Liquid	9
6	×	

加入一级膨胀压缩机

步骤	内　容	流号及数据
1	从图例板点膨胀机[Expander]置于PFD窗口中	
2	双击膨胀机[Expander]	
3	Inlet	6
4	Outlet	7

步骤	内　　容	流号及数据
5	Energy	100
6	Worksheet	
7	点击 Stream Name 7 下相应位置输入	1740
8	Pressure/kPa	
9	×	

加入节流阀

步骤	内　　容	流号及数据
1	从图例板点节流阀[Valve]置于 PFD 窗口中	
2	双击节流阀[Valve]	
3	Inlet	3
4	Outlet	4
5	Worksheet	
6	点击 Stream Name 4 下相应位置输入	
7	Pressure/kPa	1750
8	×	

加入节流阀

步骤	内　　容	流号及数据
1	从图例板点节流阀[Valve]置于 PFD 窗口中	
2	双击节流阀[Valve]	
3	Inlet	10
4	Outlet	11
5	Worksheet	
6	点击 Stream Name 11 下相应位置输入	
7	Pressure/kPa	1715
8	×	

填重烃组成及其条件

步骤	内　　容	流号及数据
1	选中 Material Stream[蓝色箭头]置于 PFD 窗口中	
2	双击[Material Stream]	
3	在 Stream Name 栏填上	重烃
4	Temperature/℃	35
5	Pressure/kPa	1800
6	Molar Flow/(kmol/h)	14.66
7	双击 Stream "重烃" 的 Molar Flow 位置	

步骤	内 容	流号及数据
8	Composition(填摩尔组成)	
	Methane	0.0298
	Ethane	0.0465
	Propane	0.1936
	i-Butane	0.0543
	n-Butane	0.1937
	i-Pentane	0.0638
	n-Pentane	0.1634
	n-Hexane	0.1751
	n-Heptane	0.0795
	CO_2	0.0003
9	Nomalize(圆整为1。如果偏离1过大,输入有误请检查)	
10	OK	
11	×	

加入脱甲烷塔

步骤	内 容	流号及数据
1	从图例板点吸收塔[Absorber]置于 PFD 窗口中	
2	双击吸收塔[Absorber]	
3	理论板数 $n=$	20
4	Top Stage Inlet	11
5	Bottom Stage Inlet	28
6	Ovhd Vapour Outlet	12
7	Bottoms Liquid Outlet	31
8	加入侧线抽出,在 Optional Side Draws 栏: Stream Type Draws Stage 17 L 11 21 L 15 25 L 20	
9	加入返回侧线,在 Optional Inlet Streams 栏: Stream Inlet Stage 7 5 4 10 重烃 17 20 12 24 16	
10	Next	
11	Top Stage Pressure/kPa	1700
12	Reboiler Pressure/kPa	1750
13	Next, Done	

步骤	内　　容	流号及数据
14	Monitor	
15	在 Specified Value 栏填入侧线抽出的初步流量 17　　　　300　　kmol/h 21　　　　210　　kmol/h 25　　　　150　　kmol/h	
16	×	

现在还不能计算，必须先退出塔环境，到 PFD 下输入返塔物流的初值条件，然后再次进入塔环境点击 Run。

双击流号 20、24、28 给相关循环物流赋初始条件

Stream	20	24	28
Temperature/℃	-29	32	30
Pressure/kPa	1750	1750	1750
Molar Flow/(kmol/h)	300	210	150
Composition(填摩尔组成)			
Methane	0.2	0.04	0.01
Ethane	0.3	0.40	0.30
Propane	0.3	0.35	0.38
i-Butane	0.04	0.04	0.05
n-Butane	0.10	0.10	0.13
i-Pentane	0.02	0.02	0.02
n-Pentane	0.03	0.03	0.05
n-Hexane	0.01	0.01	0.03

双击脱甲烷塔(Absorber T-100)，点击 Run，Converged 变绿。程序开始进行流程迭代计算。以上物流的组成和条件是估计值，如果程序不收敛，可调节流率和返塔温度，直到收敛。

加循环

步骤	内　　容	流号及数据
1	从图例板点循环[Recycle]置于 PFD 窗口中	
2	双击循环[Recycle]	
3	Inlet	14
4	Outlet	15
5	×	

加入二级膨胀压缩机

步骤	内　　容	流号及数据
1	从图例板点膨胀机[Expander]置于 PFD 窗口中	
2	双击膨胀机[Expander]	
3	Inlet	15

步骤	内　容	流号及数据
4	Outlet	16
5	Energy	101
6	Worksheet	
7	点击 Stream Name 16 下相应位置输入	
8	Pressure/kPa	435
9	×	

加入脱乙烷塔

步骤	内　容	流号及数据
1	从图例板点完全塔[Distillation]置于 PFD 窗口中	
2	双击完全塔[Distillation]	
3	理论板数 $n=$	15
4	Inlet Streams	31
5	Condenser	Total
6	Ovhd Liquid Outlet	乙烷
7	Bottoms Liquid Outlet	32
8	Reboiler Energy Stream(重沸器能流)	102
9	Condenser Energy Stream(冷凝器能流)	103
10	Next, Next	
11	Top Stage Pressure/kPa	1680
12	Reboiler Pressure/kPa	1720
13	Next, Next, Done	
14	Monitor	
15	Add Spec...	
16	Column Component Fraction	
17	Add Spec(s)	
18	《Stage》	
19	Reboiler	
20	《Component》	
21	Ethane	
22	SpecValue	0.05
23	×	
24	AddSpec...	
25	Column Component Fraction	
26	AddSpec(s)	
27	《Stage》	

137

步骤	内 容	流号及数据
28	Condenser	
29	《Component》	
30	Propane	
31	Spec Value(C$_3$含量不大于3%)	0.01
32	×	
33	Specifications 栏下	
34	点击 Reflux Ratio 右侧 Active，使之失效	
35	点击 Distillate Rate 右侧 Active，使之失效	
36	点击 Comp Fraction 右侧 Active，使之生效	
37	点击 Comp Fraction-2 右侧 Active，使之生效	
38	Run，运行结束，Converged 变绿色	
39	×	

加循环

步骤	内 容	流号及数据
1	从图例板点循环[Recycle]置于 PFD 窗口中	
2	双击循环[Recycle]	
3	Inlet	17
4	Outlet	18
5	×	

加循环

步骤	内 容	流号及数据
1	从图例板点循环[Recycle]置于 PFD 窗口中	
2	双击循环[Recycle]	
3	Inlet	19
4	Outlet	20
5	×	

此时可能显示流号 20 的压力低于塔压力，不用理会。经过迭代，程序收敛。

加循环

步骤	内 容	流号及数据
1	从图例板点循环[Recycle]置于 PFD 窗口中	
2	双击循环[Recycle]	
3	Inlet	21
4	Outlet	22
5	×	

加循环

步骤	内　　容	流号及数据
1	从图例板点循环[Recycle]置于 PFD 窗口中	
2	双击循环[Recycle]	
3	Inlet	23
4	Outlet	24
5	×	

此时可能显示流号 24 的压力低于塔压力，不用理会。

加循环

步骤	内　　容	流号及数据
1	从图例板点循环[Recycle]置于 PFD 窗口中	
2	双击循环[Recycle]	
3	Inlet	25
4	Outlet	26
5	×	

加循环

步骤	内　　容	流号及数据
1	从图例板点循环[Recycle]置于 PFD 窗口中	
2	双击循环[Recycle]	
3	Inlet	27
4	Outlet	28
5	×	

此时可能显示流号 28 的压力低于塔压力，不用理会。

程序自动完成收敛计算以后，小冷箱换热器(LNG-101)为黄色，说明换热温差不合适，调整流号 5 的温度，直到流号 19 的温度等于−29℃。调整结果，流号 5 的温度−58℃。此流程循环很多，收敛计算时间可能较长。也可用 Adjust 调，但不易收敛，精度不能太高。

加入脱丁烷塔

步骤	内　　容	流号及数据
1	从图例板点完全塔[Distillation]置于 PFD 窗口中	
2	双击完全塔[Distillation]	
3	理论板数 $n=$	15
4	Inlet Streams	32
5	Condenser	Total
6	Ovhd Liquid Outlet	液化气
7	Bottoms Liquid Outlet	轻油
8	Reboiler Energy Stream(重沸器能流)	104
9	Condenser Energy Stream(冷凝器能流)	107
10	Next，Next	

步骤	内　　容	流号及数据
11	Top Stage Pressure/kPa	1400
12	Reboiler Pressure/kPa	1450
13	Next，Next，Done	
14	Monitor	
15	Add Spec...	
16	Column Temperature	
17	AddSpec(s)	
18	《Stage》	
19	Reboiler	
20	Spec Value/℃	155
21	×	
22	Add Spec...	
23	Column Component Fraction	
24	Add Spec(s)	
25	《Stage》	
26	Condenser	
27	《Component》	
28	i-Pentane，n-Pentane	
29	Spec Value(C$_5$含量不大于3%)	0.03
30	×	
31	Specifications 栏下	
32	点击 Reflux Ratio 右侧 Active，使之失效	
33	点击 Distillate Rate 右侧 Active，使之失效	
34	点击 Temperature 右侧 Active，使之生效	
35	点击 Comp Fraction 右侧 Active，使之生效	
36	Run，运行结束，Converged 变绿色	
37	×	

产品质量符合产品质量标准。

3. 计算结果汇总

计算结果汇总见表2-56。

表 2-56　计算结果汇总

流　　号	原料气	重烃	1	2	3
气相分数	1.0000	0.0000	0.8009	1.0000	0.0000
温度/℃	37.80	35.00	-25.00	-25.00	-25.00
压力/kPa	5140.00	1800.00	5130.00	5130.00	5130.00
摩尔流率/(kmol/h)	1339.00	14.66	1339.00	1072.37	266.63
质量流率/(kg/h)	29320.50	942.49	29320.50	19663.04	9657.46
体积流率/(m³/h)	81.6975	1.5802	81.6975	60.7794	20.9182
热流率/(kJ/h)	$-1.097×10^8$	$-2.316×10^6$	$-1.168×10^8$	$-8.602×10^7$	$-3.074×10^7$

流　号	4	5	6	7	9
气相分数	0.3002	0.8431	1.0000	0.9027	0.0000
温度/℃	-42.99	-58.00	-58.00	-97.46	-58.00
压力/kPa	1750.00	5120.00	5120.00	1740.00	5120.00
摩尔流率/(kmol/h)	266.63	1072.37	904.09	904.09	168.28
质量流率/(kg/h)	9657.46	19663.04	15570.49	15570.49	4092.55
体积流率/(m³/h)	20.9182	60.7794	49.8002	49.8002	10.9791
热流率/(kJ/h)	-3.074×10^7	-8.906×10^7	-7.277×10^7	-7.353×10^7	-1.630×10^7

流　号	10	11	12	13	14
气相分数	0.0000	0.0969	1.0000	1.0000	1.0000
温度/℃	-92.00	-99.58	-98.35	-40.00	14.00
压力/kPa	5110.00	1715.00	1700.00	1690.00	1680.00
摩尔流率/(kmol/h)	168.28	168.28	1077.63	1077.63	1077.63
质量流率/(kg/h)	4092.55	4092.55	17684.21	17684.21	17684.21
体积流率/(m³/h)	10.9791	10.9791	57.9277	57.9277	57.9277
热流率/(kJ/h)	-1.672×10^7	-1.672×10^7	-8.567×10^7	-8.321×10^7	-8.103×10^7

流　号	15	16	17	18	19
气相分数	1.0000	1.0000	0.0000	0.0000	0.1413
温度/℃	14.00	-48.99	-54.31	-54.36	-28.01
压力/kPa	1680.00	435.00	1726.32	1726.32	1716.32
摩尔流率/(kmol/h)	1085.34	1085.34	300.01	299.99	299.99
质量流率/(kg/h)	17810.28	17810.28	11482.99	11480.66	11480.66
体积流率/(m³/h)	58.3449	58.3449	24.9827	24.9787	24.9787
热流率/(kJ/h)	-8.162×10^7	-8.377×10^7	-3.665×10^7	-3.665×10^7	-3.565×10^7

流　号	20	21	22	23	24
气相分数	0.1410	0.0000	0.0000	0.4939	0.4939
温度/℃	-27.94	1.99	1.94	32.00	32.00
压力/kPa	1716.32	1736.84	1736.84	1726.84	1726.84
摩尔流率/(kmol/h)	300.03	210.02	210.00	210.00	210.00
质量流率/(kg/h)	11485.18	8669.20	8667.85	8667.85	8667.85
体积流率/(m³/h)	24.9868	18.5461	18.5433	18.5433	18.5433
热流率/(kJ/h)	-3.566×10^7	-2.556×10^7	-2.556×10^7	-2.375×10^7	-2.375×10^7

流　号	25	26	27	28	31
气相分数	0.0000	0.0000	0.0718	0.0718	0.0000
温度/℃	25.58	25.60	30.00	30.00	25.58
压力/kPa	1750.00	1750.00	1740.00	1740.00	1750.00
摩尔流率/(kmol/h)	150.00	150.00	150.00	150.00	276.03
质量流率/(kg/h)	6836.92	6838.47	6838.47	6838.47	12581.18
体积流率/(m³/h)	13.7771	13.7783	13.7783	13.7783	25.3524
热流率/(kJ/h)	-1.882×10^7	-1.883×10^7	-1.863×10^7	-1.863×10^7	-3.464×10^7

流　　号	32	甲烷	轻油	液化气	乙烷
气相分数	0.0000	1.0000	0.0000	0.0000	0.0000
温度/℃	65.37	26.04	155.00	47.15	-24.00
压力/kPa	1720.00	425.00	1450.00	1400.00	1680.00
摩尔流率/(kmol/h)	194.58	1085.34	26.11	168.47	81.45
质量流率/(kg/h)	10146.17	17810.28	2033.05	8113.12	2435.01
体积流率/(m³/h)	18.6033	58.3449	3.1630	15.4403	6.7492
热流率/(kJ/h)	$-2.541×10^7$	$-8.088×10^7$	$-4.113×10^6$	$-2.120×10^7$	$-8.480×10^6$

甲烷的组成见表2-57。

表 2-57　甲烷的组成　　　　　　　　　　　　　　%(体积)

组分	C_1	C_2	C_3	CO_2	N_2
组成	97.42	1.16	0.11	0.10	1.21

4. 要点说明

对于带侧线重沸器的脱甲烷塔，计算时需注意如下各点：

(1) 注意塔底温度不能太高也不能太低，高了乙烷收率受影响，低了乙烷含甲烷太多，纯度无法保证。一般保证脱甲烷塔底温度在28~25℃为好，此时乙烷收率在86%(质量)，纯度在97%(质量)左右。

(2) 调节塔底温度，一是调节流号25的抽出量，二是调节流号27返回温度都可以，但温度调节受冷箱收敛的影响，一般温度在30~32℃为好。

(3) 大冷箱甲烷出口温度，靠计算得出。小冷箱出口流号19，靠计算得出。

(4) 脱乙烷塔要按完全塔设置，目的是保证乙烷的质量。规定丙烷在塔顶的含量和乙烷在塔底的含量。

(5) 在计算前可按事先画好的模型图将所有的连线全部连起来，然后再给侧线抽出量和返回量，进行计算调整。

第三章　气田常用加工工艺

第一节　基本原理

一、吸收原理

吸收是分离气体混合物的一种重要方法。吸收过程实质上是气相组分在液相中溶解的过程。各种气体在液体中都有一定的溶解度。当气体和液体接触时，气体溶于液体中的浓度逐渐增加直至饱和为止。被溶解的气体叫溶质或吸收质，溶解气体的液体叫溶剂或吸收剂。当溶质在气相中的分压大于它在液相中的饱和蒸气压时，此压力差即是吸收过程的推动力；当压差等于零时，过程就达到了平衡。如果条件相反，溶质自液相转入气相，即为脱吸过程。当溶质在液相中的饱和压力等于它在气相中的分压时，过程就达到了平衡。

通常认为烃类混合物在压力不高的条件下，近似于理想溶液，所以理想溶液的理论及其基本定律，都可以作为分离烃类混合物的理论基础。

在理想溶液中，溶液的每个组分各分子之间的作用力以及不同分子之间的相互作用力彼此相等。因而拉乌尔定律指出：某一组分有液相逸入气相的倾向与存在于液相中的其他组分无关，仅与该组分在液相中的含量和在系统温度下该组分的饱和蒸气压有关。即组分在液面上的分压与其在液相中的衡分子分数成正比，即

$$p_i = p_i^0 x_i \tag{3-1}$$

式中　p_i——组分 i 在气相中的分压；

　　　p_i^0——组分 i 在系统温度下的饱和蒸气压；

　　　x_i——组分 i 在液相混合物中的分子分数。

在低压下，一般烃类混合物的气-液平衡分离，可应用拉乌尔定律进行计算；因为烃类混合物近似于理想溶液。但如系统中的某些组分不能用理想溶液处理(如某些烃类和非烃类溶液)时，即各组分分子之间的作用力不相等，就不能完全使用拉乌尔定律。此时溶液中的溶剂可按拉乌尔定律处理，但溶液中的溶质，需按亨利定律处理。亨利定律的形式如式(3-2)。

$$p_i = H_i x_i \tag{3-2}$$

式中　H_i——组分 i 的亨利常数；

　　　p_i、x_i 与式(3-1)的 p_i、x_i 意义相同。

又根据道尔顿定律式(3-3)

$$p_i = p y_i \tag{3-3}$$

式中　p——总压力；

　　　y_i——组分 i 的气相摩尔浓度。

因此，在低压下，计算烃类混合物的气液平衡时，当使用拉乌尔定律，相平衡常数 K_i 应为

$$K_i = \frac{y_i}{x_i} = \frac{p^0}{p} \qquad (3-4)$$

当某些溶液需按亨利定律处理时，相平衡常数 K_i 应为

$$K_i = \frac{y_i}{x_i} = \frac{H_i}{p} \qquad (3-5)$$

当烃类混合物的系统操作压力大于 1.0MPa 很多时，用上面的方程式求相平衡常数误差将较大，如要求较高的精确度，可应用逸度对压力进行校正。

吸收与蒸馏的区别在于：前者是利用混合物中各组分在第三者（溶剂）中的溶解度不同而达到分离的目的；而后者是利用混合物中各组分的挥发度不同而达到分离的目的。

吸收与蒸馏的共同点是都属于气、液两相平衡问题。其相平衡常数的求解可参考其他资料。但从质量交换过程来看，吸收过程只包括被吸收组分自气相进入吸收剂的传质过程，而蒸馏过程则不仅有气相中的重组分进入液相，而且还有液相中的轻组分转入气相的传质过程。因此，吸收过程是单向传质，蒸馏过程则为双向传质。

脱吸过程与吸收过程正好相反；因此，凡有利于吸收的因素，都不利于脱吸，而不利于吸收的因素，都有利于脱吸。

二、化学反应原理

化学反应原理主要介绍天然气脱硫脱碳、硫黄回收等工艺过程。脱硫脱碳的溶剂一般为醇胺化合物，其特点利用其羟基与水的亲和力，可以与水配制成任何比例的水溶液，利用其胺基的碱性，促使酸性组分的吸收，通过溶剂与 H_2S、CO_2 的化学反应，实现脱硫脱碳的目的。

醇胺在脱硫脱碳时主要反应如下：

MEA 及 DGA 含有—NH_2 基团，称为伯胺；DEA 及 DIPA 含有 $\diagdown NH$ 基团，称为仲胺；

MDEA 及 TEA 含有 —N 基团，称为叔胺。三类醇胺与 H_2S 的反应是相同的，其反应式为

$$2RNH_2(R_2NH,\ R_3N)+H_2S \Longrightarrow (RNH_3)_2S[\ (R_2NH_2)_2S,\ (R_3NH)_2S] \qquad (3-6)$$

伯胺及仲胺与 CO_2 的反应为

$$2RNH_2(R_2NH)+CO_2 \Longrightarrow RNHCOONH_3R(R_2NCOONH_2R) \qquad (3-7)$$

$$2RNH_2(R_2NH)+CO_2+H_2O \Longrightarrow (RNH_3)_2CO_3[\ (R_2NH_2)_2CO_3] \qquad (3-8)$$

叔胺由于 —N 基团上没有活泼的氢，故不能生成氨基甲酸盐，仅能生成碳酸盐：

$$2R_2R'N+CO_2+H_2O \Longrightarrow (R_2RNH)_2CO_3 \qquad (3-9)$$

三、抑制原理

就是利用抑制剂防止天然气水合物的形成，常用的抑制剂有甲醇、乙二醇等。通过注入抑制剂抑制水合物的形成。如天然气井口注入甲醇、轻烃回收在进入贫富气换热器之前注入甲醇或乙二醇防冻剂等。在温度高于 $-25\,^{\circ}\!\mathrm{C}$ 并且连续注入的情况下，采用甘醇水溶液比采用甲醇更经济。由于乙二醇成本低、黏度小且在液烃中的溶解度低，因而是最常用的甘醇类抑制剂。当温度低于 $-25\,^{\circ}\!\mathrm{C}$ 时，由于甘醇类黏度较大，与液烃分离困难，此时应采用甲醇为抑制剂。但甲醇由于沸点低，在气流中挥发损失较大，其量约是含甲醇污水中的 2~3 倍。

常见的有机化合物抑制剂的主要物理性质见表 3-1。

144

表 3-1　常见的有机化合物抑制剂的主要物理性质表

序号	项　　目	甲醇(MeOH)	乙二醇(EG)	二甘醇(DEG)	三甘醇(TEG)
1	分子式	CH_3OH	$C_2H_6O_2$	$C_4H_{10}O_3$	$C_6H_{14}O_4$
2	相对分子质量	32.04	62.1	106.1	150.2
3	沸点(101.325kPa)/℃	64.7	197.3	244.8	285.5
4	蒸气压(25℃)/Pa	12.3(20℃)	12.24	0.27	0.05
5	密度/(10^3kg/m³) 25℃ 60℃	0.790	1.110 1.058	1.113 1.088	1.119 1.092
6	凝点/℃	−97.8	−13	−8	−7
7	黏度/mPa·s 25℃ 60℃	0.52	16.5 4.68	28.2 6.99	37.3 8.77
8	比热容(25℃)/[J/(g·K)]	2.52	2.43	2.3	2.22
9	闪点(闭杯)	12	111	124	177
10	理论分解温度/℃		165	164	207
11	物理性质	无色、易挥发、易燃、有中等毒性	无色、无臭、无毒，黏稠液体	同 EG	同 EG

注入气流中的抑制剂量包括防止水溶液形成水合物的量、气相中与水呈平衡的抑制剂量和抑制剂在液烃中的溶解量。

(一)水合物抑制剂用量的确定

注入气流中的抑制剂用量，不仅要满足防止水溶液相中形成水合物的量，还必须满足气相中与水溶液相呈平衡的抑制剂量，以及抑制剂在液烃中的溶解量。

由于甲醇沸点低，蒸发量很大。甲醇在气相中的蒸发损失可由图 3-1 估计。该图可外延至压力 4.7MPa 以上，但在较高的压力下由图 3-1 估计的气相损失偏低。甘醇类蒸发损失很低，可以忽略不计。

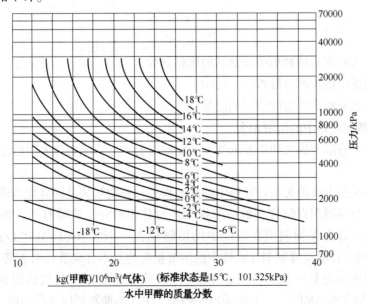

图 3-1　甲醇蒸发损失图

由图 3-1 查得的横坐标 α 为在系统出口条件下气、液相甲醇含量比值，即

$$\alpha = \frac{\text{甲醇在气相中的质量浓度}(\text{kg}/10^6\text{m}^3)}{\text{甲醇在水溶液相中的质量分数}(\%)} \qquad (3\text{-}10)$$

例如：压力为 8MPa，温度为 12℃，流量为 $200\times10^4\text{m}^3/\text{d}$ 的输气管道，为防止水合物生成向管道内注入甲醇，要求管道出口甲醇水溶液中甲醇浓度为 45%，计算甲醇在气相中的损失量。

查图得 8MPa，12℃下 $\alpha = 24$。即 $100\times10^4\text{m}^3$ 气体中甲醇量为 $24\times0.45 = 10.8\text{kg}$，$200\times10^4\text{m}^3$ 气体甲醇含量为 $10.8\times2 = 21.6\text{kg}$。

（二）抑制剂在水溶液相中的量

水溶液中抑制剂的最低浓度可用 Hammerschmidt 半经验公式计算

$$C_\text{m} = \frac{M\Delta t}{K + M\Delta t} \qquad (3\text{-}11)$$

式中　C_m——抑制剂在水溶液中所需的最低质量分数；

　　　Δt——根据工艺要求确定的天然气水合物形成温度降，℃；

　　　M——抑制剂的相对分子质量；

　　　K——常数，甲醇为 1297，甘醇类为 2222。

式（3-11）不能用于水溶液中甲醇质量浓度大于 20%~25% 和甘醇类质量浓度大于 60%~70% 的情况。

当甲醇浓度达到 50%（质量分数）左右时，采用 Nielsen-Bucklin 公式计算更为精确。

$$\Delta t = -72\ln(1 - C_\text{mol}) \qquad (3\text{-}12)$$

式中　C_mol——为达到给定的天然气水合物形成的温度降，甲醇水溶液相中所需的最低摩尔分数。

计算出抑制剂在水溶液中的最低浓度后，可由下式求得水溶液相中所需的抑制剂用量 q_L，即

$$q_\text{L} = \frac{C_\text{m}q_\text{w}}{C_1 - C_\text{m}} \qquad (3\text{-}13)$$

式中　C_1——注入的含水抑制剂中抑制剂的质量分数；

　　　q_w——系统中析出的冷凝水量，kg/d；

　　　q_L——水溶液相中所需的抑制剂用量，kg/d。

（三）抑制剂在液烃中的溶解损失

甲醇在液烃中的溶解损失和甲醇浓度、系统温度有关。系统温度和甲醇浓度越高其溶解损失越大。

甘醇类抑制剂的主要损失是在液烃中的溶解损失、再生损失及因乳化造成分离困难的携带损失等。甘醇类抑制剂在液烃中的溶解损失还与其相对分子质量有关。相对分子质量越大，溶解度越大。甘醇类抑制剂在液烃中的溶解损失一般在 0.01~0.07L/m³（甘醇类/液烃）。在含硫液烃中甘醇类抑制剂在液烃中的溶解损失约是不含硫液烃的 3 倍。

注入抑制剂质量分数一般为：甲醇 100%，如果是甲醇再生装置的得到的再生甲醇，95% 即可，乙二醇 70%~80%，二甘醇 80%~90%。注入的抑制剂应进行回收，循环使用。

甲醇注入量在设计时一般取上述三项计算值的 2~3 倍，比较可靠。

146

四、HYSYS 预测水合物形成条件

形成水合物的必要条件就是含有可形成水合物组分的气相或者液相中含有一定量的水分。一旦条件适宜(高压或低温)就会生成非化学计量的固态水合物相，这是水与可形成水合物分子的混合物。水合物的形成温度可以比水的冰点温度高出很多，也比游离水或者冰析出点提前很多。水合物有 3 种形态：I 型、II 型和 H 型。只有分子结构小到足以进入由冰晶格形成的笼形空穴结构之中的分子才能生成水合物。可形成水合物的典型组分有以下几种。

低分子质量烷烃：甲烷、乙烷、丙烷、正丁烷、异丁烷。

烯烃：乙烯、丙烯。

非烃组分：CO_2、N_2、O_2、Ar、H_2S。

形成 H 型水合物时需要结构不同的两种组分：

小分子结构组分：CH_4、N_2、Xe。

大分子结构组分：异戊烷、新己烷(neohexane)、2,3-二甲基丁烷、2,2,3-三甲基丁烷、2,2-二甲基戊烷、3,3-二甲基戊烷、2,3-二甲基-1-丁烯、环辛烷、甲基环戊烷、乙基环戊烷、甲基环己烷、顺-1,2-二甲基环己烷、1,1-二甲基环己烷、乙基环己烷、顺-环辛烯、环庚烯。

要预测 H 型水合物形成条件，物流中必须分别含有 1 个小分子组分和 1 个大分子组分。

天然气在集输或加工过程中容易形成水合物。形成水合物的首要条件是气体温度必须达到或低于出现游离水的温度，且有足够高的压力；其次是高的气流速度、压力脉动、搅动或引入小的水合物晶体都可形成水合物。预测水合物的方法有查图法和软件计算法，这里仅介绍用 HYSYS 软件预测天然气水合物的计算方法。

1. HYSYS 软件的水合物预测模型

HYSYS 7.3 版本有两种水合物预测模型：NG & Robinson 模型和 CSM 模型。

(1) NG & Robinson 模型

NG & Robinson 模型内部含有 3 个子模型：2-Phase Model(两相模型)、3-Phase Model(三相模型)和 Assume Free Water(游离水假设模型)。平衡闪蒸后中没有游离水相时采用两相模型；平衡闪蒸后出现游离水相采用三相模型；物流中的水含量非痕量时采用 Assume free water 模型。在进行水合物预测时程序默认根据工艺条件自动选择合适的子模型。

在 Envelope(相图计算工具)中应用 NG & Robinson 模型在计算时还有 4 种模式可强制选择：

① Assume Free Water(游离水假设模型)

不管物流中的实际含水量，假设给定物流在形成水合物时水刚好饱和(水露点)，由三相模型或 SH 模型计算水合物形成条件。计算得到的无水物流的水合物形成条件与手工改变含水量至出现游离水时得到的水合物形成条件非常接近，主要差异来自于去除游离水后气相组成出现的少许改变。

② Asymmetric Model(非对称模型)

非对称模型不能预测 H 结构的水合物，程序根据工艺条件自动选择计算模式。

③ Symmetric Model(对称模型)

该模型实际上是 NG & Robinson(1975)提出的三相模型，可以预测有水相时的水合物形成条件。

④ Vapour Model(气相模型)

该模型即两相模型，可预测平衡闪蒸后不出现水相的任何物流的水合物形成条件。

（2）CSM 模型

CSM 模型是 HYSYS 7.0 版本新加入的模型，由科罗拉多矿业学院（Colorado School of Mines）开发，可用于Ⅰ型和Ⅱ型水合物预测，也可用于含抑制剂系统的预测。CSM 更加通用化，不需要任何子模型。CSM 模型适用于以下各种相态：Vapor-Hydrate（气-水合物），Liquid-Hydrate（液-水合物），Aqueous-Hydrate（水-水合物），Vapor-hydrocarbon Liquid-Hydrate（气-烃-水合物），Vapor-Aqueous-Hydrate（气-水-水合物）和 Vapor-hydrocarbon Liquid-Aqueous-Hydrate（气-烃-水-水合物）。

使用 CSM 模型时的热力学模型可以是 SRK、PR 和 Glycolpkgs。但由于 CSM 模型是基于 SRK 方程开发，使用 SRK 方程效果最好。

（3）H 型水合物的预测

当使用上述两种模型过程中，如果同时满足以下两个条件，将调用 SH 模型预测 H 型水合物：

① 根据已有的实验数据（权威的气-液-水系统相平衡数据），物流在平衡闪蒸计算后显示可能形成 H 型水合物。

② 物流中至少同时含有 1 个 H 型结构小分子组分和 1 个 H 型结构大分子组分。

由于在实验条件下也有可能形成Ⅰ型水合物，计算时最后进行热力学最有利条件下的水合物结构对比，以确定具体是哪种结构。

2. 天然气相图和水合物形成曲线

用 HYSYS 软件可绘制天然气相图和水合物生成曲线。以长庆榆林气田天然气为例（天然气组成见本章表 3-25），其步骤如下：

输入计算所需的全部组分和流体包

步骤	内　　容	流号及数据
1	New Case[新建空白文档]	
2	Add[加入]	
3	Components：C_1、C_2、C_3、$i-C_4$、$n-C_4$、$i-C_5$、$n-C_5$、C_6、C_7、C_8、C_9、C_{10}、C_{11}、H_2O、N_2、CO_2、Methanol	添加库组分
4	×	
5	Fluid Pkgs	加流体包
6	Add	
7	Peng-Robinson	选状态方程
8	×	
9	Enter Simulation Environment	进入模拟环境

加入原料气

步骤	内　　容	流号及数据
1	选中 Material Stream[蓝色箭头]置于 PFD 窗口中	
2	双击[Material Stream]	1
3	在 Stream Name 栏填上	原料气

步骤	内 容	流号及数据
4	Temperature/℃	20
5	Pressure/kPa	4600
6	Molar Flow/(kmol/h)	5287
7	双击 Stream "原料气" 的 Molar Flow 位置	
8	Composition(填摩尔组成) 　Methane 　Ethane 　Propane 　i-Butane 　n-Butane 　i-Pentane 　n-Pentane 　n-Hexane 　n-Heptane 　n-Octane 　n-Nonane 　n-Decane 　n-C_{11} 　H_2O 　Nitrogen 　CO_2 　Methanol	 0.938661 0.032173 0.004542 0.000772 0.000782 0.000537 0.000274 0.000628 0.000279 0.000085 0.000017 0.000003 0.000000 0.000600 0.003127 0.017520 0.000000
9	Nomalize(圆整为 1。如果偏离 1 过大,输入有误请检查)	
10	OK	
11	×	

绘制天然气相图

步骤	内 容	流号及数据
1	双击[Material Stream]	原料气
2	Attachments	
3	Utilities	
4	Create	
5	Envelope Utility	
6	Add Utility	
7	Performance	
8	屏幕显示天然气相图(图3-2)	
9	勾选 Hydrate,屏幕显示天然气相图(图3-3)	
10	×	

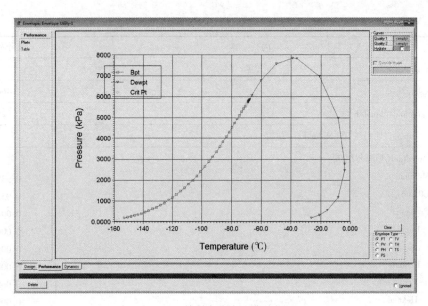

图 3-2　榆林气田天然气相图

Bpt—泡点曲线；Dewpt—露点曲线；Crit Pt—临界点。

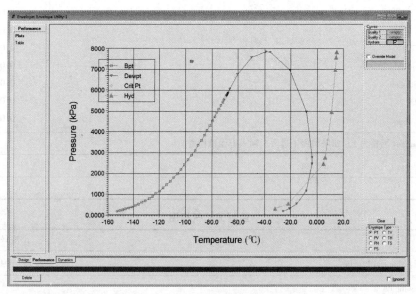

图 3-3　天然气水合物形成曲线

Bpt—泡点曲线；Dewpt—露点曲线；Crit Pt—临界点；Hyd—水合物曲线

　　如果要列出数据，点击 Table，即自动显示泡点曲线数据。如果单击相关单元格或标题栏选择须复制的栏目，再同时按 Shift+Ctrl+C 键，即可将这些数据复制到剪贴板中，可复制到所需要的地方。

Pressure[kPa]	Temperature[℃]
197.9749753	−152.8154097
229.6715984	−150.5956597
266.0584706	−148.316484
307.7177622	−145.9784457

Pressure[kPa]	Temperature[℃]
355. 2750433	−143. 5825363
409. 3951802	−141. 1302256
470. 7759771	−138. 6235092
540. 1392146	−136. 0649561
618. 2187723	−133. 4577516
705. 745588	−130. 805735
803. 4293036	−128. 1134309
911. 9365859	−125. 3860705
1031. 866286	−122. 6296029
1163. 721812	−119. 8506922
1307. 881322	−117. 0567013
1464. 566613	−114. 2556583
1633. 811835	−111. 4562063
1815. 433386	−108. 667535
2009. 002583	−105. 8992938
2213. 822831	−103. 1614873
2428. 913078	−100. 4643533
2652. 999344	−97. 81822481
2884. 515985	−95. 23337687
3121. 618125	−92. 71986053
3362. 206585	−90. 28732455
3603. 965675	−87. 94482547
3844. 415113	−85. 70062722
4080. 97558	−83. 56198896
4311. 048295	−81. 53494108
4532. 108427	−79. 62405095
4741. 812067	−77. 83218703
4938. 115725	−76. 16031019
5119. 404357	−74. 60737152
5284. 614866	−73. 17051528
5433. 316527	−71. 84605802
5549. 143276	−70. 78569716
5619. 605858	−70. 12660557
5655. 054184	−69. 7911927

Table Type 下单选 Hydrate，则显示水合物形成条件(T、p)。

Pressure[kPa]	Temperature[℃]
334. 1134	−32. 0736
550. 8598	−21. 7175
2468. 782	4. 930087

Pressure [kPa]	Temperature [℃]
2784.605	5.973463
4969.17	10.80503
6976.505	13.57328
7829.527	14.58602
7853.151	14.61212
7566.23	14.28836

3. 水合物抑制剂效果预测计算步骤

HYSYS 软件可用于预测甲醇(methanol)、乙二醇(ethylene glycol)、二甘醇(diethylene glycol)、三甘醇(triethylene glycol)对水合物的抑制效果。进行计算时组分中必须含水和其中一种抑制剂,而且必须存在游离水。进行抑制剂计算时,物性包限定为 PR、SRK 或 Glycol 包。

进行水合物抑制效果计算的步骤如下(继续采用步骤2):

加入抑制剂

步骤	内　　　　容	流号及数据
1	选中 Material Stream[蓝色箭头]置于 PFD 窗口中	
2	双击[Material Stream]	1
3	在 Stream Name 栏填上	甲醇
4	Temperature/℃	
5	Pressure/kPa	4600
6	Molar Flow/(kmol/h)	0.5287
7	×	
8	双击 Stream"甲醇"的 MolarFlow/(kmol/h)位置	
9	Composition(填摩尔组成) 　其他 　Methanol	 0.0000 1.0000
10	OK	
11	×	

注:为了后面的计算可以改变注甲醇后天然气的温度,此处不输入甲醇温度。

此处假设天然气注甲醇的摩尔比为 1/10000。

加混合器

步骤	内　　　　容	流号及数据
1	从图例板点混合器[Mixer]置于 PFD 窗口中	
2	双击混合器[Mixer]	
3	Inlets	原料气,甲醇
4	Outlet	2
5	Worksheet	
6	点击 Stream Name 2 下相应位置输入	
7	Temperature/℃	20
8	OK	

152

绘制注抑制剂后的水合物形成曲线

步骤	内　容	流号及数据
1	双击［Material Stream］	2
2	Attachments	
3	Utilities	
4	Create	
5	Envelope Utility	
6	Add Utility	
7	Performance	
8	屏幕显示天然气相图	
9	勾选 Hydrate，将显示水合物生成曲线	
10	点击 Table，在 TableType 下单选 Hydrate，即可显示水合物形成曲线。复制相关数据即可绘制出水合物生成条件曲线(图 3-4)	
11	×	

通过改变流号"甲醇"的量即可计算出不同甲醇加注量下天然气水合物形成条件的变化数据。将相关数据导出后可绘制不同加注量的水合物形成曲线，如图 3-4 所示。

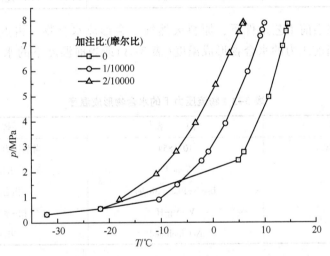

图 3-4　注甲醇后天然气水合物形成条件变化

注：1. 图中的加注比是加注后物流中甲醇总量与非甲醇物质的摩尔比，而非指水相中的甲醇与水的摩尔比；

2. 由于通过 Envelope 功能计算相图和水合物形成曲线时用户不能干预，图中未注甲醇的水合物曲线底部由于计算点较少，导致连接曲线形状失真。采用 Envelope 工具计算水合物形成条件时，压力范围过窄，通常不能满足实际需要

4. 计算物流在实际工况下的水合物生成温度或压力

生成温度或压力

步骤	内　容
1	双击已注入抑制剂的物流号"原料气"
2	Attachments
3	Utilities

步骤	内　　容
4	Create
5	Hydrate Formation Utility
6	Add Utility
7	Design、Performance 下即可查看计算结果

在 Design 选项卡下，单击 Model 右侧的下拉菜单可以选择水合物预测方法，在 Hydrate Formation at Stream Conditions 下可看出是否能形成水合物及所形成水合物的类型等信息（表3-2）。

表 3-2　HYSYS 水合物工具预测结果

项　　目	内　　容	解　　释
Hydrate Formation Flag	Will NOT Form	是否形成标志
Hydrate Type Formed	No Type	Ⅰ/Ⅱ/H/No
Calculation Mode	Use 3-Phase Model	相态计算模式
Inhibitor Calculation	Not Included	是否已注剂

结果表明，在当前工艺条件下，原料天然气不会形成水合物。再点击 Performance 选项卡即可看到在当前压力的水合物形成温度（表3-3）或当前温度下的水合物形成压力（表3-4）。

表 3-3　物流压力下的水合物形成温度

项　　目	内　　容	解　　释
Formation Temperature［℃］	10.1854	当前压力下的生成温度
Hydrate Type Formed	Type Ⅱ	水合物类型
Calculation Mode	Use 3-Phase Model	相态计算模式
Equilibrium Phases	V-Aq-H	气相-水相-水合物相
Inhibitor Calculation	Not Included	未注抑制剂

表 3-4　物流温度下的水合物形成压力

项　　目	内　　容	解　　释
Formation Pressure［kPa］	15379.4284	当前温度下的生成压力
Hydrate Type Formed	Type Ⅰ	水合物类型
Calculation Mode	Use 3-Phase Model	相态计算模式
Equilibrium Phases	V-Aq-H	气相-水相-水合物相
Inhibitor Calculation	Not Included	未注抑制剂

5. 用 Case Study 计算天然气及注抑制剂天然气的水合物生成曲线

HYSYS 虽然可以用 Envelope 和 Hydrate Formation 工具计算水合物生成曲线，但该曲线的数据点用户完全无法控制，计算结果经常不能满足要求。可以利用 HYSYS 的 Case Study（灵敏度分析）功能来计算水合物生成曲线。

步骤	内　　容	流号及数据
1	双击［Material Stream］	2
2	Attachments	
3	Utilities	
4	Create	
5	Hydrate Formation Utility	
6	Add Utility(完成物流的水合物预测计算)	
7	×	
8	×	
9	Tools(菜单栏)	
10	Databook	
11	Insert(Variables 选项卡下)	
12	Object	2
13	Variable(选择流号 2 的温度为变量)	Temperature
14	Add	
15	Utility(Navigator Scope 下)	
16	Hydrate Formation Untility-2(选择已定义的水合物计算中的压力为变量)	Hydrate Formation pressure
17	Add	
18	Close	
19	Case Studies	
20	Add(产生 Case Study 案例)	
21	2-Temperature 对应行右侧	勾选 Ind(独立变量)
22	Hydrate Formation Pressure 对应行右侧	勾选 Dep(状态变量)
23	View	
24	2-Temperature 右侧输入自变量范围和步长	
25	Low Bound	−20
26	High Bound	30
27	Step Size	2
28	Start	
29	Results	
30	Graph,水合物显示生成曲线	
31	Transpose Table,转置数据对	
32	×	

改变流号"甲醇"的摩尔流量即可分析不同的甲醇加注量下，天然气的水合物形成条件变化。

6. 甲醇损失量计算

工程中，为了保证不出现水合物冰堵，通常以管道中水相的抑制剂质量含量为指标考察抑制剂加注效果。例如控制废水中甲醇的剂量为 15%(质量)，则可用 HYSYS 计算甲醇实际加注量和甲醇损失量的步骤如下：

输入计算所需的全部组分和流体包

步骤	内　容	流号及数据
1	New Case［新建空白文档］	
2	Add［加入］	
3	Components：C_1、C_2、C_3、$i-C_4$、$n-C_4$、$i-C_5$、$n-C_5$、C_6、C_7、C_8、C_9、C_{10}、C_{11}、H_2O、N_2、CO_2、Methanol	添加库组分
4	×	
5	Fluid Pkgs	加流体包
6	Add	
7	Peng-Robinson	选状态方程
8	×	
9	Enter Simulation Environment	进入模拟环境

加入原料气

步骤	内　容	流号及数据
1	选中 Material Stream［蓝色箭头］置于 PFD 窗口中	
2	双击［Material Stream］	1
3	在 Stream Name 栏填上	原料气
4	Temperature/℃	5
5	Pressure/kPa	4600
6	Molar Flow/（kmol/h）	5334
7	双击 Stream"原料气"的 Molar Flow 位置	
8	Composition（填摩尔组成）	
	Methane	0.9304
	Ethane	0.0319
	Propane	0.0045
	$i-$Butane	0.0008
	$n-$Butane	0.0008
	$i-$Pentane	0.0005
	$n-$Pentane	0.0003
	$n-$Hexane	0.0006
	$n-$Heptane	0.0003
	$n-$Octane	0.0001
	$n-$Nonane	0.0000
	$n-$Decane	0.0000
	$n-C_{11}$	0.0000
	H_2O	0.0094
	Nitrogen	0.0031
	CO_2	0.0174
	Methanol	0.0000
9	Nomalize（圆整为1。如果偏离1过大，输入有误请检查）	
10	OK	
11	×	

添加物流水合物条件计算

步骤	内 容	流号及数据
1	双击[Material Stream]	原料气
2	Attachments	
3	Utilities	
4	Create	
5	Hydrate Formation Utility	
6	Add Utility	
7	Performance	
8	4.6MPa 下生成温度为 10.20℃，将形成Ⅱ型水合物	
9	在 5℃下生成水合物的压力为 2.483MPa	

加入抑制剂(甲醇)

步骤	内 容	流号及数据
1	选中 Material Stream[蓝色箭头]置于 PFD 窗口中	
2	双击[Material Stream]	1
3	在 Stream Name 栏填上	甲醇
4	Temperature/℃	20
5	Pressure/kPa	4600
6	Molar Flow/(kmol/h)	
7	×	
8	双击 Stream "甲醇" 的 MassFlow/(kg/h) 位置	120

9	Composition(填质量组成)
	  其他
	  Methanol
		
		0.0000
		1.0000

10	OK	
11	×	

加混合器

步骤	内 容	流号及数据
1	从图例板点混合器[Mixer]置于 PFD 窗口中	
2	双击混合器[Mixer]	
3	Inlets	原料气，甲醇
4	Outlet	1
5	Worksheet	
6	OK	

添加物流水合物条件计算

步骤	内 容	流号及数据
1	双击[Material Stream]	1
2	Attachments	
3	Utilities	
4	Create	
5	Hydrate Formation Utility	
6	Add Utility	
7	Performance	
8	加剂120kg/h后，在4.6MPa下生成温度为5.25℃，将形成Ⅱ型水合物。需增加注剂量	

最终经过调整加剂量至261kg/h后，在4.6MPa下生成温度降至-0.02℃，与天然气温度已有5℃的安全温差，可以认为261kg/h是甲醇的最低加注量。

加注抑制剂后，进入气相的甲醇将随着天然气外排而损失，无法从含甲醇废水中回收，可继续计算甲醇损失量。

加分液罐

步骤	内 容	流号及数据
1	从图例板点二相分离器[Separator]置于PFD窗口中	
2	双击二相分离器[Separator]	
3	Inlet《Stream》	1
4	Vapour	3
5	Liquid	2
6	×	

加 Spreadsheet 计算甲醇损失量和注剂浓度

步骤	内 容	流号及数据
1	从图例板从图例板点击[Spreadsheet]置于PFD窗口中	
2	双击[Spreadsheet]	
3	Add Import	
4	Object 点选"甲醇"	
5	Variable 下选 Master Component Mass Flow	
6	Variable Specifics 下选 Methanol	
7	OK	
8	Add Import	
9	Object 点选 3	
10	Variable 下选 Master Component Mass Flow	
11	Variable Specifics 下选 Methanol	
12	OK	
13	Add Import	
14	Object 点选 2	
15	Variable 下选 Master Component Mass Flow	

158

步骤	内　容	流号及数据
16	Variable Specifics 下选 Methanol	
17	OK	
18	Add Import	
19	Object 点选 2	
20	Variable 下选 Master Component Mass Flow	
21	Variable Specifics 下选 H₂O	
22	OK	
23	Spreadsheet	
24	点击 B1，输入	=（A1-A2）/A1 * 100
25	在 B1 单元格将显示甲醇损失率为 4.98%	
26	在上方［B1Variable：］右侧输入说明文字	甲醇损失率%
27	点击 B2，输入	=a3/（a3+a4）* 100
28	在 B2 单元格将显示水相中的甲醇质量浓度为 21.16%	
29	在上方［B2Variable：］右侧输入说明文字	水相甲醇浓度%
30	×	

第二节　产品的质量指标

一、国外管输天然气主要质量指标

国外管输天然气主要质量指标见表 3-5。

表 3-5　国外管输天然气质量要求

国家	H₂S/ （mg/m³）	总硫/ （mg/m³）	CO₂/ %	水露点/ （℃/MPa）	高热值/ （MJ/m³）
英国	5	50	2.0	夏 4.4/6.9 冬-9.4/6.9	38.84~42.85
荷兰	5	120	1.5~2.0	-8/7.0	35.17
法国	7	150		-5/操作压力	37.67~46.04
德国	5	120		地温/操作压力	30.2~47.2
意大利	2	100	1.5	-10/6.0	
比利时	5	150	2.0	-8/6.9	40.19~44.38
奥地利	6	100	1.5	-7/4.0	
加拿大	23	115	2.0	-10/操作压力	36
美国	5.7	22.9	3.0	110mg/m³	43.6~44.3
波兰	20	40		夏 5/3.37 冬-10/3.37	19.7~35.2
俄罗斯	7.0	16.0[①]		夏-3/(-10) 冬-5/(-20)[③]	32.5~36.1
保加利亚	20	100	7.0[①]	-5/4.0	34.1~46.3
南斯拉夫	20	100	7.0[①]	夏 7/4.0 冬-11/4.0	35.17

① 系 CO₂+N₂；

② 硫醇；

③ 括弧外为温带地区，括弧内为寒冷地区。

二、我国天然气国家标准

我国天然气国家标准见表3-6。

表3-6 我国天然气质量指标(GB 17820—2012)

项　　目	一类	二类	三类	试验方法
高位发热量[1]/(MJ/m³)	≥36.0	≥31.4	≥31.4	GB/T 11062
总硫(以硫计)[1]/(mg/m³)	≤60	≤200	≤350	GB/T 11060
硫化氢[1]/(mg/m³)	≤6	≤20	≤350	GB/T 11060
二氧化碳/%(体积)	≤2.0	≤3.0	—	GB/T 13610
水露点[2],[3]/℃	在交接点压力下，水露点应比输送条件下环境温度低5℃			GB/T 17283

① 本标准中气体体积的标准参比条件是101.325kPa，20℃；

② 在输送条件下，当管道管顶埋地温度为0℃时，水露点应不高于-5℃；

③ 进入输气管道的天然气，水露点的压力应是最高输送压力。

三、放空尾气的质量指标

为贯彻落实国务院《大气污染防治行动计划》，环境保护部制定并会同国家质检总局发布了 GB 31570—2015《石油炼制工业污染物排放标准》、GB 31571—2015《石油化学工业污染物排放标准》、GB 31572—2015《合成树脂工业污染物排放标准》、GB 31573—2015《无机化学工业污染物排放标准》、GB 31573—2015《再生铜、铝、铅、锌工业污染物排放标准》等6项国家大气污染物排放标准。至此，"大气十条"要求制定大气污染物特别排放限值的25项重点行业排放标准已全部完成。通过制定、修订重点行业排放标准倒逼产业转型升级，减少污染物排放，改善环境质量。实施这6项标准可以大幅削减颗粒物(PM)、氮氧化物(NO_x)、二氧化硫(SO_2)、挥发性有机物(VOC)、重金属等污染物排放，促进行业技术进步和环境空气质量改善，有效防控环境风险。

新建企业自2015年7月1日即开始执行新标准，而现有企业最迟也必须在2017年7月1日之前实施。自2015年起，停止执行 GB 16297—1996《大气污染物综合排放标准》，至此针对不同的企业分类执行新的、更加严格的污染物排放标准。新标准极大地提高了二氧化硫的排放限值，从 GB 16297—1996 规定的最大可达 1200mg/m³ 普遍降低到了 100mg/m³ 以下。新标准最大的特点是分行业、分装置进行污染物的控制，更加科学、合理。

表3-7 为石油炼制工业污染物排放标准(GB 31570—2015)排放限值摘要，表3-8 为其他一些工业部门的主要污染物排放指标摘要。

表3-7 GB 31570—2015 主要排放指标　　　　　　　　mg/m³

控制项目	颗粒物	镍及化合物	SO₂	NOₓ	硫酸雾	HCl	沥青烟	苯并芘	苯	甲苯	二甲苯
工艺加热炉	20	—	100	150	—	—	—	—	—	—	—
FCC 再生烟气	50	0.5	100	200	—	—	—	—	—	—	—
重整再生烟气	—	—	—	—	—	30	—	—	—	—	—
酸性气回收装置	—	—	400	—	30	—	—	—	—	—	—
氧化沥青装置	—	—	—	—	—	—	20	0.0003	—	—	—
废水处理有机废气收集处理装置	—	—	—	—	—	—	—	—	4	15	20
有机废气排放口	—	—	—	—	—	—	—	—			

160

表 3-8　其他工业部分主要排放指标　　　　　　　　　　　　　　　　　　mg/m³

行业	原标准				新标准			
	标准号	SO₂	NOₓ	颗粒物	标准号	SO₂	NOₓ	颗粒物
石油化学	GB 16297—1996				GB 31571—2015	100	150	20
合成树脂					GB 31572—2015	100		30
无机化学					GB 31573—2015	100（400①）	200	30
有色再生					GB 31574—2015	150	200	30

① 涉及行业为硫化物加工及硫酸工业、重金属无机化合物工业。

第三节　天然气集输

气田集输系统是指从气井井口开始，经集气、分离、计量、净化和配气增压等一整套单元工艺装置的配合与合理安排。它包括井场、集气管网、集气站、天然气处理厂、总站或增压站等环节所构成的整个系统。图 3-5 为集输系统的示意图。

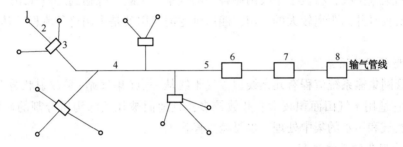

图 3-5　天然气集输系统示意图

1—井场装置；2—采气管线；3—多井集气站；4—集气支线；5—集气干线；
6—集气总站；7—净化厂；8—输气首站

从气井至集气站第一级分离器入口之间的管线称为采气管线；集气站至净化厂或长输管线首站之间的管线称为集气管线。集气管线分为集气支线和集气干线。由集气站直接到附近用户的直径较小的管线也属集气管线范畴。由集气干线和若干集气支线（或采气管线）组合而成的集气单元称为集气管网；一个地区的集气管网则是指一个气田和一个或几个气田的集气管线组合而成的集气单元。

气田集输系统的作用即是收集天然气，并经过降压、分离、净化使天然气的水露点、H_2S 和 CO_2 含量、热值等指标达到符合管输要求的条件，净化后的天然气才能进入长输管道。气田集输流程是表达天然气的流向和处理天然气的工艺方法，分为气田集输管网流程和气田集输站场工艺流程。储气构造、地形地物条件、自然条件、气井压力温度、天然气组成以及含油含水情况等因素是千变万化的，而适应这些因素的气田天然气集输流程也是多种多样的。

一、气田集输管网流程

气田集输管网流程可分为四种型式，如图 3-6 所示。

1. 线型管网集输系统流程

线型集输系统流程的管网呈树枝状，如图 3-6（a）所示。经气田主要产气区的中心建一

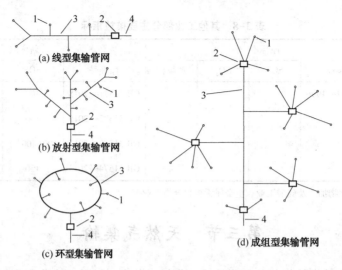

图 3-6　天然气集输管网的类型
1—气井；2—集气站；3—集气管道；4—干线

条贯穿气田的集气干线，将位于干线两侧各井的气集入干线，并输到总集气站。该流程适用于气藏面积狭长且井网距离较大的气田，四川卧龙河气田就是采用这种流程，其特点是适宜于单井集气。

2. 放射型管网集输系统流程

放射型管网集输系统流程有几条线型集气干线从一点（集气站）呈放射状分开，如图 3-6(b)所示。它适用于气田面积较大、井数较多，且地面被几条深沟所分割的矿场。该管网布局便于天然气和污水的集中处理，也可减少操作人员。

3. 环型管网集输系统流程

环型管网集输系统流程适用于面积较大的方圆形或椭圆形气田。具备上述条件的气田，如果地形复杂，气田处于大山深谷中，则不宜采用，而以采用放射型管网集输系统流程为宜。四川威远气田即采用这种流程。其特点是：便于调度气量，环形集气干线局部发生事故也不影响正常供气。流程如图 3-6(c)所示。

4. 成组型管网集输系统流程

成组型管网集输系统流程适用于气井相对集中的一些井组的集气，每组井中选一口设置集气站，其余各单井到集气站的采气管线成放射状，故亦称多井集气流程，在四川气田应用最广泛。大庆的汪家屯气田，大港的板桥气田也采用这种流程，其优点是便于天然气的集中预处理和集中管理，能减少操作人员。流程形式如图 3-6(d)所示。

大型气田不局限于一种集气流程，可用两种或三种管网流程的组合。威远气田就有东、西、南、北四条集气干线和一个环形管网，而且是树枝状、放射状和环形管网流程兼备，是四川集气流程型式最多的气田。

管网的类型主要取决于气田的形状、井位布置、所在地区的地形、地貌以及集输工艺等诸多方面的因素。因此，管网的布局是一个较为复杂的"系统"问题。制定合理的气田集输流程，必须从气田的地质、地理条件出发，根据国家对产气量的要求和当前的技术条件，并考虑到气田开发的各个阶段，既要立足于目前的现实条件，又要考虑到将来的发展。

集气管网的压力等级分为高压、中压和低压三种。

（1）高压集气：压力在 10MPa 以上为高压集气；

（2）中压集气：压力在 1.6MPa 到 10MPa 范围内为中压集气；

（3）低压集气：压力在 1.6MPa 以下的是低压集气。

二、气田集输站场流程

气田集输站场工艺流程是表达各种站场的工艺方法和工艺过程。所表达的内容包括物料平衡量、设备种类和生产能力、操作参数，以及控制操作条件的方法和仪表设备等。

1．井场装置流程

天然气从气井采出往往含有液体（水和/或液烃）和固体（岩屑、腐蚀产物及酸化处理后的残存物等）物质。这将对集输管线和设备产生极大的磨蚀危害，且可能堵塞管道和仪表管线以及设备等，因而影响集输系统的运行。矿场分离的目的就是尽可能除去天然气中所含的液体和固体物质。天然气中含大量砂不是常见现象，若含砂量高，天然气在进入集输管线前，需采用除砂分离器（或称沉砂器）将其分离。天然气中微量固体物质和少量液体物质均不在井场装置进行分离。从井场装置到集气站，一般是两相输送，这样可简化系统设施。

如果天然气中的水含量较大且对采气管线输送产生困难时，则需矿场进行分离处理。井场分离的特点，就是用机械方法从天然气中分离出固体或/和液体物质。分离器操作温度和压力的变化影响烃类和水的相态平衡关系，因此矿场分离可能分离出来的液体产物量将随分离温度和压力的控制而异。井场装置具有三种功能：

（1）调控气井的产量；

（2）调控天然气的输送压力；

（3）防止天然气生成水合物。

在井场里，最主要的装置是采气树，它主要由闸阀、四通（或三通）等部件所构成的一套井口管汇。另外还有控制和测量流量及压力、温度的仪表，为了防止井口节流降压形成水合物，还设有防止水合物形成的工艺设备。

经井场装置流出的天然气压力较高，而且气体中饱和着水分以及机械杂质，不宜直接输往用户。随着天然气的节流调压，温度降低，出现游离水并且易于形成水合物，造成冰堵，影响正常生产。针对形成水合物造成冰堵问题，或者是采用加热方法，提高天然气的温度，使节流后不形成水合物；或者是预先注入防冻剂，脱除水分以防止形成水合物。图 3-7 流程是加热防冻流程，图 3-8 流程是注抑制剂防冻流程。

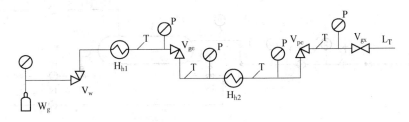

图 3-7　加热防冻井场装置原理流程图

W_g—气井；V_w—采气树针形阀；H_{h1}——次加热器；V_{gc}—气井流量调控阀；H_{h2}—二次加热器；

V_{pc}—采气管线起点压力调控阀；V_{gx}—装置截断阀；L_T—采气管线；T—温度计；P—压力表

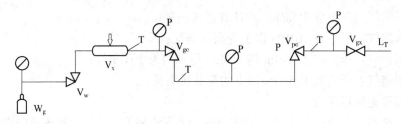

图 3-8　抑制剂防冻井场装置原理流程图

W_g—气井；V_w—采气树针形阀；V_x—抑制剂注入器；V_{gc}—气井流量调控阀；

V_{pc}—采气管线起点压力调控阀；V_{gx}—装置截断阀；L_T—采气管线；T—温度计；P—压力表

图 3-7 中，天然气从采气树针形阀出来后进入井场装置，首先通过一次加热炉进行加热升温，然后经过第一级节流阀进行气量调控和降压，再通过二次加热器进行加热升温，最后经第二级节流阀(气体压力调控阀)进行降压以满足采气管线起点压力的要求。

图 3-8 用抑止剂注入器替换了图 3-7 中的一次加热器，并取消了二次加热器。流经注入器的天然气与抑制剂相混合，天然气的水合物形成温度随之降低。经过第一级节流阀(气井产量调控阀)进行气量控制和降压。再经第二级节流阀(气体输压调控阀)进行降压以满足采气管线起点压力的要求。

这样，根据井场防冻机制的不同，集气站的流程就有常温分离流程和低温分离流程两种。

2. 常温分离集气站

常温分离集气站的功能是收集气井的天然气，对收集的天然气在站内进行气液分离处理，对处理后的天然气进行压力控制，使之满足集气管线输压要求并计量。

我国目前常用的常温分离集气站流程有以下几种：

(1) 常温分离单井集气站流程

常温分离单井集气流程有图 3-9 和图 3-10 两种类型。

常温分离单井集气站分离出来的液烃或水，根据量的多少，采用车运或管输方式，送至液烃加工厂或气田水处理厂进行统一处理。

常温分离单井集气站通常是设置在气井井场。两种流程不同之处在于分离设备的选型不同，前者为三相分离器，后者为气-液分离器，因此其使用条件各不相同。前者适用于天然气中液烃和水含量均较高的气井，后者适用于天然气中只含水或液烃较多和微量水的气井。

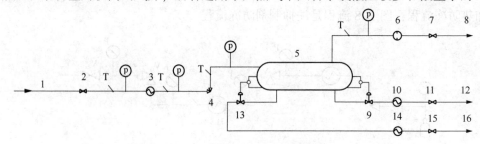

图 3-9　常温分离单井集气站原理流程图(一)

1—井场来采气管线；2—进站截断阀；3—加热炉；4—分离器压力调节阀；5—气、油、水三相分离器；
6—孔板流量计；7—出站截断阀；8—集气管线；9—液位控制自动调节阀；10—液烃流量计；11—液烃出站截断阀；
12—液烃管线；13—水液位自动控制调节阀；14—水流量计；15—水出站截断阀；16—放水管线

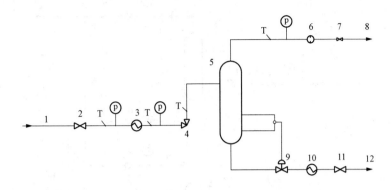

图 3-10　常温分离单井集气站原理流程图(二)

1—井场来采气管线；2—进站截断阀；3—加热炉；4—分离器压力调节阀；5—气、油、水三相分离器；

6—孔板流量计；7—出站截断阀；8—集气管线；9—液位控制自动调节阀；10—液烃流量计；

11—液烃出站截断阀；12—液烃管线

(2) 常温分离多井集气站流程

常温分离多井集气站一般有两种类型，图 3-11 和图 3-12 所示仅为两口气井的常温分离多井集气站。两种流程的不同点在于前者的分离设备是三相分离器，后者的分离设备是气-液分离器。两者的适用条件不同。前者适用于天然气中油和水的含量均较高的气田，后者适用于天然气中只有较多的水或较多的液烃的气田。

多井集气站的井数取决于气田井网布置的密度，一般采气管线的长度不超过 5km，井数不受限制。以集气站为中心，5km 为半径的面积内，所有气井的天然气处理均可集于集气站内。图 3-11 中管线和设备与图 3-9 相同，图 3-12 中管线和设备与图 3-10 相同，此处流程简述从略。

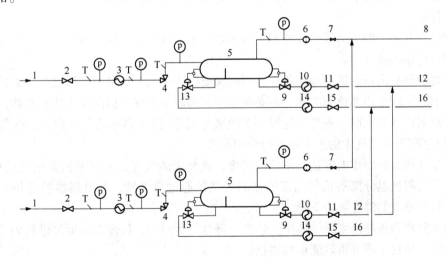

图 3-11　常温分离多井集气站原理流程图(一)

1—井场来采气管线；2—进站截断阀；3—加热炉；4—分离器压力调节阀；5—气、油、水三相分离器；

6—孔板流量计；7—出站截断阀；8—集气管线；9—液位控制自动调节阀；10—液烃流量计；11—液烃出站截断阀；

12—液烃管线；13—水液位自动控制调节阀；14—水流量计；15—水出站截断阀；16—放水管线

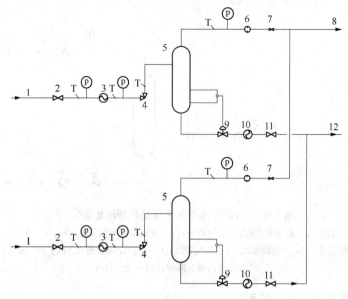

图 3-12　常温分离多井集气站原理流程图(二)

1—井场来采气管线；2—进站截断阀；3—加热炉；4—分离器压力调节阀；5—气、油、水三相分离器；
6—孔板流量计；7—出站截断阀；8—集气管线；9—液位控制自动调节阀；10—液烃流量计；
11—液烃出站截断阀；12—液烃管线

3. 低温分离集气站流程

低温分离集气站的功能有四个：

(1) 收集气井的天然气；

(2) 对收集的天然气在站内进行低温分离以回收液烃；

(3) 对处理后的天然气进行压力调控以满足集气管线输压要求；

(4) 计量。

所谓低温分离，即分离器的操作温度在0℃以下，通常为-4~-20℃。天然气通过低温分离可回收更多的液烃。

为了要取得分离器的低温操作条件，同时又要防止在大差压节流降压过程中天然气生成水合物，因此不能采用加热防冻法，而必须采用注抑制剂防冻法以防止生成水合物。天然气在进入抑制剂注入器之前，先使其通过一个脱液分离器(因在高压条件下操作，又称高压分离器)，使存在于天然气中的游离水先行分离出去。

为了使分离器的操作温度达到更低的程度，故使天然气在大差压节流降压前进行预冷。预冷的方法是将低温分离器顶部出来的低温天然气通过换热器，与分离器的进料天然气换热，使进料天然气的温度先行下降。

因闪蒸分离器顶部出来的气体中，带有一部分较重烃类，故使之随低温进料天然气进入低温分离器，使这一部分重烃能得到回收。

比较典型的两种低温分离集气站流程分别如图3-13和图3-14所示。图3-13流程图的特点是低温分离器底部出来的液烃和抑制剂富液混合物在站内未进行分离。图3-14流程图的特点是低温分离器底部出来的混合液在站内进行分离。前者是以混合液直接送到液烃稳定装置去处理，后者是将液烃和抑制剂富液分别送到液烃稳定装置和富液再生装置去处理。

166

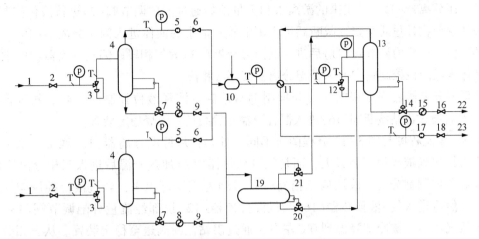

图 3-13　低温分离集气站原理流程图(一)

1—井场来气；2—进气截断阀；3—压力调控节流阀；4—高压分离器；5—孔板流量计；6—截断阀；
7—液位控制阀；8—流量计；9—截断阀；10—抑制剂注入器；11—气-气换热器；12—大压差节流阀；
13—低温分离器；14—液位控制阀；15—流量计；16—截断阀；17—孔板流量计；18—截断阀；
19—闪蒸分离器；20—液位控制阀；21—调压阀；22—天然气去集气管线；23—油醇混合液去稳定

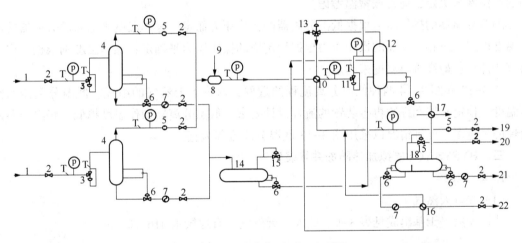

图 3-14　低温分离集气站原理流程图(二)

1—井场来气；2—截断阀；3—压力调控节流阀；4—高压分离器；5—孔板流量计；6—液位控制阀；7—流量计；
8—抑制剂注入器；9—抑制剂；10—气-气换热器；11—大压差节流阀；12—低温分离器；13—流量分配调节阀；
14—闪蒸分离器；15—调压阀；16—气-液换热器；17—油醇混合液加热器；18—三相分离器；
19—天然气去集气管线；20—混合液闪蒸气；21—抑制剂富液去再生装置；22—液烃去稳定装置

　　图 3-13 流程图所示，井场装置通过采气管线(1)输来气体经过进站截断阀(2)进入低温站。天然气经过节流阀(3)进行压力调节以符合高压分离器(4)的操作压力要求。脱除液体的天然气经过孔板计量装置(5)进行计量后，再通过装置截断阀(6)进入汇气管。各气井的天然气汇集后进入抑制剂注入器(10)，与注入的雾状抑制剂相混合，降低水合物形成温度，然后进入气-气换热器(11)使天然气预冷。降温后的天然气通过节流阀(12)进行大差压节流降压，使其温度降到低温分离器(13)所要求的温度。从分离器(13)顶部出来的冷天然气通

167

过换热器(11)后温度上升至0℃以上,经过孔板计量装置计量后进入集气管线。

从高压分离器(4)底部出来的游离水和少量液烃通过液位调节阀(7)进行液位控制,流出的液体混合物计量后经装置截断阀进入汇液管。汇集的液体进入闪蒸分离器(19),闪蒸出来的气体经过压力调节阀(21)后进入低温分离器(13)的气相段。闪蒸分离器(19)底部出来的液体再经液位控制阀(20)入低温分离器底部液相段。

从低温分离器底部出来的液烃和抑制剂富液混合液经液位控制阀(14),再经流量计(15),然后通过出站截断阀(16)进入混合液输送管线送至液烃稳定装置。

图3-14流程图与图3-13流程图所不同之处是:从低温分离器(12)底部出来的混合液,不直接送到液烃稳定装置去,而是经过加热器(17)加热升温后进入三相分离器(18)进行液烃和抑制剂分离。液烃从三相分离器(18)左端底部出来,经过液位控制阀再经流量计量,然后进入气-液换热器(16)与低温分离器(12)顶部经流量分配调节阀(13)引来的冷天然气换热,被冷却降温到0℃左右,通过出站截断阀送至稳定装置。从三相分离器(18)右端底部出来的抑制剂富液经液位控制阀再经流量计量后,通过出站截断阀送至抑制剂再生装置。

因为低温分离器的低温是由天然气大差压节流降压所产生的节流效应所获得,故高压分离器的操作压力是根据低温分离器的操作温度来确定的,而操作温度由气井温度和采气管线的输送温度来决定,通常按常温考虑。

闪蒸分离器的操作压力根据低温分离器的操作压力而定,操作温度则随高压分离器的操作温度而定。三相分离器的操作压力根据稳定塔的操作压力来确定;操作温度则根据稳定塔的液相沸点和最高进料温度来确定。

图3-13和图3-14两种低温分离流程的选取,取决于天然气的组成、低温分离器的操作温度、稳定装置和提浓再生装置的流程设计要求。低温分离器操作温度越低,轻组分溶入液烃的量越多。此种情况以采用图3-13低温分离流程为宜。

三、HYSYS软件模拟加热防冻井场装置

1. 基础数据

(1)井口天然气

井口天然气干基组成见表3-9。此外,天然气含有地层水416.7kg/h。

表3-9   原料气组成(干基)   %(mol)

组分	C_1	C_2	CO_2	H_2S	N_2	He	H_2
组成	86.18	0.06	7.64	5.04	0.40	0.01	0.67

温度:40℃;压力:80MPa;流率:929.5kmol/h。

(2)水套炉燃料气组成(表3-10)

表3-10   原料气组成(干基)   %(mol)

组分	C_1	C_2	CO_2	H_2S	N_2	He	H_2	H_2O
组成	94.94	0.01	0.03		5.00	0.02	0.02	0.01

2. HYSYS模拟流程

井场装置流程如图3-7所示,其HYSYS计算模型如图3-15所示。

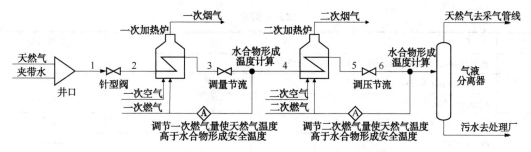

图 3-15 井口装置加热防冻 HYSYS 软件计算模型

3. HYSYS 详细模拟步骤

输入计算所需的全部组分和流体包

步骤	内 容	流号及数据
1	New Case[新建空白文档]	
2	Add[加入]	
3	Components：C_1、C_2、CO_2、H_2S、N_2、He、H_2、H_2O、O_2、CO	添加库组分
4	×	
5	Fluid Pkgs	加流体包
6	Add	
7	Peng-Robinson	选状态方程
8	×	
9	Enter Simulation Environment	进入模拟环境

加入原料气

步骤	内 容	流号及数据
1	选中 Material Stream[蓝色箭头]置于 PFD 窗口中	
2	双击[Material Stream]	
3	在 Stream Name 栏填上	天然气
4	Temperature/℃	40
5	Pressure/kPa	80000
6	Molar Flow/(kmol/h)	929.5
7	双击 Stream "天然气" 的 Molar Flow 位置	
8	Composition(填摩尔组成)	
	Methane	0.8618
	Ethane	0.0006
	CO_2	0.0764
	H_2S	0.0504
	Nitrogen	0.0040
	Helium	0.0001
	Hydrogen	0.0067
	其余	0.0000
9	Nomalize(圆整为1。如果偏离1过大，输入有误请检查)	
10	OK	
11	×	

169

加入夹带水

步骤	内 容	流号及数据
1	选中 Material Stream[蓝色箭头]置于 PFD 窗口中	
2	双击[Material Stream]	
3	在 Stream Name 栏填上	夹带水
4	Temperature/℃	40
5	Pressure/kPa	80000
6	Mass Flow/(kg/h)	416.7
7	双击 Stream"夹带水"的 Molar Flow 位置	
8	Composition(填摩尔组成) 　　H_2O 　　其余	 1.0000 0.0000
9	Nomalize(圆整为 1。如果偏离 1 过大，输入有误请检查)	
10	OK	
11	×	

加混合器模拟井筒内天然气条件

步骤	内 容	流号及数据
1	从图例板点混合器[Mixer]置于 PFD 窗口中	
2	双击混合器[Mixer]	
3	Inlets	天然气，夹带水
4	Outlet	1
5	×	

加入节流阀模拟采气树针型阀

步骤	内 容	流号及数据
1	从图例板点节流阀[Valve]置于 PFD 窗口中	
2	双击节流阀[Valve]	
3	Inlet	1
4	Outlet	2
5	Worksheet	
6	点击 Stream Name 2 下相应位置输入	
7	Pressure/kPa	30000
8	×	

加入一次及二次加热炉燃料气*

步骤	内 容	流号及数据
1	选中 Material Stream[蓝色箭头]置于 PFD 窗口中	
2	双击[Material Stream]	
3	在 Stream Name 栏填上	一次燃料气
4	Temperature/℃	30

170

步骤	内　　容	流号及数据
5	Pressure/kPa	150
6	Molar Flow/(kmol/h)	3
7	双击 Stream"天然气"的 Molar Flow 位置	
8	Composition(填摩尔组成) 　Methane 　Ethane 　CO_2 　H_2S 　Nitrogen 　Helium 　Hydrogen 　H_2O 　其余	 0.9491 0.0001 0.0003 0.0000 0.0500 0.0002 0.0002 0.0001 0.0000
9	Nomalize(圆整为1。如果偏离1过大，输入有误请检查)	
10	OK	
11	将光标置于流号"一次燃料气"之上，点击鼠标右键	
12	光标移到"Cut/Paste Objects　▶"	
13	点击"Clone Selected Objects"	
14	将产生新流号"一次燃料气-2"	
15	双击流号"一次燃料气-2"	
16	在 Stream Name 栏填上	二次燃料气
17	×	

注：＊通过 Clone 方式复制工艺条件。

加入一次加热炉空气条件

步骤	内　　容	流号及数据
1	选中 Material Stream[蓝色箭头]置于 PFD 窗口中	
2	双击[Material Stream]	
3	在 Stream Name 栏填上	一次空气
4	Temperature/℃	20
5	Pressure/kPa	101.3
6	Molar Flow/(kmol/h)	(空，自动计算)
7	双击 Stream"一次空气"的 Molar Flow 位置	
8	Composition(填摩尔组成) 　Nitrogen 　Oxygen 　其余	 0.7900 0.2100 0.0000
9	Nomalize(圆整为1。如果偏离1过大，输入有误请检查)	
10	OK	
11	×	

加入二次加热炉空气条件 *

步骤	内　　容	流号及数据
1	选中 Material Stream［蓝色箭头］置于 PFD 窗口中	
2	双击［Material Stream］	
3	在 Stream Name 栏填上	二次空气
4	Define from Other Stream…	
5	在 Available Streams 下，选择"一次空气"	
6	OK	
7	×	

注：* 从"一次空气"复制工艺条件。

加入一次加热炉

步骤	内　　容	流号及数据
1	从图例板点火焰加热炉［Fired Heater］置于 PFD 中	
2	双击火焰加热炉［Fired Heater］	
3	Design	
4	Connections	
5	Name	一次加热炉
6	Radiant Zone Inlet	2
7	Radiant Zone Outlets	3
8	Combustion Product	一次烟气
9	Air Feed	一次空气
10	Fuel Streams	一次燃料气
11	Parameters	
12	Efficiency/%	
13	Excesse Air Percent/%	3
14	Worksheet	
15	在指定 Stream Name 输入指定温度	一次烟气
16	Temperature/℃	180
17	×	

此时将自动计算出天然气出加热炉温度和空气用量。

加入节流阀模拟流量控制阀

步骤	内　　容	流号及数据
1	从图例板点节流阀［Valve］置于 PFD 窗口中	
2	双击节流阀［Valve］	
3	Inlet	3
4	Outlet	4
5	Worksheet	
6	点击 Stream Name 4 下相应位置输入	
7	Pressure/kPa	18000
8	×	

加入水合物计算工具

步骤	内 容	流号及数据
1	双击[Material Stream]	4
2	Attachments	
3	Utilities	
4	Create	
5	Hydrate Formation Utility	
6	Add Utility	
7	Performatc 下可看当前压力下的形成温度	
8	×	

加 Spreadsheet 计算一级节流后温度与水合物温度差值

步骤	内 容	流号及数据
1	从图例板点击[Spreadsheet]置于 PFD 窗口中	
2	双击[Spreadsheet]	
3	Add Import	
4	Object 下点选	4
5	Variable 下点选	Temperature
6	OK	
7	Add Import	
8	Utility(Navigator Scope 下)	
9	Object 下点选：Hydrate Formation Utility-1	
10	Variable 下点选：Hydrate formation temperature	
11	OK	
12	Spreadsheet	
13	点击 B1，输入(与水合物形成温度之温差)	= A1-A2
14	在上方 Variable 右侧栏目中输入中文注解	水合物温差
15	×	

加入逻辑调节单元 Adjust 调节节流后温度

步骤	内 容	流号及数据
1	从图例板点调节单元[Adjust]置于 PFD 窗口中	
2	双击调节单元[Adjust]	
3	Adjusted Variable 下	Select Var...
4	Object 下点选	一次燃料气
5	Variable 下点选	Molar Flow
6	OK	
7	Target Variable 下	Select Var...
8	Object 下点选	SPRDSHT-1
9	Variable 下点选	B1：水合物温差

步骤	内　容	流号及数据
10	OK	
11	Target Value 下点击：User Supplied	User Supplied
12	Specified Target Value	5
13	点击 Start 运行，以后全部为 Reset	
14	（可能需要多迭代几次）	
15	×	

通过调节一次燃料气用量，控制天然气出一次节流后温度高于水合物温度5℃。

加入二次加热炉

步骤	内　容	流号及数据
1	从图例板点火焰加热炉［Fired Heater］置于 PFD 中	
2	双击火焰加热炉［Fired Heater］	
3	Design	
4	Connections	
5	Name	二次加热炉
6	Radiant Zone Inlet	4
7	Radiant Zone Outlets	5
8	Combustion Product	二次烟气
9	Air Feed	二次空气
10	Fuel Streams	二次燃料气
11	Parameters	
12	Efficiency/%	
13	Excesse Air Percent/%	3
14	Worksheet	
15	在指定 Stream Name 输入指定温度	二次烟气
16	Temperature/℃	180
17	×	

此时将自动计算出天然气出加热炉温度和二次空气量。

加入节流阀模拟输压控制阀

步骤	内　容	流号及数据
1	从图例板点节流阀［Valve］置于 PFD 窗口中	
2	双击节流阀［Valve］	
3	Inlet	5
4	Outlet	6
5	Worksheet	
6	点击 Stream Name 4 下相应位置输入	
7	Pressure/kPa	7000
8	×	

174

加入水合物计算工具

步骤	内　　容	流号及数据
1	双击［Material Stream］	6
2	Attachments	
3	Utilities	
4	Create	
5	Hydrate Formation Utility	
6	Add Utility	
7	Performatc 下可看当前压力下的形成温度	
8	×	

加 Spreadsheet 计算二级节流后温度与水合物温度差值

步骤	内　　容	流号及数据
1	从图例板点击［Spreadsheet］置于 PFD 窗口中	
2	双击［Spreadsheet］	
3	Add Import	
4	Object 下点选	6
5	Variable 下点选	Temperature
6	OK	
7	Add Import	
8	Navigator Scope 下点选	Utility
9	Object 下点选：Hydrate Formation Utility-2	
10	Variable 下点选：Hydrate formation temperature	
11	OK	
12	Spreadsheet	
13	点击 B1，输入（与水合物形成温度之温差）	＝ A1-A2
14	在上方 Variable 右侧栏目中输入中文注解	水合物温差
15	×	

　　对比安全温度（水合物形成温度+5℃）与外输最低控制温度，取数值较大者作为二次节流后的最低温度，记录数值。本例算得水合物形成温度为 17.06℃，而采气管线外输的最低温度为 28℃，故取 28℃ 为最低允许温度。

加入逻辑调节单元 Adjust 调节节流后温度

步骤	内　容	流号及数据
1	从图例板点调节单元[Adjust]置于 PFD 窗口中	
2	双击调节单元[Adjust]	
3	Adjusted Variable 下	Select Var...
4	Object 下点选	二次燃料气
5	Variable 下点选	Molar Flow
6	OK	
7	Target Variable 下	Select Var...
8	Object 下点选	6
9	Variable 下点选	Temperature
10	OK	
11	Target Value 下点击：User Supplied	
12	Specified Target Value	28
13	点击 Start 运行，以后全部为 Reset	
14	（可能需要多迭代几次）	
15	×	

　　计算得到二次加热炉燃气用量和空气用量。后续采气管线如果采取气液混输工艺，则计算结束。如果采用气液分输工艺则须加入 3 相分离器。

加三相分离器

步骤	内　容	流号及数据
1	从图例板点三相分离器[3-Phase Separator]置于 PFD 窗口中	
2	双击三相分离器[3-Phase Separator]	
3	Inlet《Stream》	6
4	Vapour	去采气管线
5	Light Liquid	凝析油
6	Heavy Liquid(水)	污水
7	×	

4. 模拟结果

模拟结果

流　号	天然气	夹带水	1	2	3
气相分数	1.0000	0.0000	0.9763	0.9763	0.9766
温度/℃	40.00	40.00	39.48	35.68	42.10
压力/kPa	80000.00	80000.00	80000.00	30000.00	30000.00
摩尔流率/(kmol/h)	929.50	23.13	952.63	952.63	952.63
质量流率/(kg/h)	17706.55	416.70	18123.25	18123.25	18123.25
体积流率/(m³/h)	49.0941	0.4175	49.5116	49.5116	49.5116
热流率/(kJ/h)	-9.225×10^{7}	-6.562×10^{6}	-9.881×10^{7}	-9.881×10^{7}	-9.845×10^{7}

流 号	4	5	6	一次空气	一次燃料气
气相分数	0.9761	0.9778	0.9764	1.0000	1.0000
温度/℃	27.62	58.32	27.98	20.00	30.00
压力/kPa	18000.00	18000.00	7000.00	101.30	150.00
摩尔流率/(kmol/h)	952.63	952.63	952.63	4.73	0.51
质量流率/(kg/h)	18123.25	18123.25	18123.25	136.47	8.46
体积流率/(m³/h)	49.5116	49.5116	49.5116	0.1578	0.0267
热流率/(kJ/h)	-9.845×10^7	-9.674×10^7	-9.674×10^7	-7.290×10^2	-3.611×10^4

流 号	一次烟气	二次空气	二次燃料气	二次烟气	凝析油
气相分数	1.0000	1.0000	1.0000	1.0000	0.0000
温度/℃	180.00	20.00	30.00	180.00	27.98
压力/kPa	101.30	101.30	150.00	101.30	7000.00
摩尔流率/(kmol/h)	5.24	22.42	2.41	24.82	0.00
质量流率/(kg/h)	144.93	646.69	40.07	686.76	0.00
体积流率/(m³/h)	0.1746	0.7476	0.1267	0.8275	0.0000
热流率/(kJ/h)	-3.998×10^5	-3.454×10^3	-1.711×10^5	-1.895×10^6	0.000

流 号	去采气管线	污水			
气相分数	1.0000	0.0000			
温度/℃	27.98	27.98			
压力/kPa	7000.00	7000.00			
摩尔流率/(kmol/h)	930.13	22.50			
质量流率/(kg/h)	17715.76	407.49			
体积流率/(m³/h)	49.1023	0.4093			
热流率/(kJ/h)	-9.032×10^7	-6.418×10^6			

第四节　天然气脱水

一、天然气饱和含水量

为了使天然气达到管输水露点的要求，还必须进行脱水。天然气中的饱和含水量取决于天然气的温度、压力和气体组成等条件。天然气中的含水量可用每 $1 m^3$ 天然气中所含水分的克数来表示，也可用一定压力下该含水量成为饱和含水量时天然气的温度来表示，该温度称为一定压力下该天然气的水露点温度。

天然气饱和含水量可由图 3-16、图 3-17 查得。也可用 HYSYS 软件模拟，即将原料气与水在相同的温度和压力下混合再分离，可得到该温度和压力下的含有饱和水的天然气，在 HYSYS 软件计算中常采用此法。

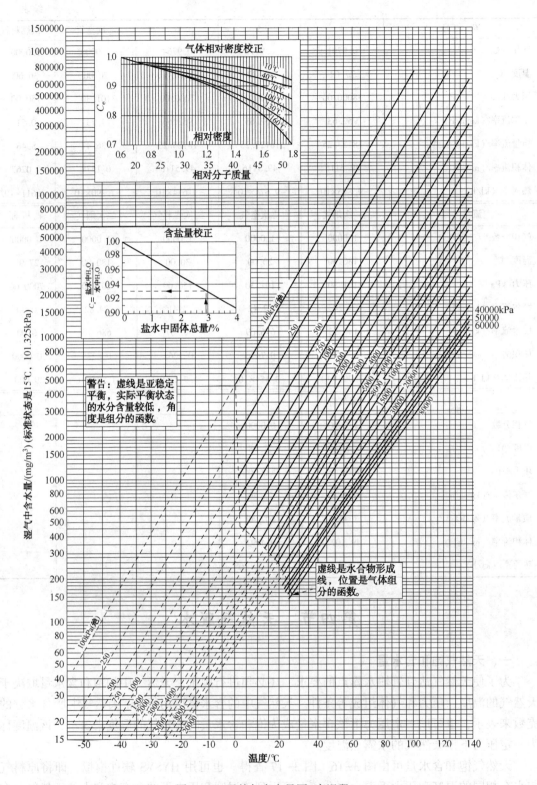

图 3-16　天然气含水量图(高温段)

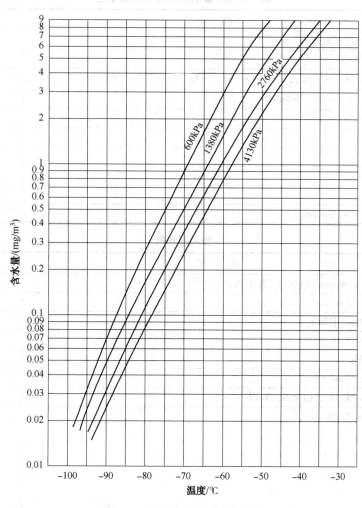

图 3-17　天然气含水图(低温段)

1. 图表法

不同压力下天然气中含水量与天然气水露点的关系见表 3-11。

表 3-11　不同压力下天然气含水量与水露点的关系

露点/	天然气含水量/（mg/m³）							
℃	4.5MPa	5.0MPa	5.5MPa	6.0MPa	6.5MPa	7.0MPa	7.5MPa	8.0MPa
10	314	286	257	242	223	210	200	192
5	210	195	180	170	160	152	142	134
0	160	150	140	120	115	112	108	105
-5	114	105	96	88	82	80	75	72
-10	80	75	67	64	60	57	54	52

2. HYSYS 软件计算

HYSYS 计算天然气饱和含水量方法如下：

179

输入计算所需的全部组分和流体包

步骤	内 容	流号及数据
1	New Case[新建空白文档]	
2	Add[加入]	
3	Components：C_1、C_2、C_3、$i-C_4$、$n-C_4$、$i-C_5$、$n-C_5$、C_6、C_7、C_8、C_9、C_{10}、C_{11}、H_2O、N_2、CO_2、Methanol	添加库组分
4	×	
5	Fluid Pkgs	加流体包
6	Add	
7	Peng-Robinson	选状态方程
8	×	
9	Enter Simulation Environment	进入模拟环境

加入原料气

步骤	内 容	流号及数据
1	选中 Material Stream[蓝色箭头]置于 PFD 窗口中	
2	双击[Material Stream]	1
3	在 Stream Name 栏填上	原料气
4	Temperature/℃	5
5	Pressure/kPa	4600
6	Molar Flow/(kmol/h)	5287
7	双击 Stream "原料气" 的 Molar Flow 位置	
8	Composition(填摩尔组成) 　　C_1 　　C_2 　　C_3 　　$i-C_4$ 　　$n-C_4$ 　　$i-C_5$ 　　$n-C_5$ 　　C_6 　　C_7 　　C_8 　　C_9 　　C_{10} 　　C_{11} 　　H_2O 　　N_2 　　CO_2 　　Methanol	 0.938661 0.032173 0.004542 0.000772 0.000782 0.000537 0.000274 0.000628 0.000279 0.000085 0.000017 0.000003 0.000000 0.000600 0.003127 0.017520 0.000000
9	Nomalize(圆整为 1。如果偏离 1 过大，输入有误请检查)	
10	OK	
11	×	

加入水物流

步骤	内 容	流号及数据
1	选中 Material Stream[蓝色箭头]置于 PFD 窗口中	
2	双击[Material Stream]	1
3	在 Stream Name 栏填上	水
4	Temperature/℃	20
5	Pressure/kPa	4600
6	Molar Flow/(kmol/h)	
7	×	
8	双击 Stream"水"的 Mass Flow/(kg/h)位置	120
9	Composition(填质量组成) 　其他 　H_2O	 0.0000 1.0000
10	OK	
11	×	

分液罐

步骤	内 容	流号及数据
1	从图例板点二相分离器[Separator]置于 PFD 窗口中	
2	双击二相分离器[Separator]	
3	Inlet《Stream》	原料气水
4	Vapour	3
5	Liquid	2
6	×	

加 SpreadSheet 计算气相含水率

步骤	内 容	流号及数据
1	从图例板从图例板点击[SpreadSheet]置于 PFD 窗口中	
2	双击[SpreadSheet]	
3	Add Import	
4	Object 点选 3	
5	Variable 下选 Master Component Mass Flow	
6	Variable Specifics 下选 H_2O	
7	OK	
8	Add Import	
9	Object 点选 3	
10	Variable 下选 Std Gas Flow	
11	OK	
12	Spreadsheet	
13	点击 B1,输入	=A1/A2 * 1E6
14	在 B1 单元格将显示天然气含水率为 $467mg/m^3$	
15	可以在上方 Variable 右侧栏目中输入中文注解	
16	×	

如果分液器底部物流中水量较大，由于溶解现象，将影响天然气中 H_2S、CO_2 等可溶性物质的含量。保证天然气组成与进料一致，可手工调整流号"水"的质量流量使分液器底部出水量为极小的正值。下面介绍通过 Adjust 单元调节水流量使天然气刚好饱和的方法。

加入逻辑调节单元 Adjust

步骤	内　容	流号及数据
1	从图例板点调节单元［Adjust］置于 PFD 窗口中	
2	双击调节单元［Adjust］	
3	Adjusted Variable 下： 　Object 　SelectVar... 　Object 水 　Mass Flow 　OK	
4	Target Variable 下： 　Object 　Select Var... 　Object 2 　Mass Flow 　OK	
5	Target Value 下： 　Specified Target Value	0.0001
6	点击 Start 运行，以后全部为 Reset	
7	×	

如果要计算不同条件下的含水率曲线，可以通过 Case Study 功能实现。但是要求自变量必须是可调变量，也就是在窗口下是蓝色的哪些变量。

二、天然气脱水方法

常见的天然气脱水方法有：吸收法脱水如甘醇法脱水，一般脱水深度要求不高常用此法；吸附法脱水如分子筛脱水，一般脱水深度要求比较深如水露点-70℃以下常用此法；冷却法脱水如低温冷冻法脱水，也适用于脱水深度要求不高的场合。各种脱水方法的露点降及主要特点见表3-12。

表3-12　各种脱水方法的露点降及主要特点

脱水剂	露点降/℃	主　要　特　点
TEG	>40	性能稳定，投资及操作费用低
DEG	~28	投资及操作费用低较 TEG 法高
$CaCl_2$	17~40	费用低、需要换，腐蚀严重，与 H_2S 生成沉淀
分子筛	>120	投资及操作费用高于甘醇法，吸附选择性高
硅胶	~80	可吸附重烃、易破碎
活性氧化铝	~90	可吸附重烃、不易用于含硫气
膜分离	~20	工艺简单，能耗低，有烃损失问题

常用吸附剂的主要物理特性见表3-13。

表 3-13　常用吸附剂的主要物理特性

物理性质 \ 类型	活性铝矾土	硅胶				活性氧化铝		分子筛
		青岛细孔	0.3 型	R 型	H 型	H-151 型	F-1 型	
表面积/(m²/g)	100~200	700	750~830	550~650	740~770	350	210	700~900
孔体积/(cm³/g)			0.40~0.45	0.31~0.34	0.50~0.54			0.27
孔直径/Å		20~30	21~23	21~23	27~28			4.2
平均空隙率/%	35		50~65			65	51	55~60
真密度	3.4	2.1~2.2				3.3~3.8	3.3	
堆积密度/(kg/m³)	800~830	>670	720	780	720	630~880	800~880	660~690
视密度	1.6~2.0	1.0	1.2				1.6	1.1
比热容/[kJ/(kg·℃)]	1.00	0.92	1.05	1.05			1.00	0.84~1.05
导热系数/(kJ/m·h·℃)	0.566(182℃), 4~8 目	0.520			0.520(38℃) 0.754(94℃)			2.137 (已脱水)
再生温度/℃	180		120~230	150~230		180~450	180~310	150~310
再生后水含量/%	4~6		4.5~7			6.0	6.5	变化
静态吸附容量(相对湿度60%)/%(质量)	10		35	33.3		22~25	14~16	22
颗粒形状	粒状	粒状	粒状	球状	球状	球状	粒状	圆柱状

三、三甘醇脱水工艺流程

吸收法脱水是最常用的脱水方法。根据吸收原理，采用甘醇吸收剂的亲水性与天然气逆流接触，通过吸收来脱出天然气中的水分。常用甘醇的物理性质见表 3-14。

表 3-14　常用甘醇脱水剂的物理性质

项　目	一甘醇	二甘醇	三甘醇	四甘醇
分子式	$C_2H_6O_2$	$C_4H_{10}O_3$	$C_6H_{14}O_4$	$C_8H_{18}O_5$
相对分子质量	62.1	106.1	150.2	194.2
冰点/℃	-11.5	-8.3	-7.2	-5.6
蒸气压(25℃)/Pa	16	<1.33	<1.33	<1.33
沸点/℃	197.3	244.8	285.6	314.0
密度/(kg/m³)(60℃)	1085	1088	1092	1092
(24℃, 101.325kPa)	1085	1118	1125	1128
溶解度(20℃)	全溶	全溶	全溶	全溶
理论热分解温度/℃	165	164.4	206.7	237.8
实际使用再生温度/℃	129	148.9~162.8	176.7~196.1	204.4~223.9
闪点/℃	115.6	143.3	165.6	
黏度/Pa·s(20℃)		35.7×10⁻³	9.6×10⁻³	10.2×10⁻³
(60℃)	5.08×10⁻³	7.6×10⁻³	9.6×10⁻³	10.2×10⁻³
比热容/(kJ/kg)	2.43	2.31	2.20	2.18
表面张力(25℃)/(N/m²)	4.7	4.4	4.5	4.5
折光指数(25℃)	1.43	1.446	1.454	1.457

甘醇法脱水与吸附法相比具有投资省，压降小、补充甘醇容易、甘醇再生时脱出1kg水所需热量较少因而更节能等特点。甘醇法脱水天然气水露点可达-40℃，当采用汽提气时，干气的露点甚至可达-60℃。甘醇法脱水一般用于满足天然气管输要求、浅冷法从伴生气中回收LNG等场合。一般说来，天然气露点降在22~28℃采用三甘醇法比较经济，常用的醇类为三甘醇。

（一）三甘醇法脱水工艺流程

三甘醇法脱水工艺原则流程见图3-18。

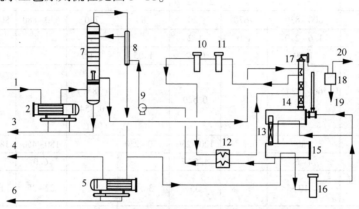

图3-18　三甘醇脱水工艺原则流程图

1—天然气；2—过滤分离器；3—排污；4—外输干气；5—过滤分离器；6—排污；7—吸收塔；
8—干气-贫甘醇换热器；9—甘醇泵；10—滤布过滤器；11—活性炭过滤器；12—贫富液换热器；
13—汽提柱；14—重沸器；15—缓冲罐；16—燃料气缓冲罐；17—精馏柱；18—凝液回收罐；19—水；20—废气

湿天然气首先进入分离器（2）分出携带的液体和固体颗粒，然后进入吸收塔（7）的下部，与塔顶打入的贫液三甘醇逆流接触，脱出其中的水分以满足对水露点的要求。吸收了水分的富液三甘醇靠自压去分馏塔（17）顶部与塔内气相换热以形成部分回流，减少三甘醇的损失。然后进入滤布过滤器（11），活性炭过滤器（10）过滤出三甘醇降解物质，再进入换热器（12）进一步与贫液三甘醇换热约120℃，最后进入分馏塔（17）中部，在塔底重沸器（14）的作用下蒸出其中的水分，水分从塔顶逸出。再生后的贫液三甘醇温度约200℃（规定不大于204℃）靠溢流进入缓冲罐（15）。在需要的时候，为了使三甘醇再生更彻底，在汽提柱（13）可通入汽提天然气汽提。再生后的贫液三甘醇自换热器出来进入溶剂循环泵（9），然后打入塔顶换热器（8），最后进入吸收塔顶，完成一个循环。

如果脱水压力比较高，在三甘醇中溶解的烃类气体较多，从吸收塔底出来后要先进闪蒸罐，闪蒸出溶解的气体作燃料。

该流程的特点将贫富液甘醇的换热从原来的换热罐中移了出来，简化了换热缓冲罐的制作，提高了换热效率。

另一种流程为溶剂循环泵采用KIMRAY泵流程，该流程很好地利用了吸收塔的压力，利用富液甘醇和少量气体作为推动力，代替了电动溶剂循环泵，其工艺流程见图3-19。

呈饱和状态的湿天然气（1）经过滤分离器（2）分离掉其中微米级、亚微米级的液滴后，进入脱水装置三甘醇吸收塔（7）下部的气液分离腔，分离掉因过滤分离器处于事故状态时可能被带入吸收塔的游离液体。经过吸收塔升气管进入吸收段。在吸收塔顶打入再生好的三甘

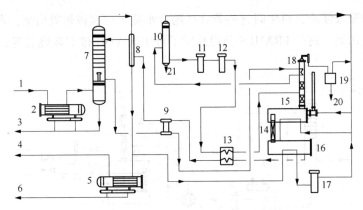

图 3-19　三甘醇脱水工艺原则流程图二

1—天然气；2—过滤分离器；3—排污；4—外输干气；5—过滤分离器；6—排污；7—吸收塔；
8—干气-贫甘醇换热器；9—KIMRAY 泵；10—闪蒸罐；11—滤布过滤器；12—活性炭过滤器；
13—贫富液换热器；14—汽提柱；15—重沸器；16—缓冲罐；17—燃料气缓冲罐；
18—精馏柱；19—凝液回收罐；20—水；21—排污

醇，与自下而上的天然气在 8 层泡罩盘上充分接触，传质交换进行脱水。脱除掉水分的天然气经塔顶捕雾丝网除去大于 5μm 的甘醇液滴后出塔。

　　出塔后经过套管式换热器(8)与进塔前热贫甘醇换热，以降低进塔三甘醇的温度。换热后的天然气进入过滤分离器(5)分出携带的甘醇后进入外输管道。吸收了天然气中水分的富三甘醇从吸收塔流出进入 KIMRAY 泵(9)；富液三甘醇从 KIMRAY 泵低压出口出泵后，进入富液精馏柱(18)顶回流冷却盘管，与重沸器(15)内产生的热蒸汽换热，提供柱顶回流冷量后被加热至约 50℃ 左右，出盘管进入三甘醇闪蒸罐(10)。富甘醇在闪蒸罐内降压至 0.4～0.6MPa，溶解在三甘醇内的烃类气体及其他气体被闪蒸出来，同时作为 KIMRAY 泵动力气的天然气也从三甘醇中分离出来，这部分气体作为重沸器燃烧器的燃料气。

　　闪蒸后的富液三甘醇进入滤布过滤器(11)过滤出机械杂质，再进入活性炭过滤器(12)，进一步吸附掉溶解于三甘醇中的烃类物质及三甘醇的降解物质。然后进板式贫富液换热器(13)，与三甘醇重沸器下部换热缓冲罐(16)出来的高温贫三甘醇换热，换热升温至 120～130℃ 出盘管进入富液精馏柱。

　　在精馏柱下部三甘醇重沸器内，三甘醇被加热至 198℃，并经过精馏柱的分馏作用，将三甘醇中的水分分离出来从精馏柱顶部排出。浓度约为 99% 的贫甘醇由重沸釜内贫液汽提柱(14)溢流至下部三甘醇换热缓冲罐内。在贫液汽提柱中经过干气的汽提，进入换热缓冲罐的贫甘醇浓度可达到 99.5%～99.8%。

　　在甘醇缓冲罐中，温度约 198℃ 的贫甘醇进入贫富甘醇换热器(13)与富甘醇换热，温降至 60℃ 左右，进 KIMRY 泵(9)。贫液三甘醇由 KIMRY 泵打入吸收塔外部套管式气液换热器(8)套管层，与出塔气体换热冷却后由套管上部进入吸收塔顶部，完成溶剂循环。

　　由吸收塔出口干气管段引出一股干气，进三甘醇重沸器下部换热缓冲罐干气加热管，被贫三甘醇加热后，经自力式压力调节阀节流至 0.3MPa 进燃料气缓冲罐(17)。出燃料气缓冲罐后，分成两路，一路加热后进入贫液汽提柱下部作为贫液汽提气；另一路作为重沸器的燃料气。精馏柱顶部气体进入进入凝液回收罐，回收冷凝下来的甘醇溶液。

　　由于甘醇在脱水过程中，如果天然气的组分比较重，很可能含有芳香烃，而三甘醇对于芳香烃有很好的吸收性能，再生时这些芳香烃随着水蒸气一起被解吸出来，常规的装置就地放空，造成环境污染。荷兰 FRAMES 公司开发了再生气 VOC 排空焚烧装置，对保护环境有利。见图 3-20。

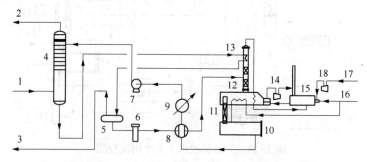

图 3-20　VOC 排空焚烧装置工艺原则流程图

1—天然气；2—干气；3—闪蒸气；4—吸收塔；5—闪蒸罐；6—过滤器；7—溶剂循环泵；
8—贫富液换热器；9—冷却器；10—缓冲罐；11—汽提柱；12—再生器；13—精馏柱；14—排风机；
15—焚烧炉；16—燃料气；17—空气；18—鼓风机

该工艺是将再生气体经过再生器预热后进入焚烧炉(15)用燃料气(16)焚烧后烟气进入再生器加热管，加热管出口用排风机(14)抽出排入烟囱。

该工艺有如下特点：

(1) 可烧掉所有的高分子组分，燃烧热用于甘醇再生；

(2) 可减少排放气体中的 NO_x，消除排放气中的芳烃，保护环境；

(3) 节约了闪蒸气系统；

(4) 省去了排放气体冷却器和排放气体分离器；

(5) 脱除了储存设备中的芳烃。

三甘醇脱水的深度与甘醇再生的质量有关，表 3-15 列出了三甘醇再生前后的最佳质量指标，可供参考。

表 3-15　三甘醇质量的最佳值

参数	pH[①]值	氯化物/(mg/L)	烃类[②]/%	铁离子[②]/(mg/L)	水[③]/%	固体悬浮物[②]/(mg/L)	气泡倾向	颜色及外观
富甘醇	7.0~8.5	<600	<0.3	<15	3.5~7.5	<200	泡沫高度 10~20mm	洁净，浅色
贫甘醇	7.0~8.5	<600	<0.3	<15	<1.5	<200	破沫时间 5s	到黄色

① 富甘醇由于有酸性气体溶解，其 pH 值较低。
② 由于过滤器效果不同，贫、富甘醇中烃类、铁离子及固体悬浮物含量会有区别。烃类含量[%(质量)]。
③ 贫、富甘醇的水含量[%(质量)]相差在 2%~6%。

三甘醇脱水装置操作温度推荐值见表 3-16。

表 3-16　三甘醇脱水装置操作温度推荐值

设备或部位	原料气进吸收塔	贫甘醇进吸收塔	富甘醇进闪蒸塔	富甘醇进过滤器	富甘醇进精馏柱	精馏柱顶部	重沸器	贫甘醇进泵
温度/℃	27~38	高于气体 3~8	38~93 (宜选 65)	38~93 (宜选 65)	93~149 (宜选 149)	99(有汽提气时为 88)	177~204 (宜选 193)	<93(宜选 <82)

(二) 三甘醇脱水工艺计算

1. 基础数据

天然气组成见表3-17。

表 3-17　天然气组成（第三净化厂脱硫后数据）　　　%（体积）

组分	C_1	C_2	C_3	$i\text{-}C_4$	$n\text{-}C_4$	CO_2	N_2	H_2O
组成	95.46	0.34	0.03	0.01	0.01	2.78	1.26	0.11

温度：30.71℃。

压力：5514kPa。

气体流率：2561kmol/h（101.325kPa，20℃）150×10⁴m³/d。

三甘醇溶液摩尔组成：TEG 95.11%，H_2O 4.87%，C_1 0.02%。

三甘醇温度：42.0℃。

三甘醇压力：5500kPa。

三甘醇流率：14.33kmol/h。

2. HYSYS软件计算模型

三甘醇脱水HYSYS软件计算模型见图3-21。

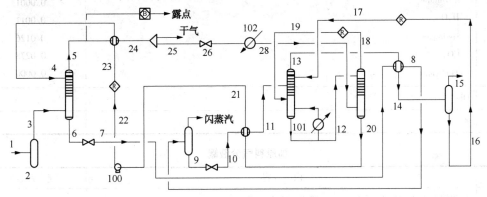

图 3-21　三甘醇脱水 HYSYS 软件计算模型

3. 工艺计算详细步骤

输入计算所需的全部组分和流体包

步骤	内　　　容	流号及数据
1	New Case［新建空白文档］	
2	Add［加入］	
3	Component：C_1、C_2、C_3、$i\text{-}C_4$、$n\text{-}C_4$、H_2O、N_2、CO_2、TEG	添加库组分
4	×	
5	Fluid Pkgs	加流体包
6	Add	
7	Glycol Package	选状态方程
8	×	
9	Enter Simulation Environment	进入模拟环境

加入原料气

步骤	内 容	流号及数据
1	选中 Material Stream[蓝色箭头]置于 PFD 窗口中	
2	双击[Material Stream]	
3	在 Stream Name 栏填上	1
4	Temperature/℃	30.71
5	Pressure/kPa	5514
6	Molar Flow/(kmol/h)	2561
7	×	
8	双击 Stream 1 的 Molar Flow/(kmol/h)位置	
9	Composition(填摩尔组成) 　　Methane 　　Ethane 　　Propane 　　*i*-Butane 　　*n*-Butane 　　H_2O 　　Hydrogen 　　CO_2 　　TEGlycol	 0.9546 0.0034 0.0003 0.0001 0.0001 0.0011 0.0126 0.0278 0.0000
10	OK	
11	×	

加原料气分液罐

步骤	内 容	流号及数据
1	从图例板点二相分离器[Separator]置于 PFD 窗口中	
2	双击二相分离器[Separator]	
3	Inlet《Stream》	1
4	Vapour	3
5	Liquid	2
6	×	

加吸收塔顶气与贫甘醇换热器及贫液初始条件

步骤	内 容	流号及数据
1	从图例板点换热器[Heat Exchanger]置于 PFD 窗口中	
2	双击换热器[Heat Exchanger]	
3	Tube Side Inlet	5
4	Tube Side Outlet	24
5	Shell Side Inlet	23

188

步骤	内　容	流号及数据
6	Shell Side Outlet	4
7	Parameters	
8	在 Heat Exchanger Model 中单选：Exchanger Design（Weighted）	
9	Tube Side Delta P/kPa	10
10	Shell Side Delta P/kPa	100
11	Worksheet	
12	点击 Stream Name 23 下相应位置输入	
13	Temperature/℃	115
14	Pressure/kPa	5500
15	Molar Flow/（kmol/h）	14.33
16	双击 Stream 23 的 Molar Flow 位置	
17	Composition（填摩尔组成） 　　Methane 　　H_2O 　　TEGlycol	0.0002 0.0487 0.9511
18	点击 Stream Name 4 下相应位置输入	
19	Temperature/℃	42
20	×	

加入吸收塔

步骤	内　容	流号及数据
1	从图例板点吸收塔［Absorber］置于 PFD 窗口中	
2	双击吸收塔［Absorber］	
3	理论板数 $n=$	6
4	Top Stage Inlet	4
5	Bottom Stage Inlet	3
6	Ovhd Vapour Outlet	5
7	Bottoms Liquid Outlet	6
8	Next	
9	Top Stage Pressure/kPa	5400
10	Reboiler Pressure/kPa	5420
11	Next，Done	
12	Run	
13	×	

看净化气露点

步骤	内　　容	流号及数据
1	从图例板选中 Balance 置于 PFD 窗口 Stream 5 附近	
2	双击平衡[Balance]	
3	Inlet Streams	5
4	Outlet Streams	露点
5	Parameters	
6	在 Balance Type 栏点选：Component Mole Flow	
7	Worksheet	
8	点击 Stream Name"露点"下相应位置输入	
9	Vapour	1
10	Pressure/kPa	5400
11	计算出 Stream"露点"的温度	−15.3℃
12	×	

加入节流阀

步骤	内　　容	流号及数据
1	从图例板点节流阀[Valve]置于 PFD 窗口中	
2	双击节流阀[Valve]	
3	Inlet	6
4	Outlet	7
5	Worksheet	
6	点击 Stream Name 7 下相应位置输入	
7	Pressure/kPa	500
8	×	

加入塔顶换热器(实际是冷却盘管)

步骤	内　　容	流号及数据
1	从图例板点换热器[Heat Exchanger]置于 PFD 窗口中	
2	双击换热器[Heat Exchanger]	
3	Tube Side Inlet	13
4	Tube Side Outlet	14
5	Shell Side Inlet	7
6	Shell Side Outlet	8
7	Parameters	
8	在 Heat Exchanger Model 中单选：Exchanger Design(Weighted)	
9	Tube Side DeltaP/kPa	1
10	Shell Side DeltaP/kPa	20
11	Worksheet	
12	点击 Stream Name 8 下相应位置输入	
13	Temperature/℃	42
14	×	

190

加闪蒸罐

因为 TEG 中含有溶解烃类，要闪蒸出来，可作为燃料，故需设闪蒸罐。

步骤	内 容	流号及数据
1	从图例板点二相分离器［Separator］置于 PFD 窗口中	
2	双击二相分离器［Separator］	
3	Inlet《Stream》	8
4	Vapour	闪蒸气
5	Liquid	9
6	×	

加入节流阀

步骤	内 容	流号及数据
1	从图例板点节流阀［Valve］置于 PFD 窗口中	
2	双击节流阀［Valve］	
3	Inlet	9
4	Outlet	10
5	Worksheet	
6	点击 Stream Name 10 下相应位置输入	
7	Pressure/kPa	200
8	×	

加入贫富液换热器

步骤	内 容	流号及数据
1	从图例板点换热器［Heat Exchanger］置于 PFD 窗口中	
2	双击换热器［Heat Exchanger］	
3	Tube Side Inlet	10
4	Tube Side Outlet	11
5	Shell Side Inlet	20
6	Shell Side Outlet	21
7	Parameters	
8	在 Heat Exchanger Model 下点选：Exchanger Design(Weighted)	
9	Tube Side Delta P/kPa	10
10	Shell Side Delta P/kPa	10
11	Worksheet	
12	点击 Stream Name 11 下相应位置输入	
13	Temperature/℃	114
14	×	

加循环及再生塔回流液初值

步骤	内 容	流号及数据
1	从图例板点循环[Recycle]置于 PFD 窗口中	
2	双击循环[RCY-1]	
3	Inlet	16
4	Outlet	17
5	Worksheet	
6	点击 Stream Name 17 下相应位置输入	
7	Temperature/℃	99
8	Pressure/kPa	100
9	Molar Flow/(kmol/h)	2
10	双击 Stream 17 的 Molar Flow 位置	
11	Composition(填摩尔组成) H$_2$O 其余	1.0 0.0
12	OK	
13	×	

加循环及再生塔回流液初值

步骤	内 容	流号及数据
1	从图例板点循环[Recycle]置于 PFD 窗口中	
2	双击循环[RCY-2]	
3	Inlet	18
4	Outlet	19
5	Worksheet	
6	点击 Stream Name 19 下相应位置输入	
7	Temperature/℃	99
8	Pressure/kPa	100
9	Molar Flow/(kmol/h)	5
10	双击 Stream 19 的 Molar Flow 位置	
11	Composition(填摩尔组成) H$_2$O TEG 其余	0.5 0.5 0.0
12	OK	
13	×	

加入再生塔

步骤	内 容	流号及数据
1	从图例板点不完全塔[Reboiled Absorber]置于 PFD 窗口中	
2	双击不完全塔[Reboiled Absorber]	
3	理论板数 $n=$	6
4	Top Stage Inlet	17

步骤	内　　容	流号及数据
5	Optional Inlet Streams： 　　Stream　　Inlet Stage 　　11　　　　3 　　19　　　　6	
6	Ovhd Vapour Outlet	13
7	Bottoms Liquid Outlet	12
8	Reboiler Energy Stream（重沸器能流）	102
9	Next，Next	
10	Top Stage Pressure/kPa	100
11	Reboiler Pressure/kPa	110
12	Next，Next，Done	
13	Monitor	
14	Add Spec...	
15	Column Component Fraction	
16	Add Spec（s）	
17	《Stage》	
18	Reboiler	
19	《Component》	
20	TEGlycol	
21	Spec Value	0.82
22	×	
23	Specifications 栏下	
24	Ovhd Prod Rate 右侧 Specified Value 栏输入	5
25	Run，程序收敛，然后更改设计规定	
26	点击 Ovhd Prod Rate 右侧 Active，使之失效	
27	点击 Comp Fraction 右侧 Active，使之生效	
28	Run，运行结束，Converged 变绿色	
29	×	

加分离器（实际是塔顶空间）

步骤	内　　容	流号及数据
1	从图例板点二相分离器[Separator]置于 PFD 窗口中	
2	双击二相分离器[Separator]	
3	Inlet《Stream》	14
4	Vapour	15
5	Liquid	16
6	×	

可能会提示流号 17 的的压力低于入塔压力，不用理会。实际中是在塔的上部空间，液体依靠重力往下流动。

加分配器

目的是给汽提柱供气，以提高贫液三甘醇浓度，保证露点降。流号 25 为汽提气。

步骤	内　　容	流号及数据
1	从图例板点分配器[Tee]置于 PFD 窗口中	
2	双击分配器[Tee]	
3	Inlet	24
4	Outlets	干气，25
5	Worksheet	
6	点击 Stream Name 25 相应位置输入	
7	Molar Flow/(kmol/h)	2.5
8	×	

加入节流阀

步骤	内　　容	流号及数据
1	从图例板点节流阀[Valve]置于 PFD 窗口中	
2	双击节流阀[Valve]	
3	Inlet	25
4	Outlet	26
5	Worksheet	
6	点击 Stream Name 26 下相应位置输入	
7	Pressure/kPa	200
8	×	

加入加热器

步骤	内　　容	流号及数据
1	从图例板点加热器[Heater]置于 PFD 窗口中	
2	双击加热器[Heater]	
3	Inlet	26
4	Outlet	28
5	Energy	105
6	Parameters	
7	Delta P/kPa	10
8	Worksheet	
9	点击 Stream Name 28 下相应位置输入	
10	Temperature/℃	195
11	×	

实际上没有单独设加热器，汽提气通过再生加热器时被加热。

步骤	内　容	流号及数据
1	从图例板点吸收塔［Absorber］置于 PFD 窗口中	
2	双击吸收塔［Absorber］	
3	理论板数 $n=$	6
4	Top Stage Inlet	12
5	Bottom Stage Inlet	28
6	Ovhd Vapour Outlet	18
7	Bottoms Liquid Outlet	20
8	Next	
9	Top Stage Pressure/kPa	110
10	Reboiler Pressure/kPa	120
11	Next，Done	
12	Run	
13	×	

此时流程会进行几个收敛单元的迭代计算，流号 14 的温度也可顺利计算出来。

调整换热器参数，加入溶剂循环泵

步骤	内　容	流号及数据
1	从图例板点泵［Pump］置于 PFD 窗口中	
2	双击泵［Pump］	
3	Inlet	21
4	Outlet	22
5	Energy	100
6	Worksheet	
7	点击 Stream Name 22 下相应位置输入	
8	Pressure/kPa	5500
9	×	

加循环

步骤	内　容	流号及数据
1	从图例板点循环［Recycle］置于 PFD 窗口中	
2	双击循环［Recycle］	
3	Inlet	22
4	Outlet	23
5	×	

需要注意的是，对于 TEG 脱水过程，HYSYS 推荐可以使用 PR 方程，但在 TEG 溶剂纯度较高时软件在求解方程组过程中会出现奇异解，导致结果不连续。另外，本题如果采用PR方程计算，TEG 脱水计算时流号 14 和 16、再生塔顶层 1~2 塔板可能产生两个液相。

对于三甘醇脱水流程，迭代中溶剂的 TEG 质量流量相对稳定，再生塔塔底条件对再生后溶剂的含水量有很大的影响，调节再生塔底设计规定则可以影响再生后溶剂的含水量。塔底设计规定的调节既可以手工调整设计规定，以可以利用 Adjust 模块来自动寻找，用 Adjust 模块自动调节塔设计规定的方法如下：

加入逻辑调节单元 Adjust

步骤	内　　　容	流号及数据
1	从图例板点调节单元[Adjust]置于 PFD 窗口中	
2	双击调节单元[Adjust]	
3	Adjusted Variable 下： 　Object 　Select Var... 　Object 　Variable 　Variable Specifics 　OK	T-101 Spec Value Comp Fraction
4	Target Variable 下： 　Object 　Select Var... 　Object 　Variable 　Variable Specifics 　OK	4 Master Comp Mole Frac H_2O
5	Target Value 下： 　Specified Target Value	0.05
6	点击 Start 运行，以后全部为 Reset	
7	Parameters	
8	Step Size	0.01
9	点击 Start 运行，以后全部为 Reset	
10	计算时可调整最大迭代次数，自变量的上下限等容差等参数	
11	×	

注：由 Adjust 模块调节再生塔底液相 TEG 浓度，使得最终再生后的贫液 TEG 浓度为 95%(mol)。

4. 计算结果汇总

计算结果汇总见表 3-18。

表 3-18　计算结果汇总

流　　　号	1	2	3	4	5
气相分数	0.9997	0.0000	1.0000	0.0000	1.0000
温度/℃	30.71	30.71	30.71	42.00	31.60
压力/kPa	5514.00	5514.00	5514.00	5400.00	5400.00
摩尔流率/(kmol/h)	2561.00	0.65	2560.35	14.37	2557.97
质量流率/(kg/h)	43634.05	11.80	43622.25	2059.47	43576.85
体积流率/(m³/h)	136.8231	0.0118	136.8113	1.8269	136.7580
热流率/(kJ/h)	-2.150×10^8	-1.866×10^5	-2.148×10^8	-1.127×10^7	-2.141×10^8

196

流　号	6	7	8	9	10
气相分数	0.0000	0.0121	0.0126	0.0000	0.0011
温度/℃	30.99	32.40	42.00	42.00	42.07
压力/kPa	5420.00	500.00	480.00	480.00	200.00
摩尔流率/(kmol/h)	16.74	16.74	16.74	16.53	16.53
质量流率/(kg/h)	2104.87	2104.87	2104.87	2100.33	2100.33
体积流率/(m³/h)	1.8801	1.8801	1.8801	1.8689	1.8689
热流率/(kJ/h)	-1.198×10^7	-1.198×10^7	-1.192×10^7	-1.189×10^7	-1.189×10^7

流　号	11	12	13	14	15
气相分数	0.0030	0.0000	1.0000	0.7626	1.0000
温度/℃	114.00	160.87	84.90	78.21	78.21
压力/kPa	190.00	110.00	100.00	99.00	99.00
摩尔流率/(kmol/h)	16.53	17.55	6.12	6.12	4.67
质量流率/(kg/h)	2100.33	2122.92	109.73	109.73	83.54
体积流率/(m³/h)	1.8689	1.8894	0.2020	0.2020	0.1757
热流率/(kJ/h)	-1.143×10^7	-1.142×10^7	-1.080×10^6	-1.142×10^6	-7.322×10^5

流　号	16	17	18	19	20
气相分数	0.0000	0.0000	1.0000	1.0000	0.0000
温度/℃	78.21	78.14	153.60	153.60	145.01
压力/kPa	99.00	99.00	110.00	110.00	120.00
摩尔流率/(kmol/h)	1.45	1.45	5.69	5.69	14.37
质量流率/(kg/h)	26.19	26.19	106.11	106.13	2059.39
体积流率/(m³/h)	0.0262	0.0262	0.1962	0.1962	1.8268
热流率/(kJ/h)	-4.098×10^5	-4.097×10^5	-9.737×10^5	-9.740×10^5	-1.064×10^7

流　号	21	22	23	24	25
气相分数	0.0001	0.0000	0.0000	1.0000	1.0000
温度/℃	70.64	71.31	71.29	33.25	33.25
压力/kPa	110.00	5500.00	5500.00	5390.00	5390.00
摩尔流率/(kmol/h)	14.37	14.37	14.37	2557.97	2.50
质量流率/(kg/h)	2059.39	2059.39	2059.47	43576.85	42.59
体积流率/(m³/h)	1.8268	1.8268	1.8269	136.7580	0.1337
热流率/(kJ/h)	-1.110×10^7	-1.108×10^7	-1.109×10^7	-2.139×10^8	-2.090×10^5

流　号	26	28	干气	露点	闪蒸气
气相分数	1.0000	1.0000	1.0000	1.0000	1.0000
温度/℃	5.38	195.00	33.25	-14.74	42.00
压力/kPa	200.00	190.00	5390.00	5400.00	480.00
摩尔流率/(kmol/h)	2.50	2.50	2555.47	2557.97	0.21
质量流率/(kg/h)	42.59	42.59	43534.26	43576.85	4.54
体积流率/(m³/h)	0.1337	0.1337	136.6243	136.7580	0.0113
热流率/(kJ/h)	-2.090×10^5	-1.903×10^5	-2.137×10^8	-2.192×10^8	-2.850×10^4

四、分子筛脱水

分子筛脱水主要靠固体吸附剂表面的吸附力，因此，根据吸附剂表面与被吸附物质间的作用力不同，又可分为物理吸附和化学吸附。物理吸附是由分子间的引力引起的，通常称为范德华力。物理吸附的特征是吸附质与吸附剂不发生反应，吸附过程进行得极快，参与吸附的各相间的平衡瞬间即可达到。吸附过程伴有放热。当气体压力降低或系统温度升高时，被吸的气体可以很容易地从固体表面逸出，而不改变气体原来的性状，此过程称为脱附。吸附与脱附是可逆过程，反复利用吸附与脱附就可达到天然气净化的目的。

化学吸附是固体吸附剂表面与被吸附物质之间靠化学键力使被吸物质吸附。但由于该法吸附热较大、吸附速率较慢、吸附过程不可逆等原因，用处很少，不再介绍。

（一）对物理吸附剂的要求

（1）多孔性。用于天然气净化的吸附剂总表面积一般都在 $500 \sim 1000 m^2/g$。比表面积越大，吸附容量越大。

（2）具有选择性吸附作用，即对分子有筛选作用。

（3）具有一定的几何形状和强度，一般为条状和球状。

（4）能经受重复再生使用。

（5）具有较高的堆积密度、无毒、无腐蚀性、价格低廉、易得。

常用分子筛的性能及用途见表 3-19。

表 3-19 常用分子筛的性能及用途[①]

分子筛型号	3A 条	3A 球	4A 条	4A 球	5A 条	5A 球	10X 条	10X 球	13X 条	13X 球
孔径/10^{-1}mm	~3	~3	~4	~4	~5	~5	~8	8	~10	10
堆积密度/(g/L)	≥650	≥700	≥600	≥700	≥640	≥700	≥650	≥700	≥640	≥700
压碎强度/N	20~70	20~80	20~80	20~80	20~55	20~80	30~50	20~70	45~70	30~70
磨耗率/%	0.2~0.5	0.2~0.5	0.2~0.4	0.2~0.4	0.2~0.4	0.2~0.4	≤0.3	≤0.3	0.2~0.4	0.2~0.4
平衡湿容量[②]/%	≥20.0	≥20.0	≥22.0	≥21.5	≥22.0	≥24.0	≥24.0	≥24.0	≥28.5	≥28.5
包装水含量（付运时）/%	<1.5	<1.5	<1.5	<1.5	<1.5	<1.5	<1.5	<1.5	<1.5	<1.5
吸附热（最大）/(kJ/kg)	4190	4190	4190	4190	4190	4190	4190	4190	4190	4190
吸附分子	直径<0.3nm 的分子，如 H_2O、NH_3、CH_3OH		直径<0.4nm 的分子，如 C_2H_6OH、H_2S、CO_2、SO_2、C_2H_4、C_7H_6 和 C_3H_6		直径<0.5nm 的分子，如左侧各分子、C_3H_8、$n-C_4H_{10}$～$C_{22}H_{46}$、C_4H_9OH 及更大醇类及苯		直径<0.8nm 的分子，如左侧各分子及异构烷烃、烯烃		直径<0.8nm 的分子，如左侧各分子及二正丙基胺	
排出分子	直径>0.3nm 的分子，如 C_2H_6		直径>0.4nm 的分子，如 C_3H_8		直径>0.5nm 的分子，如异构化合物及四碳环状化合物		二正丁基胺及更大分子		三正丁基及更大分子	

分子筛型号	3A		4A		5A		10X		13X	
	条	球	条	球	条	球	条	球	条	球
用途		①不饱和烃如裂解气、丙烯、丁二烯、乙炔干燥；②极性液体如甲醇、乙醇干燥	空气、天然气、专用气体、稀有气体、溶剂、烷烃、制冷剂等气体或液体的深度干燥		①天然气干燥、脱硫脱CO_2；②PSA过程(N_2、O_2分离氢纯化)；③正构烷烃分离、脱硫、脱CO_2		①芳烃分离；②脱有机硫		①原料气净化(同时脱水及CO_2)；②天然气、液化石油气、液烃的干燥、脱硫(脱出H_2S和RSH)；③一般气体干燥	

①表中数据取自锦中分子筛有限公司等产品技术资料，用途未全部列入表中。

②平衡湿容量指在2.331kPa和25℃下每千克活化的吸附剂吸附水的千克数。

（二）分子筛脱水的工艺流程

分子筛脱水的工艺流程见图3-22。

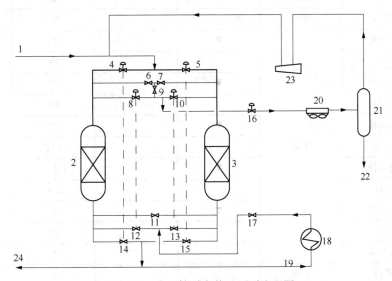

图3-22　分子筛脱水装置原则流程图

1—原料气；2、3—脱水器；4～17—阀门；18—加热器；19—再生用干气；
20—空冷器；21—分液罐；22—水；23—再生气压缩机；24—干气

原料气(1)从分子筛(2)顶部进入，通过分子筛床层将天然气中的水分净化后的天然气去冷冻系统。当分子筛吸附器(2)按预定的吸附时间吸附完毕后，切换至分子筛吸附器(3)吸附器(2)进行再生，再生气经过空冷器冷却后进入分液罐(21)，罐底分出水(22)，罐顶不凝气进入压缩机(23)压缩后返回原料气。8h切换分子筛干燥器的时间分配见表3-20。

表3-20　8h切换分子筛干燥器的时间分配

次序	吸附器A	吸附器B	切换阀动作和限制时间			
1～11	干燥	再生	原料气切换阀状态		动作限制时间（分钟）	
13～24	再生	干燥	A	B	A	B
24	平行	平行			30′	30′

次序	吸附器 A	吸附器 B	切换阀动作和限制时间			
1		阀切换	▽	▼		2′
2		降压				20′
3		阀切换		▼		2′
4		吹扫				20′
5		阀切换		▼		2′
6	干燥	加热			7h28′	3h42′
7		阀切换		▼		2′
8		冷却				2h36′
9		阀切换		▼		2′
10		升压				20′
11		阀切换	▽	▽		2′
12	平行	平行			30′	30′
13	阀切换		▼	▽		2′
14	降压					20′
15	阀切换		▼			2′
16	吹扫					20′
17	阀切换		▼			2′
18	加热	干燥			7h28′	3h42′
19	阀切换		▼			2′
20	冷却					2h36′
21	阀切换		▼			2′
22	升压					20′
23	阀切换		▽	▽		2′
24	平行	平行			30′	30′

注：▼—原料湿气进气阀关闭；▽—原料湿气进气阀开启。

瑞必科(Xebec)净化设备(上海)有限公司在分子筛脱水方面有所改进，主要用4通阀代替了复杂的控制系统，流程得到了简化，内部循环压缩机动力消耗小，有利于节能，其流程见图3-23。图示状态为干燥器 A 脱水 B 再生。

原料气(1)通过四通阀(2)从上部进入干燥器 A，干燥后的净化气经过四通阀(3)再经过过滤器过滤后外输(4)。净化气经过阀(5)进入压缩机(6)，再经加热器(7)加热至230℃经过四通阀(3)进入干燥器 B 的下部，再生气从干燥器 B 顶部出来进入四通阀(2)，再经过冷凝器(8)冷凝冷却后进入分水罐(9)，分水罐下部分出水(10)去水处理，分水罐顶部气体循环至压缩机循环使用。

(三) 分子筛脱水装置操作参数

分子筛脱水装置操作参数见表3-21。

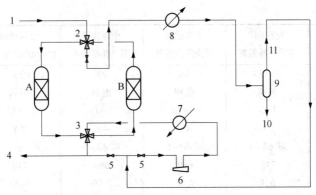

图 3-23 瑞必科分子筛脱水原则流程图

1—湿原料气；2、3—四通阀；4—净化气；5—阀门；6—循环压缩机；7—加热器；8—冷却器；9—分水器；10—水；11—循环气

表 3-21 分子筛脱水装置操作参数

操作	参　　数	说　　明
吸附操作	操作温度	为了使吸附剂保持高湿容量，除分子筛外，对于其他各种吸附剂操作温度不宜超过38℃，最高不超过50℃，超过此温度应考虑使用分子筛吸附剂，但原料湿气温度不能低于水合物形成温度
	操作压力	压力对于干燥剂湿容量影响甚微，主要由输气管道压力决定。但操作过程中应避免压力波动，如果脱水塔放空太急，床层截面会产生局部气速过高引起床层移动和摩擦，甚至将分子筛带出塔外
	吸附剂使用寿命	一般为1~3年，取决于原料湿气的气质及吸附再生操作过程情况
	操作周期	通常为8h，也有16h和24h的情况
再生操作	加热方式	通常在总原料湿气中抽出一部分气体，加热后进入再生床层，然后再回到湿原料气总管或者与干燥气混合后进入输气管网
	再生温度	因使用的吸附剂而异，一般为175~260℃。使用较高的再生温度可提高再生后的吸附剂的湿容量，但会缩短其有效使用寿命
	再生气流量	约为总原料湿气的5%~15%，由具体操作而定。再生气流量应是以保证在规定的时间内将再生吸附剂提高到规定的温度
	再生时间	使再生吸附器出口气体温度达到预定的再生温度所需时间约为总周期时间的65%~75%，床层冷却所占时间为25%~35%，若采用操作周期为8h，对于双塔流程，加热再生吸附床层时间为5~6h，冷却时间为2~3h
冷却	冷却气流量	通常与再生气流量相同
	最终冷却温度	为40~50℃，通常为50~52℃

（四）分子筛脱水装置数据

国内一些分子筛脱水装置情况见表 3-22。

表 3-22 国内分子筛脱水装置

装　　置	大港油田 膨胀制冷装置	大庆油田 萨南深冷装置	中原油田 第三处理装置	辽河油田 120×10⁴m³/d 装置	辽河油田 200×10⁴m³/d 装置
处理量/($10^4 m^3$/d)	120	70	100	120	200
压力/MPa	1.52	4.2	4.4	3.5	1.9

装　置	大港油田 膨胀制冷装置	大庆油田 萨南深冷装置	中原油田 第三处理装置	辽河油田 120×10⁴m³/d 装置	辽河油田 200×10⁴m³/d 装置
温度/℃	20~30	38	27	35	15
进料含水量/(mL/m³)	饱和	饱和	饱和	饱和	饱和
干气含水量/(mL/m³)	1~3	≈1	≈1	≈1	≈1
分子筛型号	3A	4A	4A	4A	4A
尺寸	球 φ3~5	球 φ3~5	球 φ3~5	条	球 φ3~5
堆密度/(kg/m³)	745	660	660	710	640
湿容量/(kg/100kg)	6.4	7.88	7.79	8.22	
分子筛使用寿命/a		2	4	2~3	2
产地	中国大连	德国	德国	日本	美国
吸附器直径/m	2.6	1.6	1.7	1.9	2.59
床高/m	6.5	3.1	2.57	3.528	3.05
空塔流速/(m/s)	0.189	0.1017	0.1115	0.1421	0.2408
吸附周期/h	24	8	8	8	8
再生气进口温度/℃		230	240	290	310
再生器床层温度/℃	180	180			
再生压力/MPa		1.95	1.23	0.72	
床层降压时间/min	20	20			
床层吹扫时间/min	20	20			
床层加热时间/min	222	226			
床层冷却时间/min	156	140			
床层升压时间/min	20	20			
两床平行运行时间/min	30	10			
阀门总切换时间/min	12	10			

(五) 常用气体分子的直径

常用气体分子的直径见表 3-23。

表 3-23　常用物质分子的直径

序　号	名　称	分子直径/Å	序　号	名　称	分子直径/Å
1	He	2.551	14	C_2H_4	4.163
2	H_2O	2.641	15	CH_3OCH_3	4.307
3	H_2	2.827	16	C_2H_6	4.443
4	NH_3	2.900	17	C_2H_5OH	4.530
5	O_2	3.467	18	$n\text{-}C_4H_{10}$	4.687
6	H_2S	3.623	19	C_3H_6	4.807
7	CH_3OH	3.626	20	C_3H_8	5.118
8	CH_4	3.758	21	$i\text{-}C_{410}$	5.278
9	N_2	3.798	22	C_6H_6	5.349
10	CO_2	3.941	23	$n\text{-}C_5H_{12}$	5.784
11	C_2H_2	4.033	24	$n\text{-}C_6H_{14}$	5.949
12	SO_2	4.112	25	C_6H_{12}	6.182
13	COS	4.130	26	$C(CH_3)_4$	6.464

五、天然气低温脱水脱烃工艺

原料气组成见表3-24。

表 3-24　原料气组成　　　　　　　　　　　　　　　　　　% (mol)

序号	组分	苏里格气田(夏季)	苏里格气田(冬季)	榆林气田(夏季)	榆林气田(冬季)
1	CH_4	91.3225	91.3902	93.8661	93.8661
2	C_2H_6	5.2829	5.2856	3.2173	3.2173
3	C_3H_8	1.0349	1.0346	0.4542	0.4542
4	$i\text{-}C_4H_{10}$	0.1779	0.1776	0.0772	0.0772
5	$n\text{-}C_4H_{10}$	0.1949	0.1942	0.0782	0.0782
6	$i\text{-}C_5H_{12}$	0.0888	0.0879	0.0537	0.0537
7	$n\text{-}C_5H_{12}$	0.0393	0.0387	0.0274	0.0274
8	$n\text{-}C_6$	0.0941	0.0785	0.0628	0.0628
9	$n\text{-}C_7$	0.1011	0.0957	0.0279	0.0279
10	$n\text{-}C_8$	0.0076	0.0044	0.0085	0.0085
11	$n\text{-}C_9$	0.0044	0.0011	0.0017	0.0017
12	$n\text{-}C_{10}$	0.0019	0.0001	0.0003	0.0003
13	$n\text{-}C_{11}$	0.0018	0.0000	—	
14	N_2	0.7554	0.7560	0.3127	0.3127
15	CO_2	0.6655	0.6657	1.7342	1.7324
16	H_2O	0.1073	0.0338	0.0033	0.0033
17	MeOH	0.1197	0.1560	0.0746	0.0746
	合计	100.00	100.00	100.00	100.00

天然气低温脱水脱烃工艺原则流程见图3-24。

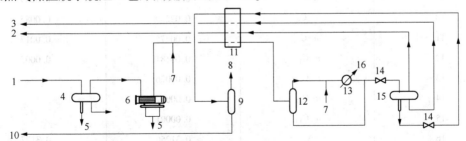

图 3-24　天然气低温脱水原则流程图

1—原料气；2—外输干气；3—凝析油；4—三相分离器；5—污水；6—过滤分离器；
7—甲醇；8—闪蒸气；9—闪蒸罐；10—甲醇污水；11—板翅式换热器；12—分离器；
13—蒸发器；14—节流阀；15—低温三相分离器；16—冷剂丙烷

原料天然气(1)从各集气站来，温度冬季约5℃，先进入三相分离器(4)和过滤器(6)，分离出携带的杂质和水分，然后注入甲醇(7)防冻剂后进入板翅式换热器(11)与液烃、干气和含甲醇污水换热后温度降至-17℃进入分离器(12)。分离器顶部气体再注入甲醇(7)后进入丙烷蒸发器(13)温度进一步冷却至-24℃与分离器底部液体混合经节流阀(14)节流后进入

203

低温三相分离器(15)。分出的含甲醇污水经节流阀(14)节流回收冷量后进入闪蒸罐(9)，分出的甲醇污水(10)去甲醇回收，闪蒸气(8)去燃料气系统。三相分离器分出的液烃经节流阀节流复热后去凝析油稳定装置，分出的干气(2)与原料气换热后作为成品气计量后外输。其露点实测为-22℃。

该流程的特点：一是处理量大，单套装置可达 $500×10^4m^3/d$；二是利用小压差实现大冷量，保证外输气露点满足国家标准；三是能量利用合理，低温凝析油换热后去凝析油稳定，凝析油稳定装置加热能耗低；低温含甲醇污水冷量得到利用，闪蒸出的烃类可以作为燃料，甲醇污水中没有烃类在回收甲醇时操作工况得到改善，甲醇回收加热时还可节约蒸汽。

六、榆林天然气处理厂脱烃脱水计算

榆林天然气处理厂采用小压差大冷量技术，实现脱水脱烃的目的。

(一)原始资料

1. 天然气组成

天然气组成见表3-25。

表3-25　天然气组成

序　号	组　　分	组成/%(mol)	
		夏季工况	冬季工况
1	C_1	93.83583	93.8661
2	C_2	3.22059	3.2173
3	C_3	0.45661	0.4542
4	$i\text{-}C_4$	0.07834	0.0772
5	$n\text{-}C_4$	0.07983	0.0782
6	$i\text{-}C_5$	0.05464	0.0537
7	$n\text{-}C_5$	0.02936	0.0274
8	$n\text{-}C_6$	0.07692	0.0628
9	$n\text{-}C_7$	0.04551	0.0279
10	$n\text{-}C_8$	0.02239	0.0085
11	$n\text{-}C_9$	0.00775	0.0017
12	$n\text{-}C_{10}$	0.00181	0.0003
13	$n\text{-}C_{11}$	0.00026	
14	$n\text{-}C_{12}$	0.00007	
15	$n\text{-}C_{13}$	0.00001	
16	N_2	0.31256	0.3127
17	H_2O	0.02693	0.0033
18	CO_2	1.73507	1.7342
19	MeOH	0.01372	0.0746

2. 操作条件

温度：夏季20℃，冬季5℃。

压力：4600kPa。

流量：5287kmol/h(单套 $305×10^4m^3/d$，20℃，101.325kPa)。

（二）HYSYS 软件计算模型

HYSYS 软件计算模型见图 3-25。

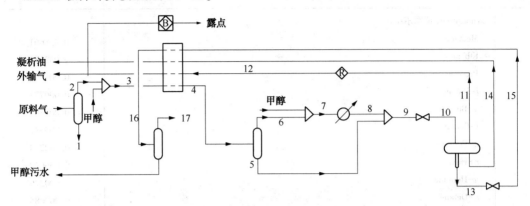

图 3-25　低温脱烃脱水 HYSYS 软件计算模型

（三）计算步骤

输入计算所需的全部组分和流体包

步骤	内　　容	流号及数据
1	New Case［新建空白文档］	
2	Add［加入］	
3	Components：C_1、C_2、C_3、$i-C_4$、$n-C_4$、$i-C_5$、$n-C_5$、C_6、C_7、C_8、C_9、C_{10}、C_{11}、H_2O、N_2、CO_2、MeOH（甲醇）	添加库组分
4	×	
5	Fluid Pkgs	加流体包
6	Add	
7	Peng-Robinson	选状态方程
8	×	
9	Enter Simulation Environment	进入模拟环境

加入原料气

步骤	内　　容	流号及数据
1	选中 Material Stream［蓝色箭头］置于 PFD 窗口中	
2	双击［Material Stream］	
3	在 Stream Name 栏填上	原料气
4	Temperature/℃	20
5	Pressure/kPa	4600
6	Molar Flow/（kmol/h）	5287
7	双击 Stream"原料气"的 Molar Flow 位置	

步骤	内　　容	流号及数据
8	Composition(填摩尔组成)	
	Methane	0.938661
	Ethane	0.032173
	Propane	0.004542
	i-Butane	0.000772
	n-Butane	0.000782
	i-Pentane	0.000537
	n-Pentane	0.000274
	n-Hexane	0.000628
	n-Heptane	0.000279
	n-Octane	0.000085
	n-Nonane	0.000017
	n-Decane	0.000003
	n-C_{11}	0.000000
	H_2O	0.000033
	Nitrogen	0.003127
	CO_2	0.017342
	Methanol	0.000746
9	Nomalize(圆整为1。如果偏离1过大,输入有误请检查)	
10	OK	
11	×	

加原料气分液罐

步骤	内　　容	流号及数据
1	从图例板点二相分离器[Separator]置于 PFD 窗口中	
2	双击二相分离器[Separator]	
3	Inlet《Stream》	原料气
4	Vapour	2
5	Liquid	1
6	×	

加混合器并输入甲醇工艺条件

步骤	内　　容	流号及数据
1	从图例板点混合器[Mixer]置于 PFD 窗口中	
2	双击混合器[Mixer]	
3	Inlets	2,甲醇
4	Outlet	3
5	Worksheet	
6	点击 Stream Name"甲醇"下相应位置输入	
7	Temperature/℃	20

步骤	内　容	流号及数据
8	Pressure/kPa	4600
9	Molar Flow/(kmol/h)	6.6
10	双击 Molar Flow，输入 Stream"甲醇"的组成	
11	Component 　Methanol 　其他	 1.0 0.0
12	OK	
13	×	

加入板式换热器

步骤	内　容	流号及数据
1	从图例板点板式换热器[LNG Exchanger]置于 PFD 窗口中	
2	双击板式换热器[LNG Exchanger]	
3	Add Side，Add Side	
4	填流号、压降及属性： 　Inlet Streams 　Outlet Streams 　Pressure Drop/kPa 　Hot/Cold 　Inlet Streams 　Outlet Streams 　Pressure Drop/kPa 　Hot/Cold 　Inlet Streams 　Outlet Streams 　Pressure Drop/kPa 　Hot/Cold 　Inlet Streams 　Outlet Streams 　Pressure Drop/kPa 　Hot/Cold	 3 4 10 Hot 12 外输气 10 Cold 14 凝析油 10 Cold 15 16 10 Cold
5	Worksheet	
6	在指定 Stream Name 输入指定温度	4，凝析油，甲醇污水
7	Temperature/℃	-20，15，15
8	×	

加两相分离器

步骤	内　容	流号及数据
1	从图例板点二相分离器[Separator]置于 PFD 窗口中	
2	双击二相分离器[Separator]	
3	Inlet《Stream》	4

步骤	内　　容	流号及数据
4	Vapour	5
5	Liquid	6
6	×	

加混合器并输入甲醇 1 工艺条件

步骤	内　　容	流号及数据
1	从图例板点混合器[Mixer]置于 PFD 窗口中	
2	双击混合器[Mixer]	
3	Inlets	5，甲醇 1
4	Outlet	7
5	Worksheet	
6	点击 Stream Name"甲醇 1"下相应位置输入	
7	Temperature/℃	10
8	Pressure/kPa	4490
9	Molar Flow/(kmol/h)	4
10	双击 Molar Flow，输入 Stream"甲醇 1"组成	
11	Component 　Methanol 　其他	 1.0 0.0
12	OK	
13	×	

加丙烷蒸发器

步骤	内　　容	流号及数据
1	从图例板点冷却器[Cooler]置于 PFD 窗口中	
2	双击冷却器[Cooler]	
3	Inlet	7
4	Outlet	8
5	Energy	100
6	Parameters	
7	Delta P/kPa	10
8	Worksheet	
9	点击 Stream Name 8 下相应位置输入	
10	Temperature/℃	−25
11	×	

加混合器

步骤	内　　容	流号及数据
1	从图例板点混合器[Mixer]置于 PFD 窗口中	
2	双击混合器[Mixer]	

步骤	内　容	流号及数据
3	Inlets	8，6
4	Outlet	9
5	×	

加入节流阀

步骤	内　容	流号及数据
1	从图例板点节流阀[Valve]置于 PFD 窗口中	
2	双击节流阀[Valve]	
3	Inlet	9
4	Outlet	10
5	Worksheet	
6	点击 Stream Name 10 下相应位置输入	
7	Pressure/kPa	4160
8	×	

加三相分离器

步骤	内　容	流号及数据
1	从图例板点三相分离器[3-Phase Separator]置于 PFD 窗口中	
2	双击三相分离器[3-Phase Separator]	
3	Inlet《Stream》	10
4	Vapour	11
5	Light Liquid	14
6	Heavy Liquid(水)	13
7	×	

加入节流阀

步骤	内　容	流号及数据
1	从图例板点节流阀[Valve]置于 PFD 窗口中	
2	双击节流阀[Valve]	
3	Inlet	13
4	Outlet	15
5	Worksheet	
6	点击 Stream Name 15 下相应位置输入	
7	Pressure/kPa	200
8	×	

加循环

步骤	内　容	流号及数据
1	从图例板点循环[Recycle]置于 PFD 窗口中	
2	双击循环[Recycle]	
3	Inlet	11

步骤	内　容	流号及数据
4	Outlet	12
5	×	

加两相分离器

步骤	内　容	流号及数据
1	从图例板点二相分离器［Separator］置于 PFD 窗口中	
2	双击二相分离器［Separator］	
3	Inlet《Stream》	16
4	Vapour	17
5	Liquid	甲醇污水
6	×	

看外输气露点

步骤	内　容	流号及数据
1	从图例板选中 Balance 置于 PFD 窗口 Stream "外输气"附近	
2	双击平衡［Balance］	
3	Inlet Streams	外输气
4	Outlet Streams	露点
5	Parameters	
6	在 Balance Type 栏点选：Component Mole Flow	
7	Worksheet	
8	点击 Stream "外输气"下相应位置输入	
9	Vapour	1
10	Pressure/kPa	4150
11	计算出 Stream "外输气"的露点温度-27.06℃	
12	×	

可以给不同的压力，得出不同压力下的水露点。

（四）计算结果汇总

计算结果汇总见表 3-26。

表 3-26　计算结果汇总

流　号	原料气	甲醇	甲醇 1	1	2
气相分数	1.0000	0.0000	0.0000	0.0000	1.0000
温度/℃	20.00	20.00	10.00	20.00	20.00
压力/kPa	4600.00	4600.00	4490.00	4600.00	4600.00
摩尔流率/(kmol/h)	5287.00	6.60	4.00	0.00	5287.00
质量流率/(kg/h)	91703.54	211.48	128.17	0.00	91703.54
体积流率/(m³/h)	290.0872	0.2658	0.1611	0.0000	290.0872
热流率/(kJ/h)	-4.343×10^8	-1.599×10^6	-9.736×10^5	0.000	-4.343×10^8

流 号	3	4	5	6	7
气相分数	1.0000	0.9977	1.0000	0.0000	0.9991
温度/℃	19.00	−20.00	−20.00	−20.00	−20.59
压力/kPa	4600.00	4590.00	4590.00	4590.00	4490.00
摩尔流率/(kmol/h)	5293.60	5293.60	5281.53	12.07	5285.53
质量流率/(kg/h)	91915.01	91915.01	91420.37	494.64	91548.54
体积流率/(m^3/h)	290.3529	290.3529	289.6200	0.7330	289.7810
热流率/(kJ/h)	-4.359×10^8	-4.453×10^8	-4.427×10^8	-2.644×10^6	-4.437×10^8

流 号	8	9	10	11	12
气相分数	0.9988	0.9964	0.9962	1.0000	1.0000
温度/℃	−25.00	−24.94	−27.05	−27.05	−27.05
压力/kPa	4480.00	4480.00	4160.00	4160.00	4160.00
摩尔流率/(kmol/h)	5285.53	5297.60	5297.60	5277.26	5277.26
质量流率/(kg/h)	91548.54	92043.18	92043.18	91214.87	91214.87
体积流率/(m^3/h)	289.7810	290.5140	290.5140	289.2761	289.2761
热流率/(kJ/h)	-4.448×10^8	-4.474×10^8	-4.474×10^8	-4.430×10^8	-4.430×10^8

流 号	13	14	15	16	17
气相分数	0.0000	0.0000	0.0532	0.0590	1.0000
温度/℃	−27.05	−27.05	−26.95	15.00	15.00
压力/kPa	4160.00	4160.00	200.00	190.00	190.00
摩尔流率/(kmol/h)	13.42	6.91	13.42	13.42	0.79
质量流率/(kg/h)	420.99	407.32	420.99	420.99	18.32
体积流率/(m^3/h)	0.5511	0.6868	0.5511	0.5511	0.0446
热流率/(kJ/h)	-3.244×10^6	-1.183×10^6	-3.244×10^6	-3.183×10^6	-1.051×10^5

流 号	凝析油	外输气	露点	甲醇污水	
气相分数	0.1319	1.0000	1.0000	0.0000	
温度/℃	15.00	13.68	−27.06	15.00	
压力/kPa	4150.00	4150.00	4150.00	190.00	
摩尔流率/(kmol/h)	6.91	5277.26	5277.26	12.63	
质量流率/(kg/h)	407.32	91214.87	91214.87	402.67	
体积流率/(m^3/h)	0.6868	289.2761	289.2761	0.5064	
热流率/(kJ/h)	-1.142×10^6	-4.336×10^8	-4.430×10^8	-3.078×10^6	

第五节 天然气脱硫脱碳

　　天然气中存在的酸性气体主要为 H_2S、CO_2，此外还含有一些有机硫化合物，如硫醇、硫醚、COS 及二硫化碳等。这些杂质在天然气出厂前必须脱出，否则不能达到国家规定的外输标准。

国内主要常用的天然气脱硫脱碳溶剂的性质见表3-27。

表 3-27　主要天然气脱硫脱碳溶剂的性质

溶　剂	一乙醇胺 （MDA）	二乙醇胺 （DEA）	二异丙醇胺 （DIPA）	甲基二乙醇胺 （MDEA）	环丁砜
分子式	$HOC_2H_4NH_2$	$(HOC_2H_4)_2NH$	$(HOC_3H_6)_2NH$	$(HOC_2H_4)_2NCH_3$	$C_4H_8SO_2$
相对相对分子质量	61.08	105.14	133.19	119.17	120.17
相对密度	$D_{20}^{20}=1.0179$	$D_{20}^{30}=1.0919$	$D_{20}^{45}=0.989$	$D_{20}^{20}=1.0418$	$D_{20}^{30}=1.2614$
凝点/℃	10.2	28.0	42.0	-14.6	28.8
沸点/℃	170.4	268.4（分解）	248.7	230.6	285.0
闪点（开口）/℃	93.3	137.8	123.9	126.7	176.7
蒸气压（20℃）/Pa	28	<1.33	<1.33	<1.33	0.6
黏度/mPa·s	24.1（20℃）	380.0（30℃）	198.0（45℃）	101.0（20℃）	10.29（30℃）
比热容/[kJ/(kg·K)]	2.54（20℃）	2.51（15.5℃）	2.89（30℃）	2.24（15.6℃）	1.34（25℃）
热导率/[W/(m·K)]	0.256	0.220		0.375（20℃）	
汽化热/(kJ/kg)	1.92（101.3kPa）	1.56（9.73kPa）	1.00	1.21（101.3kPa）	
水中溶解度（20℃）	完全互溶	96.4%	87.0%	完全互溶	完全互溶

一、脱硫脱碳的主要方法

天然气脱硫脱碳应用最广的主要是胺法及砜胺法。其中又可分为化学溶剂法、物理溶剂法、化学-物理溶剂法。化学溶剂法使用的溶剂有：MEA、DEA、DIEA、DGA、MDEA 等；物理溶剂法使用的溶剂有乙二醇二甲醚、碳酸丙烯酯、冷甲醇等；化学-物理法使用的溶剂有 DIPA-环丁砜、MDEA-环丁砜等。

砜胺法的物理溶剂为环丁砜，化学溶剂如一乙醇胺(MEA)、二异丙醇胺(DIPA)、甲基二乙醇胺(MDEA)等。我国将环丁砜与上述组成的三个体系分别称之为砜胺Ⅰ、砜胺Ⅱ、砜胺Ⅲ。砜胺Ⅱ相当国外的 Sulfinol-D 型，砜胺Ⅲ相当于国外的 Sulfinol-M 或 New Sulfinol。砜胺法所处理的气体中 H_2S 含量可达 54%，CO_2 含量可达 44%，有机硫含量可达 $4000mL/m^3$。

各种溶剂的脱硫脱碳的技术特点见表3-28。

表 3-28　主要脱硫脱碳方法的技术特点及应用领域

方　法	MEA	DEA	砜胺Ⅱ型	MDEA
醇胺浓度/%	≤15	20~30	30~45	20~50
$[H_2S]_净/(mg/m^3)$	<5	<5	<5	<5~20
$[CO_2]_净/\%$	0.005	0.005~0.02	0.005~0.002	
酸气负荷/(mol/mol)	<0.35	0.3~0.8	0.3~0.9	
选择脱硫能力	无	几乎无	几乎无	有
能耗	高	较高	低	低
腐蚀性	强	强	较弱	较弱
醇胺降解	严重	有	有	微
脱有机硫能力	差	差	好	差
烃溶解	少	少	多	少
国内已用领域	天然气、炼厂气	炼厂气	天然气、合成气	天然气、炼厂气、克劳斯尾气

MDEA 溶液体系及其应用领域见表 3-29。

表 3-29　MDEA 溶液体系及其应用领域

体系	MDEA 溶液	MDEA 配方溶液	砜胺-Ⅲ 溶液	混合醇胺溶液	活化 MDEA 溶液
组分	MDEA，水	MDEA、水、一种或几种添加剂	MDEA、环丁砜、水	MDEA、DEA 或 MEA、水	MDEA、水，活化剂
商业牌号		CT8-5、YZS-93、SSH-1、U_{carsol} HS-101、HS-102、HS-103、Gas/SpecSS、SS Phs 等	Sulfinol-M	CT-9	aMDEA
特点	选择脱硫，能耗低	改善 MDEA 溶液的某些性能	选择脱硫，良好的脱有机硫能力	有利于保证 H_2S 及 CO_2 的净化度	低能耗的脱 CO_2 的方法
应用领域	天然气、炼厂气、克劳斯尾气、酸气提浓等选择性脱硫	同 MDEA 溶液	天然气选择脱除 H_2S 及有机硫	天然气及炼厂气同时脱出 H_2S 及 CO_2	天然气及合成气脱出 CO_2
技术拥有者	天然气研究院、荷兰 Shell、法国 SNEA 等	天然气研究院、Dow 化学、UCC 等	天然气研究院、荷兰 Shell 等	天然气研究院、Dow 化学等	南化公司研究院、BASF 等

有关文献研究了哌嗪（PZ）、乙醇胺（MEA）、二乙醇胺（DEA）、二乙烯三胺（DETA）、三乙烯四胺（TETA）在不同配比、不同温度时对主吸收剂 N-甲基二乙醇胺（MDEA）水溶液吸收 CO_2 速率和负荷的影响。其结论如下：

（1）通过实验研究，筛选得到适用于 MDEA 溶液吸收法脱碳的加速剂 TETA；在 40℃ 时，在总胺浓度不变（2.0mol/L）的情况下，加入 0.2mol TETA，其相对增强因子即达到 8.0 左右；当加入 0.4mol 加速剂时，其相对增强因子已超过 10。

（2）加速剂的加入不仅提高了 CO_2 的吸收速率，也明显增加了 CO_2 的吸收负荷，与 2.0mol MDEA/L 溶液的吸收负荷相比，0.2mol TETA/L + 1.8mol MDEA/L 混合胺溶液的吸收负荷达到 0.70mol CO_2/mol Amine，增幅近 1 倍。

（3）在同一吸收负荷时，CO_2 吸收速率随加速剂/MDEA 配比增加而增加；CO_2 吸收负荷也随加速剂/MDEA 配比增加而增加。

（4）温度对 CO_2 吸收速率的影响较小。

（5）处理模拟油田伴生气时，开发的混合胺溶液的吸收性能与 BASF 溶液的基本相当。温度对 TETA/MDEA 吸收 CO_2 速率和吸收负荷的影响见图 3-26。

二、工艺流程

天然气脱硫脱碳方法很多，详细可见王开岳主编的《天然气净化工艺》一书，近年来选择性脱硫脱碳溶剂 MDEA 被广泛应用，原因是 MDEA 相对密度大、凝点低、饱和蒸气压低、比热容小并具有选择性脱出 CO_2 功能，且腐蚀性小，能耗低，效益好，因而被广泛应用，并根据需要配制成满足各类脱硫脱碳需要的配方溶剂。

以长庆油田靖边气田为例，天然气组成见表 3-30。

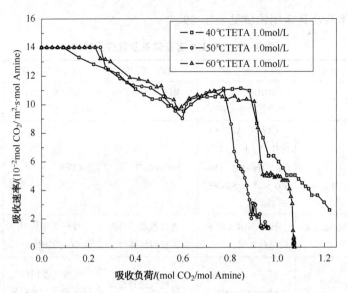

图 3-26 温度对 TETA/MDEA 吸收 CO_2 速率和吸收负荷的影响

表 3-30 靖边气田天然气组成 %(mol)

序号	组　分	第一净化厂	第二净化厂	第三净化厂
1	CH_4	94.310	93.290	93.04
2	C_2H_6	0.753	0.608	0.6392
3	C_3H_8	0.096	0.085	0.0248
4	$i-C_4H_{10}$	0.012	0.010	0.0007
5	$n-C_4H_{10}$	0.013	0.010	0.0013
6	$i-C_5H_{12}$	0.006	0.005	0.0002
7	$n-C_5H_{12}$	0.003	0.002	0.0001
8	C_6^+	0.014	0.022	
9	He	0.036	0.031	
10	N_2	0.115	0.189	0.2236
11	CO_2	4.608	5.747	5.9913
12	$H_2S/(mg/m^3)$	474.44	1270.29	883.11
	合计	100.00	100.00	100.00

　　国外有多种专利配方溶液用于天然气脱硫脱碳。长庆气田按照国标二类气质标准要求，CO_2 脱至 <3.0%，H_2S 脱至 ≤20mg/m³ 以下即可符合 GB 17820—2012。经计算，达到同样气质标准，采用活化 MDEA 溶液较采用 MDEA 配方溶液循环量少 10%。但 MDEA 配方溶液不需要专利费，溶液的价格也仅为活化 MDEA 的一半，且溶液腐蚀性很小。在综合了装置投资、能耗、运行费用以后，确定选用 MDEA 配方溶液。该溶液中 MDEA 浓度为 50%，酸气负荷可达 0.5mol 酸气/mol 胺液。

　　MDEA 法脱硫脱碳工艺原则流程见图 3-27。

　　原料气温度约 18℃进站后先进原料气分离器(5)，分出其中携带的液滴和固体颗粒，然

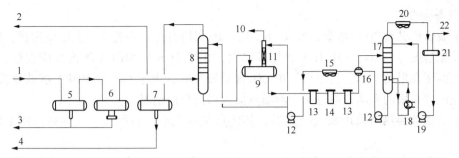

图 3-27　天然气脱硫脱碳原则流程图

1—原料气；2—净化气；3—排污；4—回收溶剂；5—原料气分液罐；6—过滤分离器；7—净化气分液罐；8—吸收塔；9—闪蒸罐；10—闪蒸气；11—精馏柱；12—溶剂循环泵；13—滤布过滤器；14—活性炭过滤器；15—空冷器；16—贫富液换热器；17—再生塔；18—重沸器；19—回流泵；20—空冷器；21—回流罐；22—酸气

后进入过滤分离器(6)，进一步分离杂质以防 MDEA 溶剂在塔内发泡。分离后的气体进入脱硫塔(8)的下部，与从塔顶打入的再生好的 MDEA 溶剂(温度约 45℃)逆流接触，脱出天然气中的 H_2S 和部分 CO_2，净化后的天然气(2)从塔顶出来进入湿净化气分离器(7)分离出携带的溶剂液滴，然后去脱水装置。吸收塔底的 MEDA 富液减压至 0.5MPa 后进入闪蒸罐(9)，闪蒸出溶解的烃类气体，在闪蒸罐精馏柱(11)顶部打入少量的 MDEA 溶剂，吸收闪蒸气中的 H_2S，净化后的闪蒸气(10)作燃料。闪蒸罐底部的富液 MDEA 溶液经滤布过滤器(13)、活性炭过滤器(14)、滤布过滤器过滤(13)后进入贫富液换热器(16)温度升到约 80℃进入溶剂再生塔(17)上部，在塔底重沸器(18)的作用下蒸出吸收的 H_2S 和 CO_2，塔顶酸性气体经空气冷却器(20)冷却后进入回流罐(21)。回流罐顶部酸性气体(22)去硫黄回收，回流罐底部酸性水用回流泵(19)抽出打入塔顶作回流。再生塔底再生后的 MDEA 贫液温度约 156℃用溶剂循环泵(12)打入贫富液换热器(16)，然后进入空冷器(15)冷却至 45℃进入溶剂循环泵(12)，一部分打入精馏柱顶部，另一部分打入吸收塔顶完成一个循环。

美国汉诺华公司的脱硫脱碳工艺有些地方可以借鉴。

1. 工艺部分

(1) 当处理 CO_2 含量较高的天然气时，采用 MDEA 配方溶液脱硫脱碳，宜在原料气入塔前加一个换热器，与脱硫后的湿净化气换热。根据汉诺华公司的经验，换热后原料气的入塔温度与贫液入塔温度之差在 5~7℃为宜，对 CO_2 的吸收有利。这一观点与美国惠夫兰工厂"提高温度 CO_2 的吸收率增加"的结论一致。

(2) MDEA 配方溶液的浓度应在 45%~50%，浓度太低反而设备腐蚀严重，特别是原料气 CO_2 浓度大于 5%时尤为严重。采用配方溶液的优点是溶剂循环量小，设备尺寸小，酸气脱附容易(解吸热小)，一般可节能 10%左右。酸气负荷在 0.4~0.5mol/mol 胺。

(3) 闪蒸罐至换热器之间压降尽量小，以免气体释放出来影响换热效率。闪蒸罐液位调节阀应设在再生塔入口处，离塔越近越好。管线材质应用不锈钢。因为此段管线除了腐蚀之外，还由于压力降低造成对管线的冲蚀。

(4) 溶剂循环泵采用两段接力方式，其优点是减少高压设备如贫富液换热器、空冷器和高压管线，且泵的扬程低，选型方便。

(5) 补充水要将氯离子(Cl^-)全部除掉，否则即使采用不锈钢腐蚀也很严重。

(6) 再生塔重沸器为立式，安装时离塔壁越近越好，既紧凑，又防止震动。重沸器管束材质采用不锈钢。

2. 设备部分

（1）脱硫塔共有 20 层塔盘，在 4、8、12、16 层塔盘处，安置 4 个温度变送器，监视塔内温度变化情况。当原料气中 H_2S 含量较高时，由于 H_2S 与 MDEA 溶剂反应很快，因此，反应高点温度在塔的下部；当原料气中 CO_2 含量较高时，由于 CO_2 与 MDEA 溶液反应较慢，反应高点温度在塔的上部。通过 4 个测温点监视塔内反应情况。

（2）贫富液换热器采用板式换热器，其优点是体积小、面积大、效率高，便于模块化设计。

（3）闪蒸罐开有 3 个放液烃的出口，并加有看窗，及时将凝液放出，不使凝液带入再生塔。

（4）吸收塔材质为 316L 不锈钢，塔盘也是不锈钢。再生塔顶部 10ft（3.048m）为不锈钢，其余为碳钢。

三、工艺计算

1. 基础数据

以长庆第三净化厂高碳硫比天然气为例，天然气组成见表 3-31。

表 3-31　天然气组成　　　　　　　　　　　　　　　%（体积）

组分	C_1	C_2	C_3	i-C_4	n-C_4	i-C_5	n-C_5	N_2	CO_2	H_2S
组成	93.0400	0.6392	0.0248	0.0007	0.0013	0.0002	0.0001	0.2236	5.9913	0.0788

温度：20℃。

压力：4500kPa。

流量：5580kmol/h，$300 \times 10^4 m^3/d$（0℃，101.325kPa）。

2. HYSYS 软件计算模型

HYSYS 软件计算模型见图 3-28。

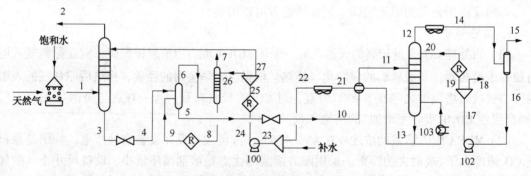

图 3-28　天然气脱硫脱碳 HYSYS 软件计算模型

3. 详细计算步骤

输入计算所需的全部组分和流体包

步骤	内　　容	流号及数据
1	New Case［新建空白文档］	
2	Add［加入］	
3	Components：C_1、C_2、C_3、i-C_4、n-C_4、i-C_5、n-C_5、N_2、CO_2、H_2S、DEAmine、MDEAmine，H_2O	添加库组分

步骤	内　　容	流号及数据
4	×	
5	Fluid Pkgs	加流体包
6	Add	
7	Amine Pkg	选状态方程
8	×	
9	Enter Simulation Environment	进入模拟环境

加入原料气

步骤	内　　容	流号及数据
1	选中 Material Stream[蓝色箭头]置于 PFD 窗口中	
2	双击[Material Stream]	
3	在 Stream Name 栏填上	天然气
4	Temperature/℃	30
5	Pressure/kPa	4600
6	Molar Flow/(kmol/h)	5580
7	双击 Stream"天然气"的 Molar Flow 位置	
8	Composition(填摩尔组成) 　Methane 　Ethane 　Propane 　i-Butane 　n-Butane 　i-Pentane 　n-Pentane 　Nitrogen 　CO_2 　H_2S	 0.930400 0.006392 0.000248 0.000007 0.000013 0.000002 0.000001 0.002236 0.059913 0.000788
9	Nomalize(圆整为 1。如果偏离 1 过大，输入有误请检查)	
10	OK	
11	×	

将天然气用水饱和

步骤	内　　容	流号及数据
1	点击 Extensions>>，点击图标，选中后置于 PFD 窗口中	
2	双击 Saturate Link	
3	Feed Stream	天然气
4	Water Stream	饱和水
5	Product Stream	1

步骤	内　容	流号及数据
6	Parameters 下可以更改含水率，看含水指标	
7	×	

一些早期版本可能没有 Saturate Link，可增加 1 股水流，将天然气与水同时进入一个两相闪蒸分离器，调节水流量使分离器底部液相质量流量为一个很小的正数，如 0.001kg/h。

输入总贫液初值

步骤	内　容	流号及数据
1	选中 Material Stream[蓝色箭头]置于 PFD 窗口中	
2	双击[Material Stream]	
3	在 Stream Name 栏填上	25
4	Temperature/℃	42
5	Pressure/kPa	4600
6	Molar Flow/(kmol/h)	2291
7	双击 Stream 25 的 Mass Flow 位置	
8	Composition(填质量组成) 　DEA 　MDEA 　H_2O 　其余组分	 0.15 0.35 0.50 0(或空着)
9	OK	
10	×	

加贫液分配器输入吸收柱流量

步骤	内　容	流号及数据
1	从图例板点分配器[Tee]置于 PFD 窗口中	
2	双击分配器[Tee]	
3	Inlet	25
4	Outlets	26，27
5	Worksheet	
6	点击 Stream Name 26 相应位置输入	
7	Molar Flow/(kmol/h)	2
8	×	

加入吸收塔

步骤	内　容	流号及数据
1	从图例板点吸收塔[Absorber]置于 PFD 窗口中	
2	双击吸收塔[Absorber]	
3	理论板数 $n=$	7
4	Top Stage Inlet	27

步骤	内　容	流号及数据
5	Bottom Stage Inlet	1
6	Ovhd Vapour Outlet	2
7	Bottoms Liquid Outlet	3
8	Next	
9	Top Stage Pressure/kPa	4480
10	Reboiler Pressure/kPa	4600
11	Next，Done	
12	Run	
13	×	

加入节流阀

步骤	内　容	流号及数据
1	从图例板点节流阀[Valve]置于 PFD 窗口中	
2	双击节流阀[Valve]	
3	Inlet	3
4	Outlet	4
5	Worksheet	
6	点击 Stream Name 4 下相应位置输入	
7	Pressure/kPa	770
8	×	

加入循环及吸收柱富液初值

步骤	内　容	流号及数据
1	从图例板点循环[Recycle]置于 PFD 窗口中	
2	双击循环[RCY-1]	
3	Inlet	8
4	Outlet	9
5	Worksheet	
6	点击 Stream Name 9 下相应位置输入	
7	Temperature/℃	42
8	Pressure/kPa	770
9	Molar Flow/(kmol/h)	2
10	双击 Stream 9 的 Mass Flow 位置	
11	Composition(填质量组成) 　　DEA 　　MDEA 　　H_2O 　　其余组分	 0.15 0.35 0.50 0(或空着)

步骤	内 容	流号及数据
12	OK	
13	×	

加 闪 蒸 罐

步骤	内 容	流号及数据
1	从图例板点二相分离器[Separator]置于 PFD 窗口中	
2	双击二相分离器[Separator]	
3	Inlet《Stream》	4，9
4	Vapour	6
5	Liquid	5
6	×	

加入吸收柱

步骤	内 容	流号及数据
1	从图例板点吸收塔[Absorber]置于 PFD 窗口中	
2	双击吸收塔[Absorber]	
3	理论板数 $n=$	2
4	Top Stage Inlet	26
5	Bottom Stage Inlet	6
6	Ovhd Vapour Outlet	7
7	Bottoms Liquid Outlet	8
8	Next	
9	Top Stage Pressure/kPa	760
10	Reboiler Pressure/kPa	770
11	Next，Done	
12	Run	
13	×	

程序将自动完成吸收柱的迭代计算。

加入节流阀

步骤	内 容	流号及数据
1	从图例板点节流阀[Valve]置于 PFD 窗口中	
2	双击节流阀[Valve]	
3	Inlet	5
4	Outlet	10
5	Worksheet	
6	点击 Stream Name 10 下相应位置输入	
7	Pressure/kPa	200
8	×	

加入换热器

步骤	内　容	流号及数据
1	从图例板点换热器[Heat Exchanger]置于 PFD 窗口中	
2	双击换热器[Heat Exchanger]	
3	Tube Side Inlet	10
4	Tube Side Outlet	11
5	Shell Side Inlet	13
6	Shell Side Outlet	21
7	Parameters	
8	在 Heat Exchanger Model 中单选: Exchanger Design(Weighted)	
9	Tube Side Delta P/kPa	10
10	Shell Side Delta P/kPa	15
11	Worksheet	
12	点击 Stream Name 11 下相应位置输入	
13	Temperature/℃	82
14	×	

加循环及再生塔回流液初值

步骤	内　容	流号及数据
1	从图例板点循环[Recycle]置于 PFD 窗口中	
2	双击循环[Recycle]	
3	Inlet	19
4	Outlet	20
5	Worksheet	
6	点击 Stream Name 20 下相应位置输入	
7	Temperature/℃	55
8	Pressure/kPa	200
9	Molar Flow/(kmol/h)	75
10	双击 Stream 20 的 Mass Flow 位置	
11	Composition(填质量组成) 　　H_2O 　　其余组分	1.0 0.0(或空着)
12	OK	
13	×	

加再生塔

步骤	内　容	流号及数据
1	从图例板点不完全塔[Reboiled Absorber]置于 PFD 窗口中	
2	双击不完全塔[Reboiled Absorber]	
3	理论板数 $n=$	20

步骤	内　　容	流号及数据
4	Top Stage Inlet	20
5	Optional Inlet Streams： 　　Stream　　　　Inlet Stage 　　11　　　　　　10	
6	Ovhd Vapour Outlet	12
7	Bottoms Liquid Outlet	13
8	Reboiler Energy Stream（重沸器能流）	103
9	Next，Next	
10	Top Stage Pressure/kPa	95
11	Reboiler Pressure/kPa	130
12	Next，Next，Done	
13	Monitor	
14	Add Spec...	
15	Column Component Fraction	
16	Add Spec(s)	
17	《Stage》	
18	Reboiler	
19	《Component》	
20	CO_2，H_2S	
21	Spec Value（要求重沸器 CO_2，H_2S 含量）	0.003
22	×	
23	Specifications 栏下	
24	点击 Ovhd Prod Rate 右侧 Active，使之失效	
25	点击 Comp Fraction 右侧 Active，使之生效	
26	×	

加 空 冷 器

步骤	内　　容	流号及数据
1	从图例板点空冷器[Air Cooler]置于 PFD 窗口中	
2	双击空冷器[Air Cooler]	
3	Process Stream Inlet	12
4	Process Stream Outlet	14
5	Parameters	
6	Process Stream Delta P/kPa	10
7	Worksheet	
8	点击 Stream Name 14 下相应位置输入	
9	Temperature/℃	55
10	×	

加回流液罐

步骤	内　容	流号及数据
1	从图例板点二相分离器［Separator］置于 PFD 窗口中	
2	双击二相分离器［Separator］	
3	Inlet《Stream》	14
4	Vapour	15
5	Liquid	16
6	×	

加入回流泵

步骤	内　容	流号及数据
1	从图例板点泵［Pump］置于 PFD 窗口中	
2	双击泵［Pump］	
3	Inlet	16
4	Outlet	17
5	Energy	102
6	Worksheet	
7	点击 Stream Name 17 下相应位置输入	
8	Pressure/kPa	200
9	×	

加分配器及输入外排酸水流量

步骤	内　容	流号及数据
1	从图例板点分配器［Tee］置于 PFD 窗口中	
2	双击分配器［Tee］	
3	Inlet	17
4	Outlets	18，19
5	Worksheet	
6	点击 Stream Name 18 下相应位置输入	
7	Molar Flow/（kmol/h）	1
8	×	

加贫液空冷器

步骤	内　容	流号及数据
1	从图例板点空冷器［Air Cooler］置于 PFD 窗口中	
2	双击空冷器［Air Cooler］	
3	Process Stream Inlet	21
4	Process Stream Outlet	22
5	Parameters	
6	Process Stream Delta P/kPa	10

223

步骤	内　　容	流号及数据
7	Worksheet	
8	点击 Stream Name 22 下相应位置输入	
9	Temperature/℃	40
10	×	

加 Spreadsheet 由水物平计算补水量

步骤	内　　容	流号及数据
1	从图例板从图例板点击[Spreadsheet]置于 PFD 窗口中	
2	双击[Spreadsheet]	
3	Add Import	
4	Object 点选 1	
5	Variable 下选 Master Component Molar Flow	
6	Variable Specifics 下选 H_2O	
7	OK	
8	Add Import	
9	Object 点选 2	
10	Variable 下选 Master Component Molar Flow	
11	Variable Specifics 下选 H_2O	
12	OK	
13	Add Import	
14	Object 点选 7	
15	Variable 下选 Master Component Molar Flow	
16	Variable Specifics 下选 H_2O	
17	OK	
18	Add Import	
19	Object 点选 15	
20	Variable 下选 Master Component Molar Flow	
21	Variable Specifics 下选 H_2O	
22	OK	
23	Add Import	
24	Object 点选 18	
25	Variable 下选 Master Component Molar Flow	
26	Variable Specifics 下选 H_2O	
27	OK	
28	Spreadsheet	
29	点击 B1，输入	＝A2＋A3＋A4＋A5－A1
30	在 B1 单元格将显示系统出水与原料进水之差值 56.11kmol/h	（记住计算数值）
31	×	

加 混 合 器

步骤	内 容	流号及数据
1	从图例板点混合器[Mixer]置于 PFD 窗口中	
2	双击混合器[Mixer]	
3	Inlets	22，补水
4	Outlet	23
5	Worksheet	
7	点击 Stream Name"补水"下相应位置输入	
8	Temperature/℃	40
9	Pressure/kPa	200
10	Molar Flow/(kmol/h)(输入 Spreadsheet 计算值)	56.11
11	双击 Stream"补水"的 Molar Flow 位置	
12	Composition(填摩尔组成) H$_2$O 其余组分	 1.0 0.0(或空着)
13	OK	

此处流号"补水"是为了保持系统内因净化气和再生塔酸性气携带饱和水汽而损失的水分，所需额外补充的水量，目的是维持贫液中的浓度在 50%。如果系统的补充水量不控制好，将造成贫液组成迭代失控。

加入溶剂循环泵

步骤	内 容	流号及数据
1	从图例板点泵[Pump]置于 PFD 窗口中	
2	双击泵[Pump]	
3	Inlet	23
4	Outlet	24
5	Energy	100
6	Worksheet	
7	点击 Stream Name 24 下相应位置输入	
8	Pressure/kPa	4600
9	×	

加 循 环

步骤	内 容	流号及数据
1	从图例板点循环[Recycle]置于 PFD 窗口中	
2	双击循环[Recycle]	
3	Inlet	24
4	Outlet	25
5	×	

计算要点：

① 先确定溶剂组成，将进入吸收塔和闪蒸罐顶精馏柱的溶剂量确定，看净化气的质量，如果不合格，增加溶剂循环量直至合格。

② 再生塔底压力不宜过高，否则塔底温度超过128℃管线变为黄色（超出模型适用范围），提示参数不合理。

③ 用补充水调节再生塔底溶剂的浓度。在总贫液未循环前需先通过 Spreadsheet 计算出在总贫液初值条件下出料与进料的水物料平衡差值作为补水的初值，然后再进行总贫液的迭代，这样才能保证流程迭代收敛后贫液的流量与组成与初值比较接近。盲目调整补水量将很难收敛到预期的贫液组成。

④ 贫富液换热器图标为黄色，显示对数温差修正系数 F_t 小于 0.2，因为这是通过 HYSYS 默认的换热器结构数据核算出的结果。在工艺计算时只要冷流和热流的传热温差合理，可不予理会该警告。

⑤ 进吸收塔的循环必须在精馏柱底部组成与计算吸收塔时的组成十分接近时才可以连接，或者可以不加此循环。

收敛技巧：由于流程循环较多，迭代过程中循环迭代会相互影响，在补充水量估算偏离物料平衡较远时会发生塔收敛计算失败的情况，特别是精馏柱的计算易失败。此时可以停止精馏柱的计算，先让其他塔收敛，再进行精馏柱的收敛。在塔收敛计算过程中如果出现失败，也可以尝试点击 Reset 按钮，重新给模型变量赋初值。

4. 计算结果汇总

计算结果汇总见表3-32。

表3-32　计算结果汇总

流　　　号	天然气	补水	饱和水	1	2
气相分数	1.0000	0.0000	0.0000	1.0000	1.0000
温度/℃	30.00	40.00		30.00	60.53
压力/kPa	4600.00	200.00		4600.00	4480.00
摩尔流率/(kmol/h)	5580.00	56.11	6.30	5586.30	5454.79
质量流率/(kg/h)	99642.50	1010.83	113.56	99756.06	93531.70
体积流率/(m³/h)	299.7907	1.0129	0.1138	299.9045	292.2203
热流率/(kJ/h)	7.075×10^7	-1.850×10^6	6.344×10^4	7.082×10^7	7.607×10^7

流　　　号	3	4	5	6	7
气相分数	0.0000	0.0007	0.0000	1.0000	1.0000
温度/℃	43.25	43.21	43.22	43.22	56.72
压力/kPa	4600.00	770.00	770.00	770.00	760.00
摩尔流率/(kmol/h)	2426.87	2426.87	2427.23	1.71	1.64
质量流率/(kg/h)	77778.83	77778.83	77811.33	33.19	29.85
体积流率/(m³/h)	77.4864	77.4864	77.4602	0.0911	0.0870
热流率/(kJ/h)	-4.936×10^7	-4.936×10^7	-4.943×10^7	2.217×10^4	2.236×10^4

流　号	8	9	10	11	12
气相分数	0.0000	0.0000	0.0002	0.0406	0.9999
温度/℃	56.04	56.03	43.17	82.00	74.41
压力/kPa	770.00	770.00	200.00	190.00	95.00
摩尔流率/(kmol/h)	2.07	2.07	2427.23	2427.23	248.74
质量流率/(kg/h)	65.69	65.69	77811.33	77811.33	8337.48
体积流率/(m³/h)	0.0649	0.0649	77.4602	77.4602	9.7446
热流率/(kJ/h)	-3.863×10^4	-3.863×10^4	-4.943×10^7	-3.506×10^7	2.835×10^6

流　号	13	14	15	16	17
气相分数	0.0000	0.7396	1.0000	0.0000	0.0000
温度/℃	110.22	55.00	55.00	55.00	55.04
压力/kPa	130.00	85.00	85.00	85.00	200.00
摩尔流率/(kmol/h)	2242.29	248.74	183.98	64.76	64.76
质量流率/(kg/h)	70623.49	8337.48	7170.38	1167.10	1167.10
体积流率/(m³/h)	68.8677	9.7446	8.5750	1.1696	1.1696
热流率/(kJ/h)	-2.511×10^7	-1.093×10^5	1.951×10^6	-2.061×10^6	-2.061×10^6

流　号	18	19	20	21	22
气相分数	0.0000	0.0000	0.0000	0.0000	0.0000
温度/℃	55.04	55.04	55.04	53.60	40.00
压力/kPa	200.00	200.00	200.00	115.00	105.00
摩尔流率/(kmol/h)	1.00	63.76	63.79	2242.29	2242.29
质量流率/(kg/h)	18.02	1149.08	1149.65	70623.49	70623.49
体积流率/(m³/h)	0.0181	1.1515	1.1521	68.8677	68.8677
热流率/(kJ/h)	-3.182×10^4	-2.029×10^6	-2.030×10^6	-3.948×10^7	-4.275×10^7

流　号	23	24	25	26	27
气相分数	0.0000	0.0000	0.0000	0.0000	0.0000
温度/℃	40.00	41.70	41.70	41.70	41.70
压力/kPa	105.00	4600.00	4600.00	4600.00	4600.00
摩尔流率/(kmol/h)	2298.40	2298.40	2297.36	2.00	2295.36
质量流率/(kg/h)	71634.32	71634.32	71616.81	62.35	71554.47
体积流率/(m³/h)	69.8806	69.8806	69.8631	0.0608	69.8022
热流率/(kJ/h)	-4.460×10^7	-4.419×10^7	-4.415×10^7	-3.844×10^4	-4.412×10^7

第六节　从气田污水中回收甲醇

气田在开发过程中井口常需要节流降压，形成低温气体，为了防止水合物生成，需要在井口注入甲醇或乙二醇防冻剂。这些防冻剂如果不回收不仅增加生产成本，更重要的是对环境造成污染，特别是会对地下水造成污染，因此，必须进行回收。

一、回收的工艺流程

甲醇污水回收原则流程见图3-29。

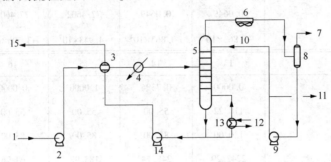

图3-29　甲醇回收工艺原则流程图

1—甲醇污水；2—进料泵；3—换热器；4—加热器；5—分馏塔；6—空冷器；7—不凝气；
8—回流罐；9—回流泵；10—回流；11—再生甲醇；12—导热油；13—重沸器；14—污水泵；15—污水

含甲醇污水(1)用进料泵(2)自储罐抽来，然后经过换热器(3)与污水换热后进入加热器(4)加热至95℃进入分馏塔(5)，在塔底重沸器(13)的作用下蒸出污水中的甲醇。甲醇蒸气从塔顶馏出进入空冷器(6)，被冷凝冷却至40℃进入回流罐(8)，然后用回流泵抽出，一部分打入塔顶作回流，另一部分作为产品去储罐。塔底污水与原料换热后回注地层。

二、HYSYS 软件计算

（一）基础数据

1. 处理量：150m³/d。

2. 污水甲醇含量：36%。

3. 温度：20℃。

4. 压力：常压(120kPa)。

5. 要求产品：甲醇纯度≥95%，污水含甲醇≤0.1%。

（二）绘制 HYSYS 软件计算模型图

HYSYS 软件计算模型见图3-30。

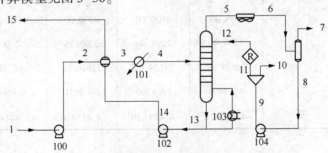

图3-30　HYSYS 软件计算模型图

（三）计算步骤

输入计算所需的全部组分和流体包

步骤	内　容	流号及数据
1	New Case[新建空白文档]	
2	Add[加入]	
3	Components：Methanol、H_2O	添加库组分
4	×	
5	Fluid Pkgs	加流体包
6	Add	
7	NRTL	选气-液平衡计算方法
8	×	
9	Enter Simulation Environment	进入模拟环境

加入含甲醇污水原料

步骤	内　容	流号及数据
1	选中 Material Stream[蓝色箭头]置于 PFD 窗口中	
2	双击[Material Stream]	
3	在 Stream Name 栏填上	1
4	Temperature/℃	20
5	Pressure/kPa	100
6	Molar Flow/(kmol/h)	239.9
7	双击 Stream 1 的 Molar Flow 位置	
8	Composition(填摩尔组成) 　Methanol 　H_2O	 0.3599 0.6401
9	OK	
10	×	

加入进料泵

步骤	内　容	流号及数据
1	从图例板点泵[Pump]置于 PFD 窗口中	
2	双击泵[Pump]	
3	Inlet	1
4	Outlet	2
5	Energy	100
6	Worksheet	
7	点击 Stream Name 2 下相应位置输入	
8	Pressure/kPa	500
9	×	

加入换热器

步骤	内 容	流号及数据
1	从图例板点换热器[Heat Exchanger]置于PFD窗口中	
2	双击换热器[Heat Exchanger]	
3	Tube Side Inlet	2
4	Tube Side Outlet	3
5	Shell Side Inlet	14
6	Shell Side Outlet	15
7	Parameters	
8	在Heat Exchanger Model中单选：Exchanger Design(Weighted)	
9	Tube Side Delta P/kPa	20
10	Shell Side Delta P/kPa	20
11	Worksheet	
12	点击Stream Name 3下相应位置输入	
13	Temperature/℃	60
14	×	

加入加热器

步骤	内 容	流号及数据
1	从图例板点加热器[Heater]置于PFD窗口中	
2	双击加热器[Heater]	
3	Inlet	3
4	Outlet	4
5	Energy	101
6	Parameters	
7	Delta P/kPa	20
8	Worksheet	
9	点击Stream Name 4下相应位置输入	
10	Temperature/℃	90
11	×	

加 分 馏 塔

步骤	内 容	流号及数据
1	从图例板点不完全塔[Reboiled Absorber]置于PFD窗口中	
2	双击不完全塔[Reboiled Absorber]	
3	理论板数 $n=$	25
4	Top Stage Inlet	12

5	Optional Inlet Streams：
	   Stream Inlet Stage
	     4 8	

230

步骤	内　　容	流号及数据
6	Ovhd Vapour Outlet	5
7	Bottoms Liquid Outlet	13
8	Reboiler Energy Stream(重沸器能流)	103
9	Next，Next	
10	Top Stage Pressure/kPa	110
11	Reboiler Pressure/kPa	140
12	Next，Next，Done	
13	Monitor	
14	Add Spec...	
15	Column Component Fraction	
16	Add Spec(s)	
17	《Stage》	
18	Reboiler	
19	《Component》	
20	Methanol	
21	Spec Value(要求重沸器甲醇含量0.1%)	0.001
22	×	
23	Specifications 栏下	
24	点击 Ovhd Prod Rate 右侧 Active，使之失效	
25	点击 Comp Fraction 右侧 Active，使之生效	
26	×	

此时流号 12 的条件还没有，程序将提出警告，不用理会。退出塔环境后双击流号 12，输入初始条件后即可自动完成塔的计算。

加塔顶回流液初值

步骤	内　　容	流号及数据
1	双击[Material Stream]	12
2	Temperature/℃	40
3	Pressure/kPa	500
4	Mass Flow/(kg/h)	2500
5	双击 Stream 20 的 Molar Flow 位置	
6	Composition(填摩尔组成) 　Methanol 　H_2O	 0.95 0.05
7	OK	
8	×	

分馏塔将自动完成初步计算。

加 空 冷 器

步骤	内　　　容	流号及数据
1	从图例板点空冷器[Air Cooler]置于 PFD 窗口中	
2	双击空冷器[Air Cooler]	
3	Process Stream Inlet	5
4	Process Stream Outlet	6
5	Parameters	
6	Process Stream Delta P/kPa	10
7	Worksheet	
8	点击 Stream Name 6 下相应位置输入	
9	Temperature/℃	40
10	×	

加 回 流 罐

步骤	内　　　容	流号及数据
1	从图例板点二相分离器[Separator]置于 PFD 窗口中	
2	双击二相分离器[Separator]	
3	Inlet《Stream》	6
4	Vapour	7
5	Liquid	8
6	×	

加 入 回 流 泵

步骤	内　　　容	流号及数据
1	从图例板点泵[Pump]置于 PFD 窗口中	
2	双击泵[Pump]	
3	Inlet	8
4	Outlet	9
5	Energy	104
6	Worksheet	
7	点击 Stream Name 9 下相应位置输入	
8	Pressure/kPa	500
9	×	

加 分 配 器

步骤	内　　　容	流号及数据
1	从图例板点分配器[Tee]置于 PFD 窗口中	
2	双击分配器[Tee]	
3	Inlet	9

步骤	内　容	流号及数据
4	Outlets	10，11
5	Worksheet	
6	点击 Stream Name 11 下相应位置输入	
7	Mass Flow/（kg/h）	2900
8	×	

加 循 环

步骤	内　容	流号及数据
1	从图例板点循环［Recycle］置于 PFD 窗口中	
2	双击循环［Recycle］	
3	Inlet	11
4	Outlet	12
5	×	

加入塔底泵

步骤	内　容	流号及数据
1	从图例板点泵［Pump］置于 PFD 窗口中	
2	双击泵［Pump］	
3	Inlet	13
4	Outlet	14
5	Energy	102
6	Worksheet	
7	点击 Stream Name 14 下相应位置输入	
8	Pressure/kPa	400
9	×	

（四）计算结果汇总

计算结果汇总见表 3-33。

表 3-33　计算结果汇总

流　号	1	2	3	4	5
气相分数	0.0000	0.0000	0.0000	0.0000	1.0000
温度/℃	20.00	20.11	60.00	90.00	67.45
压力/kPa	100.00	500.00	480.00	460.00	110.00
摩尔流率/（kmol/h）	239.90	239.90	239.90	239.90	180.18
质量流率/（kg/h）	5532.90	5532.90	5532.90	5532.90	5704.83
体积流率/（m³/h）	6.2487	6.2487	6.2487	6.2487	7.1470
热流率/（kJ/h）	-6.453×10^7	-6.453×10^7	-6.366×10^7	-6.299×10^7	-3.611×10^7

流 号	6	7	8	9	10
气相分数	0.0000	1.0000	0.0000	0.0000	0.0000
温度/℃	40.00	40.00	40.00	40.19	40.19
压力/kPa	100.00	100.00	100.00	500.00	500.00
摩尔流率/(kmol/h)	180.18	0.00	180.18	180.18	88.59
质量流率/(kg/h)	5704.83	0.00	5704.83	5704.83	2804.83
体积流率/(m³/h)	7.1470	0.0000	7.1470	7.1470	3.5139
热流率/(kJ/h)	-4.305×10^7	0.000	-4.305×10^7	-4.305×10^7	-2.116×10^7

流 号	11	12	13	14	15
气相分数	0.0000	0.0000	0.0000	0.0000	0.0000
温度/℃	40.19	40.19	109.14	109.18	33.42
压力/kPa	500.00	500.00	140.00	400.00	380.00
摩尔流率/(kmol/h)	91.59	91.59	151.31	151.31	151.31
质量流率/(kg/h)	2900.00	2900.00	2728.07	2728.07	2728.07
体积流率/(m³/h)	3.6331	3.6331	2.7348	2.7348	2.7348
热流率/(kJ/h)	-2.188×10^7	-2.188×10^7	-4.214×10^7	-4.214×10^7	-4.301×10^7

第四章　炼油厂常用加工工艺

第一节　概　　述

改革开放以来，我国炼油和石油化工工业得到了迅猛发展，不但炼油能力有大幅度提升，而且技术水平也有大幅度提高，我国炼油加工能力 1978 年为 9291×10⁴t/a 世界排名第10 位，到 2015 年原油加工能力已达 5.03×10⁸t/a，上升到世界第 2 位。我国炼油化工各类产品增加情况见表 4-1。

表 4-1　2015 年中国原油加工及产品产量　　　　　　　　　　　×10⁴t/a

名　　称	年　　份	
	1978	2015
原油加工能力	9291	50278
产品		
汽油+煤油+柴油+润滑油	3328	32400
乙烯加工能力	45.9	2121
乙烯产量	38.03	1951
合成树脂	67.9	5326[①]
合成纤维	16.93	4487
合成橡胶	10.19	312

①杨桂英，2015 年合成树脂市场回顾及 2016 年展望，当代石油石化，2016，Vol. 24（4）：28-33。

2016 年，世界炼油能力缓慢增长，世界炼油业景气程度不如上年，原油加工总量略低于上年水平，世界炼厂开工率略有回落，世界主要炼油中心炼油毛利总体表现较上年均出现不同程度下滑。

2016 年，世界各主要地区炼油业发展形势各异，北美地区炼油投资从建新装置转向现有炼厂改造，欧洲炼油业重陷困境，新兴经济体国家继续推动炼油项目建设。世界新增炼油能力约 7000×10⁴t/a，主要来自中国、伊朗、印度和土库曼斯坦等国家。其中，伊朗 2007 年就开始建设的"波斯湾之星"大型炼厂一期工程终于建成，新增凝析油加工能力约 600×10⁴t/a。2016年底世界炼油加工情况见表 4-2。

表 4-2　2016 年世界炼油加工能力[①]　　　　　　　　　　　10⁴t/a

地　区	炼厂数	原油加工	减压蒸馏	催化裂化	催化重整	催化加氢[②]
亚太地区	148	138336.9	23491.4	18140.5	9728.3	57969.8
其中中国[③]	48	48506.7	2660.0	5360.0	1987.1	9854.6
西欧地区	86	67140.2	27579.8	9997.0	8686.8	56236.0
东欧、前苏联	75	49083.7	20226.4	4876.0	6356.8	25602.1
中东地区	55	46436.3	9773.7	1780.2	3019.7	15324.9
非洲地区	45	16662.2	2415.3	1133.1	1966.9	4735.0

地　区	炼厂数	原油加工	减压蒸馏	催化裂化	催化重整	催化加氢[②]
北美地区	146	110275.7	52584.3	33183.9	17509.2	109601.1
南美地区	60	30002.6	15953.8	6027.5	1189.1	7189.0
世界总计	615	457937.6	152024.7	75138.2	48456.8	276657.9

① 数据来源：美国《油气杂志》2016 年 12 月 5 日。原文加工能力单位为每天桶数，本表按以下系数换算成每年吨数：原油加工 50；减压蒸馏和催化加氢 53；催化裂化 52；催化重整 43。

② 催化加氢数据为原文中加氢裂化和加氢处理之和。

③ 该组统计数据中未包括中国台湾省相应数据。有关中国炼油能力的数据与实际相差较大，本表没有更正。

预计，2017 年世界炼油能力仍将缓慢增长，新增能力低于上年；全球炼油毛利低于 2016 年水平，亚太炼油毛利将处于全球较低水平。

2014 年 9 月，国家发改委制定的《石化产业布局方案》在国务院获得通过。该方案坚持安全环保优先、坚持科学合理规划、坚持资源优化配置和坚持提高产业效益四大原则，主要内容是抓好现有优势企业挖潜改造，提升产业发展效益，加快能源进口通道配套石化工程建设，充分发挥能源战略通道作用，优化提升石化产业基地，提高原料多元化水平，推动产业集聚高效发展。未来我国将逐步在东部沿海形成七大石化产业基地，从北向南依次是大连长兴岛、河北曹妃甸、江苏连云港、上海漕泾、浙江宁波、福建古雷和广东惠州，规划到 2025 年，七大沿海炼油基地形成炼油能力 $33000 \times 10^4 t/a$、乙烯产能 $2450 \times 10^4 t/a$、芳烃产能 $2400 \times 10^4 t/a$。表 4-3 为沿海石化产业布局规划。

表 4-3　石化产业布局方案的七大沿海石化产业基地

序号	基地名称	现有石化企业	类型	升级改造/建设内容	基地目标
1	上海漕泾	上海石化、高桥石化	现有产业基地升级改造	调整上海石化产业布局，推动中石化上海高桥石化向漕泾化工区调整改造，建设上海漕泾石化产业基地	$4000 \times 10^4 t/a$ 炼油、$300 \times 10^4 t/a$ 乙烯、$200 \times 10^4 t/a$ 芳烃
2	浙江宁波	镇海炼化、大榭石化		重点建设镇海炼化 $1500 \times 10^4 t/a$ 炼油、$120 \times 10^4 t/a$ 乙烯和 $100 \times 10^4 t/a$ 芳烃扩建工程，以及中海油千万吨级炼化一体化改扩建工程等	$5000 \times 10^4 t/a$ 炼油、$200 \times 10^4 t/a$ 乙烯、$300 \times 10^4 t/a$ 芳烃
3	广东惠州	惠州炼化		重点建设中海油惠州炼化千万吨级炼油和百万吨级乙烯一体化二期扩建工程，推进中卡百万吨级乙烯工程等炼化一体化工程建设	$4000 \times 10^4 t/a$ 炼油、$350 \times 10^4 t/a$ 乙烯、$300 \times 10^4 t/a$ 芳烃
4	大连长兴岛（西中岛）		规划布局产业基地	结合大连和辽宁沿海石化产业布局调整，推动大连石化向西中岛搬迁，建设大型炼化一体化工程	$5000 \times 10^4 t/a$ 炼油、$300 \times 10^4 t/a$ 乙烯、$400 \times 10^4 t/a$ 芳烃
5	河北曹妃甸			调整京津冀产业布局，加快区域内环境敏感、人口密集区的企业搬迁和聚集发展，推动企业污染防治，2020 年前重点建设曹妃甸一期炼化一体化工程	$5000 \times 10^4 t/a$ 炼油、$400 \times 10^4 t/a$ 乙烯、$300 \times 10^4 t/a$ 芳烃
6	江苏连云港			结合江苏沿江地区产业布局调整和华东市场消费需求增长，2020 年前重点建设江苏连云港一期千万吨级炼油和百万吨级乙烯及芳烃一体化工程	$5000 \times 10^4 t/a$ 炼油、$400 \times 10^4 t/a$ 乙烯、$300 \times 10^4 t/a$ 芳烃
7	福建古雷			发挥福建区位优势，加强海峡两岸产业合作，做好腾龙芳烃工程试运行，2020 年前重点建设古雷一期千万吨级炼油和百万吨级乙烯及芳烃一体化工程	$5000 \times 10^4 t/a$ 炼油、$500 \times 10^4 t/a$ 乙烯、$600 \times 10^4 t/a$ 芳烃

《石化产业布局方案》在附件列出了 2015—2020 年国内在建及规划项目表，新增炼油能力合计为 25050×10⁴ t/a，到 2020 年预计国内炼油总能力将达到 99692×10⁴ t/a。其中，中石化新增炼油能力 11750×10⁴ t/a，中石油新增炼油能力 8600×10⁴ t/a，中海油新增炼油能力 1600×10⁴ t/a，兵工集团新增炼油能力 1900×10⁴ t/a，中国化工新增炼油能力 900×10⁴ t/a，中化集团新增炼油能力 300×10⁴ t/a。加上未被统计在内的地炼扩能及新建炼油项目规划，到 2020 年国内炼油能力将超过 10×10⁹ t/a，炼油产能过剩矛盾将进一步加剧。2015—2020 年国内部分新增炼油能力规划见表 4-4。

表 4-4　2015—2020 年国内部分新增炼油能力规划　　　　　　　　×10⁴ t/a

序号	企　业	隶属集团	现有炼油能力	新增炼油能力	未来炼油能力
1	华北石化	中石油	500	500	1000
2	云南石化		0	1000	1000
3	揭阳石化		0	2000	2000
4	大连长兴岛一期		0	1500	1500
5	中俄东方石化		0	1600	1600
6	中卡壳炼化		0	2000	2000
7	九江石化	中石化	500	300	800
8	洛阳石化		800	1000	1800
9	荆门石化		550	450	1000
10	海南炼化		800	500	1300
11	中科炼化		0	1500	1500
12	镇海炼化		2300	1500	3800
13	上海漕泾		0	2000	2000
14	福建古雷一期		0	1500	1500
15	河北曹妃甸一期		0	1500	1500
16	江苏连云港一期		0	1500	1500
17	惠州炼化	中海油	1200	1000	2200
18	大榭石化		800	600	1400
19	正和集团	中国化工	500	500	1000
20	华星石化		600	400	1000
21	泉州石化	中化集团	1200	300	1500
22	辽宁华锦石化	兵工集团	600	1900	2500
合　计			10350	25050	35400

除了加工能力大幅提高外，由于对燃料的要求越来越高，清洁燃料的生产促进了炼油技术的改进，世界炼油技术创新也呈现出蓬勃发展之势。例如：①降低催化汽油硫含量技术。Grace 公司开发的降低催化汽油硫含量的 GSR-1 和 GFR-2000 催化剂，工业结果表明，用 GSR-1 催化剂可降低汽油硫含量 20%。再用 GFR 2000 可使汽油的硫含量进一步降低 15%。②降低催化汽油烯烃含量技术。Grace 公司开发的降低催化汽油烯烃含量的 RFG 催化剂工业使用表明，催化汽油的烯烃含量降低 25%~40%，绝对值降低 8~12 个百分点。③毫秒催化

裂化(MSCC)技术。UOP 公司开发的毫秒催化裂化(MSCC)技术,可使渣油处理量提高,液体产品收率提高,干气产率下降,LPG 烯化度提高,汽油辛烷值和柴油十六烷值都得到提高,而催化剂补充量下降。④多产轻烯烃的催化裂化技术。UOP 开发的 PetroFCC 技术,采用两段反应一段再生技术,能加工 VGO 和减压渣油,丙烯产率为 22.8%,C₄ 馏分产率 15.6%,汽油中富含芳烃,通过加工可得到 50% 以上的对二甲苯和 15% 的苯。⑤催化裂化催化剂一段再生技术,Kellogg 和 Mobil 公司合作开发的一段再生技术,称为 Re-genMax,在再生过程中,采用逆流式、CO 部分燃烧方案来控制温度,可使催化剂上碳含量降低到 0.05% ~ 0.07%,投资降低 10% ~ 20%。

中国石油大学开发的双提升管催化裂化技术打破了应用多年的单提升管催化裂化技术,使催化裂化技术走在世界的前列。还有一批与催化裂化组合的工艺相继出现,如催化裂化——芳烃抽提组合工艺(ICAE),以糠醛和溶剂油为溶剂,将催化裂化回炼油中的重质芳烃抽提出来,抽余油返回催化裂化回炼,大大改善了回炼油 H/C 比,减少催化裂化生焦量,从而大大降低了再生负荷,提高了催化裂化处理能力,改善了催化产品分布,提高了柴油质量和催化裂化装置操作弹性。催化裂化——溶剂脱沥青组合工艺,该工艺的特点是将催化裂化的澄清油混入减压渣油,一方面可以使渣油很好地分散,提高沥青的收率,由于澄清油中的稠环芳烃进入沥青,改善了沥青质量;另一方面,脱沥青过程中使澄清油中含有的饱和烃及单、双环芳烃又是催化裂化的好原料,提高了催化裂化产品收率。催化裂化——延迟焦化组合工艺,该工艺是将催化裂化的澄清油直接去焦化,不但能提高催化裂化装置的生产能力,还可使催化裂化装置参炼更多的渣油,提高轻质油收率。

除了新工艺新技术不断发展外,催化裂化装置规模也向大型化发展。如世界上最大的蜡油催化裂化为美国的贝汤炼厂,单套规模达 6.0Mt/a,最大的渣油催化裂化为印度尼西亚的巴龙炼厂,单套装置规模达 4.25Mt/a。我国最大的蜡油催化裂化装置建在镇海炼厂,单套规模为 3.0Mt/a。此外,洛阳石油化工工程公司开发的 ROCC-VA 型重油催化裂化 1.0Mt/a 装置,反应再生系统采用同轴布置,自上而下依次为沉降器、第一再生器(一再)、第二再生器(二再)。其特点是:①两器总高度低,沉降器顶切线高度为 58.1m,与国外同类装置比,两器高度降低了 15m 左右,缩短了高温油气在高温下的停留时间,减少了两器结焦;②催化剂为立管输送,与斜管相比,催化剂输送顺畅,推动力大,适合于各种密度的催化剂,可实现大剂油比操作,装置操作弹性大,抗事故能力强;③设备紧凑,占地面积小。在单体设备开发方面也取得了很大进步,如中国科学院力学研究所等开发的 KH 型喷嘴,目前有 55 家炼厂的 74 套催化裂化装置上使用,总加工量为 54.20Mt/a,占炼油行业总加工量的 50%。根据 2004—2006 年中石化和中石油炼厂统计,使用该喷嘴:①干气产率下降 1%,纯液体收率大约增加 1%;②雾化蒸汽量低,与同类喷嘴相比,雾化蒸汽量低 1% ~ 2%,雾化后油滴粒度在 60μm 左右;③使用寿命有 2 年提高到 3 年以上;④对炼制高黏度和高比例渣油,使用 KH 喷嘴基本不生焦。此外,由洛阳石油化工工程公司设备研究所开发的催化裂化新型预提升器在吉林油田炼油厂Ⅱ套催化裂化装置使用后,较改造前气体蒸汽量降低了 0.3t/h,下降 19%;焦炭氢含量由 9.5% 下降至 6.3%,最低达 4.7%,平均降低 34%;再生温度为 695℃,下降了 5℃;焦炭产率下降 1.15 个百分点。

常减压蒸馏技术近年来也有很大发展,我国常减压蒸馏装置原有的规模与国外比均较小,随着节能和经济效益的要求,新建装置规模与国外相比基本相当,国内常减压蒸馏装置趋向大型化发展。如山东青岛炼厂和广西钦州炼厂初加工能力都在 1000×10⁴t/a，中国中化集团在泉州的 1200×10⁴t/a 炼油一体化项目，已获国家发改委的批准，该项目包括 1200×10⁴t/a 常减压、240×10⁴t/a 催化裂化和 140×10⁴t/a 焦化等装置组成。除此之外，老装置扩能改造仍在进行，1999 年镇海炼厂建成投产了 800×10⁴t/a 常减压装置，2001 年 5 月改造为 1000×10⁴t/a 常减压装置。

常压产品质量，目前中石化有些炼厂常顶与常一线能够脱空，但尚有 40% 的装置常顶与常一线恩氏蒸馏馏程重叠超过 10℃，最多达 86℃。多数装置常二线与常三线恩氏蒸馏馏程重叠超过 15℃，实沸点重叠则超过 25℃。2001 年底常压塔底重油 350℃ 馏出量平均为 6.4%，最高为 14%，最低为 3%，最高与最低相差近 5 倍。

按照第三届常减压年会确定的深拔标准为：减压渣油中小于 500℃ 含量不大于 8%，小于 538℃ 含量不大于 10%，减压拔出深度偏低，是我国与国外的主要差距之一。国内多数装置实沸点切割都在 540℃ 以下，有些还在 520℃ 以下。2001 年中石化 47 套常减压装置，减压恩氏蒸馏切割点的平均水平为 545℃，最高是齐鲁 1 号常减压蒸馏为 564℃。影响减压拔出深度的主要原因是汽化段压力偏高、加热炉出口温度偏低和雾沫夹带严重。据中石化统计，2001 年运行的减压塔真空度为 90~99kPa，汽化段压力一般为 7.64kPa，汽化段温度为 390~392℃，低的为 360~365℃。

针对减压拔出率低的情况，科技工作者开发了很多提高拔出率的措施：

1. 采用强化蒸馏技术

强化蒸馏技术就是在原油中加入富含芳烃的物质，可以调节蒸馏过程中的相过渡有利于传热、传质和提高拔出率。齐鲁分公司采用华东理工大学开发的强化剂 50ppm，对原油的减压蜡油拔出率可提高了 1%。

2. 分段抽空技术

减压塔分段抽空技术有"并列式"和"同轴式"两种。见图 4-1 和图 4-2。

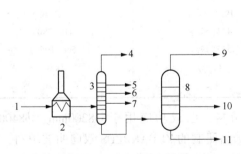

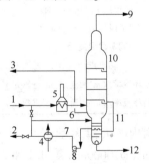

图 4-1　减压塔分段抽真空
流程示意图（并列式两段减压）
1—常压渣油；2—减压炉；3—减压塔上段；
4—抽真空；5—减一线；6—减二线；
7—减三线；8—减压塔下段；9—抽真空；
10—减四线；11—减压渣油

图 4-2　减压塔分段抽真空
流程示意图（同轴式二段减压）
1—常压渣油；2—去中油催化裂化装置；3—抽真空；
4—换热器；5—减压炉；6—减压四线回流；
7—减压四线抽出；8—回流泵；9—抽真空；
10—减压塔上段；11—减压塔下段；12—减压渣油

金陵分公司二套常减压采用"同轴式"，减压两段抽真空技术后，减渣中小于 500℃ 馏分由 8%~10%，降到 4%~5%，总拔出率提高了 1.6%，汽化段压力降到 1.33~1.86kPa。远远低于单段传统减压塔蒸发层绝压 3.33~5.33kPa。改造前后减压渣油性质对比见表 4-5。

表 4-5 改造前后减压渣油性质对比

项 目	单 段 减 压	分 段 减 压
密度/(g/cm³)	0.9518~0.9718	0.9732~0.9846
残炭/%	13.6~15.7	16.2~18.2
运动黏度(100℃)/(mm²/s)	325.6~615.8	888.5~1120.0

分段减压工艺的主要生产数据见表 4-6。

表 4-6 分段减压工艺的主要生产数据

项 目	上 段	下 段
顶部绝压/kPa	2.4~4.0	1.1~1.6
蒸发层绝压/kPa	4.4~5.3	1.3~1.8
底部温度/℃	374~380	365~373

3. 高效全填料塔技术

目前，填料塔技术正沿着理想填料方向发展，传质效率高、分离能力大、压降小和成本低的填料不断涌现。据报道，美国诺尔顿(NORTON)公司的金属环矩鞍填料塔最大直径达20m。瑞士苏尔寿公司和美国格里奇公司的板波纹填料塔最大直径已达 14m。新型填料的应用领域也从一般化工扩大到炼油和石油化工，从精馏、吸收操作单元扩大到生化处理和环境保护，从提高产品产量扩大到降低能耗和原料单耗，形成了大规模取代传统散堆填料塔和部分板式塔的新局面。

美国一家大型炼油厂商与科克(Koch)公司进行技术合作，成功将一座 9.1m 的润滑油型泡罩/筛板塔减压塔改为全规整填料塔，取得了很好效果。改造前后对比见表 4-7。

表 4-7 采用结构式填料改造前后减压塔操作数据汇总

项 目	改 造 前	改 造 后
塔顶压力/kPa(mmHg)	8.27(62)	4.0(30)
闪蒸段压力/kPa(mmHg)	19.1(143)	8.27(62)
闪蒸段温度/℃(℉)	424(795)	416(780)
切割点/℃(℉)	535(995)	566(1050)
顶循环流率/(m³回流量/m³进料量)	0.55	0.65
底循环流率/(m³回流量/m³进料量)	0.27	0.26

在国内，天津大学天久公司的 ZUPAK 填料，已成功应用于 $\phi8200mm$、$\phi8400mm$、$\phi9000mm$、$\phi10000mm$ 等几十座大型塔器中。最新研制的 ZUPAKPLUS 双向曲波填料，性能更为优异。减压蒸馏的减压塔一般采用规整填料，可以达到压降小，真空度高的目的。如镇海 $800×10^4t/a$ 常减压装置减压塔直径为 $\phi5400/\phi9000/\phi6000$，全塔采用 5 段规整填料，降低了全塔压降，提高了蒸发段的真空度。减压塔顶设计 3 级蒸汽抽空器，塔顶残压达20mmHg，减压渣油切割点可达 550℃，满足深拔要求。同时，采用一段洗净、低流量分配均匀的槽式分布器，降低了 HVGO 的残炭和重金属含量。

4. 提高进料段温度

华东理工大学和洛阳工程公司实验厂研究表明，进料温度每提高 10℃，总拔出率可提高 2.0%~4.0%(质量)。进料段温度取决于加热炉出口温度和转油线的温度降，设计良好的转油线温度降可小于 15℃。对于中间基原油，参考国外的经验，生产裂化原料的减压蒸馏装置，采用减压炉辐射室出口炉管逐级扩径和低转油线技术，其减压炉出口温度可提高到410~420℃，从而把进料段温度提高到395~405℃。在此条件下可实现565~580℃的切割点。

常压蒸馏工艺技术经过炼油工作者悉心研究也取得了很大进展。

1. 负荷转移技术

负荷转移技术就是充分发挥初馏塔的作用，在初馏塔拔出更多的组分，减少常压塔和常压炉的负荷，从而提高装置的处理能力和节能降耗。如镇海炼厂第三套常减压装置采用了初馏塔-闪蒸塔-常压塔-减压塔流程，装置能耗为449.24MJ/t，成为国内同类装置的较好水平。

又如大连西太平洋公司应用负荷转移技术，将原来的常压塔上部部分负荷转移至初馏塔，将闪蒸塔改为初馏塔，利用催化油浆加热初馏塔底油使之提高15℃，同时常压炉改为大负荷燃烧器，成功地将$600×10^4$t/a常减压加工能力改造为$800×10^4$t/a。能耗由改造前为552MJ/t，降低为445.6MJ/t。总拔出率提高了1%。其工艺流程见图4-3。

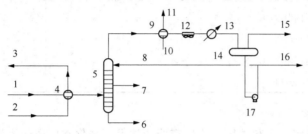

图4-3 常压改造工艺流程图

1—原油；2—催化油浆；3—催化油浆返回；4—换热器；5—初馏塔；6—初底油去常压炉；7—侧线抽出去一中段；8—回流；9—初顶油-原油换热器；12—空冷器；13—水冷器；14—回流罐；15—不凝气；16—初顶汽油；17—回流泵

改造前后主要操作条件见表4-8。

表4-8 主要操作条

项 目	改 造 前	改 造 后
原油处理量/(t/h)	700~750	925
脱盐温度/℃	130~140	151
脱盐压力/MPa	1.2~1.3	1.35
脱盐后换热终温/℃	200~210	220
初馏塔进料温度/℃	200~210	219
初馏塔顶压力/MPa	0.18~0.20	0.15
初馏塔顶温度/℃	195~200	109
拔头油换热器终温/℃	265~275	275
初馏塔侧线量/(t/h)	130~140	50
初馏塔顶侧线温度/℃	0.17~0.19	180
初馏塔顶回流量/(t/h)	80~90	115
初馏塔顶汽油量/(t/h)	80~150	125
常压塔顶温度/℃	178~182	130
常压塔顶压力/MPa	36~56	0.135
常压塔顶回流量/(t/h)	244~248	125

项　目	改造前	改造后
常一线抽出量/(t/h)	79～130	135
常一线抽出温度/℃	295～315	175
常二线抽出量/(t/h)	85～125	76
常二线抽出温度/℃	166～170/85～90	238
常三线抽出量/(t/h)	220	105
常三线抽出温度/℃	218～228/160～169	313
常顶循环量/(t/h)	220～250	130
常顶循环抽出/返回温度/℃	271～281/175～185	150/102
常一中循环量/(t/h)	200～210	230
常一中抽出/返回温度/℃		218/165
常二中循环量/(t/h)		420
常二中抽出/返回温度/℃		283/210
常压塔进料压力/kPa		188

2. 多产柴油技术

包括强化常压塔底汽提和减压一线生产柴油技术。强化常压塔底汽提，主要包括合理选择汽提段的塔板数、汽提蒸汽量、汽提段结构等参数，使汽提段的效果最佳，常压侧线产品质量提高，柴油收率增加。如太平洋炼厂将常压塔底汽提蒸汽量由 2.6% 提高到 3.8%，常四线收率由 2.4% 提高到 3.0%。另外，减一线生产柴油是在减一线和减二线之间增加一个分馏段，控制减一线 95% 点的温度，使其满足柴油质量要求。多产柴油技术可增加柴油收率 3% 左右。目前，国内 20% 的蒸馏装置采用了该技术。

3. 优化换热流程降低装置能耗技术

2001 年中石油股份所属 53 套常减压蒸馏装置，平均能耗为 11.33kg 标准油/t 原油。中石化所属蒸馏装置平均能耗为 11.85kg 标准油/t(不包括不开减压的装置)，最低 10.47kg 标准油/t，最高为 16.41kg 标准油/t。通过优化换热流程节能降耗，蒸馏装置的平均能耗从 25kg 标准油/t 原油，下降到目前的 12kg 标准油/t 原油。

4. 新型塔盘技术

近年来，新型塔盘不断出现，特别值得一提的是河北工业大学开发的新型垂直筛板塔板 (New-VST) 和立体连续传质塔盘(LLCT) 设计新颖，与 F1 型浮阀相比，处理能力提高 50%～100%，传质效率提高 15%～20%，塔板压降降低约 50%，其操作弹性与 F1 浮阀塔盘大至相当。而新开发的 LLCT 立体连续传质塔盘又比 New-VST 有较大提高。处理能力提高了 50%～70%，传质效率提高 5%～10%，塔板压降降低约 35%，操作弹性提高 35%，雾沫夹带下降 80%，塔盘间距可在 300～400mm 范围内操作，大大降低了塔高，节约了投资，此外，该塔盘还具有独特的防有机物自聚堵塞的能力。

浙江工业大学开发的 DJ 系列塔盘综合性能优良。如镇海炼厂焦化装置稳定塔和吸收塔扩能改造时采用 DJ-2 型塔盘代替浮阀塔盘，处理能力由原来的 80×10^4 t/a 提高到 130×10^4 t/a，增幅达 62.5%；该厂的催化裂化装置的吸收塔、解吸塔及稳定塔由浮阀塔改为 DJ-2DJ3 型塔盘后，处理能力由 140×10^4 t/a 增产为 180×10^4 t/a，增幅达 28.57%；茂名石化公司气体分馏装置改造采用 DJ 系列塔盘，处理能力由 $10 \times 10^4 t/a$ 扩大为 $18.8 \times 10^4 t/a$，增幅达 88%，丙烯纯度从 98% 提高到 99%。

第二节　常减压蒸馏

常减压蒸馏装置是原油加工的基本装置。采用蒸馏方法将原油分割成不同的馏分油及渣油。由于原油是一种复杂的混合物，其组成因产地不同原油的性质也不同。另外，由于炼厂对目的产品的要求不同，所采用的加工方案也不同。常减压蒸馏分离过程以气-液平衡原理和精馏理论为指导。

一、加工前的预处理

原油在地下油层中往往与含有盐的水同时存在，在开采过程中为了保证地层压力还需要向油层注水。在这些水中溶解有 NaCl、$CaCl_2$、$MgCl_2$ 等盐类物质，这些物质不仅腐蚀设备，还会结垢堵塞换热器、加热炉炉管和塔盘，影响生产，并对安全危害极大。过去认为，NaCl是不水解的，但根据石化科学研究院的研究表明，NaCl 在 300℃ 左右时开始水解，产生的HCl 是常压塔顶部位腐蚀的主要物质。据文献介绍，对于 $250 \times 10^4 t/a$ 炼油厂来说，原油中含水每增加 1%，蒸馏过程中加热炉能耗约增加 $711.8 \times 10^4 kJ/h$（$170 \times 10^4 kcol/h$）；增大了换热、冷凝冷却和分馏设备的负荷，增加了冷却水的耗量；同时，由于含水量的波动，导致蒸馏过程波动，严重时造成冲塔。因此，原油在进炼油装置之前必须进行脱盐脱水。最常用的脱盐脱水方法为电脱盐脱水。由于含水原油是比较稳定的油包水型乳状液，因此电脱盐脱水的实质就是要破坏这种乳状液，使水滴聚结，达到油水分离的目的。

（一）电脱盐脱水的基本原理

1. 偶极聚结原理

原油乳化液通过高压电场时，在分散相水质点上形成感应电荷，连续相（油相）形成绝缘介质。在感应电场的作用下，水质点一直保持电荷，其主要作用是偶极聚结。此外，在直流电场中尚有电泳聚结作用；在交流电场中尚有电震荡作用。

两个同样大小的微滴的聚结力可用式（4-1）表示。

$$f = 6KE^2r^2\left(\frac{r}{I}\right)^4 \tag{4-1}$$

式中　f——偶极矩结力；N

$\quad K$——原油介电常数，F/N；

$\quad E$——电场梯度，V/cm；

$\quad r$——微滴半径，cm；

$\quad I$——两微滴间中心距，cm。

2. 油水两相自由沉降分离原理

原油和水由于密度不同，靠油水密度差实现沉降分离。密度差是分离的推动力，而油品黏度则是分离的阻力。

油水沉降分离符合斯托克司公式，见式（4-2）。

$$u = \frac{d^2(\rho_1 - \rho_2)}{18\nu\rho_2}g \tag{4-2}$$

式中　u——水滴沉降速度，m/s；

d——水滴直径，m；

ρ_1——水的密度，kg/m³；

ρ_2——油的密度，kg/m³；

ν——油的运动黏度，m²/s；

g——重力加速度，m/s²。

此公式适用于两相相对运动为层流区，对于直径太小的液滴不适用。从公式中可以看出，水滴直径越大，其沉降速度越快。但在电脱盐罐中水滴的下降与原有的上升是同时进行的，当水滴直径小到使其下降速度小于原油的上升速度时，水滴将被携带上浮。因此，只有当原油上升速度小于水滴的沉降速度时，水滴才能沉降到罐底排出罐外。

3. 破坏原油乳状液的性质原理

原油一般都是油包水型乳状液，并且为原油中的环烷酸、胶质、沥青质所稳定，其稳定性大体取决于：

（1）所含乳化剂的性质

这些乳化剂由于吸附作用浓集于油水界面形成牢固的单分子膜。

（2）原油本身的黏度

黏度高的原油所形成的乳状液不易破坏。

（3）水相的分散程度

原油在开采和运输过程中经过激烈的搅动，使水滴高度分散，形成稳固的乳状液。

（4）乳状液形成的时间

乳状液形成时间越长，乳化膜越稳定，越难破乳。

破乳剂是一种表面活性物质，加入一定量的破乳剂，它能迅速集结于油水界面，破坏乳化剂的乳化性能，使小水滴比较容易地形成大水滴而分离出来。

生产中光靠破乳剂还不能完全达到破乳的目的，还需要附加一个高压电场，在高压电场的作用下，使小水滴聚结成大水滴，然后靠油水的密度差使水沉降于脱水器底部，而油则上升至顶端排出。在加高电场的同时，加入一定的破乳剂效果更好，所以，此法又称为电-化学脱盐脱水。

（二）工艺流程

电化学脱盐脱水工艺流程，多种多样，下面介绍一种比较先进的交-直流电脱盐脱水技术，见图4-4。

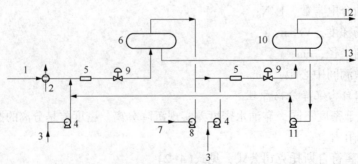

图4-4 原油电脱盐脱水原则流程图

1—含水原油；2—换热器；3—破乳剂；4—破乳剂泵；5—静态混合器；6——级电脱水罐；7—新鲜水；
8—注水泵；9—混合阀；10—二级电脱水器；11—回用水泵；12—净化原油；13—含盐污水

含水原油(1)经换热器换热后与破乳剂泵(4)打来的破乳剂(3)一起进入静态混合器(5)进行充分接触，再经混合阀(9)进一步混合，然后进入一级电脱水器(6)，一级电脱水器脱出的含盐污水(13)去水处理，脱出的原油从一级电脱水器出来与新鲜水(7)、破乳剂(3)混合后依次进入静态混合器(5)、混合阀(9)充分混合后进入二级电脱水器(10)，二级电脱水器顶出来的为净化原油(12)。二级电脱水器底部脱出水因为含盐比较少，为节省用水，用注水泵(11)抽出，回注到一级电脱水器入口，重复利用。

(三) 电脱盐脱水主要操作参数

电脱盐脱水操作参数见表4-9。

表4-9　加工量为3.0Mt/a时电脱盐操作条件

项　目	参　数	项　目	参　数
脱盐温度/℃		破乳剂量/(μg/g)	
一级	120~125	一级	15
二级	120~125	二级	15
混合强度/kPa		电场电压/kV	
一级	45~50	一级	19
二级	40~45	二级	25
注水量/%			
一级	3.5~4.0		
二级	3.4~4.0		

1. 对水质的要求

二级注水一般采用新鲜水，但新鲜水含有 Cl^-，因此也有采用软化水的。

2. 破乳剂加入量

应根据原油性质进行筛选破乳剂，注入量也应根据原油性质经试验确定，一般为30ppm左右。

3. 混合系统

采用高效静态混合器与混合阀并用，其总压降在 0.03~0.08MPa，混合强度，一级为45~50kPa，二级 40~45kPa。据文献介绍，采用 SX 或 SX-SK 型静态混合器可使微小水滴直径达50~80μm，有利于水滴与原油充分接触。

4. 油水界面控制

采用进口射频导纳油水界面仪自动控制罐内油水界面。

(四) 脱水指标

原油两级脱盐后可达到下列指标：

(1) 脱后原油含盐<3mg/L，分析方法：微库仑盐含量测定法。

(2) 脱后原油含水<0.3%，分析方法：蒸馏法石油水分测定法。

(3) 脱盐后污水含油<150ppm，分析方法：红外光度法水质测定法。

(4) 电脱盐电耗：<0.25kW·h/t 原油(单级电脱盐罐)。

(5) 电脱盐成套设备能适应 3 年的长周期生产操作。

(五) 高速电脱盐的技术特点

交-直流电脱盐技术结合了国内电脱盐技术的的优点，同时借鉴国外的先进技术，形成了独特的技术特色。该成套设备在满足脱盐、脱水的基本要求前提下，具有适应性强、能耗低、操作稳定等优点。随着石化企业装置大型化的发展趋势，对电源设备、罐内电场结构、进油分布器、混合系统及操作参数的优化匹配的设计研究，也获得了良好的经济技术效果。因此该技术具有优越的技术性能和先进的操作适应性，其主要特点如下：

1. 电场设计与脱盐工艺密切结合

电脱盐罐内有三个高效电场，且三个电场的电场强度各不相同，最下层是弱电场，中间为强电场，最上层是一个高强电场。利用吊高电极板框架的方法来增加高强电场的高度，延长微小水滴的停留时间，使脱后原油含水降至最小。在脱盐罐内，含水量从下到上逐渐减少，根据介质的导电性能，用弱电场脱除较大的水滴，这将减少较大水滴及乳化液进入强电场和高强电场，也就是说，使用弱电场可以减少电耗和因较大水滴排列造成的电场短路现象的发生，同时该技术应用保证了水滴在电场中有足够的停留时间，有利于水滴的有效分离。

2. 电场强度

为了充分发挥电场对原油含水的分离作用，提高电场对微小水滴的脱除率。根据电场力公式，对于粒径越小的水滴，不能靠延长电场停留时间来达到目的，应给予更大的电场力对微小水滴作功，使微小水滴聚结成大水滴。在实验室使用煤油与水经高效混合制成白色乳化液，在常温下静沉 30 天只能有 1cm 煤油析出，但施加电场后水滴像雨点一样很快沉降下来，20min 后基本上没有水滴沉降，即使延长通电时间，也没有效果，但如果加大电场强度，立即又有细小水滴沉降。这说明不能盲目增加电场停留时间，而应在电脱盐罐内上部增设高强电场，提供了较大的电场力，促进微小水滴的聚结，从而保证脱水效果。

3. 采用变流电源

交直流电脱盐脱水设备具有脱盐脱水率高、电耗低的特点，在国内炼油厂得到了广泛应用，采用全阻抗密闭防爆型变流电源设备供电，一方面直流电对微小水滴的脱除更为有效，另一方面该设备向正负极板上交替输送半波整流的直流电，相邻极板间等效为电容，存在着充放电过程，即使正负极板瞬间交替带电，但极板间仍存在电场，而两极板间不直接构成回路，电耗将大大降低。对各种不同电导率的原油所消耗的功率不尽相同，但设备运行过程中不会发生电源短路和设备损害，具有良好的适应性能。

4. 节能效果明显

交-直流电脱盐较交流电脱盐有着明显的节能效果。根据统计，交流电脱盐脱水平均电耗约为 0.32kW·h/t 原油，交-直流电脱盐平均电耗小于 0.20kW·h/t 原油，因此采用交-直流电脱盐技术，对设备长期运行，减少能耗，提供了保障。

5. 适应性

增加设备设计余量、确保操作弹性，交-直流电脱盐主要优点是其适应性强，加工各种不同性质的油品能确保其平稳操作。该设备设计应具有充足的设计余量及较大的操作弹性，否则当原油处理量增大，罐内油流上升速度加快时将有可能导致脱后原油含水增高，严重时发生初馏塔冲塔事故，影响装置的正常运行。特别是国内炼油厂的实际情况，加工的原油品种繁多，不可能像国外炼油厂常年加工同一性质的原油，在设计中增大操作弹性，以便增强设备对各种油品的适应能力是十分必要的。

6. 均匀分配的进油分配系统

该脱盐工艺采用水相进料的方式，原油中注入新鲜水和破乳剂经静态混合器与混合阀混合后进入电脱盐罐。原油在经过水相时，首先与罐底部的沉降水接触，经过初次洗涤，大的水滴或泥沙沉降下来，这就要求原油在进料时能均匀地分配到整个进油平面，在水相中缓慢均匀上升，同时对罐内油水界面无冲击作用，保持油水界面的相对稳定性，确保罐内弱电场梯度不受影响。因此在原油水相进料时，为确保在整个电脱盐罐内轴向和径向能均匀上升。可采用倒扣槽式进油方式，同时在扣槽顶部也适当布置部分小开孔，让原油直接上升。

7. 高效混合系统

原油在脱盐过程中，除了在罐内建立高效电场外，同时还应考虑油、水、破乳剂三者之间的充分混合。当水、破乳剂注入到原油管线后，若想将原油中各种无机盐充分地溶解到新鲜水中，必须使注入到原油中的新鲜水充分与油接触，达到一定的分散度，同时还应保持一定的传质时间，这样才能得到最佳的洗涤效果。

为此，在工艺管线设计上增设了高效静态混合器与自动调节混合强度的混合阀系统，静态混合器改变传统的叶片式结构，与国外混合器生产厂家合作，开发了多单元活动式高效混合器。原油与水经过各单元反复切割和重新组合，最终微小水滴颗粒将达到 $30 \sim 50 \mu m$，这将有利于水滴与原油的充分接触并达到一定的分散度。

8. 污泥水冲洗系统

电脱盐罐内底部配有水冲洗装置，左右两排，冲洗喷嘴朝向罐壁，使污泥向排水口冲刷，经排水口排出，及时排出沉积在罐底的泥沙、污泥等固体杂质，保持油水界位的稳定并确保所排污水在罐体内有足够的停留时间，以减少污水的含油。根据原油含污泥量的多少确定冲洗频率，通常情况下每周进行一次冲洗，每次冲洗时间不少于 20min。

9. 高压电引入装置

原油脱盐罐装置中，高压电输入系统是极其重要的一部分，在高温、高压及高压电的条件下，该装置能够安全地将变压器高压电引入到罐内电极板上。高压电引入装置具有以下优点：

(1) 通过充油防爆结构，以解决散热与绝缘。

(2) 使用螺纹连接，专用工具装卸，安装、维修灵活、方便。

(3) 罐内与电极板之间采用带高压消弧装置的万向型高压电联接器连接。

(4) 表面加工等级高，具有优良的不粘性和抗爬电性能。

10. 应用情况

国内长江电脱盐公司开发了高速电脱盐技术，并在大连石化 $450 \times 10^4 t/a$ 蒸馏装置、扬子石化 $600 \times 10^4 t/a$ 蒸馏装置、兰州炼油厂 $500 \times 10^4 t/a$ 蒸馏装置、济南炼油厂 $500 \times 10^4 t/a$ 蒸馏装置等多套装置得到广泛应用。

高速电脱盐与低速电脱盐技术比较见表 4-10。

表 4-10 高速电脱盐与低速电脱盐技术比较

项　　目	低速电脱盐	高速电脱盐
成套技术类型	交(直)流电脱盐成套设备	BILECTRIC 电脱盐成套技术
原油进料位置	水相	电极板间(油相)
进料部件形式	多孔管或倒槽式	高效喷头式(专利)
供电形式	交流或直流电	交流电
油在电场中停留时间	6min	0.1s

项　目	低速电脱盐	高速电脱盐
操作弹性	一般	高
相同罐体处理能力	1(比较单位)	2~2.5 倍
一级脱盐率/%	85~90	95
二级脱盐率/%	95~97	99
脱后原油含水/%	0.2	0.2
排水含油/ppm	~200	~150
电耗/(kW·h/t 原油)	0.2~0.5	0.03~0.08
相同处理能力投资	一般	略高

镇海炼厂建设了我国第一套千万吨级常减压蒸馏装置，其中电脱盐部分为引进美国 Baker-Petrolite 公司的 Bileeric 成套高效电脱盐技术，采用两级两罐串级脱盐方式，2001 年对电脱盐装置进行了标定，可供参考。见表 4-11。

表 4-11　电脱盐装置考核标定数据

考核时间	05-31-08	06-01-08	06-02-08	06-03-08	混合样	平均
原油进装置流量/(t/h)	939.9	867.6	862.2	800		
一级电脱盐						
原油进料温度/℃	134.1	137.3	141.6	138.0		
原油进料压力/MPa	1.4	1.4	1.4	1.4		
注水量/(t/h)	44.1	46.2	46.3	46.3		
罐油水界位/%	55.8	54.4	54.6	55.7		
混合阀压力/MPa	0.09	0.12	0.13	0.14		
切水量/(t/h)	46.4	47.2	43.0	46.8		
电流/A		80	70	70		
电压/V		350.0	360.0	350.0		
二级电脱盐						
原油进料温度/℃	133.8	136.9	140.4	137.3		
原油进料压力/MPa	1.2	1.2	1.2	1.2		
注水量/(t/h)	44.8	44.0	44.2	44.0		
罐油水界位/%	40.3	40.9	41.0	40.7		
混合阀压力/MPa	0.09	0.13	0.14	0.14		
电脱盐压力/MPa	1.1	1.1	1.1	1.0		
电流/A		30/60/80	30/60/80	35/60/75		
电压/V		340/340/385	345/340/390	340/345/390		
破乳剂注入量/(μL/L)	4.0	4.0	4.0	4.0		
脱前原油含水/%	0.1	0.1	0.1	0.1	0.05	0.05
脱前原油盐浓度/(mg/L)	5.7	6.7	6.0	5.8	6.63	6.62
一级脱后原油水分/%	0.4	0.5	0.2	0.4	0.20	0.23
一级脱后原油盐浓度/(mg/L)	2.6	2.1	1.6	1.6	1.48	1.59
二级脱后原油水分/%	0.5	0.4	0.2	0.2	0.20	0.20
一级脱后原油盐浓度/(mg/L)	1.0	1.0	0.7	0.5	0.49	0.67

二、常减压蒸馏工艺

1. 换热流程

只有常压装置的换热流程见图4-5，常减压装置的换热流程见图4-6。

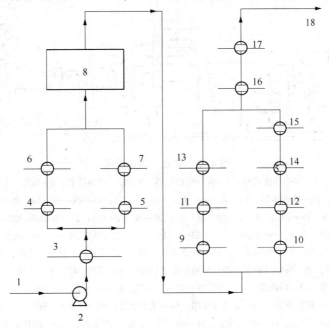

图4-5 只有常压的换热流程

1—含水原油；2—原油泵；3—原油-常顶循环换热器；4—原油-常一线(二)换热器；5—原油-常二线(二)换热器；
6—原油-常三线(三)换热器；7—原油-常重油(四)换热器；8—电脱盐器；9—脱盐油-常一线(一)换热器；
10—脱盐油-常一中换热器；11—脱盐油-常二中(三)换热器；12—脱盐油-常三线(二)换热器；
13—脱盐油-常重(三)换热器；14—脱盐油-常二(一)换热器；15—脱盐油-常二中(二)换热器；
16—脱盐油-常三线(一)换热器；17—脱盐油-常重(二)换热器；18—脱盐油去初馏塔

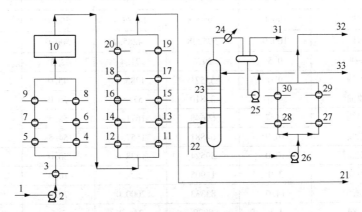

图4-6 常减压联合换热流程

1—脱盐脱水后原油；2—原油泵；3—顶循环换热器；4—常一线换热器；5—常二线换热器；6—减渣二(三次)换热器；
7—减渣一(三次)换热器；8—常三线换热器；9—减一线换热器；10—电脱盐器；11—常一中换热器；
12—减一中(二次)换热器；13—减一中换热器；14—常二线换热器；15—减渣二(二)换热器；16—常二中换热器；
17—常三换热器；18—减渣一(二)换热器；19—减一中(二)换热器；20—减一中(一)换热器；21—原油去常压炉对流室；
22—原油自常压炉对流室；23—初馏塔；24—冷凝器；25—回流泵；26—常压炉进料泵；27—减渣二(一)；
28—减渣一(一)；29—减渣二(一)；30—减渣一(一)；31—不凝气；32—原油去常压炉；33—初顶汽油

249

2. 常减压装置流程图

常减压装置流程见图4-7。

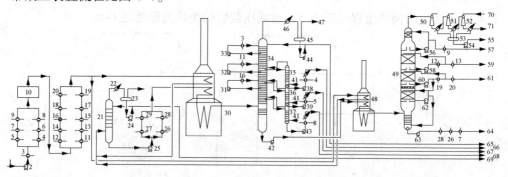

图 4-7　常减压装置流程

1—原料油；2—原油泵；3—顶循环换热器；4—常一线换热器；5—常二线换热器；6—减渣二(三)；7—减渣一(三)；
8—常三线；9—减一线；10—电脱水器；11—常一中；12—减一中(二)；13—减一中；14—常二线；15—减渣二(二)；
16—常二中；17—常三线；18—减渣一(二)；19—减一中；20—减一中(一)；21—初馏塔；22—冷凝器；23—回流罐；
24—回流泵；25—常压炉进料泵；26—减渣二(一)；27—减渣一(一)；28—减渣二(一)；29—减渣一(一)；30—常压炉；
31—常二中回流泵；32—常一中回流泵；33—顶循环泵；34—常压塔；35—煤油汽提塔；36—柴油汽提塔；
37—重柴油汽提塔；38—煤油外输泵；39—柴油外输泵；41—过热蒸汽；42—常压渣油泵；43—重柴油泵；
44—常压塔顶回流泵；45—回流罐；46—冷凝器；47—不凝气；48—减压炉；49—减压塔；50——级抽空器；
51—二级抽空器；52—三级抽空器；53—分离缓冲罐；54—减顶油泵；55—减顶油；56—减一线泵；57—减一线油；
58—减二线泵；59—减二线油；60—减三线泵；61—减三线油；62—急冷油泵；63—减底渣油泵；64—减底渣油；
65—直馏汽油；66—煤油；67—轻柴油；68—重柴油；69—拔顶汽油

3. 常减压装置物料平衡

常减压装置物料平衡见表4-12。

表 4-12　常减压装置物料平衡(8400h)

物流	名　称	%(质量)	kg/h	t/d	×10⁴t/a	备　注
入方	原油	100.0	595238	14285.7	500.0	
	合计	100.0	595238	14285.7	500.0	
出方	气体+损失	0.5	2976	71.4	2.5	
	初顶油	9.0	53571	1285.7	45.0	石脑油
	常顶油	4.0	23810	571.4	20.0	石脑油
	常一线	11.7	69643	1671.4	58.5	航煤
	常二线	10.9	64881	1557.1	54.5	柴油
	常三线	10.0	59524	1428.6	50.0	柴油
	常四线	2.0	11905	285.7	10.0	加氢裂化料
	常压渣油	14.0	83333	2000.0	70.0	催化裂化料
	减一线	1.5	8929	214.3	7.5	柴油
	减二线	11.0	65476	1571.4	55.0	加氢裂化料
	减三线	11.0	65476	1571.4	55.0	加氢裂化料
	减压渣油	14.4	85714	2057.1	72.0	催化裂化料
	合计	100.0	595238	14285.7	500.0	

4. 产品质量要求

（1）产品分离精确度

250

石脑油与煤油脱空度 ASTM D86(5%~95%)13℃。

煤油轻柴油脱空度 ASTM D86(5%~95%)8℃。

轻柴油与重柴油脱空度 ASTM D86(5%~95%)-20℃。

轻蜡油与重蜡油脱空度 ASTM D86(5%~95%)5℃。

(2)减压拔出温度

减压拔出温度 565℃。

(3)能耗

国外蒸馏装置能耗在 12kg/t 标准油左右，如日本千叶炼厂 1999 年能耗为 14.13kg/t 标准油和 15.22kg/t 标准油；土界炼厂 2000 年为 14.24kg/t 标准油。

5. 主要操作条件

(1)加热炉

加热炉的操作条件见表 4-13。

表 4-13　加热炉操作条件

项目	常压炉		减压炉	
介质	初底油	蒸汽	常底油	蒸汽
入炉温度/℃	295	220	350	250
出炉温度/℃	360	400	390	400
热负荷/kW	44194		13956	
热效率/%	91		91	

(2)塔类操作条件

塔类操作条件见表 4-14。

表 4-14　塔类操作条件

序　号	项　目	初 馏 塔	常 压 塔
压力/MPa			
1	塔顶	0.15	0.15
2	闪蒸段	0.17	0.18
温度/℃			
1	进料	200	360
2	塔顶	124	112
3	一线抽出		205
4	二线抽出		244
5	三线抽出		302
6	顶循环抽出		125
7	顶循返塔		95
8	一中抽出		211
9	一中返塔		151
10	二中抽出		282
11	二中返塔		212
12	塔底	197	350

（3）装置能耗

装置能耗见表 4-15。

表 4-15　装 置 能 耗

序号	名　称	单位耗量		小时耗量		单位能耗	
		单位	数量	单位	数量	MJ/t	kg 标油/t 原油
1	燃料油	kg/t	8.80	kg	5500	368.438	8.800
2	电	kW·h/t	6.46	kW·h	4040	76.534	1.828
3	蒸汽	t/t	0.02	t	10	50.912	1.216
4	净化风	Nm^3/t	0.48	m^3	300	0.802	0.019
5	循环水	t/t	1.60	t	1000	6.704	0.160
6	新鲜水	t/t	0.00	t	1	0.011	0.000
7	汽提净化水	t/t	0.07	t	45	0.513	0.012
8	软化水	t/t	0.02	t	10	0.168	0.004
9	除氧水	t/t	0.02	t	10	6.163	0.147
10	热出料			$\times 10^4 kcal$	763	-30.667	-0.732
合计						504.081	11.454

注：能耗计算按 SH/T 3110—2001《石油化工设计能量消耗计算方法》。

三、常减压装置的 HYSYS 模拟

1. 基础数据

原油分析的基础数据见表 4-16。

表 4-16　原油分析数据

轻组分分析数据		TBP 蒸馏数据	
组分	质量分数/%	液体体积分数/%	温度/℃
H_2O	0.3218	0.0	51.68
Methane	0.0166	5.0	132.36
Ethane	0.0012	10.0	192.51
Propane	0.007	30.0	346.73
i-Butane	0.0116	50.0	457.40
n-Butane	0.0035	70.0	577.89
i-Pentane	0.0026	90.0	755.44
n-Pentane	1.722	95.0	840.19
密度/(kg/m³)	895	100.0	950.48

2. 常减压装置 HYSYS 计算模型

常减压装置 HYSYS 计算模型见图 4-8。

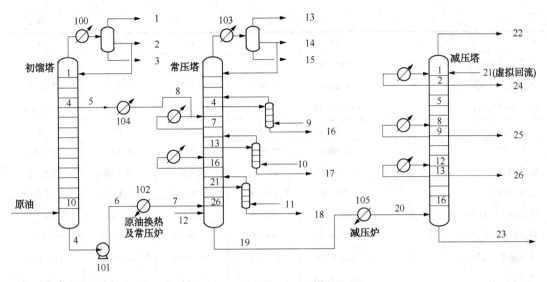

图 4-8 常减压装置 HYSYS 计算模型

3. 计算结果汇总

计算结果汇总见表 4-17。

表 4-17 计算结果汇总

流 号	原油	1	2	3	4
气相分数	0.2994	1.0000	0.0000	0.0000	0.0000
温度/℃	241.00	37.98	37.98	37.98	240.30
压力/kPa	150.00	125.00	125.00	125.00	145.00
摩尔流率/(kmol/h)	1462.21	9.09	247.30	86.52	1049.87
质量流率/(kg/h)	500000.00	378.92	23508.09	1558.63	463557.09
体积流率/(m³/h)	558.6592	0.7238	33.3531	1.5618	508.8987
热流率/(kJ/h)	-8.079×10^8	-1.048×10^6	-5.297×10^7	-2.456×10^7	-7.395×10^8
流 号	5	6	7	8	9
气相分数	0.0000	0.0000	0.2433	0.0000	1.0000
温度/℃	181.21	240.38	362.00	156.00	450.00
压力/kPa	131.67	300.00	200.00	200.00	500.00
摩尔流率/(kmol/h)	69.58	1049.87	1049.87	69.58	16.65
质量流率/(kg/h)	10999.93	463557.09	463557.09	10999.93	300.00
体积流率/(m³/h)	14.1245	508.8987	508.8987	14.1245	0.3006
热流率/(kJ/h)	-1.982×10^7	-7.394×10^8	-5.661×10^8	-2.055×10^7	-3.762×10^6
流 号	10	11	12	13	14
气相分数	1.0000	1.0000	1.0000	1.0000	0.0000
温度/℃	450.00	450.00	450.00	57.00	57.00
压力/kPa	500.00	500.00	500.00	157.00	157.00
摩尔流率/(kmol/h)	55.51	16.65	349.71	0.83	21.64

流　　号	10	11	12	13	14
质量流率/(kg/h)	1000.00	300.00	6300.00	52.65	1765.59
体积流率/(m³/h)	1.0020	0.3006	6.3127	0.0837	2.6174
热流率/(kJ/h)	$-1.254×10^7$	$-3.762×10^6$	$-7.900×10^7$	$-1.249×10^5$	$-3.987×10^6$

流　　号	19	16	17	18	20
气相分数	0.0000	0.0000	0.0000	0.0000	0.5366
温度/℃	352.40	135.44	218.25	298.09	385.00
压力/kPa	190.00	160.96	172.84	183.40	10.00
摩尔流率/(kmol/h)	668.71	81.97	320.57	32.48	668.71
质量流率/(kg/h)	386730.53	9999.80	66130.31	9999.95	386730.53
体积流率/(m³/h)	413.4321	13.2223	81.9896	11.8000	413.4321
热流率/(kJ/h)	$-4.922×10^8$	$-1.963×10^7$	$-1.118×10^8$	$-1.443×10^7$	$-4.301×10^8$

流　　号	21	22	23	24	25
气相分数	1.0000	1.0000	0.0000	0.0000	0.0000
温度/℃	385.00	67.01	369.74	156.48	253.91
压力/kPa	10.00	3.00	4.80	3.12	3.96
摩尔流率/(kmol/h)	0.00	6.02	341.76	77.40	233.87
质量流率/(kg/h)	0.00	176.03	262437.25	22869.74	96247.51
体积流率/(m³/h)	0.0000	0.1998	271.2374	27.1046	109.3729
热流率/(kJ/h)	0.000	$-1.443×10^6$	$-3.207×10^8$	$-4.176×10^7$	$-1.499×10^8$

流　　号	26				
气相分数	0.0000				
温度/℃	321.93				
压力/kPa	4.44				
摩尔流率/(kmol/h)	9.67				
质量流率/(kg/h)	5000.00				
体积流率/(m³/h)	5.5174				
热流率/(kJ/h)	$-6.794×10^6$				

4. 详细计算步骤

输入计算所需的全部组分和流体包

步骤	内　　容	流号及数据
1	New Case[新建空白文档]	
2	Add[加入]	
3	Components：H_2O、C_1、C_2、C_3、i-C_4、n-C_4、i-C_5、n-C_5	添加库组分
4	×	
5	Fluid Pkgs	加流体包

步骤	内　容	流号及数据
6	Add	
7	Grayson Streed(本例用 BK10 塔计算不易收敛)	选状态方程
8	×	

加原油分析数据

步骤	内　容	流号及数据
1	Oil Manager	
2	Enter Oil Environment	
3	Assay	
4	Add	
5	Bulk Properties 右侧下拉菜单，点选	Used
6	Standard Density/(kg/m^3)	895
7	Assay Data Type 右侧下拉菜单，点选	TBP
8	Assay Basis 右侧下拉菜单，点选	Liquid Volume
9	Edit Assay	
10	在 Assay Input Data 下输入恩氏蒸馏数据： Assay Percent/%	Temperature/℃
	0.0	51.68
	5.0	132.36
	10.0	192.51
	30.0	346.73
	50.0	457.40
	70.0	577.89
	90.0	755.44
	95.0	840.19
	100.0	950.48
11	OK	
12	Assay Definition 下点击 Light Ends 下拉菜单下点选	Input Composition
13	Input Data 下单选 Light Ends	
14	Light Ends Basis 下拉菜单下点选	Mass/%
15	Composition 栏下输入相应组分质量百分组成	
	H_2O	0.3218
	Methane	0.0166
	Ethane	0.0012
	Propane	0.007
	i-Butane	0.0116
	n-Butane	0.0035
	i-Pentane	0.0026
	n-Pentane	1.722
16	Calculate	

步骤	内 容	流号及数据
17	×	
18	Cut/Blend	
19	Add	
20	在 Available Assays 栏下，点选	Assay-1
21	Add--->	
22	Cut Option Select 右侧下拉菜单，点选	Auto Cut
23	×	
24	Install Oil	
25	点击 Blend-1 右侧 Stream Name 下输入切割假组分的流号名	原油
26	Calculate All *	
27	Return to Basis Environment	
28	Enter Simulation Environment	
29	在 PFD 下双击 Stream "原油"	
30	Temperature/℃	241
31	Pressure/kPa	150
32	Mass Flow/(kg/h)	500000
33	×(完成初馏塔进料条件输入)	
34		

注：* 退出 Oil Manager 之前必须先点击 Calculate All 按钮，否则可能无法将油品表征得到的假组分数据传输到模拟环境下。如果出现这种情况，可删除 Cut/Blend 表单 Available Blends 下的有关 Blend，重新进行步骤 18 之后的相关操作。

加入初馏塔

步骤	内 容	流号及数据
1	从图例板点不完全塔[Refluxed Absorber]置于 PFD 中	
2	双击[Refluxed Absorber]	
3	Column Name	初馏塔
4	理论板数 $n=$	10
5	Bottom Stage Inlet	原油
6	Condenser	Partial
7	Ovhd Gas Outlet	1
8	Ovhd Liquid Outlet	2
9	勾选 Water Draw，右侧输入	3
10	Bottoms Liquid Outlet	4
11	Condenser Energy Stream(冷凝器能流号)	100
12	Next	
13	Condenser Pressure/kPa	125
14	Bottom Stage Pressure/kPa	145
15	Next，Next，Done	

步骤	内　　容	流号及数据
16	Optional Side Draws 下： 　Stream　　　Type　　　Draw Stage 　　5　　　　L　　　　4	
17	Monitor	
18	Add Spec...	
19	Column Temperature	
20	Add Spec(s)	
21	《Stage》	Condenser
22	单击 Temperature，修改为	冷凝器温度
23	Spec Value/℃	38
24	×	
25	Add Spec...	
26	Column Cut Point	
27	Add Spec(s)	
28	《Stage》	Condenser
29	单击 Name 右侧 Cut Point，修改为	石脑油95%切割点
30	Cut Point(%)	95
31	Spec Value/℃	180
32	×	
33	双击 5 Rate 右侧 Specified Value	
34	Flow Basis	Mass
35	Spec Value/(kg/h)	11000
36	×	
37	Specifications 栏下	
38	点击 Reflux Ratio 右侧 Active，使之失效	
39	点击 Distillate Rate 右侧 Active，使之失效	
40	点击"冷凝器温度"右侧 Active，使之生效	
41	点击"石脑油95%切割点"右侧 Active，使之生效	
	Run，运行结束，Converged 变绿色	

加初底油泵

步骤	内　　容	流号及数据
1	从图例板点泵[Pump]置于 PFD 窗口中	
2	双击泵[Pump]	
3	Inlet	4
4	Outlet	6
5	Energy	101
6	Worksheet	

步骤	内　　容	流号及数据
7	点击 Stream Name 6 下相应位置输入	
8	Pressure/kPa	300
9	×	

加初底油加热器（模拟换热和常压炉）

步骤	内　　容	流号及数据
1	点加热器［Heater］	
2	双击加热器［Heater］	
3	Inlet	6
4	Outlet	7
5	Energy	102
6	Parameters	
7	Worksheet	
8	点击 Stream Name 7 下相应位置输入	
9	Temperature/℃	362
10	Pressure/kPa	200
11	×	

加初馏塔抽出油冷却器（实际上是模拟增压泵及冷却器）

步骤	内　　容	流号及数据
1	点泵［Cooler］	
2	双击泵［Cooler］	
3	Inlet	5
4	Outlet	8
5	Energy	104
6	Worksheet	
7	点击 Stream Name 8 下相应位置输入	
8	Temperature/℃	156
9	Pressure/kPa	200
10	×	

加入常一线汽提蒸汽

步骤	内　　容	流号及数据
1	选中 Material Stream［蓝色箭头］置于 PFD 窗口中	
2	双击［Material Stream］	
3	在 Stream Name 栏填上	9
4	Temperature/℃	450
5	Pressure/kPa	500

步骤	内 容	流号及数据
6	Mass Flow/（kg/h）	300
7	双击 Stream 9 的 Molar Flow 位置	
8	Composition（填摩尔组成） 　　H_2O 　　其余	1.0 0
9	OK	
10	×	

加入常二线汽提蒸汽

步骤	内 容	流号及数据
1	选中 Material Stream［蓝色箭头］置于 PFD 窗口中	
2	双击［Material Stream］	
3	在 Stream Name 栏填上	10
4	Temperature/℃	450
5	Pressure/kPa	500
6	Mass Flow/（kg/h）	1000
7	双击 Stream 10 的 Molar Flow 位置	
8	Composition（填摩尔组成） 　　H_2O 　　其余	1.0 0
9	OK	
10	×	

加入常三线汽提蒸汽

步骤	内 容	流号及数据
1	选中 Material Stream［蓝色箭头］置于 PFD 窗口中	
2	双击［Material Stream］	
3	在 Stream Name 栏填上	11
4	Temperature/℃	450
5	Pressure/kPa	500
6	Mass Flow/（kg/h）	300
7	双击 Stream 11 的 Molar Flow 位置	
8	Composition（填摩尔组成） 　　H_2O 　　其余	1.0 0
9	OK	
10	×	

加入常压塔底汽提蒸汽

步骤	内　　容	流号及数据
1	选中 Material Stream[蓝色箭头]置于 PFD 窗口中	
2	双击[Material Stream]	
3	在 Stream Name 栏填上	12
4	Temperature/℃	450
5	Pressure/kPa	500
6	Mass Flow/(kg/h)	6300
7	双击 Stream 12 的 Molar Flow 位置	
8	Composition(填摩尔组成) 　　H_2O 　　其余	 1.0 0
9	OK	
10	×	

加入常压塔

步骤	内　　容	流号及数据
1	从图例板点不完全塔[Refluxed Absorber]置于 PFD 中	
2	双击[Refluxed Absorber]	
3	Column Name	常压塔
4	理论板数 $n=$	26
5	Bottom Stage Inlet	12
6	Optional Inlet Streams 　　Stream　　　　Inlet Stage 　　　7　　　　　　　25 　　　8　　　　　　　6	
7	Condenser	Partial
8	Ovhd Gas Outlet	13
9	Ovhd Liquid Outlet	14
10	勾选 Water Draw, 右侧输入	15
11	Bottoms Liquid Outlet	19
12	Condenser Energy Stream(冷凝器能流号)	103
13	Next	
14	Condenser Pressure/kPa	157
15	Bottom Stage Pressure/kPa	190
16	Next, Next, Done	
17	Side Ops	
18	Side Strippers	
19	Add	
20	Flow Basis	Mass

260

步骤	内　　容	流号及数据
21	Steam Stripped	
22	Steam Feed	9
23	Product Stream	16
24	Draw Spec/(kg/h)	10000
25	Draw Stage	4
26	Return Stage	3
27	Install	
28	×	
29	Add	
30	Flow Basis	Mass
31	Steam Stripped	
32	Steam Feed	10
33	Product Stream	17
34	Draw Spec	66130
35	Draw Stage	13
36	Return Stage	12
37	Install	
38	×	
39	Add	
40	Flow Basis	Mass
41	Steam Stripped	
42	Steam Feed	11
43	Product Stream	18
44	Draw Spec	10000
45	Draw Stage	21
46	Return Stage	20
47	Install	
48	×	
49	Pump Arounds	
50	Add	
51	Draw Stage	7
52	Return Stage	6
53	Install	
54	双击 PA_ 1_ Rate(Pa)	
55	Flow Basis	Mass
56	Spec Value/(kg/h)	151500
57	×	

步骤	内　　容	流号及数据
58	双击 PA_ 1_ Dt(Pa)	
59	点选 Spec Type 下	
60	Return Temperature	
61	Spec Value/℃	156
62	×	
63	×	
64	Add	
65	Draw Stage	16
66	Return Stage	15
67	Install	
68	双击 PA_ 2_ Rate(Pa)	
69	Flow Basis	Mass
70	Spec Value/(kg/h)	42300
71	×	
72	双击 PA_ 2_ Dt(Pa)	
73	点选 Spec Type 下	
74	Return Temperature	
75	Spec Value/℃	213
76	×	
77	×	
78	Design	
79	Monitor	
80	Add Spec...	
81	Column Cut Point	
82	Add Spec(s)	
83	《Stage》	Condenser
84	Cut Point(%)	95
85	Spec Value/℃	130
86	×	
87	Add Spec...	
88	Column Cut Point	
89	Add Spec(s)	
90	《Stage》	3_ SS2
91	Cut Point(%)	95
92	Spec Value/℃	310
93	×	
94	Add Spec...	

步骤	内　　容	流号及数据
95	Column Temerature	
96	Add Spec(s)	
97	《Stage》	Condenser
98	Spec Value/℃	57
99	×	
100	Parameters	
101	Solver	
102	Solving Method	
103	下拉单选 Modified HYSIM Inside-Out	
104	Design	
105	点击 Reflux Ratio 右侧 Active，使之失效	
106	点击 Distillate Rate 右侧 Active，使之失效	
107	点击 Cut Point 右侧 Active，使之生效	
108	点击 Temerature 右侧 Active，使之生效	
109	Run，运行结束，Converged 变绿色(若失败，可继续点 Run)	
110	点击 SS2 ProdFlow 右侧 Active，使之失效	
111	点击 Cut Point-2 右侧 Active，使之生效*	
112	程序重新收敛(使常 2 线 95%切割点达标)	
113	×	

注：*调整常 2 线的抽出量，控制其 95%切割点。

加 减 压 炉

步骤	内　　容	流号及数据
1	从图例板点加热器[Heater]置于 PFD 窗口中	
2	双击加热器[Heater]	
3	Inlet	19
4	Outlet	20
5	Energy	105
6	Worksheet	
7	点击 Stream Name 20 下相应位置输入	
8	Temperature/℃	385
9	Pressure/kPa	10
10	×	

加入减压塔

步骤	内　　容	流号及数据
1	从图例板点不完全塔[Absorber]置于 PFD 中	
2	双击[Absorber]	

步骤	内　　容	流号及数据
3	Column Name	减压塔
4	理论板数 $n=$	16
5	Top Stage Inlet	21
6	Bottom Stage Inlet	20
7	Ovhd Vapour Outlet	22
8	Bottoms Liquid Outlet	23
9	Next	
10	Condenser Pressure/kPa	3
11	Bottom Stage Pressure/kPa	4.8
12	Next，Done	
13	Optional Side Draws Stream　　Type　　Draw Stage 24　　　　L　　　　2 25　　　　L　　　　9 26　　　　L　　　　13	
14	Side Ops	
15	Pump Arounds	
16	Add	
17	Draw Stage	2
18	Return Stage	1
19	Install	
20	双击 PA_ 1_ Rate(Pa)	
21	Flow Basis	Mass
22	Spec Value/(kg/h)	36200
23	×	
24	双击 PA_ 1_ Dt(Pa)	
25	Spec Type	
26	Return Temperature	
27	Spec Value/℃	38
28	×	
29	×	
30	Add	
31	Draw Stage	9
32	Return Stage	8
33	Install	
34	双击 PA_ 2_ Rate(Pa)	
35	Flow Basis	Mass
36	Spec Value/(kg/h)	227000

264

步骤	内　　容	流号及数据
37	×	
38	双击 PA_ 2_ Dt(Pa)	
39	Spec Type	
40	Return Temperature	
41	Spec Value/℃	170
42	×，×	
43	Add	
44	Draw Stage	13
45	Return Stage	12
46	Install	
47	双击 PA_ 3_ Rate(Pa)	
48	Flow Basis	Mass
49	Spec Value/(kg/h)	111000
50	×	
51	双击 PA_ 3_ Dt(Pa)	
52	Spec Type	
53	Return Temperature	
54	Spec Value/℃	224
55	×，×	
56	Design	
57	Monitor	
58	双击 24 Rate 右侧 Specified Value	
59	Flow Basis	Mass
60	Spec Value/(kg/h)	22870
61	×	
62	双击 25 Rate 右侧 Specified Value	
63	Flow Basis	Mass
64	Spec Value/(kg/h)	120000
65	×	
66	双击 26 Rate 右侧 Specified Value	
67	Flow Basis	Mass
68	Spec Value/(kg/h)	5000
69	×	
70	Worksheet	
71	点击 Stream Name 21 下相应位置输入(输入虚拟回流)	
72	Temperature	385
73	Pressure/kPa	10

步骤	内　　容	流号及数据
74	Molar Flow（kmol/h）	0
75	双击 Stream 21 的 Molar Flow 位置	
76	Mole Fraction 　　n-Pentane　　1.0 　　其余　　　　0.0	
77	Parameters	
78	Solver	
79	Solving Method	
80	Modified HYSIM Inside-Out	
81	Design	
82	Monitor	
83	Add Spec...（更改设计规定）	
84	Column Temerature（调节 1 中流量控制塔顶温度）	
85	Add Spec（s）	
86	《Stage》	1_ TS-1
87	Spec Value/℃	67
88	×	
89	Add Spec...	
90	Column Liquid Flow（调节 2 线抽出量控制塔板液量）	
91	Add Spec（s）	
92	Stage	7_ TS-1
93	Spec Value（kmol/h）	0.01
94	×	
95	点击 25 Rate 右侧 Active，使之失效	
96	点击 PA_ 1_ Rate（Pa）右侧 Active，使之失效	
97	点击 Liquid Flow 右侧 Active，使之生效	
98	点击 Temperature 右侧 Active，使之生效	
99	Run，运行结束，Converged 变绿色	
100	×	

　　计算时有时可能会出现塔板上液体净流量为零的警告，可以不用理会。

　　HYSYS 采用联立方程法求解整个精馏塔的模型方程组，对初值的要求很高，求解时难度较大。如果能给出较好的塔内各板温度分布初值，将有助于模型的收敛。

第三节　催化裂化

　　催化裂化是炼油工业中重要的二次加工过程，是重油轻质化的重要手段。催化裂化过程具有轻质油收率高、汽油辛烷值较高、气体产品中烯烃含量高等特点。催化裂化是使原料油在适宜的温度、压力和催化剂存在的条件下，进行裂解、异构化、氢转移、芳构化、缩合等一系列化学反应的生产过程。最终产品为气体、汽油、柴油等主要产品及油浆、焦炭等次要产品。催化裂化的原料油来源广泛，主要是常减压的馏分油、常压渣油、减压渣油及丙烷脱沥青油、蜡膏、蜡下油等。随着石油资源的短缺和原油的日趋变重，重油催化裂化有了较快的发展，处理的原料可以是全常压渣油甚至是全减压渣油。在硫含量较高时，则需用加氢脱硫装置进行预处理，为催化裂化提供原料。

一、装置构成

催化裂化的生产过程包括以下几个部分：

1. 反应再生部分

其主要任务是完成原料油的转化。原料油通过反应器与催化剂接触并反应，不断输出反应产物，催化剂则在反应器和再生器之间不断循环，在再生器中通入空气烧去催化剂上的积炭，恢复催化剂的活性，使催化剂能够循环使用。烧焦放出的热量又以催化剂为载体，不断带回反应器，供给反应所需的热量，过剩热量由专门的取热设施取出加以利用。

2. 分馏部分

主要任务是根据反应油气中各组分沸点的不同，将它们分离成富气、粗汽油、轻柴油、回炼油、油浆，并保证汽油干点、轻柴油凝固点和闪点合格。

3. 吸收稳定部分

利用各组分之间在吸收剂中溶解度不同把富气和粗汽油分离成干气、液化气、稳定汽油。控制好干气中的 C_3 以上组分含量，提高 C_3 收率，控制好液化气中的 C_2 以下组分和 C_5 以上组分含量、稳定汽油的 10% 点符合国家质量标准要求。

二、工艺特点

1. 采用两段提升管催化裂化技术

该技术采用催化剂接力、分段反应、短反应时间、大剂油比原理。

2. 采用并列式两器布置

为更好地适应两段提升管催化裂化技术的要求，本装置采用并列式两器布置，以尽量缩短提升管长度，达到短反应时间的要求，改善产品收率及质量。

3. 设置预提升段

设置预提升段使催化剂与油滴接触前，具有合适的速度和密度，为催化剂和油气均匀接触创造条件。且提升介质为干气，以减轻催化剂水热失活。

4. 提升管出口采用粗旋

提升管出口采用粗旋使油气与催化剂迅速分离，减少二次反应，并将粗旋气体出口管延伸至沉降器旋分器入口处，力求减少油气反应后的停留时间，减少热裂化反应时间。

5. 提升管设置了粗汽油作终止剂和粗汽油回炼措施

在一段提升管设置了粗汽油作终止剂，二段提升管设置了粗汽油回炼措施，可有效改变反应时间从而改变产品方案和产品质量。

6. 采用高效汽提技术

采用高效汽提技术改进挡板结构，改进蒸汽分配，增加催化剂停留时间，提高汽提效果。

7. 再生工艺采用快速床-湍流床两段串联技术

再生工艺采用快速床-湍流床两段串联技术结构简单，烧焦强度高，催化剂失活少，主风量可以不随处理量及原料变化而调整，流程简单，操作简单，再生效果好。

三、工艺原理

1. 催化剂接力原理

催化裂化的主体化学反应是快速不可逆反应，因此，催化剂结焦失活也是快速过程，催化剂活性及选择性下降到难以承受的程度，所用时间远小于目前催化裂化的总反应时间。所谓催化剂接力是指当原料进行短反应时间后，由于积炭而使催化剂活性下降到一定程度时，及时将其与油气分开并返回再生器再生，需要继续进行反应的中间物料在第二段提升管与来自再生器的另一路催化剂接触，形成两路催化剂循环。显然，就整个反应过程而言，催化剂的整体活性及选择性大大提高，催化作用增强，催化反应所占比例增大，热反应及不利二次反应得到有效抑制，有利于提高转化深度和提高轻质产品收率、降低干气和焦炭产率。

由于采用两段提升管反应器，段间用再生催化剂代替失活的一段催化剂，催化剂的平均活性得到提高，利用反应器设计方程和反应器串联理论证明，两段提升管催化裂化技术可以有效提高催化裂化过程的平均反应速度，从而提高原料的转化深度。基于催化裂化催化剂的产品分布选择性随催化剂积炭和活性的降低同步降低实验事实，利用集总动力学模型阐明，两段提升管催化裂化技术在提高目的产物产率的同时可以提高目的产品的选择性，从而显著改善产品分布。

2. 分段反应原理

常规催化裂化的一个致命弱点就是不分新鲜原料和循环油的性质差异而在同一个反应器内进行反应，难以裂化的油浆容易吸附，容易反应的新鲜原料难于汽化和吸附，导致吸附和反应的恶性竞争，可说是两不相宜。此外，不同的馏分需要的理想反应条件是不同的，混在一起难以进行条件选择。所谓分段反应就是让不同的馏分在不同的场所和条件下进行反应，排除相互干扰。两段提升管催化裂化第一段提升管只进新鲜原料，目的产物从段间抽出作为最终产品以保证收率和质量，难以裂化的油浆和回炼油（循环油）单独进入第二段提升管。这样一来，对于新鲜原料，排除了油浆的干扰，大大增加了反应物分子与催化剂活性中心的有效接触；对油浆而言，不再有新鲜料和先期所产汽、柴油与之竞争，反应机会也大大增加，从而可以提高原料转化深度、改善产品分布。此外，为了降低汽油的烯烃含量和硫含量，部分粗汽油馏分可以进入第二段提升管的合适部位进行改质，并可以根据生产要求通过优化反应条件减少目的产品的损失。

3. 短反应时间

两段提升管催化裂化工艺技术采用分段反应，每段的反应时间均根据原料和催化剂性质，以及生产目的进行优化设计，一般两段反应时间之和比目前常规催化裂化的反应时间还要短，总反应时间一般为 2s 左右。因为催化裂化是一种催化剂迅速失活的反应过程，反应时间短可有效控制热反应和不利二次反应，抑制干气和焦炭的生成。选择短反应时间，是基于对目前催化裂化提升管反应器内反应历程的研究结果，即催化裂化过程的重质油轻质化反应主要发生在提升管反应器的初始阶段。

4. 大剂油比

由于受反应器热平衡的限制，常规催化的剂油比难以大幅度提高。两段提升管催化裂化技术采用两段反应，为提高目的产品收率，尤其是柴油的收率，控制第一段反应在较小的转化程度，进入分馏塔将柴油分出，从而使进第二段提升管循环油的量明显增加，故使循环催化剂对新鲜进料的剂油比得到大幅度提高，反应过程的催化作用得到显著强化。另外，在催化汽油回炼改质的操作状况下，剂油比会得到进一步提高。

此外，两段提升管反应器的反应条件(温度、时间、剂油比等)可实现分别控制，使两段提升管催化裂化技术在生产操作过程中具有很高的灵活性，可选择不同的生产方案。实验室研究结果表明，无论用什么催化剂和处理什么样的原料，只要采用两段技术，都能不同程度地提高转化深度和轻质产品收率，降低干气和焦炭产率，同时改善产品性质。

四、工艺流程

1. 反应-再生部分(图 4-9)

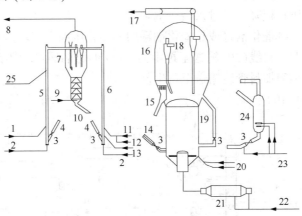

图 4-9　反再系统原则流程图

1—原料油；2—预提升干气；3—滑阀；4—再生斜管；5——段提升管；6—二段提升管；7—沉降器；
8—反应油气；9—汽提蒸汽；10—待生催化剂；11—回炼油浆；12—回炼油；13—回炼汽油；14—待生斜管；
15—再生斜管；16—再生器；17—烟气；18—旋风分离器；19—外循环管；20—补充催化剂；21—辅助燃烧室；
22—主风；23—增压风；24—外取热器；25—终止剂

混合原料油(1)从装置外(罐区或常减压装置)进入原料油缓冲罐，然后由原料油泵，抽出后经原料油-轻柴油换热器、原料油-循环油浆换热器加热至200℃左右，分六路经原料油进料喷嘴进一段提升管反应器(5)下部；分馏部分来的回炼油和回炼油浆混合后分四路经回炼油雾化喷嘴进入二段提升管反应器(6)下部。两路原料在两个提升管内分别与700℃高温催化剂接触完成原料的升温、汽化及反应，500℃反应油气与待生催化剂在提升管出口经粗旋风分离器得到迅速分离后经升气管进入沉降器(7)单级旋风分离器，进一步除去携带的催化剂细粉后，反应油气(8)离开沉降器进入分馏塔。

一段和二段提升管分别备有终止反应设施和粗汽油回炼设施。所用粗汽油从粗汽油泵出口直接经终止剂喷嘴或回炼汽油喷嘴进入一、二段提升管反应器。

积炭的待生催化剂(10)自粗旋料腿及沉降器单级旋风分离器料腿进入汽提段，在此与汽提蒸汽(9)逆流接触以汽提催化剂所携带的油气，汽提后的催化剂沿待生斜管(10)下流，经待生滑阀进入再生器(16)，与再生器二密相来的再生催化剂混合，在富氧条件下烧焦。在催化剂沿烧焦罐向上流动的过程中，烧去大部分的焦炭，较低含炭的催化剂在烧焦罐顶部经大孔分布板进入二密相，在690℃的条件下最终完成焦炭及CO的燃烧过程。烧焦过程中产生的过剩热量由下流式外取热器(24)取走。二密相的部分催化剂由外取热器入口管进入外取热器壳体中，在流化风(23)的作用下呈密相向下流动，在流经外取热管束降温的同时发生3.5MPa中压蒸汽，冷却后的催化剂经外取热器返回管、滑阀返回烧焦罐下部。再生催化剂一部分经外循环管进入烧焦罐下部，另一部分经再生斜管及再生滑阀进入一、二段提升

269

管反应器底部，在预提升干气(2)的作用下，完成催化剂加速、分散过程，然后再与雾化了的原料接触。

再生器烧焦所需的主风(22)由主风机提供，主风自大气进入主风机，升压后经主风管道、辅助燃烧室(21)及主风分布管进入再生器。再生产生的烟气(17)经10组两级旋风分离器(18)分离催化剂后，再经三级旋风分离器进一步分离催化剂后进入烟气轮机膨胀作功并驱动主风机。从烟气轮机出来的烟气进入余热锅炉进一步回收烟气的热能，使烟气温度降到200℃以下，最后经烟囱排入大气。当主机停运时，主风由备用风机提供，此时再生烟气经三旋、双动滑阀及降压孔板降压后进入余热锅炉。

开工用的催化剂由冷催化剂罐或热催化剂罐用非净化压缩空气输送至再生器，正常补充催化剂可由催化剂小型加料线(20)输送至再生器。CO助燃剂通过助燃剂加料斗、助燃剂罐用非净化压缩空气经小型加料管线输送至再生器。

2. 分馏部分(图4-10)

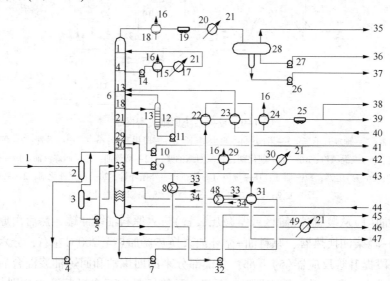

图4-10　分馏部分原则流程图

1—减压渣油；2—原料油罐；3—回炼油罐；4—原料油泵；5—回炼油泵；6—分馏塔；7—循环油浆泵；
8—蒸汽发生器；9—重柴泵；10——中段回流泵；11—轻柴泵；12—汽提蒸汽；13—汽提塔；14—顶循环回流泵；
15—换热器；16—热水；17—水冷器；18—换热器；19—空冷器；20—水冷器；21—水；22—换热器；
23—换热器；24—换热器；25—空冷器；26—酸性水泵；27—粗汽油泵；28—三相分离器；29—换热器；
30—水冷器；31—换热器；32—外甩油浆泵；33—蒸汽；34—除盐水；35—催化富气；36—粗汽油；
37—酸性水；38—贫吸收油；39—轻柴油；40—富吸收油；41—中段循环油；42—重柴油；43—回炼油；
44—反应油气；45—回炼油浆；46—外甩油浆；47—原料油；48—蒸汽发生器；49—冷却器

由沉降器来的反应油气(44)进入分馏塔(6)底部，通过人字形挡板与循环油浆逆流接触，洗涤反应油气中催化剂并脱过热，使油气呈"饱和状态"进入分馏塔进行分馏。

分馏塔顶油气经分馏塔顶油气-热水换热器(18)换热后，再经分馏塔顶油气干式空冷器(19)及分馏塔顶油气冷凝冷却器(20)冷至40℃，进入分馏塔顶油气水三相分离器(28)进行气、液、水三相分离。分离出的粗汽油(36)由粗汽油泵(27)抽出，作为吸收剂打入吸收塔。富气(35)去气压机。含硫的酸性水(37)由酸性水泵(26)抽出，作为富气洗涤水送至气压机出口管线。

轻柴油(39)自分馏塔第13、15、17层抽出自流至轻柴油汽提塔(13)，汽提后的轻柴油由轻柴油泵(11)抽出后，经原料油-轻柴油换热器(22)、轻柴油-富吸收油换热器(23)、轻柴油-热水换热器(24)、轻柴油空冷器(25)换热冷却至60℃后，分成两路；一路作为产品(39)出装置。另一路经贫吸收油冷却器冷却后，温度降至40℃送至再吸收塔作为贫吸收剂(38)。

重柴油(42)从分馏塔底26层、28层塔盘抽出直接进入重柴油泵(9)升压，经重柴油-热水换热器(29)、重柴油冷却器(30)冷却到60℃送出装置。

分馏塔多余热量分别由顶循环回流、一中段循环回流、二中段循环回流及油浆循环回流取走。顶循环回流自分馏塔第4层塔盘抽出，用顶循环油泵(14)升压，经顶循环油-热水换热器(15)、顶循环油冷却器(17)温度降至90℃后返回分馏塔第1层。

一中段回流油(41)自分馏塔第21层抽出，用一中循环油泵(10)升压，经稳定塔底重沸器、分馏一中段油-热水换热器换热，温度降至190℃返回分馏塔16、18层。

二中段及回炼油自分馏塔第32层抽出至回炼油罐(3)，经二中及回炼油泵(5)升压后分三路，一路回炼油直接返回分馏塔；分馏二中段循环油及部分回炼油经蒸汽发生器(8)发生3.5MPa级饱和蒸汽之后，一路温度降至260℃返回分馏塔第30层，另一路经回炼油蒸汽发生器发生1.0MPa级饱和蒸汽之后，温度降至200℃左右与回炼油浆混合后进入二段提升管反应器回炼。

油浆自分馏塔底分为两路，一路由循环油浆泵(7)抽出后经原料油-循环油浆换热器(31)、循环油浆蒸汽发生器(48)发生3.5MPa级饱和蒸汽将温度降至280℃后，分上下两路返回分馏塔。另一路由产品油浆泵(32)抽出后再分为两路，一路作为回炼油浆(45)与回炼油混合后直接送至二段提升管反应器，另一路经产品油浆冷却器(49)冷却至90℃，作为产品油浆(46)送出装置。为防止油浆系统设备及管道结垢，设置油浆阻垢剂加注系统。桶装阻垢剂先经化学药剂吸入泵打进化学药剂罐，然后由化学药剂注入泵连续注入循环油浆泵出口管线上。

3. 吸收稳定部分(图4-11)

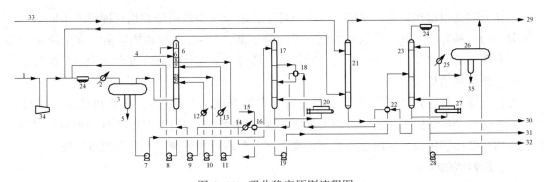

图4-11　吸收稳定原则流程图

1—催化富气；2—冷却器；3—三相分离器；4—粗汽油；5—酸性水；6—吸收塔；7—解吸塔进料泵；8—吸收塔底泵；9—稳定汽油泵；10—吸收塔二中段循环泵；11—吸收塔一中段循环泵；12—冷却器；13—冷却器；14—冷却器；15—除盐水；16—换热器；17—解吸塔；18—重沸器；19—稳定塔进料泵；20—解吸塔底重沸器；21—再吸收塔；22—换热器；23—稳定塔；24—空冷器；25—水冷器；26—回流罐；27—稳定塔底重沸器；28—回流泵；29—干气；30—富吸收油；31—液化气；32—稳定汽油；33—贫吸收油；34—压缩机；35—污水

从分馏系统来的富气(1)进入气压机(34)一段进行压缩，然后由气压机中间冷却器冷至40℃，进入气压机中间分离器进行气、液分离。分离出的富气再进入气压机二段。二段出口压力(绝)为1.6MPa。气压机二段出口富气与解吸塔顶气及富气洗涤水汇合，先经压缩富气干式空冷器(24)冷凝后与吸收塔底油汇合进入压缩富气冷却器(2)进一步冷至40℃后，进入气压机出口油气分离器(3)进行气、液、水分离。分离后的气体进入吸收塔(6)进行吸收，作为吸收介质的粗汽油(4)及稳定汽油，分别自第6层及第1层进入吸收塔，吸收过程放出的热量由两个中段回流取走。其中一中段回流(11)自第8层塔盘流入吸收塔一中回流泵(11)，升压后经吸收塔一中段油冷却器(13)冷至37℃返回吸收塔第9层塔盘；二中段回流自第28层塔盘抽出，由吸收塔二中回流泵(10)抽出经吸收塔二中段油冷却器(12)冷至37℃返回吸收塔第29层塔盘。吸收塔底油经吸收塔底泵(8)加压至压缩富气冷却器(24)前与压缩富气汇合。吸收后的贫气至再吸收塔(21)，用轻柴油作吸收剂进一步吸收后，干气分为两路，一路至提升管反应器作预提升干气，另一路作为产品送出装置。

凝缩油由三相分离器(3)抽出，经解吸塔进料泵(7)升压后进入解吸塔(17)第1层，由解吸塔中段重沸器(18)、解吸塔底重沸器(20)提供热源，以解吸出凝缩油中≤C_2组分。脱乙烷汽油由解吸塔(17)底流出，经稳定塔进料泵(19)升压后，再经稳定塔进料换热器(22)与稳定汽油换热后，送至稳定塔(23)进行多组分分馏，稳定塔底重沸器(27)由分馏塔一中段循环回流油提供热量。液化石油气从稳定塔顶馏出，经稳定塔顶油气干式空冷器(24)、稳定塔顶冷凝冷却器(25)冷至40℃后进入稳定塔顶回流罐(26)，经稳定塔顶回流油泵(28)抽出后，一部分作稳定塔回流，其余作为液化石油气产品送至产品精制装置脱硫、脱硫醇。稳定汽油自稳定塔底先经稳定塔进料换热器(22)、给解吸塔中段重沸器(18)提供热源，再经稳定汽油-除盐水换热器(16)换热后进入稳定汽油冷却器(14)冷却至40℃，一部分由稳定汽油泵(9)升压后送至吸收塔作补充吸收剂，另一部分作为产品送出装置。

气压机出口油气分离器分离出的酸性水(5)，送出装置外由污水汽提装置处理。

第四节　气体分馏

气体分馏是根据在一定的温度、压力条件下，混合物中各组分的相对挥发度不同而进行气体分馏的一种方法。其应用的基本原理是物料平衡、气-液平衡和热平衡。利用液相的多次汽化和气相的多次部分冷凝的方法进行传质、传热，从而达到分馏混合物中组分的目的。

一、原料气预处理

无论是炼厂气还是油田伴生气中都含有一定的杂质，如硫化氢(含有机硫和无机硫)、水分等。这些杂质会使催化剂中毒而失去活化性，同时使管线设备腐蚀严重。水的存在还会形成冻堵和破坏催化剂，所以在进分馏系统之前，要进行预处理，主要是脱硫、脱水。

二、原料气的组成

1. 炼厂气的组成

各种炼厂气的一般组成见表4-18。

表 4-18　各种炼厂气的一般组成　　　　　　　　　　　　　　　%(体积)

组　　分	高压热裂化	低压热裂化	催化裂化	焦化
H_2	3~4	7~9	5~7	5~7
CH_4	35~50	28~30	10~18	18~20
C_2H_6	17~20	12~24	3~9	15~20
C_3H_8	10~15	3~4	14~20	12~18
C_4H_{10}	5~10	1~3	21~46	8~12

组　分	高压热裂化	低压热裂化	催化裂化	焦化
饱和烃总量	80~84	45~55	71~81	65~72
C_2H_4	2~3	20~24	3~5	5~7
C_3H_6	6~8	14~18	6~16	10~14
C_4H_8	4~7	6~10	5~10	11~15
不饱和烃总量	12~16	41~51	14~20	28~32
C_5 以上	4	3	5~12	
气体产率占装置原料的质量/%	4~10	20~25	10~17	5~8

2. 油田伴生气的组成

见本书表1-8、表1-9。

三、几种化工装置对原料馏分的要求

几种化工装置对原料馏分的要求见表4-19。

表4-19　几种化工装置对原料馏分的要求

工艺	产品	对原料的要求							
		$C_2H_4(C_2H_6)$	C_3H_6	$i-C_4H_8$	$n-C_4H_8$	C_5	H_2O	O_2	S
丙烯馏分	丙烯晴		>95%		≯0.2%				<20ppm
	丁、辛醇*	(<0.2%)	>95%		<0.2%		<10ppm		<5ppm
	丙酮、苯酚	<1%	>89%		<1%				<100ppm
	乙丙橡胶	>99.5%	<98.5%	烯烃	<15ppm				
	异戊二烯		>99%	二烯烃	<15ppm		<10ppm	<10ppm	<10ppm
丙烷馏分	丙烷脱沥青	C_2 <0.05%	C_3H_8 >75%			<0.5%			<10ppm
异丁烯馏分	中相对分子质量聚异丁烯			>25%					
	钡盐			>18%					
	三异丁基铝			>98.6%					
重 C_4 馏分	顺丁橡胶			<1%	>78%	<0.5%			

注：*丙二烯+甲基乙炔<200ppm。

四、工艺流程的选择

1. 工艺流程的选择应遵循下述原则

（1）难分离的组分群作为一个组分先分离出。例如进料中有 C_2、C_3H_6、C_3H_8、C_4H_8、C_4H_{10}、C_5 等组分，可把 C_2、C_3H_6、C_3H_8 作为一个组分群先分离出来。

（2）使塔顶和塔底的产品量比值接近1:1。

（3）容易聚合的组分加热次数应尽量少，以减少聚合的可能性。

（4）节约能量，减少能耗。

2. 几种工艺流程

（1）不脱 C_2 时的原则流程

原料气中C_2含量不高，不至于使C_3H_8馏分不合格，故不需要脱乙烷塔。原料组成见表4-20。

表4-20　原料组成

组　分	C_2	C_3H_6	C_3H_8	$i\text{-}C_4H_8$	$i\text{-}C_4H_{10}$	$n\text{-}1\text{-}C_4H_8$	$n\text{-}C_4H_{10}$	$c\text{-}2\text{-}C_4H_8$	$t\text{-}2\text{-}C_4H_8$	C_5
组成/%	0.5	17.0	8.0	11.5	22.5	7.0	5.5	9.0	9.0	10.0

其流程见图4-12。

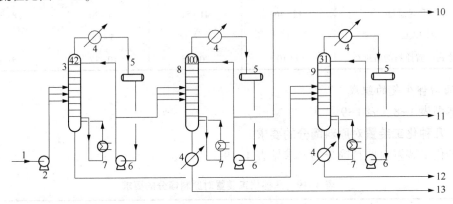

图4-12　不脱C_2时的原则流程

1—液化气；2—原料泵；3—脱丙烷塔；4—冷凝器；5—回流罐；6—回流泵；7—重沸器；
8—丙烷丙烯分离塔；9—脱丁烷塔；10—丙烯；11—C_4馏分；12—C_5馏分；13—丙烷

原料液化气(1)用泵(2)抽来加压至2000kPa进入脱丙烷塔(3)，在塔底重沸器(7)的作用下脱出丙烯和丙烷，经塔顶冷凝器(4)冷凝后进入回流罐(5)，然后用回流泵(6)抽出一部分打入塔顶作回流，另一部分作为丙烯分离塔(8)的进料。在塔底重沸器的作用下在塔顶蒸出丙烯组分，经塔顶冷凝器冷凝至35℃进入回流罐，然后用回流泵抽出一部分打入丙烷丙烯分离塔顶作回流，另一部分作为丙烯出装置。塔底丙烷经冷却器(4)冷却至35℃进入丙烷储罐。脱丙烷塔底C_4、C_5馏分自压去脱丁烷塔(9)，在塔底重沸器的作用下塔顶C_4馏分，塔底为C_5馏分，经冷却至35℃去储罐。

（2）脱除C_2时的原则流程

原料中含有C_2，不脱除影响产品质量，需将其脱出。原料组成见表4-21，其流程见图4-13。

表4-21　原料组成

组　分	CH_4	C_2H_6	C_3H_6	C_3H_8	$i\text{-}C_4H_{10}$	$n\text{-}C_4H_{10}$
组成/%	6.56	4.52	15.77	11.36	31.86	7.06

组分	C_4H_8	$t\text{-}C_4H_8\text{-}2$	$c\text{-}C_4H_8\text{-}2$	$i\text{-}C_5H_{12}$	$1\text{-}C_5H_{10}$	$n\text{-}C_5H_{12}$
组成/%	6.65	4.21	1.51	5.15	0	5.15

原料液化气(1)用泵(2)抽来加压至2000kPa进入脱乙烷塔(3)，在塔底重沸器(6)的作用下脱出乙烷混合物(12)经冷却器冷却至35℃去吸收塔，塔底组分靠自压去脱丙烷塔(7)，在塔底重沸器的作用下在塔顶蒸出C_3组分，经塔顶冷凝器(4)冷凝后进入回流罐(5)，然后用回流泵(8)抽出一部分打入塔顶作回流，另一部分作为脱丁烷塔(9)的进料。在塔底重沸器的作用下在塔顶蒸出C_4组分，经塔顶冷凝器冷凝至35℃进入回流罐，然后用回流泵抽出

一部分打入脱丁烷塔顶作回流，另一部分作为混合 C$_4$ 出装置。塔底 C$_5$ 组分自压去脱异戊烷塔(10)，在塔底重沸器的作用下塔顶异戊烷馏分，塔底则为正戊烷馏分，经冷却至 35℃ 去储罐。

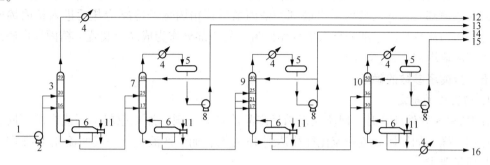

图 4-13　脱除 C$_2$ 时的原则流程

1—液化气；2—原料泵；3—脱乙烷塔；4—冷凝器；5—回流罐；6—重沸器；7—脱丙烷塔；8—回流泵；
9—脱丁烷塔；10—脱异戊烷塔；11—加热介质；12—乙烷混合物；13—C$_3$ 馏分；14—C$_4$ 馏分；15—异戊烷；16—正戊烷

（3）生产高纯度丙烯的原则流程图

对丙烯产品纯度要求较高的流程。其组成见表 4-22。流程图见图 4-14。

表 4-22　生产高纯度丙烯组成

组　　分	C$_2$H$_6$	C$_3$H$_6$	C$_3$H$_8$	i-C$_4$H$_8$	i-C$_4$H$_{10}$
组成/%	2.13	27.38	20.58	5.08	20.06
组　　分	n-C$_4$H$_{10}$	C$_4$H$_8$-1	t-C$_4$H$_8$-2	c-C$_4$H$_8$-2	n-C$_5$H$_{12}$
组成/%	5.23	10.07	4.67	3.44	1.39

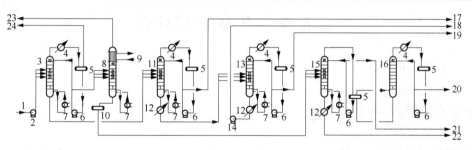

图 4-14　生产高纯度丙烯的原则流程

1—液化气；2—原料泵；3—脱乙烷塔；4—冷凝器；5—回流罐；6—回流泵；7—重沸器；8—脱乙烷塔；9—氨；
10—缓冲罐；11—脱异丁烯塔；12—冷却器；13—脱戊烷塔；14—外输泵；15—粗丙烯塔；16—精丙烯塔；
17—异丁烯；18—戊烷；19—橡胶原料；20—精丙烯；21—粗丙烯；22—丙烷；23—乙烷；24—燃料气

原料液化气（1）用泵（2）抽来加压至 2000kPa 进入脱丙烷塔（3），在塔底重沸器（7）的作用下脱出丙烷混合物，经冷却器冷却至 35℃ 去回流罐，然后用回流泵（6）抽出一部分打入塔顶作回流，另一部分作为脱乙烷塔（8）的进料。塔底组分靠自压去脱异丁烷塔（11），在塔底重沸器的作用下在异丁烷塔顶蒸出异丁烷组分，经塔顶冷凝器（4）冷凝后进入回流罐（5），然后用回流泵（6）抽出一部分打入塔顶作回流，另一部分作为异丁烷成品（17）出装置。脱异丁烷塔底组分靠自压去脱戊烷塔（13），在塔底重沸器的作用下蒸出橡胶原料，经冷却器冷却至 35℃ 去回流罐，然后用回流泵（8）抽出一部分打入塔顶作回流，另一部分作为橡胶原料出装置。塔底戊烷经冷却器冷却至 35℃ 去储罐。

275

脱乙烷塔底的 C_3 组分靠自压去粗丙烯塔(15)，在塔底重沸器的作用下从塔顶蒸出粗丙烯组分，进入回流罐与精丙烯塔(16)底部液相混合，然后用回流泵抽出一部分打入粗丙烯塔顶作回流，另一部分经冷却器冷却后作为粗丙烯出装置，塔底组分经冷却后作为丙烷出装置。回流罐顶部气相进入精丙烯塔底部，精丙烯塔顶精丙烯经冷凝冷却后进入精丙烯回流罐，然后用回流泵抽出一部分打入塔顶作回流，另一部分作为成品出装置。精丙烯塔底液相则进入粗丙烯塔回流罐。

五、分馏塔参数的确定

1. 回流比的确定

在 HYSYS 软件计算时，回流比以满足产品质量为原则，加工原料不同或产品不同，其回流比不一样，如气体分流回流比往往达到 15 左右，而生产液化气一般回流比 1~2 即可满足产品质量要求。

2. 操作温度和压力的确定

操作压力根据回流罐的压力来确定。操作温度一般选择塔顶气相冷凝冷却后的温度比冷却水温度高 5~10℃为宜，还要满足介质在储罐内的允许温度。温度确定后，塔的压力根据回流罐的压力、冷凝器的压力损失和管线的压力损失来确定。一般取压力损失为 20~100kPa。压力确定的原则，一是提高压力后可以避免系统在低温下操作，设备材质可由合金钢改为碳钢；二是提高压力后冷却介质级别可以降低，如蒸发液体由丙烷、氨等改为水，由水改为空气等。

3. 关键组分的确定

由产品要求确定，以保证产品合格为准。如液化气以保证饱和蒸气压不大于 1380kPa，C_5 含量不大于 3%。

第五节　气体分馏计算

一、不脱 C_2 的计算

1. 液化气组成

液化气组成见表 4-20。

2. 主要操作条件

主要操作条件见表 4-23。

表 4-23　主要操作条件

名　称	塔底温度/℃	塔顶压力/kPa	进料流率/(kmol/h)	理论板数/块
脱丙烷塔	113.0	2000	228.1	21
丙烷-丙烯塔	62.06	2200	57.56	50
脱丁烷塔	96.15	600	170.5	15

3. HYSYS 软件计算模型

不脱 C_2 组分 HYSYS 软件计算模型见图 4-15。

4. 计算结果

计算结果汇总见表 4-24。

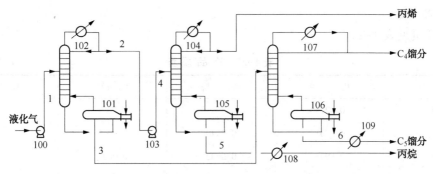

图 4-15 不脱 C_2 组分 HYSYS 软件计算模型

表 4-24 计算结果汇总

流 号	1	2	3	4	5
气相分数	0.0000	0.0000	0.0000	0.0000	0.0000
温度/℃	35.79	49.21	113.03	49.66	62.06
压力/kPa	2100.00	2000.00	2030.00	2250.00	2230.00
摩尔流率/(kmol/h)	228.10	57.56	170.54	57.56	15.99
质量流率/(kg/h)	12500.00	2448.23	10051.77	2448.23	706.54
体积流率/(m³/h)	21.7127	4.7697	16.9430	4.7697	1.3884
热流率/(kJ/h)	$-1.814×10^7$	$-1.902×10^6$	$-1.393×10^7$	$-1.900×10^6$	$-1.697×10^6$

流 号	6	液化气	丙烯	丙烷	C_4馏分
气相分数	0.0000	0.0000	0.0000	0.0000	0.0000
温度/℃	96.15	35.00	51.47	35.00	50.45
压力/kPa	630.00	1200.00	2200.00	2210.00	600.00
摩尔流率/(kmol/h)	24.85	228.10	41.57	15.99	145.69
质量流率/(kg/h)	1749.72	12500.00	1741.69	706.54	8302.05
体积流率/(m³/h)	2.7871	21.7127	3.3813	1.3884	14.1559
热流率/(kJ/h)	$-3.657×10^6$	$-1.817×10^7$	$-1.643×10^5$	$-1.759×10^6$	$-1.188×10^7$

流 号	C_5馏分				
气相分数	0.0000				
温度/℃	35.00				
压力/kPa	610.00				
摩尔流率/(kmol/h)	24.85				
质量流率/(kg/h)	1749.72				
体积流率/(m³/h)	2.7871				
热流率/(kJ/h)	$-3.929×10^6$				

5. 产品质量

产品质量见表4-25。

表4-25 产品质量 %(摩尔)

名 称	丙 烯	丙 烷	C₄馏分	C₅馏分
C_2H_6	0.0274			
C_3H_8	0.0751	0.9140	0.0035	
C_3H_6	0.8975	0.0692	0.0025	
$i-C_4H_8$		0.0036	0.1786	0.0061
$i-C_4H_{10}$		0.0108	0.3502	0.0050
$1-C_4H_8$		0.0015	0.1086	0.0047
$n-C_4H_{10}$		0.0003	0.0834	0.0159
$c-2-C_4H_8$		0.0002	0.1320	0.0523
$t-2-C_4H_8$		0.0004	0.1362	0.0276
$n-C_5H_{12}$			0.0050	0.8885

二、脱 C₂ 组分的计算

1. 液化气组成

液化气组成见表4-21。

2. 主要操作条件

主要操作条件见表4-26。

表4-26 主要操作条件

名 称	塔底温度/℃	塔顶压力/kPa	进料流率/(kmol/h)	理论板数/块
脱乙烷塔	102.6	2300	244.3	20
脱丙烷塔	106.6	1800	172.4	20
脱丁烷塔	99.17	600	132.3	20
脱异丁烷塔	80.72	360	18.06	25

3. HYSYS 软件计算模型

脱 C₂ 组分 HYSYS 软件计算模型见图4-16。

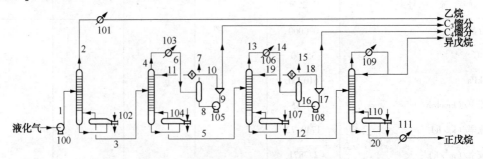

图4-16 脱 C₂ 组分 HYSYS 软件计算模型

4. 计算结果

计算结果汇总见表 4-27。

表 4-27　计算结果汇总

流　号	1	2	3	4	5
气相分数	0.0000	1.0000	0.0000	1.0000	0.0000
温度/℃	35.10	58.79	102.56	47.07	106.60
压力/kPa	2100.00	2000.00	2300.00	1800.00	1830.00
摩尔流率/(kmol/h)	244.30	71.94	172.36	640.05	132.31
质量流率/(kg/h)	12500.00	2821.88	9678.12	27516.07	7957.62
体积流率/(m³/h)	22.8512	5.8879	16.9633	53.4631	13.6189
热流率/(kJ/h)	-2.528×10^7	-4.939×10^6	-1.752×10^7	-2.178×10^7	-1.587×10^7

流　号	6	7	8	9	10
气相分数	0.0000	1.0000	0.0000	0.0000	0.0000
温度/℃	35.00	35.00	35.00	35.10	35.10
压力/kPa	1780.00	1780.00	1780.00	1850.00	1850.00
摩尔流率/(kmol/h)	640.05	0.00	640.05	640.05	600.00
质量流率/(kg/h)	27516.07	0.00	27516.07	27516.07	25794.26
体积流率/(m³/h)	53.4631	0.0000	53.4631	53.4631	50.1177
热流率/(kJ/h)	-3.073×10^7	0.000	-3.073×10^7	-3.073×10^7	-2.880×10^7

流　号	11	12	13	14	15
气相分数	0.0000	0.0000	1.0000	0.0000	1.0000
温度/℃	35.09	99.17	52.72	35.00	35.00
压力/kPa	1850.00	630.00	600.00	580.00	580.00
摩尔流率/(kmol/h)	600.00	18.06	214.25	214.25	0.00
质量流率/(kg/h)	25795.57	1302.51	12482.54	12482.54	0.00
体积流率/(m³/h)	50.1188	2.0767	21.6472	21.6472	0.0000
热流率/(kJ/h)	-2.880×10^7	-2.929×10^6	-2.237×10^7	-2.687×10^7	0.000

流　号	16	17	18	19	20
气相分数	0.0000	0.0000	0.0000	0.0000	0.0000
温度/℃	35.00	35.03	35.03	35.03	80.72
压力/kPa	580.00	610.00	610.00	610.00	380.00
摩尔流率/(kmol/h)	214.25	214.25	100.00	100.00	11.25
质量流率/(kg/h)	12482.54	12482.54	5826.07	5827.44	811.94
体积流率/(m³/h)	21.6472	21.6472	10.1035	10.1050	1.2903
热流率/(kJ/h)	-2.687×10^7	-2.687×10^7	-1.254×10^7	-1.255×10^7	-1.843×10^6

流　号	液化气	乙烷	C_3 馏分	C_4 馏分	异戊烷
气相分数	0.0000	0.5524	0.0000	0.0000	0.0000
温度/℃	35.00	35.00	35.10	35.03	71.18

流 号	液化气	乙烷	C₃馏分	C₄馏分	异戊烷
压力/kPa	2000.00	1980.00	1850.00	610.00	360.00
摩尔流率/(kmol/h)	244.30	71.94	40.05	114.25	6.80
质量流率/(kg/h)	12500.00	2821.88	1721.81	6656.47	490.58
体积流率/(m³/h)	22.8512	5.8879	3.3454	11.5436	0.7864
热流率/(kJ/h)	-2.528×10^7	-5.518×10^6	-1.923×10^6	-1.433×10^7	-1.163×10^6

流 号	正戊烷				
气相分数	0.0000				
温度/℃	35.00				
压力/kPa	360.00				
摩尔流率/(kmol/h)	11.25				
质量流率/(kg/h)	811.94				
体积流率/(m³/h)	1.2903				
热流率/(kJ/h)	-1.935×10^6				

5. 产品质量

产品质量见表4-28。

表4-28 产品质量 %(摩尔)

名 称	乙 烷	C₃馏分	C₄馏分	i-C₅馏分	n-C₅馏分
CH_4	0.2228				
C_2H_6	0.1533	0.0004			
C_3H_8	0.1360	0.4296	0.0058		
C_3H_6	0.2165	0.5670	0.0021		
i-C_4H_8	0.0329	0.0003	0.1213	0.0002	
i-C_4H_{10}	0.1663	0.0025	0.5754	0.0004	
1-C_4H_8		0.0001	0.0005		
n-C_4H_{10}	0.0298	0.0001	0.1363	0.0013	
c-2-C_4H_8	0.0058		0.0286	0.0006	
1-C_5H_{10}					
i-C_5H_{12}	0.0106		0.0417	0.9205	0.0768
t-2-C_4H_8	0.0172		0.0791	0.0007	
n-C_5H_{12}	0.0088		0.0093	0.0764	0.9232

三、生产高纯丙烯流程计算

1. 液化气组成

液化气组成见表4-22。

2. 主要操作条件

主要操作条件见表4-29。

表 4-29 主要操作条件

名　　称	塔底温度/℃	塔顶压力/kPa	进料流率/(kmol/h)	理论板数/块
脱乙烷塔	61.20	2400	188.0	22
脱丙烷塔	113.0	2200	375.2	25
粗丙烯塔	63.22	2250	180.0	80
精丙烯塔	54.54	2200	3206	80
脱异丁烷塔	60.96	700.0	187.2	45
脱戊烷塔	92.17	500.0	136.5	20

3. HYSYS 软件计算模型

生产高纯丙烯流程 HYSYS 软件计算模型见图 4-17。

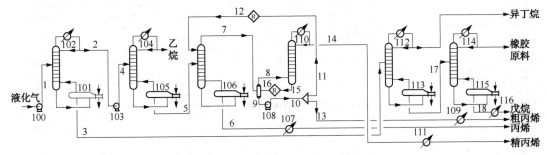

图 4-17　生产精丙烯 HYSYS 软件计算模型

4. 计算结果

计算结果见表 4-30。

表 4-30　计算结果汇总

流　　号	液化气	1	2	3	4
气相分数	0.0000	0.0000	0.0000	0.0000	0.0000
温度/℃	35.00	36.02	52.60	113.00	53.18
压力/kPa	1300.00	2300.00	2200.00	2250.00	2500.00
摩尔流率/(kmol/h)	375.20	375.20	187.98	187.22	187.98
质量流率/(kg/h)	18749.80	18749.80	7972.34	10777.46	7972.34
体积流率/(m³/h)	34.1675	34.1675	15.6998	18.4677	15.6998
热流率/(kJ/h)	-2.698×10^7	-2.694×10^7	-8.849×10^6	-1.521×10^7	-8.842×10^6
流　　号	5	6	7	8	9
气相分数	0.0000	0.0000	1.0000	1.0000	0.0000
温度/℃	61.20	63.22	55.12	54.65	54.65
压力/kPa	2450.00	2280.00	2250.00	2230.00	2230.00
摩尔流率/(kmol/h)	179.98	74.81	2823.02	2823.69	2737.85
质量流率/(kg/h)	7731.95	3298.55	119640.52	119636.16	116055.35
体积流率/(m³/h)	15.0243	6.5050	230.6576	230.6108	223.7741
热流率/(kJ/h)	-7.890×10^6	-8.415×10^6	3.842×10^6	5.835×10^6	-2.865×10^7

流　　号	10	11	12	13	14
气相分数	0.0000	0.0000	0.0000	0.0000	0.0000
温度/℃	54.99	54.99	54.99	54.99	40.00
压力/kPa	2400.00	2400.00	2400.00	2400.00	2200.00
摩尔流率/(kmol/h)	2737.85	2717.85	2717.85	20.00	85.42
质量流率/(kg/h)	116055.35	115207.57	115207.11	847.78	3594.92
体积流率/(m³/h)	223.7741	222.1394	222.1382	1.6347	6.9017
热流率/(kJ/h)	-2.859×10^7	-2.838×10^7	-2.837×10^7	-2.089×10^5	5.162×10^5

流　　号	15	16	17	18	乙烷
气相分数	0.0000	0.0000	0.0000	0.0000	0.0000
温度/℃	54.62	54.62	60.96	92.17	0.03
压力/kPa	2230.00	2230.00	730.00	530.00	2400.00
摩尔流率/(kmol/h)	2738.28	2738.52	136.47	5.35	7.99
质量流率/(kg/h)	116041.24	116050.99	7835.37	381.94	240.38
体积流率/(m³/h)	223.7091	223.7273	13.2463	0.6074	0.6755
热流率/(kJ/h)	-2.669×10^7	-2.666×10^7	-9.713×10^6	-8.321×10^5	-7.754×10^5

流　　号	粗丙烯	精丙烯	丙烷	异丁烷	橡胶原料
气相分数	0.0000	0.0000	0.0000	0.0000	0.0000
温度/℃	45.00	45.00	45.00	51.07	44.74
压力/kPa	2380.00	2180.00	2260.00	700.00	500.00
摩尔流率/(kmol/h)	20.00	85.42	74.81	50.76	131.12
质量流率/(kg/h)	847.78	3594.92	3298.55	2942.09	7453.44
体积流率/(m³/h)	1.6347	6.9017	6.5050	5.2214	12.6389
热流率/(kJ/h)	-2.371×10^5	5.719×10^5	-8.624×10^6	-7.286×10^6	-9.161×10^6

流　　号	戊烷				
气相分数	0.0000				
温度/℃	45.00				
压力/kPa	510.00				
摩尔流率/(kmol/h)	5.35				
质量流率/(kg/h)	381.94				
体积流率/(m³/h)	0.6074				
热流率/(kJ/h)	-8.782×10^5				

5. 产品质量

产品质量见表4-31。

表 4-31 产 品 质 量   %(mol)

名称	乙烷	精丙烯	粗丙烯	丙烷	异丁烷	橡胶原料	戊烷
C_2H_6	0.9989	0.0001					
C_3H_8	0.0001	0.0039	0.1531	0.9800	0.0026		
$i\text{-}C_4H_{10}$				0.0019	0.9394	0.2092	0.0006
$n\text{-}C_4H_{10}$						0.1492	0.0118
$n\text{-}C_5H_{12}$						0.0010	0.9500
C_3H_6	0.0010	0.9960	0.8469	0.0176	0.0005		
$i\text{-}C_4H_8$				0.0002	0.0450	0.1278	0.0011
$1\text{-}C_4H_8$				0.0002	0.0124	0.2831	0.0033
$t\text{-}C_4H_8$						0.1331	0.0121
$c\text{-}C_4H_8$						0.0967	0.0212
产量/(kmol/h)	7.99	20.00	85.42	74.81	50.76	131.12	5.35

6. 详细计算步骤

这里只列举了最复杂的生产精丙烯的详细计算步骤，其他大同小异，不再赘述。

输入计算所需的全部组分和流体包

步骤	内　　容	流号及数据
1	New Case[新建空白文档]	
2	Add[加入]	
3	Components：C_2、C_3、$i\text{-}C_4$、$n\text{-}C_4$、$n\text{-}C_5$、$C_3^=$、$i\text{-}C_4^=$、$1\text{-}C_4^=$、$t\text{-}C_4^=$、$c\text{-}C_4^=$	添加库组分
4	×	
5	Fluid Pkgs	加流体包
6	Add	
7	Peng-Robinson	选状态方程
8	×	
9	Enter Simulation Environment	进入模拟环境

加入液化气

步骤	内　　容	流号及数据
1	选中 Material Stream[蓝色箭头] 置于 PFD 窗口中	
2	双击[Material Stream]	
3	在 Stream Name 栏填上	液化气
4	Temperature/℃	35
5	Pressure/kPa	1300
6	Molar Flow/(kmol/h)	375.2
7	双击 Stream"液化气"的 Molar Flow 位置	

步骤	内 容	流号及数据
8	Composition（填摩尔组成）	
	C_2H_6	0.0213
	C_3H_8	0.2058
	$i-C_4H_{10}$	0.2006
	$n-C_4H_{10}$	0.0523
	$n-C_5H_{12}$	0.0139
	C_3H_6	0.2739
	$i-C_4H_8$	0.0508
	$1-C_4H_8$	0.1007
	$t-C_4H_8$	0.0467
	$c-C_4H_8$	0.0341
9	Nomalize（圆整为 1。如果偏离 1 过大，输入有误请检查）	
10	OK	
11	×	

加入原料泵

步骤	内 容	流号及数据
1	从图例板点泵［Pump］置于 PFD 窗口中	
2	双击泵［Pump］	
3	Inlet	液化气
4	Outlet	1
5	Energy	100
6	Worksheet	
7	点击 Stream Name 1 下相应位置输入	
8	Pressure/kPa	2300
9	×	

加入脱丙烷塔

步骤	内 容	流号及数据
1	从图例板点完全塔［Distillation］置于 PFD 窗口中	
2	双击完全塔［Distillation］	
3	Column Name	脱丙烷塔
4	理论板数 $n=$	25
5	Inlet Streams	1
6	Condenser	Total
7	Ovhd Liquid Outlet	2
8	Bottoms Liquid Outlet	3
9	Reboiler Energy Stream（重沸器能流）	101

步骤	内　　容	流号及数据
10	Condenser Energy Stream（冷凝器能流）	102
11	Next，Next	
12	Top Stage Pressure/kPa	2200
13	Reboiler Pressure/kPa	2250
14	Next，Next，Done	
15	Monitor	
16	Add Spec...	
17	Column Component Fraction	
18	Add Spec(s)	
19	《Stage》	
20	Reboiler	
21	《Component》	
22	Propane	
23	Spec Value	0.0007
24	×	
25	Add Spec...	
26	Column Component Fraction	
27	Add Spec(s)	
28	《Stage》	
29	Condenser	
30	《Component》	
31	i-Butane n-Butane	
32	Spec Value	0.00075
33	×	
34	程序自动完成上述设计规定下计算，结果用于新规定计算初值	
35	Specifications 栏下	
36	点击 Reflux Ratio 右侧 Active，使之失效	
37	点击 Distillate Rate 右侧 Active，使之失效	
38	点击 Comp Fraction 右侧 Active，使之生效	
39	点击 Comp Fraction-2 右侧 Active，使之生效	
40	Run，运行结束，Converged 变绿色	
41	×	

加入脱乙烷塔进料泵

步骤	内　　容	流号及数据
1	从图例板点泵［Pump］置于 PFD 窗口中	

步骤	内 容	流号及数据
2	双击泵［Pump］	
3	Inlet	2
4	Outlet	4
5	Energy	103
6	Worksheet	
7	点击 Stream Name 4 下相应位置输入	
8	Pressure/kPa	2500
9	×	

加入脱乙烷塔

步骤	内 容	流号及数据
1	从图例板点完全塔［Distillation］置于 PFD 窗口中	
2	双击完全塔［Distillation］	
3	Column Name	脱乙烷塔
4	理论板数 $n =$	22
5	Inlet Streams	4
6	Condenser	Total
7	Ovhd Liquid Outlet	乙烷
8	Bottoms Liquid Outlet	5
9	Reboiler Energy Stream（重沸器能流）	105
10	Condenser Energy Stream（冷凝器能流）	104
11	Next，Next	
12	Top Stage Pressure/kPa	2400
13	Reboiler Pressure/kPa	2450
14	Next，Next，Done	
15	Monitor	
16	Add Spec…	
17	Column Component Fraction	
18	Add Spec(s)	
19	《Stage》	
20	Reboiler	
21	《Component》	
22	Ethane	
23	Spec Value（重沸器 C_2 含量不大于 2%，初设 0.03%）	0.00005
24	×	
25	Add Spec…	

步骤	内　　容	流号及数据
26	Column Component Fraction	
27	Add Spec(s)	
28	《Stage》	
29	Condenser	
30	《Component》	
31	propene	
32	Spec Value	0.001
33	×	
34	Specifications 栏下	
35	点击 Reflux Ratio 右侧 Specified Value(改善收敛)	100
36	程序自动完成上述设计规定下计算，结果用于新规定计算初值	
37	点击 Reflux Ratio 右侧 Active，使之失效	
38	点击 Distillate Rate 右侧 Active，使之失效	
39	点击 Comp Fraction 右侧 Active，使之生效	
40	点击 Comp Fraction-2 右侧 Active，使之生效	
41	Run，运行结束，Converged 变绿色	
42	×	

进行脱乙烷塔计算时需要尽可能将乙烷脱除，否则精丙烯纯度可能无法达标。

加粗丙烯塔回流液初值

步骤	内　　容	流号及数据
1	双击[Material Stream]	12
2	Temperature/℃	40
3	Pressure/kPa	2400
4	Molar Flow/(kmol/h)	2400
5	双击 Stream 12 的 Molar Flow 位置	
6	Composition(填摩尔组成) 　Propane 　Propene 　其余组分	 0.12 0.88 0.00
7	OK	
8	×	

加粗丙烯塔

步骤	内　　容	流号及数据
1	从图例板点不完全塔[Reboiled Absorber]置于 PFD 窗口中	
2	双击不完全塔[Reboiled Absorber]	

步骤	内　　容	流号及数据
3	Column Name	粗丙烯塔
4	理论板数 $n=$	80
5	Top Stage Inlet	12
6	Optional Inlet Streams： 　　Stream　　　　Inlet Stage 　　　5　　　　　　　32	
7	Ovhd Vapour Outlet	7
8	Bottoms Liquid Outlet	6
9	Reboiler Energy Stream(重沸器能流)	106
10	Next，Next	
11	Top Stage Pressure/kPa	2250
12	Reboiler Pressure/kPa	2280
13	Next，Next，Done	
14	Monitor	
15	Add Spec...	
16	Column Component Fraction	
17	Add Spec(s)	
18	《Stage》	
19	Reboiler	
20	《Component》	
21	Propane	
22	Spec Value(要求重沸器丙烷含量)	0.98
23	×	
24	Specifications 栏下	
25	点击 Ovhd Prod Rate 右侧 Active，使之失效	
26	点击 Comp Fraction 右侧 Active，使之生效	
27	Run	
28	×	
29	×	

　　粗丙烯塔可以自动完成计算。粗丙烯塔底丙烷产品的纯度可根据需要确定，纯度越高，丙烯收率越高，能耗越大。

加回流罐并给精丙烯塔底料赋初值

步骤	内　　容	流号及数据
1	从图例板点二相分离器[Separator]置于 PFD 窗口中	
2	双击二相分离器[Separator]	

步骤	内 容	流号及数据
3	Inlet《Stream》	7, 16
4	Vapour	8
5	Liquid	9
6	Worksheet	
7	点击 Material Stream 16	
8	Temperature/℃	50
9	Pressure/kPa	2400
10	Molar Flow/(kmol/h)	2400
11	双击 Stream 16 的 Molar Flow 位置	
12	Composition(填摩尔组成) Propane Propene 其余组分	 0. 12 0. 88 0. 00
13	×	

加入回流泵

步骤	内 容	流号及数据
1	从图例板点泵[Pump]置于 PFD 窗口中	
2	双击泵[Pump]	
3	Inlet	9
4	Outlet	10
5	Energy	108
6	Worksheet	
7	点击 Stream Name 10 下相应位置输入	
8	Pressure/kPa	2400
9	×	

加 分 配 器

步骤	内 容	流号及数据
1	从图例板点分配器[Tee]置于 PFD 窗口中	
2	双击分配器[Tee]	
3	Inlet	10
4	Outlets	11, 13
5	Worksheet	
6	点击 Stream Name 13 相应位置输入	
7	Molar Flow/(kmol/h)	20
8	×	

加 水 冷 却 器

步骤	内　　容	流号及数据
1	从图例板点冷却器[Cooler]置于 PFD 窗口中	
2	双击冷却器[Cooler]	
3	Inlet	13
4	Outlet	粗丙烯
5	Energy	109
6	Parameters	
7	Delta P/kPa	20
8	Worksheet	
9	点击 Stream Name"粗丙烯"下相应位置输入	
10	Temperature/℃	45
11	×	

加循环并提高迭代精度

步骤	内　　容	流号及数据
1	从图例板点循环[Recycle]置于 PFD 窗口中	
2	双击循环[Recycle]	
3	Parameters	
4	Flow 右侧 Sensitivities 栏下 Flow 将 10 修改为	0.1
5	Connections	
6	Inlet	11
7	Outlet	12
8	×	

　　由于粗丙烯塔进料量小、回流比很大，断裂流股迭代时迭代误差可能影响产物的物料平衡，需要提高收敛计算精度。

加 冷 却 器

步骤	内　　容	流号及数据
1	从图例板点冷却器[Cooler]置于 PFD 窗口中	
2	双击冷却器[Cooler]	
3	Inlet	6
4	Outlet	丙烷
5	Energy	107
6	Parameters	
7	Delta P/kPa	20
8	Worksheet	
9	点击 Stream Name"丙烷"下相应位置输入	

步骤	内　　容	流号及数据
10	Temperature/℃	45
11	×	

加入精丙烯塔

步骤	内　　容	流号及数据
1	从图例板点不完全塔［Refluxed Absorber］置于 PFD 中	
2	双击［Refluxed Absorber］	
3	Column Name	精丙烯塔
4	理论板数 $n=$	80
5	Bottom Stage Inlet	8
6	Condenser	Total
7	OvhdLiquid Outlet	14
8	Bottoms Liquid Outlet	15
9	Condenser Energy Stream（冷凝器能流号）	110
10	Next	
11	Condenser Pressure /kPa	2200
12	Bottom Stage Pressure /kPa	2230
13	Next，Next，Done	
14	Monitor	
15	Add Spec…	
16	Column Component Fraction	
17	Add Spec(s)	
18	《Stage》	
19	Condenser	
20	《Component》	
21	Propene	
22	Spec Value（要求冷凝器丙烯含量）	0.996
23	×	
24	Specifications 栏下	
25	点击 Distillate Rate 右侧 Active，使之失效	
26	Subcooling	
27	Subcool to（设定冷凝器温度/℃）	40
28	Monitor	

程序自动完成精丙烯塔计算。

加 水 冷 却 器

步骤	内　　　容	流号及数据
1	从图例板点冷却器［Cooler］置于 PFD 窗口中	
2	双击冷却器［Cooler］	
3	Inlet	14
4	Outlet	精丙烯
5	Energy	111
6	Parameters	
7	Delta P /kPa	20
8	Worksheet	
9	点击 Stream Name"精丙烯"下相应位置输入	
10	Temperature/℃	45
11	×	

加脱异丁烷塔

步骤	内　　　容	流号及数据
1	从图例板点完全塔［Distillation］置于 PFD 窗口中	
2	双击完全塔［Distillation］	
3	Column Name	脱异丁烷塔
4	理论板数 $n=$	45
5	Inlet Streams	3
6	Condenser	Total
7	Ovhd Liquid Outlet	异丁烷
8	Bottoms Liquid Outlet	17
9	Reboiler Energy Stream（重沸器能流）	113
10	Condenser Energy Stream（冷凝器能流）	112
11	Next，Next	
12	Top Stage Pressure /kPa	700
13	Reboiler Pressure /kPa	730
14	Next，Next，Done	
15	Monitor	
16	Add Spec…	
17	Column Component Fraction	
18	Add Spec(s)	
19	《Stage》	
20	Condenser	
21	《Component》	
22	i-Butene	

292

步骤	内 容	流号及数据
23	Spec Value	0.045
24	×	
25	Add Spec…	
26	Column Component Fraction	
27	Add Spec(s)	
28	《Stage》	
29	Reboiler	
30	i-Butane	
31	Spec Value	0.201
32	×	
33	Specifications 栏下	
34	点击 Reflux Ratio 右侧 Active，使之失效	
35	输入 Reflux Ratio 初值(可加快收敛)	100
36	点击 Distillate Rate 右侧 Active，使之失效	
37	点击 Comp Fraction 右侧 Active，使之生效	
38	点击 Comp Fraction-2 右侧 Active，使之生效	
39	Run，运行结束，Converged 变绿色	
40	×	

由于采用了塔顶和塔底组分的摩尔浓度作为设计规定，脱异丁烷塔的计算收敛难度较大。给回流比赋予合适的初值非常关键，给定的回流比初值过大或者过小都不易收敛。如果模拟时不能收敛，可以尝试改变回流比。

加入脱戊烷塔

步骤	内 容	流号及数据
1	从图例板点完全塔[Distillation]置于 PFD 窗口中	
2	双击完全塔[Distillation]	
3	Column Name	脱戊烷塔
4	理论板数 $n=$	20
5	Inlet Streams	17
6	Condenser	Total
7	Ovhd Liquid Outlet	橡胶原料
8	Bottoms Liquid Outlet	18
9	Reboiler Energy Stream(重沸器能流)	115
10	Condenser Energy Stream(冷凝器能流)	114
11	Next，Next	

步骤	内　容	流号及数据
12	Top Stage Pressure /kPa	500
13	Reboiler Pressure /kPa	530
14	Next，Next，Done	
15	Monitor	
16	Add Spec…	
17	Column Component Fraction	
18	Add Spec(s)	
19	《Stage》	
20	Reboiler	
21	《Component》	
22	n-Pentane	
23	Spec Value	0.95
24	×	
25	Add Spec…	
26	Column Component Fraction	
27	Add Spec(s)	
28	《Stage》	
29	Condenser	
30	《Component》	
31	n-Pentane	
32	Spec Value	0.001
33	×	
34	Specifications 栏下	
35	点击 Reflux Ratio 右侧 Active，使之失效	
36	点击 Distillate Rate 右侧 Active，使之失效	
37	点击 Comp Fraction 右侧 Active，使之生效	
38	点击 Comp Fraction-2 右侧 Active，使之生效	
39	Run，运行结束，Converged 变绿色	
40	×	

加 水 冷 却 器

步骤	内　容	流号及数据
1	从图例板点冷却器[Cooler]置于 PFD 窗口中	
2	双击冷却器[Cooler]	
3	Inlet	18
4	Outlet	戊烷

步骤	内　　容	流号及数据
5	Energy	116
6	Parameters	
7	Delta P /kPa	20
8	Worksheet	
9	点击 Stream Name "戊烷" 下相应位置输入	
10	Temperature/℃	45
11	×	

加　循　环

步骤	内　　容	流号及数据
1	从图例板点循环[Recycle]置于 PFD 窗口中	
2	双击循环[Recycle]	
3	Parameters	
4	Flow 右侧 Sensitivities 栏下 Flow 将 10 修改为	0.10
5	Connections	
6	Inlet	15
7	Outlet	16
8	×	

　　粗丙烯塔和精丙烯塔迭代过程中，如果初值不适合，可能会导致计算得到的粗丙烯塔回流液和精丙烯塔底液相中丙烷的浓度过高，循环量很大，迭代结果不合理。如果遇到这种情况，可暂停塔的迭代，重新按上面步骤中的数值设定粗丙烯塔回流（流号 12）和精丙烯塔底液相入回流罐物流（流号 16）的初值，然后重新开始迭代，必要时可给定粗丙烯塔底物流的初值（约 78kmol/h）。总之，粗丙烯塔底的物料流量不低于 50kmol/h 才能确保流程收敛到合理的结果。

四、部分现场操作数据

气体分馏部分现场操作数据见表 4-32~表 4-37。

表 4-32　气体分馏操作数据（1）

项　　目		脱丙烷塔	脱丙烯塔	脱丁烷塔	脱戊烷塔
处理量/(10⁴t/a)		12.8			
塔顶	温度/℃	40	40	50	50
	压力/kPa(a)	1860	1800	700~800	450~530
	回流比	3	12	9	3
	塔底温度/℃	100~115	57	70~80	≤88
塔结构	塔径/mm	1600	1600	2200	1000
	塔板形式	浮阀	浮阀	浮阀	斜孔
	塔板数/块	59	85	85	45
	板间距/mm	600	450/600	450/600	450/600

项 目		脱丙烷塔	脱丙烯塔	脱丁烷塔	脱戊烷塔
	馏分	液态烃	丙烯	丁烯-1	丁烯-2
原料及产品组成/%	C_2	0.3	3.7		
	C_3H_8	7.3	13.4	3.4	
	$i\text{-}C_4H_{10}$	18.4		43.4	
	$n\text{-}C_4H_{10}$	4.6	82.9	1.7	23.5
	C_5	7.5			
	C_3H_6	20.1		1.3	
	$i\text{-}C_4H_8$	} 23.7		48.2	0.7
	$C_4H_8\text{-}1$				
	$t\text{-}C_4H_8$	10.6		2.0	43.6
	$c\text{-}C_4H_8$	7.5			32.2

表 4-33　气体分馏操作数据(2)

项 目		脱丙烷塔	脱丙烯塔	异丁烯分离塔	脱丁烷塔
处理量/(10^4t/a)		11.23			
塔顶	温度/℃	46	50	57	54
	压力/kPa(a)	1800	1750	800	670
	回流比	4	10	8	2
塔底温度/℃		105	62	74	85
塔结构	塔径/mm	1600	2000	2000	1600
	塔板形式	$\phi100$ 圆泡帽	浮阀	浮阀	浮阀
	塔板数/块	43	83	83	46
	板间距/mm	550	450	450	500
原料及产品组成/%	馏分	液态烃	丙烯	丙烷	
	C_3H_8	12.0	12.3	98.8	
	$i\text{-}C_4H_{10}$	17.7			
	$n\text{-}C_4H_{10}$	3.5			
	C_5	2.5			
	C_3H_6	36.2	87.7	1.2	
	$i\text{-}C_4H_8$	} 16.0			
	$C_4H_8\text{-}1$				
	$t\text{-}C_4H_8$	6.4			
	$c\text{-}C_4H_8$	5.1			

表 4-34　气体分馏操作数据(3)

项 目		脱乙烷塔	脱丙烯塔	脱丁烷塔	脱异戊烷塔
处理量/(10^4t/a)		12.0			
塔顶	温度/℃	61	48	57	78
	压力/kPa(a)	2000	1800	700	360
	回流比	4	3.4	2.13	3.9

项 目		脱乙烷塔	脱丙烯塔	脱丁烷塔	脱异戊烷塔
塔底温度/℃		76	109	99	83
塔结构	塔径/mm	1000	1200	1400	1200
	塔板形式	浮阀	浮阀	浮阀	槽型
	塔板数/块	39	40	40	50
	板间距/mm	500	500	500	500
原料及产品组成/%	馏分	液态烃	异戊烷	丙烯-丙烷	丁烷-丁烯	正戊烷
	CH_4	6.24				
	C_2	4.3		3.5		
	C_3H_8	10.8		37.0	3.54	
	$i\text{-}C_4H_{10}$	30.3	3.4	0.4	55.78	
	$n\text{-}C_4H_{10}$	6.9			12.9	
	$i\text{-}C_5H_{12}$		91.4			69.0
	$n\text{-}C_5H_{12}$	14.7	0.16		1.23	10.8
	C_5H_{10}		3.75			20.2
	C_3H_6	15.0		59.1	0.67	
	$i\text{-}C_4H_8$	6.32			15.4	
	$C_4H_8\text{-}1$					
	$t\text{-}C_4H_8$	4.0	0.65		7.7	
	$c\text{-}C_4H_8$	1.44	0.65		2.78	

表 4-35　气体分馏操作数据(4)

项 目		脱丙烷塔	丙烯塔	烷基化原料塔	丁烯分离塔
处理量/(10^4t/a)		14.0(脱丙烯塔除外)			
塔顶	温度/℃	44	48	50	49
	压力/kPa(a)	1800	2150	590	400~450
	回流比	3	16	5	6
塔底温度/℃		110	57	70	81~85
塔结构	塔径/mm	1600	2200	2400	1400
	塔板形式	浮阀	浮阀	圆泡罩	斜孔
	塔板数/块	40	100	74	40
	板间距/mm	500	400	500	500
原料及产品组成/%	馏分	液态烃	丙烯	丙烷	烷基化原料	橡胶原料
	C_3H_8	18.81		74.18	0.11	
	$i\text{-}C_4H_{10}$	11.17	4.38		50.84	
	$n\text{-}C_4H_{10}$	5.92			0.32	22.42
	$i\text{-}C_5H_{12}$					
	$n\text{-}C_5H_{12}$	2.67				
	C_5H_{10}					
	C_3H_6	31.59	95.62	25.82		
	$i\text{-}C_4H_8$	18.33			48.82	33.12
	$C_4H_8\text{-}1$					
	$t\text{-}C_4H_8$	6.75			0.21	25.33
	$c\text{-}C_4H_8$	4.76			0.24	19.13

表 4-36　气体分馏操作数据(5)

项　目		脱丙烷塔	脱丙烯塔	脱丁烷塔	
处理量/(10⁴t/a)		10.0			
塔顶	温度/℃	51	52	50	
	压力/kPa(a)	2000	2200	600	
	回流比	3	15	2.5	
塔底温度/℃		115	63	99	
塔结构	塔径/mm	1600	2200	1800	
	塔板形式	浮阀	浮阀	浮阀	
	塔板数/块	42	100	31	
	板间距/mm	500	450	500	

馏分	液态烃	丙烯	丙烷	丁烯-丁烷	戊烷
C_2	0.5	2.7			
C_3H_8	8.0	7.3	84.0	0.25	
$i\text{-}C_4H_{10}$	22.5		5.96	34.3	
$n\text{-}C_4H_{10}$	5.5			8.39	1.17
C_5	10.0				97.3
C_3H_6	17.0	90.0	6.16	0.81	
$i\text{-}C_4H_8$	11.5		2.26	17.7	
$t\text{-}C_4H_8$	} 18.0			} 27.8	} 1.56
$c\text{-}C_4H_8$					
$C_4H_8\text{-}1$	7.0		1.75		

(原料及产品组成/%)

表 4-37　气体分馏操作数据(6)

项　目		脱丙烷塔	脱乙烷塔	脱异丁烯塔	粗丙烯塔	精丙烯塔	脱戊烯塔
处理量/(10⁴t/a)		15.0					
塔顶	温度/℃	57	28	51	54	54	52
	压力/kPa(a)	2200	2400	700	2250	2200	500
	回流比	3	13	8	15	15	3
塔底温度/℃		114	61	68	63		
塔结构	塔径/mm	1800	1000	2200	2400	1600	1200
	塔板形式	浮阀	浮阀	浮阀	筛板	筛板	浮阀
	塔板数/块	50	45	85	90	80	45
	板间距/mm	450 500	350 450	450	450 500	500	450

馏分	液态烃	异丁烯	丁烯-丁烷	戊烷	粗丙烯	精丙烯
C_2	2.13					0.02
C_3H_8	20.58	0.91			8.93	0.48
$i\text{-}C_4H_{10}$	20.06	57.15	0.27			
$n\text{-}C_4H_{10}$	5.23	1.22	34.18	0.38		
C_5	1.39		0.10	96.74		
C_3H_6	27.38	0.32			91.07	99.50
$i\text{-}C_4H_8$	5.08	14.49	0.48			
$t\text{-}C_4H_8$	4.67	0.27	32.38	0.58		
$c\text{-}C_4H_8$	3.41	0.01	23.92	2.30		
$C_4H_8\text{-}1$	10.07	25.63	8.67			

(原料及产品组成/%)

第六节　吸收稳定工艺计算

随着我国炼油工业的迅猛发展，催化裂化装置加工规模也在不断扩大，截至 2016 年底我国催化裂化加工规模已达 $5360 \times 10^4 t/a$，催化重整已达 $1987 \times 10^4 t/a$，焦化规模已达 $1600 \times 10^4 t/a$。对这些气体加工方法的研究，可进一步提高炼厂的经济效益。例如，催化裂化富气的加工，目前均采用粗汽油为吸收剂，稳定汽油为补充吸收剂的常规油吸收法，国内外无一例外。该法的优点是用装置自产的稳定汽油为吸收剂，粗汽油的稳定也在同一个装置进行。但有诸多缺点无法克服：一是粗汽油和稳定汽油相对分子质量比较大，一般在 $100 \sim 120$，对富气中 C_3 以上组分的吸收能力较差，因而吸收剂循环量比较大，能耗较高；二是催化汽油中芳香烃和环烷烃含量比较高，芳香烃一般可达 15.47%，环烷烃一般可达 4.61%，而芳香烃和环烷烃的选择性又比较差，在吸收过程中除了吸收 C_3 以上组分外，还吸收了大量的 C_1、C_2 组分，由于吸收是放热反应，因而在吸收塔的中部要采取取热措施才能使吸收过程处于最佳状态。鉴于以稳定轻油为吸收剂的冷油吸收工艺在油田伴生气处理中已成功应用多套，探讨冷油吸收法处理炼厂气就有了可靠的基础。稳定轻油就是从富气中回收液化气以后剩余的 C_5、C_6 组分，因相对分子质量小，吸收能力强，且烷烃选择性好，因而溶剂循环量小，有利于节能。下面对两种流程分别加以叙述。

一、基础数据

1. 催化裂化富气组成

某厂催化裂化富气组成见表 4-38。

表 4-38　催化裂化富气组成

组　　分	C_1	C_2	C_3	$i\text{-}C_4$	$n\text{-}C_4$	$i\text{-}C_5$	$n\text{-}C_5$
组成/%（体积）	0.1110	0.0589	0.0785	0.0896	0.0354	0.0562	0.0072
组　　分	$n\text{-}C_6$	$C_2^=$	$C_3^=$	$1\text{-}C_4^=$	$c\text{-}C_4^=$	$t\text{-}C_4^=$	$i\text{-}C_4^=$
组成/%（体积）	0.0524	0.0525	0.1462	0.0346	0.0235	0.0182	0.0209
组　　分	$1,3\text{-}C_4^{==}$	H_2	H_2O	N_2	O_2	CO	CO_2
组成/%（体积）	0.0005	0.0759	0.0000	0.1049	0.0123	0.0070	0.0124

2. 粗汽油组成

粗汽油组成见表 4-39。

表 4-39　粗汽油组成（ASTM D86）

馏程/%	初馏点	10	30	50	70	90	95	终馏点
温度/℃	53	93	115	135	154	180	189	204

3. 稳定汽油组成

稳定汽油组成见表 4-40。

表 4-40 稳定汽油组成

名　称	分子式	组成/%(体积)	备　注
正丁烷	$n-C_4H_{10}$	0.02	$n-$Butane
异戊烷	$i-C_5H_{12}$	11.87	$i-$Pentane
正戊烷	$n-C_5H_{12}$	11.11	$n-$Pentane
正己烷	$n-C_6H_{14}$	9.75	$n-$Hexane
正庚烷	$n-C_7H_{16}$	8.55	$n-$Heptane
正辛烷	$n-C_8H_{18}$	13.59	$n-$Octane
正壬烷	$n-C_9H_{20}$	7.44	$n-$Nonane
正葵烷	$n-C_{10}H_{22}$	9.06	$n-$Decane
正十一烷	$n-C_{11}H_{24}$	6.64	$n-C_{11}$
正十二烷	$n-C_{12}H_{26}$	2.41	$n-C_{12}$
环戊烷	C_5H_{10}	1.20	Cyclopentane
甲基环戊烷	C_6H_{12}	1.48	methylcyclopentane
环己烷	C_6H_{12}	0.20	Cyclohexane
1,1-二甲基环戊烷	C_7H_{14}	0.02	1,1-dimethylcyclopentane
顺1,3-二甲基环戊烷	C_7H_{14}	0.49	$c-$1,3-dimethylcyclopentane
反1,3-二甲基环戊烷	C_7H_{14}	0.42	$t-$1,3-dimethylcyclopentane
反1,2-二甲基环戊烷	C_7H_{14}	0.35	$t-$1,2-dimethylcyclopentane
苯	C_6H_6	1.58	benzene
甲苯	C_7H_8	3.71	toluene
乙苯	C_8H_{10}	0.95	ethylbenzene
间二甲苯	C_8H_{10}	3.99	$m-$xylene
对二甲苯	C_8H_{10}	1.08	$p-$xylene
邻二甲苯	C_8H_{10}	1.88	$o-$xylene
1,3-乙基苯	$C_{10}H_{14}$	1.67	1,3-diethylbenzene
1,4-乙基苯	$C_{10}H_{14}$	0.61	1,4-diethylbenzene
合计		100.07	

4. 轻柴油组成

轻柴油组成见表 4-41。

表 4-41 轻柴油组成(ASTM D86)

馏程/%	初馏点	10	30	50	70	90	95	终馏点
温度/℃	188	226	249	272	303	332	338	342

二、约束条件

(1) 原料气组成相同,流率为 810kmol/h(0℃, 101.325kPa)。

(2) 两种工艺的操作条件以丙烯收率相同,本例题要求丙烯收率为 90%。

(3) 富气压力 1500kPa(a),吸收塔顶压力 1440kPa(a),脱丁烷塔顶压力 1200kPa(a)。

(4) 从富气压缩机空冷器以后为计算起点。

三、常规油吸收工艺

1. 催化富气常规油吸收稳定工艺流程

催化富气常规油吸收稳定工艺流程见图 4-18。

2. 常规油吸收 HYSYS 软件计算模型

常规油吸收 HYSYS 软件计算模型见图 4-19。

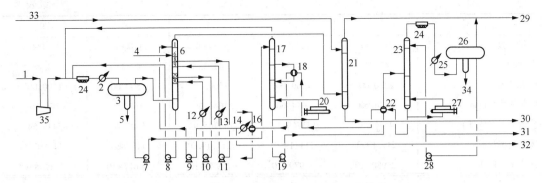

图 4-18　催化富气常规油吸收稳定工艺流程

1—催化富气；2、12～14—冷却器；3、26—三相分离器；4—粗汽油；5—水；6—吸收塔；7～11、19—泵；
16、18、22—换热器；17—解吸塔；20—重沸器；21—再吸收塔；23—稳定塔；24—空冷器；25—水冷器；27—重沸器；
28—回流泵；29—燃料气；30—富吸收柴油；31—液化气；32—稳定汽油；33—粗柴油；34—水；35—增压机

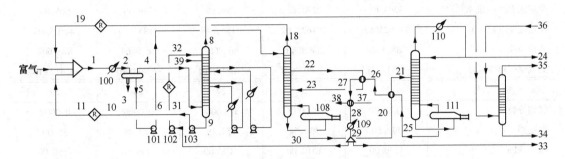

图 4-19　HYSYS 软件计算模型

3. 计算结果汇总

计算结果汇总见表 4-42。

表 4-42　计算结果汇总

流　　号	富气	粗汽油	36(柴油)	1	2
气相分数	0.6869	0.0000	0.0000	0.3853	0.3400
温度/℃	33.00	30.00	35.00	45.34	33.00
压力/kPa	1260.00	1400.00	1200.00	1260.00	1250.00
摩尔流率/(kmol/h)	2069.00	430.00	46.05	3880.10	3880.10
质量流率/(kg/h)	84372.30	47987.00	10000.00	235583.80	235583.80
体积流率/(m³/h)	158.6068	64.5027	12.0087	381.6051	381.6051
热流率/(kJ/h)	-1.317×10^8	-1.037×10^8	-2.117×10^7	-4.372×10^8	-4.460×10^8
流　　号	3	4	5	6	8
气相分数	0.0000	1.0000	0.0000	0.0000	1.0000
温度/℃	33.00	33.00	33.00	33.14	39.54
压力/kPa	1250.00	1250.00	1250.00	1500.00	1240.00
摩尔流率/(kmol/h)	0.00	1319.27	2560.83	2560.83	934.67
质量流率/(kg/h)	0.00	38539.42	197044.38	197044.38	22786.96
体积流率/(m³/h)	0.0000	81.0102	300.5949	300.5949	49.5463
热流率/(kJ/h)	0.000	-5.216×10^7	-3.939×10^8	-3.938×10^8	-3.634×10^7

流 号	9	10	11	18	19
气相分数	0.0000	0.0000	0.0000	1.0000	1.0000
温度/℃	47.21	47.34	47.33	40.47	40.48
压力/kPa	1250.00	1500.00	1500.00	1500.00	1500.00
摩尔流率/(kmol/h)	1644.60	1644.60	1644.60	166.22	166.50
质量流率/(kg/h)	145769.12	145769.12	145765.96	5435.44	5445.54
体积流率/(m³/h)	211.1990	211.1990	211.1960	11.7800	11.8023
热流率/(kJ/h)	-2.980×10^8	-2.979×10^8	-2.979×10^8	-7.617×10^6	-7.626×10^6

流 号	20	21	22	23	24
气相分数	0.0000	0.1260	0.0000	0.0071	0.0000
温度/℃	107.31	120.00	49.00	50.00	40.23
压力/kPa	1530.00	1510.00	1518.95	1518.95	1200.00
摩尔流率/(kmol/h)	2394.63	2394.63	599.99	599.99	905.99
质量流率/(kg/h)	191625.62	191625.62	41853.49	41853.49	44503.60
体积流率/(m³/h)	288.8326	288.8326	66.9664	66.9664	82.1602
热流率/(kJ/h)	-3.511×10^8	-3.407×10^8	-7.718×10^7	-7.703×10^7	-6.417×10^7

流 号	25	26	27	28	29
气相分数	0.0000	0.0000	0.0000	0.0000	0.0000
温度/℃	179.50	154.54	154.19	148.89	35.00
压力/kPa	1230.00	1210.00	1190.00	1170.00	1150.00
摩尔流率/(kmol/h)	1488.64	1488.64	1488.64	1488.64	1488.64
质量流率/(kg/h)	147122.02	147122.02	147122.02	147122.02	147122.02
体积流率/(m³/h)	206.6724	206.6724	206.6724	206.6724	206.6724
热流率/(kJ/h)	-2.665×10^8	-2.769×10^8	-2.771×10^8	-2.792×10^8	-3.189×10^8

流 号	30	31	32	33	34
气相分数	0.0000	0.0000	0.0000	0.0000	0.0000
温度/℃	35.00	35.16	35.16	35.00	45.42
压力/kPa	1150.00	1500.00	1500.00	1150.00	1150.00
摩尔流率/(kmol/h)	830.00	830.00	830.00	658.64	73.16
质量流率/(kg/h)	82028.85	82028.85	82029.66	65093.17	11828.83
体积流率/(m³/h)	115.2316	115.2316	115.2324	91.4409	14.9457
热流率/(kJ/h)	-1.778×10^8	-1.777×10^8	-1.777×10^8	-1.411×10^8	-2.480×10^7

流 号	35	37	38	50	轻油
气相分数	1.0000	0.0000	0.0000	0.0073	0.0000
温度/℃	49.06	35.00	110.00	50.00	37.80
压力/kPa	1130.00	153.00	151.00	1518.95	67.46
摩尔流率/(kmol/h)	907.56	360.81	360.81	600.01	658.64
质量流率/(kg/h)	20958.13	6500.00	6500.00	41870.17	65093.17
体积流率/(m³/h)	46.6092	6.5131	6.5131	66.9841	91.4409
热流率/(kJ/h)	-3.271×10^7	-1.030×10^8	-1.009×10^8	-7.707×10^7	-1.408×10^8

流　　号	液化气			
气相分数	0.0000			
温度/℃	37.80			
压力/kPa	1139.07			
摩尔流率/(kmol/h)	905.99			
质量流率/(kg/h)	44503.60			
体积流率/(m³/h)	82.1602			
热流率/(kJ/h)	-6.447×10^7			

4. HYSYS 软件计算详细步骤

输入计算所需的全部组分和流体包

步骤	内　　容	流号及数据
1	New Case[新建空白文档]	
2	Add[加入]	
3	Components：C_1、C_2、C_3、i-C_4、n-C_4、i-C_5、n-C_5、n-C_6、$C_2^=$、$C_3^=$、1-$C_4^=$、c-$C_4^=$、t-$C_4^=$、i-$C_4^=$、13-$C_4^{==}$、H_2、H_2O、N_2、O_2、CO、CO_2、$C_7 \sim C_{12}$、Cyclopentane(C_5H_{10})、methylcyclopentane(C_6H_{12})、Cyclohexane(C_6H_{12})、11-dimethylcyclopentane(C_7H_{14})、c-13-dimethylcyclopentane(C_7H_{14})、t-13-dimethylcyclopentane(C_7H_{14})、t-12-dimethylcyclopentane(C_7H_{14})、benzene(C_6H_6)、toluene(C_7H_8)、ethylbenzene(C_8H_{10})、m-xylene(C_8H_{10})、p-xylene(C_8H_{10})、o-xylene(C_8H_{10})、13-diethylbenzene($C_{10}H_{14}$)、14-diethylbenzene($C_{10}H_{14}$)	添加库组分
4	×	
5	Fluid Pkgs	加流体包
6	Add	
7	Peng-Robinson	选状态方程
8	×	
9	Enter Simulation Environment	进入模拟环境

加入原料富气

步骤	内　　容	流号及数据
1	选中 Material Stream[蓝色箭头]置于 PFD 窗口中	
2	双击[Material Stream]	
3	在 Stream Name 栏填上	富气
4	Temperature/℃	33
5	Pressure/kPa	1260
6	Molar Flow/(kmol/h)	2069
7	双击 Stream"富气"的 Molar Flow 位置	
8	Composition(填摩尔组成) 　Methane 　Ethane	 0.1110 0.0589

步骤	内　　容	流号及数据
	Propane	0.0785
	i-Butane	0.0896
	n-Butane	0.0354
	i-Pentane	0.0562
	n-Pentane	0.0072
	n-Hexane	0.0524
	Ethylene	0.0525
	Propene	0.1462
	1-Butene	0.0346
8	*cis*2-Butene	0.0235
	*tr*2-Butene	0.0182
	i-Butene	0.0209
	13-Butadiene	0.0005
	Hydrogen	0.0759
	H_2O	0.0000
	Nitrogen	0.1049
	Oxygen	0.0123
	CO	0.0070
	CO_2	0.0124
9	Nomalize(圆整为1。如果偏离1过大，输入有误请检查)	
10	OK	
11	×	

加入稳定汽油初值条件

步骤	内　　容	流号及数据
1	选中 Material Stream[蓝色箭头]置于 PFD 窗口中	
2	双击[Material Stream]	
3	在 Stream Name 栏填上	32
4	Temperature/℃	37.8
5	Pressure/kPa	1300
6	Molar Flow/(kmol/h)	1860
7	双击 Stream 32 的 Molar Flow 位置	
8	Composition(填摩尔组成)	
	n-Octane(*n*-C_8)	1.0
	其余	0.0
9	OK	
10	×	

加粗汽油条件

步骤	内　　容	流号及数据
1	Enter basis environment(图例小油壶)	
2	Oil Manager	

步骤	内　　容	流号及数据
3	Enter Oil Environment	
4	Assay	
5	Add	
6	Bulk Properties 右侧下拉菜单，点选	Not Used
7	Assay Data Type 右侧下拉菜单，点选	ASTM D86
8	Assay Basis 右侧下拉菜单，点选	Liquid Volume
9	Edit Assay	
10	在 Assay Input Data 下输入恩氏蒸馏数据： 　Assay Percent/%　　　　　　　　　　　　Temperature/℃ 　　　0　　　　　　　　　　　　　　　　　53 　　　10　　　　　　　　　　　　　　　　93 　　　30　　　　　　　　　　　　　　　　115 　　　50　　　　　　　　　　　　　　　　135 　　　70　　　　　　　　　　　　　　　　154 　　　90　　　　　　　　　　　　　　　　180 　　　95　　　　　　　　　　　　　　　　189 　　　100　　　　　　　　　　　　　　　204	
11	OK	
12	Calculate	
13	×	
14	Cut/Blend	
15	Add	
16	在 Available Assays 栏下，点选	Assay-1
17	Add→	
18	Cut Option Select 右侧下拉菜单，点选	Auto Cut
19	×	
20	Install Oil	
21	点击 Blend-1 右侧 Stream Name 下输入切割假组分的流号名	粗汽油
22	Calculate All	
23	Return to Basis Environment	
24	Return to Simulation Environment	
25	Do you wish to be left in Holding mode when entering the Interactive Simulation Environment? （选保持计算模式）	N
26	在 PFD 下双击 Stream"粗汽油"	
27	Temperature/℃	30
28	Pressure/kPa	1400
29	Molar Flow/（kmol/h）	430
30	×	

加混合器

步骤	内　容	流号及数据
1	从图例板点混合器［Mixer］置于 PFD 窗口中	
2	双击混合器［Mixer］	
3	Inlets	富气
4	Outlet	1
5	×	

加冷却器

步骤	内　容	流号及数据
1	从图例板点冷却器［Cooler］置于 PFD 窗口中	
2	双击冷却器［Cooler］	
3	Inlet	1
4	Outlet	2
5	Energy	100
6	Parameters	
7	Delta P/kPa	10
8	Worksheet	
9	点击 Stream Name 2 下相应位置输入	
10	Temperature/℃	33
11	×	

加三相分离器

步骤	内　容	流号及数据
1	从图例板点三相分离器［3-Phase Separator］置于 PFD 窗口中	
2	双击三相分离器［3-Phase Separator］	
3	Inlet《Stream》	2
4	Vapour	4
5	Light Liquid	5
6	Heavy Liquid(水)	3
7	×	

加入吸收塔

步骤	内　容		流号及数据
1	从图例板点吸收塔［Absorber］置于 PFD 窗口中		
2	双击吸收塔［Absorber］		
3	理论板数 $n=$		20
4	Top Stage Inlet		32
5	Optional Inlet Streams 下： 　Stream 　粗汽油	 Inlet Stage 2(顶部第 2 层进料)	
6	Bottom Stage Inlet		4

步骤	内　容	流号及数据
7	Ovhd Vapour Outlet	8
8	Bottoms Liquid Outlet	9
9	Next，Next	
10	Top Stage Pressure/kPa	1240
11	Reboiler Pressure/kPa	1250
12	Next，Done	
13	Run(先计算无侧线塔)	
14	加入一侧线	
15	Side Ops	
16	Pump Arounds	
17	Add	
18	Draw Stage(抽出板)	4
19	Return Stage(返回板)	5
20	Install	
21	1st Active 下选 PA_1_Rate(侧线抽出量，kmol/h)	300
22	2nd Active Spec 下选 PA_1_Dt(温降,℃)	6
23	×	
24	加入二侧线	
25	Add	
26	Draw Stage(抽出板)	14
27	Return Stage(返回板)	15
28	Install	
29	1st Active 下选 PA_2_Rate(侧线抽出量，kmol/h)	300
30	2nd Active Spec 下选 PA_2_Dt(温降,℃)	6
31	×	
32	Run(如有压降问题提示，可忽略)	
33	×	

加入泵

步骤	内　容	流号及数据
1	从图例板点泵[Pump]置于 PFD 窗口中	
2	双击泵[Pump]	
3	Inlet	9
4	Outlet	10
5	Energy	103
6	Worksheet	
7	点击 Stream Name 10 下相应位置输入	
8	Pressure/kPa	1500
9	×	

加循环

步骤	内 容	流号及数据
1	从图例板点循环[Recycle]置于 PFD 窗口中	
2	双击循环[Recycle]	
3	Inlet	10
4	Outlet	11
5	×	

将循环流 11 返回混合器 MIX-100

步骤	内 容	流号及数据
1	双击已有混合器[MIX-100]	
2	在 Inlet 栏下增加循环流号 11 为进料	11 富气
3	×	

将流号 11 加入混合器 MIX-100 的进料，程序自动进行迭代计算直到收敛。

加入泵

步骤	内 容	流号及数据
1	从图例板点泵[Pump]置于 PFD 窗口中	
2	双击泵[Pump]	
3	Inlet	5
4	Outlet	6
5	Energy	101
6	Worksheet	
7	点击 Stream Name 6 下相应位置输入	
8	Pressure/kPa	1500
9	×	

加解吸塔

步骤	内 容	流号及数据
1	从图例板点不完全塔[Reboiled Absorber]置于 PFD 窗口中	
2	双击不完全塔[Reboiled Absorber]	
3	理论板数 $n=$	20
4	Top Stage Inlet	6
5	Ovhd Vapour Outlet	18
6	Bottoms Liquid Outlet	20
7	Reboiler Energy Stream(重沸器能流)	108

8	Optional Side Draws:
	   Stream Type Draw Stage
	     22 L 13	

9	Next，Next	

步骤	内　　容	流号及数据
10	Top Stage Pressure/kPa	1500
11	Reboiler Pressure/kPa	1530
12	Next，Next，Done	
13	Monitor	
14	Add Spec...	
15	Column Component Fraction	
16	Add Spec(s)	
17	《Stage》	
18	Reboiler	
19	《Component》	
20	Ethane	
21	Spec Value	0.02
22	×	
23	Specifications 栏下	
24	22 Rate 右侧 Specified Value(侧线抽出量)	300
25	点击 Ovhd Prod Rate 右侧 Active，使之失效	
26	点击 Comp Fraction 右侧 Active，使之生效	
27	Run(程序收敛，如果不收敛可将数值改小)	
28	逐渐增加 22 Rate 的数值：500，600	
29	×	

加入换热器

步骤	内　　容	流号及数据
1	从图例板点换热器[Heat Exchanger]置于 PFD 窗口中	
2	双击换热器[Heat Exchanger]	
3	Tube Side Inlet	22
4	Tube Side Outlet	23
5	Shell Side Inlet	26
6	Shell Side Outlet	27
7	Parameters	
8	在 Heat Exchanger Model 中单选：Exchanger Design(Weighted)	
9	Tube Side Delta P/kPa	0
10	Shell Side Delta P/kPa	20
11	Worksheet	
12	点击 Stream Name 23 下相应位置输入	
13	Temperature/℃	50
14	×	

加循环

步骤	内　　容	流号及数据
1	从图例板点循环[Recycle]置于 PFD 窗口中	
2	双击循环[Recycle]	
3	Inlet	23
4	Outlet	50
5	×	

将循环流 50 返回解吸塔 T101 中部

步骤	内　　容	流号及数据
1	双击已有解吸塔[T-101]	
2	在 Optional Inlet Streams 下增加流号 50	
3	Run	
4	×	

程序自动进行迭代计算直到收敛。

加循环

步骤	内　　容	流号及数据
1	从图例板点循环[Recycle]置于 PFD 窗口中	
2	双击循环[Recycle]	
3	Inlet	18
4	Outlet	19
5	×	

将循环流 19 返回混合器 MIX-100

步骤	内　　容	流号及数据
1	双击已有混合器[MIX-100]	
2	在 Inlet 栏下增加循环流号 19 为进料	富气, 11, 19
3	×	

将流号 19 加入混合器 MIX-100 的进料，程序自动进行迭代计算直到收敛。

加入换热器

步骤	内　　容	流号及数据
1	从图例板点换热器[Heat Exchanger]置于 PFD 窗口中	
2	双击换热器[Heat Exchanger]	
3	Tube Side Inlet	20
4	Tube Side Outlet	21
5	Shell Side Inlet	25
6	Shell Side Outlet	26
7	Parameters	

310

步骤	内 容	流号及数据
8	在 Heat Exchanger Model 中单选：Exchanger Design（Weighted）	
9	Tube Side Delta P/kPa	20
10	Shell Side Delta P/kPa	20
11	Worksheet	
12	点击 Stream Name 21 下相应位置输入	
13	Temperature/℃	120
14	×	

加入脱丁烷塔

步骤	内 容	流号及数据
1	从图例板点完全塔［Distillation］置于 PFD 窗口中	
2	双击完全塔［Distillation］	
3	理论板数 $n=$	20
4	Inlet Streams	21
5	Condenser	Total
6	Ovhd Liquid Outlet	24
7	Bottoms Liquid Outlet	25
8	Reboiler Energy Stream（重沸器能流）	111
9	Condenser Energy Stream（冷凝器能流）	110
10	Next，Next	
11	Top Stage Pressure/kPa	1200
12	Reboiler Pressure/kPa	1230
13	Next，Next，Done	
14	Monitor	
15	Add Spec...	
16	Column Component Fraction	
17	Add Spec(s)	
18	《Stage》	
19	Reboiler	
20	《Component》	
21	i-Butane，n-Butane	
22	Spec Value	0.04
23	×	
24	Add Spec...	
25	Column Component Fraction	
26	Add Spec(s)	
27	《Stage》	

步骤	内　容	流号及数据
28	Condenser	
29	《Component》	
30	i-Pentane, n-Pentane	
31	Spec Value(冷凝器 C_5 含量不大于3%)	0.03
32	×	
33	Specifications 栏下	
34	点击 Reflux Ratio 右侧 Active，使之失效	
35	点击 Distillate Rate 右侧 Active，使之失效	
36	点击 Comp Fraction 右侧 Active，使之生效	
37	点击 Comp Fraction-2 右侧 Active，使之生效	
38	程序自动完成上述设计规定下计算，结果用于新规定计算初值	
39	Run，运行结束，Converged 变绿色	
40	×	

加入换热器

步骤	内　容	流号及数据
1	从图例板点换热器[Heat Exchanger]置于 PFD 窗口中	
2	双击换热器[Heat Exchanger]	
3	Tube Side Inlet	27
4	Tube Side Outlet	28
5	Shell Side Inlet	37
6	Shell Side Outlet	38
7	Parameters	
8	在 Heat Exchanger Model 中单选：Exchanger Design(Weighted)	
9	Tube Side Delta P/kPa	20
10	Shell Side Delta P/kPa	2
11	Worksheet	
12	点击 Stream Name 37 下相应位置输入	
13	Temperature/℃	35
14	Pressure/kPa	153
15	Mass Flow/(kg/h)	6500
16	双击 Stream 37 的 MassFlow 位置	
17	Composition(填质量组成) 　H_2O 　其余组分	1 0(或空着)
18	点击 Stream Name 38 下相应位置输入	
19	Temperature/℃	110
20	×	

加冷却器

步骤	内 容	流号及数据
1	从图例板点冷却器[Cooler]置于 PFD 窗口中	
2	双击冷却器[Cooler]	
3	Inlet	28
4	Outlet	29
5	Energy	109
6	Parameters	
7	Delta P/kPa	20
8	Worksheet	
9	点击 Stream Name 29 下相应位置输入	
10	Temperature/℃	35
11	×	

加分配器

步骤	内 容	流号及数据
1	从图例板点分配器[Tee]置于 PFD 窗口中	
2	双击分配器[Tee]	
3	Inlet	29
4	Outlets	30, 33
5	Worksheet	
6	点击 Stream Name 30 下相应位置输入	
7	Molar Flow/(kmol/h)	1000
8	×	

加入泵

步骤	内 容	流号及数据
1	从图例板点泵[Pump]置于 PFD 窗口中	
2	双击泵[Pump]	
3	Inlet	30
4	Outlet	31
5	Energy	102
6	Worksheet	
7	点击 Stream Name 31 下相应位置输入	
8	Pressure/kPa	1500
9	×	

加循环

步骤	内 容	流号及数据
1	从图例板点循环[Recycle]置于 PFD 窗口中	
2	双击循环[Recycle]	
3	Inlet	31
4	Outlet	32
5	×	

程序自动进行迭代运算，时间可能较长，要一直等待直到所有收敛单元外框变黑。如果还有 RECYCLE 单元外框为黄色，可双击该单元，再点击 Continue 按钮，继续迭代。

加柴油条件

步骤	内　　容	流号及数据
1	Enter basisenvironment(图例小油壶)	
2	Oil Manager	
3	Enter Oil Environment	
4	Assay	
5	Add	
6	Bulk Properties 右侧下拉菜单，点选	Not Used
7	Assay Data Type 右侧下拉菜单，点选	ASTM D86
8	Assay Basis 右侧下拉菜单，点选	Liquid Volume
9	Edit Assay	
10	在 Assay Input Data 下输入恩氏蒸馏数据： 　Assay Percent/%　　　　　　　　　　　Temperature/℃ 　　0　　　　　　　　　　　　　　　　　188 　　10　　　　　　　　　　　　　　　　226 　　30　　　　　　　　　　　　　　　　249 　　50　　　　　　　　　　　　　　　　272 　　70　　　　　　　　　　　　　　　　303 　　90　　　　　　　　　　　　　　　　332 　　95　　　　　　　　　　　　　　　　338 　　100　　　　　　　　　　　　　　　342	
11	OK	
12	Calculate	
13	×	
14	Cut/Blend	
15	Add	
16	在 Available Assays 栏下，点选	Assay-2
17	Add→	
18	Cut Option Select 右侧下拉菜单，点选	Auto Cut
19	×	
20	Install Oil	
21	点击 Blend-2 右侧 Stream Name 下输入切割假组分的名称	36(柴油)
22	Calculate All	
23	Return to Basis Environment	
24	Return to Simulation Environment	
25	Do you wish to be left in Holding mode when entering the Interactive Simulation Environment? (选保持计算模式)	N

314

步骤	内　容	流号及数据
26	在 PFD 下双击 Stream "36(柴油)"	
27	Temperature/℃	35
28	Pressure/kPa	1200
29	Mass Flow/(kg/h)	10000
30	×	

加入再吸收塔

步骤	内　容	流号及数据
1	从图例板点吸收塔[Absorber]置于 PFD 窗口中	
2	双击吸收塔[Absorber]	
3	理论板数 $n=$	10
4	Top Stage Inlet	36(柴油)
5	Bottom Stage Inlet	8
6	Ovhd Vapour Outlet	35
7	Bottoms Liquid Outlet	34
8	Next	
9	Top Stage Pressure/kPa	1130
10	Reboiler Pressure/kPa	1150
11	Next，Done	
12	Run	
13	×	

加入平衡(Balance)功能计算液化气的饱和蒸气压

步骤	内　容	流号及数据
1	从图例板选中 Balance 置于 PFD 窗口 Stream 24 附近	
2	双击平衡[Balance]	
3	Inlet Streams	24
4	Outlet Streams	液化气
5	Parameters	
6	在 Balance Type 栏点选：Component Mole Flow	
7	Worksheet	
8	点击 Stream Name"液化气"下相应位置输入	
9	Vapour	0
10	Temperature/℃	37.8
11	软件自动计算出 Stream"液化气"的饱和蒸气压：1139kPa 液化气饱和蒸气压小于 1380kPa 为合格	
12	×	

加入平衡(Balance)功能计算稳定汽油的饱和蒸气压

步骤	内　　容	流号及数据
1	从图例板选中 Balance 置于 PFD 窗口 Stream 33 附近	
2	双击平衡[Balance]	
3	Inlet Streams	33
4	Outlet Streams	稳定汽油
5	Parameters	
6	在 Balance Type 栏点选：Component Mole Flow	
7	Worksheet	
8	点击 Stream Name "稳定汽油" 下相应位置输入	
9	Vapour	0
10	Temperature/℃	37.8
11	软件自动计算出 Stream "稳定汽油" 的饱和蒸气压：67kPa	
12	×	

加 Spreadsheet 计算液化气中丙烯收率

步骤	内　　容	流号及数据
1	从图例板从图例板点击[Spreadsheet]置于 PFD 窗口	
2	双击[Spreadsheet]	
3	Add Import	
4	Object 点选 "富气"	
5	Variable 下选 Master Component Mass Flow	
6	Variable Specifics 下选 Propene	
7	OK	
8	Add Import	
9	Object 点选 "液化气"	
10	Variable 下选 Master Component Mass Flow	
11	Variable Specifics 下选 Propene	
12	OK	
13	Spreadsheet	
14	点击 B1，输入：= A2/A1 * 100	
15	将在 B1 单元格显示计算得到的丙烯收率 97%	
16	×	

调节贫液量，控制乙烯收率为 90%

流号 30 处调节贫吸收溶剂量，直到丙烯收率达到 90% 为止。此时流号 30 的摩尔流率约 830kmol/h。

液化气和稳定汽油满足产品标准。丙烯实际收率为 90.56%(质量)。

四、冷油吸收法

1. 冷油吸收工艺流程

中国石油天然气总公司开展了 "拔头油" 工程，即将汽油中初馏至 60℃ 的轻组分拔出，作为乙烯原料，这就为冷油吸收法的应用创造了条件。在相同的原料组成和操作条件下，冷油吸收工艺流程见图 4-20。

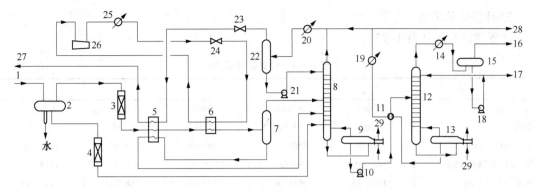

图 4-20　催化富气冷油吸收流程图

1—富气；2—水；3—气相分子筛脱水器；4—液相分子筛脱水器；5—贫富气换热器；6—丙烷蒸发器；7—低温分液罐；
8—脱乙烷塔；9—重沸器；10—增压泵；11—换热器；12—脱丁烷塔；13—重沸器；14—水冷器；15—回流罐；
16—不凝；17—液化气；18—回流泵；19—水冷器；20—丙烷蒸发器；21—溶剂循环泵；22—分液罐；
23、24—节流阀；25—水冷器；26—丙烷压缩机；27—干气；28—稳定轻油；29—导热油

　　催化富气(1)自气压机出口冷却器来，进入三相分离器(2)，三相分离器顶部气相引入分子筛脱水器(3)脱出气相中的水分，三相分离器液相进入液烃脱水器(4)，脱水后的液烃去脱乙烷塔(8)下部。脱水后的富气进入贫富气换热器(5)温度降低，进入丙烷蒸发器(6)进一步冷却至-30℃，进入低温分离器(7)，分离器底部液烃进入贫富气换热器复热后温度为25℃进入脱乙烷塔下部；分出的气相进入脱乙烷塔中部。脱乙烷塔顶部打入冷冻后的吸收剂，在塔底重沸器(9)的作用下脱出多余的乙烷。因为气压机出口压力较低，因此在脱乙烷塔塔底重沸器出口加泵(10)增压，进入换热器(11)温度升高进入脱丁烷塔(12)，在塔底重沸器(13)的作用下脱出液化气组分。塔顶气相经水冷器(14)冷却至35℃进入回流罐(15)，罐顶不凝气去燃料气系统；回流罐底部液化气用回流泵(18)抽出，一部分打入塔顶作回流，另一部分作为产品出装置。脱丁烷塔底稳定轻油经换热器(11)换热后再经水冷器冷却至35℃与脱乙烷塔顶气混合与饱和后进入丙烷蒸发器(20)，冷却至-30℃进入分液罐(22)，顶部干气经节流阀(23)节流至500kPa进入贫富气换热器，复热后的干气(27)作为全厂的燃料气出装置。分液罐底部预饱和后的吸收剂用溶剂循环泵(21)抽出打入脱乙烷塔塔顶完成循环。

　　2. 冷油吸收 HYSYS 软件计算模型

　　冷油吸收 HYSYS 软件计算模型见图 4-21。

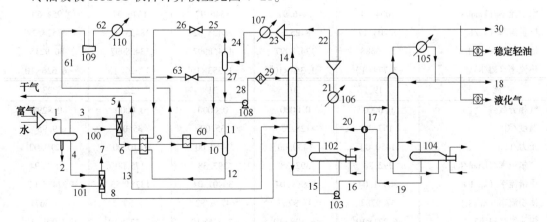

图 4-21　冷油吸收 HYSYS 软件计算模型

3. 计算结果汇总

计算结果汇总见表4-43。

表4-43 计算结果汇总

流　　号	富气	水	1	2	3
气相分数	0.6869	0.0000	0.6694	0.0000	1.0000
温度/℃	33.00	35.00	32.34	32.34	32.34
压力/kPa	1260.00	1500.00	1260.00	1260.00	1260.00
摩尔流率/(kmol/h)	2069.00	50.00	2119.00	43.76	1418.51
质量流率/(kg/h)	84372.30	900.76	85273.06	788.38	45807.38
体积流率/(m³/h)	158.6068	0.9026	159.5093	0.7900	92.7028
热流率/(kJ/h)	$-1.317×10^8$	$-1.427×10^7$	$-1.459×10^8$	$-1.250×10^7$	$-6.144×10^7$

流　　号	4	5	6	7	8
气相分数	0.0000	0.0000	1.0000	0.0000	0.0000
温度/℃	32.34	33.00	33.00	33.00	33.00
压力/kPa	1260.00	1260.00	1250.00	1500.00	1480.00
摩尔流率/(kmol/h)	656.73	5.79	1412.72	0.46	656.27
质量流率/(kg/h)	38677.30	104.27	45703.10	8.29	38669.02
体积流率/(m³/h)	66.0165	0.1045	92.5983	0.0083	66.0082
热流率/(kJ/h)	$-7.200×10^7$	$-1.653×10^6$	$-5.998×10^7$	$-1.314×10^5$	$-7.182×10^7$

流　　号	9	10	11	12	13
气相分数	0.8483	0.5956	1.0000	0.0000	0.1511
温度/℃	10.00	-30.00	-30.00	-30.00	22.00
压力/kPa	1240.00	1230.00	1230.00	1230.00	1220.00
摩尔流率/(kmol/h)	1412.72	1412.72	841.37	571.36	571.36
质量流率/(kg/h)	45703.10	45703.10	18954.02	26749.09	26749.09
体积流率/(m³/h)	92.5983	92.5983	42.1821	50.4163	50.4163
热流率/(kJ/h)	$-6.562×10^7$	$-7.471×10^7$	$-3.014×10^7$	$-4.458×10^7$	$-4.040×10^7$

流　　号	14	15	16	17	18
气相分数	1.0000	0.0000	0.0000	0.0261	0.0000
温度/℃	-11.12	62.00	62.27	73.00	51.16
压力/kPa	1210.00	1230.00	1490.00	1470.00	1400.00
摩尔流率/(kmol/h)	1004.94	1346.97	1346.97	1346.97	954.60
质量流率/(kg/h)	23703.17	78425.32	78425.32	78425.32	47524.28
体积流率/(m³/h)	53.6688	134.8997	134.8997	134.8997	86.9215
热流率/(kJ/h)	$-3.774×10^7$	$-1.354×10^8$	$-1.353×10^8$	$-1.326×10^8$	$-6.626×10^7$

流　　号	19	20	21	22	23
气相分数	0.0000	0.0000	0.0000	0.0000	0.8297
温度/℃	157.30	128.53	35.00	35.00	9.95
压力/kPa	1450.00	1430.00	1410.00	1410.00	1210.00
摩尔流率/(kmol/h)	392.38	392.38	392.38	175.00	1179.94
质量流率/(kg/h)	30901.04	30901.04	30901.04	13781.85	37485.02
体积流率/(m³/h)	47.9782	47.9782	47.9782	21.3982	75.0671
热流率/(kJ/h)	$-6.221×10^7$	$-6.498×10^7$	$-7.235×10^7$	$-3.227×10^7$	$-7.001×10^7$

318

流　　号	24	25	26	27	28
气相分数	0.7606	1.0000	1.0000	0.0000	0.0000
温度/℃	−25.00	−25.00	−29.49	−25.00	−24.83
压力/kPa	1180.00	1180.00	500.00	1180.00	1500.00
摩尔流率/(kmol/h)	1179.94	897.42	897.42	282.53	282.53
质量流率/(kg/h)	37485.02	19741.83	19741.83	17743.19	17743.19
体积流率/(m³/h)	75.0671	45.1344	45.1344	29.9326	29.9326
热流率/(kJ/h)	-7.375×10^{7}	-3.370×10^{7}	-3.370×10^{7}	-4.006×10^{7}	-4.004×10^{7}

流　　号	29	30	60	61	62
气相分数	0.0000	0.0000	0.4607	1.0000	1.0000
温度/℃	−24.83	35.00	−42.49	7.41	132.12
压力/kPa	1500.00	1410.00	100.00	90.00	1400.00
摩尔流率/(kmol/h)	282.92	217.38	675.00	675.00	675.00
质量流率/(kg/h)	17756.37	17119.19	29765.48	29765.48	29765.48
体积流率/(m³/h)	29.9620	26.5799	58.7463	58.7463	58.7463
热流率/(kJ/h)	-4.005×10^{7}	-4.008×10^{7}	-8.016×10^{7}	-7.107×10^{7}	-6.469×10^{7}

流　　号	63	干气	稳定轻油	液化气	
气相分数	0.0000	1.0000	0.0000	0.0000	
温度/℃	35.00	15.34	37.80	37.80	
压力/kPa	1390.00	490.00	90.25	1056.24	
摩尔流率/(kmol/h)	675.00	897.42	217.38	954.60	
质量流率/(kg/h)	29765.48	19741.83	17119.19	47524.28	
体积流率/(m³/h)	58.7463	45.1344	26.5799	86.9215	
热流率/(kJ/h)	-8.016×10^{7}	-3.223×10^{7}	-3.999×10^{7}	-6.800×10^{7}	

4. HYSYS 软件计算详细步骤

输入计算所需的全部组分和流体包

步骤	内　　容	流号及数据
1	New Case[新建空白文档]	
2	Add[加入]	
3	Components：C_1、C_2、C_3、$i\text{-}C_4$、$n\text{-}C_4$、$i\text{-}C_5$、$n\text{-}C_5$、$n\text{-}C_6$、$C_2^{=}$、$C_3^{=}$、$1\text{-}C_4^{=}$、$c\text{-}C_4^{=}$、$t\text{-}C_4^{=}$、$i\text{-}C_4^{=}$、$1,3\text{-}C_4^{==}$、H_2、H_2O、N_2、O_2、CO、CO_2	添加库组分
4	×	
5	Fluid Pkgs	加流体包
6	Add	
7	Peng-Robinson	选状态方程
8	×	
9	Enter Simulation Environment	进入模拟环境

加入原料富气

步骤	内　　容	流号及数据
1	选中 Material Stream[蓝色箭头]置于 PFD 窗口中	
2	双击[Material Stream]	
3	在 Stream Name 栏填上	富气
4	Temperature/℃	33
5	Pressure/kPa	1260
6	Molar Flow/(kmol/h)	2069
7	双击 Stream"富气"的 Molar Flow 位置	
8	Composition(填摩尔组成)	
	Methane	0.1110
	Ethane	0.0589
	Propane	0.0785
	i−Butane	0.0896
	n−Butane	0.0354
	i−Pentane	0.0562
	n−Pentane	0.0072
	n−Hexane	0.0524
	Ethylene	0.0525
	Propene	0.1462
	1−Butene	0.0346
	cis2−Butene	0.0235
	tr2−Butene	0.0182
	i−Butene	0.0209
	13−Butadiene	0.0005
	Hydrogen	0.0759
	H_2O	0.0000
	Nitrogen	0.1049
	Oxygen	0.0123
	CO	0.0070
	CO_2	0.0124
9	Nomalize(圆整为1。如果偏离1过大,输入有误请检查)	
10	OK	
11	×	

因为原料气中没有含水量,实际上是含有饱和水的。为求得饱和水量,需要加入水,饱和后再将多余的水分离出来。

加入水

步骤	内　　容	流号及数据
1	选中 Material Stream[蓝色箭头]置于 PFD 窗口中	
2	双击[Material Stream]	
3	在 Stream Name 栏填上	水

步骤	内　容	流号及数据
4	Temperature/℃	35
5	Pressure/kPa	1500
6	Molar Flow/(kmol/h)	50
7	双击 Stream"水"的 Molar Flow 位置	
8	Composition(填摩尔组成) 　H$_2$O 　其余组分	1 0(或空着)
9	OK	
10	×	

加混合器

步骤	内　容	流号及数据
1	从图例板点混合器[Mixer]置于 PFD 窗口中	
2	双击混合器[Mixer]	
3	Inlets	富气，水
4	Outlet	1
5	×	

加三相分离器

步骤	内　容	流号及数据
1	从图例板点三相分离器[3-Phase Separator]置于 PFD 窗口中	
2	双击三相分离器[3-Phase Separator]	
3	Inlet《Stream》	1
4	Vapour	3
5	Light Liquid	4
6	Heavy Liquid(水)	2
7	×	

加气相分子筛脱水

步骤	内　容	流号及数据
1	从图例板点干燥器[Component Splitter]置于 PFD 窗口中	
2	双击干燥器[Component Splitter]	
3	Inlets	3
4	Overhead Outlet	5
5	Bottoms Outlet	6
6	Energy Streams	100
7	Parameters	
8	在 Use Stream Flash Specifications 下指定 Stream 处输入	5, 6

321

步骤	内 容	流号及数据
9	Temperature/℃	33, 33
10	Pressure/kPa	1260, 1250
11	Splits	
12	Stream 5 中 H_2O 填 1.0, 其余填 0.0(即水全部从塔顶排出)	
13	×	

加液相分子筛脱水

步骤	内 容	流号及数据
1	从图例板点干燥器[Component Splitter]置于 PFD 窗口中	
2	双击干燥器[Component Splitter]	
3	Inlets	4
4	Overhead Outlet	7
5	Bottoms Outlet	8
6	Energy Streams	101
7	Parameters	
8	在 Use Stream Flash Specifications 下指定 Stream 处输入	7, 8
9	Temperature/℃	33, 33
10	Pressure/kPa	1500, 1480
11	Splits	
12	Stream 7 中 H_2O 填 1.0, 其余填 0.0(即水全部从塔顶排出)	
13	×	

加入贫富气换热器

步骤	内 容	流号及数据
1	从图例板点板式换热器[LNG Exchanger]置于 PFD 窗口中	
2	双击板式换热器[LNG Exchanger]	
3	Add Side	
4	填流号、压降及属性:	
	Inlet Streams	6
	Outlet Streams	9
	Pressure Drop/kPa	10
	Hot/Cold	Hot
	Inlet Streams	26
	Outlet Streams	干气
	Pressure Drop/kPa	10
	Hot/Cold	Cold
	Inlet Streams	12
	Outlet Streams	13
	Pressure Drop/kPa	10
	Hot/Cold	Cold

步骤	内　容	流号及数据
5	Worksheet	
6	在指定 Stream Name 输入指定温度	9，13
7	Temperature/℃	10，22
8	×	

加入丙烷蒸发器

步骤	内　容	流号及数据
1	从图例板点板式换热器[LNG Exchanger]置于 PFD 窗口中	
2	双击板式换热器[LNG Exchanger]	
3	填流号、压降及属性： 　Inlet Streams 　Outlet Streams 　Pressure Drop/kPa 　Hot/Cold 　Inlet Streams 　Outlet Streams 　Pressure Drop/kPa 　Hot/Cold	9 10 10 Hot 60 61 10 Cold
4	Worksheet	
5	在指定 Stream Name 输入指定温度	10
6	Temperature/℃	−30
7	×	

加低温分离器

步骤	内　容	流号及数据
1	从图例板点二相分离器[Separator]置于 PFD 窗口中	
2	双击二相分离器[Separator]	
3	Inlet《Stream》	10
4	Vapour	11
5	Liquid	12
6	×	

　　先不加入吸收剂，等液化气塔算完之后有了稳定轻烃后再加入吸收剂。

加脱乙烷塔兼吸收塔

步骤	内　容	流号及数据
1	从图例板点不完全塔[Reboiled Absorber]置于 PFD 窗口中	
2	双击不完全塔[Reboiled Absorber]	
3	理论板数 $n=$	15

步骤	内　容	流号及数据
4	Top Stage Inlet	8
5	Optional Inlet Streams： 　　Stream　Inlet Stage 　　11　　　6 　　13　　　8	
6	Ovhd Vapour Outlet	14
7	Bottoms Liquid Outlet	15
8	Reboiler Energy Stream（重沸器能流）	102
9	Next，Next	
10	Top Stage Pressure/kPa	1210
11	Reboiler Pressure/kPa	1230
12	Next，Next，Done	
13	Monitor	
14	Add Spec...	
15	Column Temperature	
16	Add Spec(s)	
17	《Stage》	
18	Reboiler	
19	Spec Value/℃	62
20	×	
21	Specifications 栏下	
22	点击 Ovhd Prod Rate 右侧 Active，使之失效	
23	点击 Temperature 右侧 Active，使之生效	
24	Run，运行结束，Converged 变绿色	
25	×	

加入塔底泵

步骤	内　容	流号及数据
1	从图例板点泵[Pump]置于 PFD 窗口中	
2	双击泵[Pump]	
3	Inlet	15
4	Outlet	16
5	Energy	103
6	Worksheet	
7	点击 Stream Name 16 下相应位置输入	
8	Pressure/kPa	1490
9	×	

步骤	内　　容	流号及数据
1	从图例板点换热器[Heat Exchanger]置于PFD窗口中	
2	双击换热器[Heat Exchanger]	
3	Tube Side Inlet	16
4	Tube Side Outlet	17
5	Shell Side Inlet	19
6	Shell Side Outlet	20
7	Parameters	
8	在Heat Exchanger Model中单选：Exchanger Design(Weighted)	
9	Tube Side Delta P/kPa	20
10	Shell Side Delta P/kPa	20
11	Worksheet	
12	点击Stream Name 17下相应位置输入	
13	Temperature/℃	73
14	×	

加入脱丁烷塔

步骤	内　　容	流号及数据
1	从图例板点完全塔[Distillation]置于PFD窗口中	
2	双击完全塔[Distillation]	
3	理论板数 $n=$	20
4	Inlet Streams	17
5	Condenser	Total
6	Ovhd Liquid Outlet	18
7	Bottoms Liquid Outlet	19
8	Reboiler Energy Stream(重沸器能流)	104
9	Condenser Energy Stream(冷凝器能流)	105
10	Next，Next	
11	Top Stage Pressure/kPa	1400
12	Reboiler Pressure/kPa	1450
13	Next，Next，Done	
14	Monitor	
15	Add Spec...	
16	Column Component Fraction	
17	Add Spec(s)	
18	《Stage》	
19	Reboiler	
20	《Component》	

步骤	内 容	流号及数据
21	*i*-Butane，*n*-Butane	
22	Spec Value	0.01
23	×	
24	Add Spec...	
25	Column Component Fraction	
26	Add Spec(s)	
27	《Stage》	
28	Condenser	
29	《Component》	
30	*i*-Pentane，*n*-Pentane	
31	Spec Value(冷凝器 C_5 含量不大于 3%)	0.025
32	×	
33	Specifications 栏下	
34	点击 Reflux Ratio 右侧 Active，使之失效	
35	点击 Distillate Rate 右侧 Active，使之失效	
36	点击 Comp Fraction 右侧 Active，使之生效	
37	点击 Comp Fraction-2 右侧 Active，使之生效	
38	Run，运行结束，Converged 变绿色	
39	×	

加冷却器

步骤	内 容	流号及数据
1	从图例板点冷却器[Cooler]置于 PFD 窗口中	
2	双击冷却器[Cooler]	
3	Inlet	20
4	Outlet	21
5	Energy	106
6	Parameters	
7	Delta P/kPa	20
8	Worksheet	
9	点击 Stream Name 21 下相应位置输入	
10	Temperature/℃	35
11	×	

加分配器

步骤	内 容	流号及数据
1	从图例板点分配器[Tee]置于 PFD 窗口中	
2	双击分配器[Tee]	

步骤	内 容	流号及数据
3	Inlet	21
4	Outlets	30, 22
5	Worksheet	
6	点击 Stream Name 22 下相应位置输入	
7	Molar Flow/(kmol/h)	330
8	×	

加混合器

步骤	内 容	流号及数据
1	从图例板点混合器[Mixer]置于 PFD 窗口中	
2	双击混合器[Mixer]	
3	Inlets	14, 22
4	Outlet	23
5	×	

加丙烷蒸发器

步骤	内 容	流号及数据
1	从图例板点冷却器[Cooler]置于 PFD 窗口中	
2	双击冷却器[Cooler]	
3	Inlet	23
4	Outlet	24
5	Energy	107
6	Parameters	
7	Delta P/kPa	30
8	Worksheet	
9	点击 Stream Name 24 下相应位置输入	
10	Temperature/℃	−25
11	×	

加分离器

步骤	内 容	流号及数据
1	从图例板点二相分离器[Separator]置于 PFD 窗口中	
2	双击二相分离器[Separator]	
3	Inlet《Stream》	24
4	Vapour	25
5	Liquid	27
6	×	

加入溶剂循环泵

步骤	内 容	流号及数据
1	从图例板点泵[Pump]置于 PFD 窗口中	
2	双击泵[Pump]	
3	Inlet	27
4	Outlet	28
5	Energy	108
6	Worksheet	
7	点击 Stream Name 28 下相应位置输入	
8	Pressure/kPa	1500
9	×	

加循环

步骤	内 容	流号及数据
1	从图例板点循环[Recycle]置于 PFD 窗口中	
2	双击循环[Recycle]	
3	Inlet	28
4	Outlet	29
5	×	

调整脱乙烷塔(T-100)进料

双击脱乙烷塔(T-100)，原先的塔顶进料流号 8 调整到第 12 层进料、将塔顶进料改为流号 29。点击 Run，程序自动进行流程收敛计算，直至完成。

加入节流阀

步骤	内 容	流号及数据
1	从图例板点节流阀[Valve]置于 PFD 窗口中	
2	双击节流阀[Valve]	
3	Inlet	25
4	Outlet	26
5	Worksheet	
6	点击 Stream Name 26 下相应位置输入	
7	Pressure/kPa	500
8	×	

加入丙烷循环，确定丙烷进蒸发器参数

步骤	内 容	流号及数据
1	双击[Material Stream]	60
2	Temperature/℃	(空)
3	Pressure/kPa	100
4	Molar Flow/(kmol/h)	245
5	双击 Stream 60 的 Molar Flow 位置	

328

步骤	内 容	流号及数据
6	Composition（填摩尔组成）	
	Propane	1.0
	其余组分	0.0
7	OK	
8	×	

加入丙烷压缩机

步骤	内 容	流号及数据
1	从图例板点压缩机［Compressor］置于 PFD 窗口中	
2	双击压缩机［Compressor］	
3	Inlet	61
4	Outlet	62
5	Energy	109
6	Worksheet	
7	点击 Stream Name 62 下相应位置输入	
8	Pressure/kPa	1400
9	×	

加丙烷冷却器

步骤	内 容	流号及数据
1	从图例板点冷却器［Cooler］置于 PFD 窗口中	
2	双击冷却器［Cooler］	
3	Inlet	62
4	Outlet	63
5	Energy	110
6	Parameters	
7	Delta P/kPa	10
8	Worksheet	
9	点击 Stream Name 63 下相应位置输入	
10	Temperature/℃	35
11	×	

加入节流阀

步骤	内 容	流号及数据
1	从图例板点节流阀［Valve］置于 PFD 窗口中	
2	双击节流阀［Valve］	
3	Inlet	63
4	Outlet	60
5	Pressure/kPa	100
6	×	

加入平衡(Balance)功能计算液化气的饱和蒸气压

步骤	内　　容	流号及数据
1	从图例板选中 Balance 置于 PFD 窗口 Stream 18 附近	
2	双击平衡[Balance]	
3	Inlet Streams	18
4	Outlet Streams	液化气
5	Parameters	
6	在 Balance Type 栏点选：Component Mole Flow	
7	Worksheet	
8	点击 Stream Name"液化气"下相应位置输入	
9	Vapour	0
10	Temperature/℃	37.8
11	软件自动计算出 Stream "液化气"的饱和蒸气压	
12	×	

加入平衡(Balance)功能计算稳定轻油的饱和蒸气压

步骤	内　　容	流号及数据
1	从图例板选中 Balance 置于 PFD 窗口 Stream 30 附近	
2	双击平衡[Balance]	
3	Inlet Streams	30
4	Outlet Streams	稳定轻油
5	Parameters	
6	在 Balance Type 栏点选：Component Mole Flow	
7	Worksheet	
8	点击 Stream Name"稳定汽油"下相应位置输入	
9	Vapour	0
10	Temperature/℃	37.8
11	软件自动计算出 Stream"稳定汽油"的饱和蒸气压：88.44kPa	
12	×	

加 Spreadsheet 计算液化气中丙烯收率

步骤	内　　容	流号及数据
1	从图例板从图例板点击[Spreadsheet] 置于 PFD 窗口中	
2	双击[Spreadsheet]	
3	Add Import	
4	Object 点选"富气"	
5	Variable 下选 Master Component Mass Flow	
6	Variable Specifics 下选 Propene	
7	OK	
8	Add Import	

步骤	内　容	流号及数据
9	Object 点选"液化气"	
10	Variable 下选 Master Component Mass Flow	
11	Variable Specifics 下选 Propene	
12	OK	
13	Spreadsheet	
14	点击 B1，输入	= A2/A1 * 100
15	将在 B1 单元格显示计算得到的丙烯收率	
16	×	

调整流号 22 的流量，调节乙烯收率

调节流号 22 的摩尔流率，使得丙烯的收率为 90%。流号 22 的摩尔流率约为 175kmol/h，此时稳定汽油的进吸收塔的循环量约为 283kmol/h。

调整制冷剂循环速率

制冷系统完成计算后小冷箱换热器为黄色，说明制冷负荷不够用，需要增加丙烷制冷剂流号 60 的摩尔流量直至制冷剂出冷箱温度(流号 61)低于 8℃ 为止(约 675kmol/h)。

液化气和稳定轻油满足产品标准。丙烯实际收率为 90.47%(质量)。

5. 产品质量及收率

(1) 干气组成、产量及丙烯收率

干气组成、产量及丙烯收率见表 4-44。

表 4-44　干气组成、产量及丙烯收率

组　分	冷油吸收法组成/%	常规法组成/%
甲烷	26.3100	25.5278
乙烷	8.4300	7.9054
丙烷	1.1000	0.7553
异丁烷	0.0200	0.7408
正丁烷	0.0200	0.5032
异戊烷	0.3400	1.0084
正戊烷	0.0300	0.1074
正己烷	0.0600	0.0350
乙烯	10.0800	9.7940
丙烯	3.3200	3.1552
丁烯-1	0.0100	0.3755
顺丁烯-2	0.0200	0.3558
反丁烯-2	0.0100	0.2459
异丁烯	0.0000	0.2116
1.3-丁二烯	0.0000	0.0054
氢	18.0000	17.5074
氮	24.8800	24.1791
氧	2.9200	2.8313
一氧化碳	1.6600	1.6130

组　分	冷油吸收法组成/%	常规法组成/%
二氧化碳	2.7700	2.7312
合计	100.00	99.5887
产量/(t/h)	19.04	20.73
丙烯收率/%	90.47	90.11

（2）产品质量

产品质量及液化气产量见表4-45。

表4-45　产品质量及液化气产量

工艺方法	液化气			稳定轻油	稳定汽油
	C₅含量/%	饱和蒸气压/kPa	产量/(t/h)	饱和蒸气压/kPa	饱和蒸气压/kPa
常规油吸收	3.0	1206	44.79		67.44
冷油吸收	3.0	1156	48.62	88.85	

（3）吸收剂循环量

常规法：粗汽油47.99t/h，稳定汽油90.47t/h，合计138.46t/h。

冷油吸收法：13.47t/h。

6. 两种工艺能耗比较

两种工艺能耗比较见表4-46。

表4-46　两种工艺能耗比较

序号	项　目	冷油吸收/(kW/h)	常规油吸收/(kW/h)
1	富气水冷器		2680
2	解吸塔底重沸器		9969
3	脱乙烷塔底重沸器	1996	
4	脱丁烷塔底重沸器	8356	12110
5	脱丁烷塔顶冷凝冷却器	8181	9037
6	稳定汽(轻)油冷却器	844.4	11470
7	吸收塔一侧线水冷器		97.38
8	吸收塔二侧线水冷器		94.21
9	凝缩油泵		34.68
10	吸收塔底泵		26.83
11	溶剂循环泵	2.43	16.72
12	气相分子筛脱水器	-53.15	
13	液相分子筛脱水器	13.43	
14	丙烷压缩机	1771	
15	丙烷水冷器	4297	
16	丙烷蒸发器	2527	
17	除盐水回收热量		-589.46
	合计	27935.11	44946.36

7. 结论

（1）冷油吸收有利于节能

从表中可以看出，140×10⁴t/a重油催化装置，冷油吸收工艺在操作条件和丙烯收率相同的情况下，能耗下降了 17011.25kW/h，每年按 8000h 计算，一年节电 13609×10⁴kW·h。冷油吸收工艺丙烯收率为 95.01%、常规油吸收丙烯收率 90.2% 的情况下，仍能节能 14838 kW/h，每年节电 11871 kW·h，节能效果明显。

（2）经济效益好

丙烯收率为 90.2% 时，每 kW·h 电费按 0.62 元计算，每年创经济效益达 8437 万元。丙烯收率为 95.01% 时，每年节电创经济效益达 7360 万元，多产丙烯 5084t/a，每吨按 5000元计算，创经济效益 2542 万元，两项合计 9902 万元。经济效益显著，具有推广价值。

（3）粗汽油可采用负压拔头稳定，其冷凝液可打入三相分离器加工处理，或做乙烯原料。

8. 计算要点说明

（1）常规法吸收稳定吸收塔如果没有稳定汽油数据，粗汽油可直接进入吸收塔顶，待脱丁烷塔底有了稳定汽油再调整吸收塔的进料。稳定汽油进塔顶第一块（理论板，下同）塔盘，粗汽油进第二块塔盘。

（2）吸收塔的侧线取热在计算的 HYSYS 软件主流程图中不显示（隐藏），如果要调整参数或看结果可按下述步骤取得。

调节侧线冷却器：

① 双击吸收塔。

② Pump Arounds。

③ PA-1（或 PA-2）（一侧线或二侧线）。

④ View。

⑤ 在 lst Active 处调节流量或在 2nd Active Spec 处调节温降数据。

查看侧线抽出参数：

① Column Enviroonment（进入塔模拟状态）。

② 按 Enter Parent Simulation Environment（↑）返回。

（3）基础数据中如果有粗汽油色谱分析数据最好，稳定汽油色谱分析可以不要。

（4）本计算是从气压机空冷器后开始计算的，因为前面不管采用哪种工艺都一样，为简化计算，气压机、空冷器就不进行计算了。

（5）吸收剂量的调节，常规油吸收工艺在模型流号 30 处，冷油吸收工艺在模型流号 22处。调节干气中丙烯含量使得丙烯收率 90% 左右即可。

（6）脱丁烷塔采用完全塔，产品质量好控制，计算容易收敛。

（7）解吸塔乙烷不要脱得太多，否则能耗增加，液化气产量也低，其原则是保证液化气饱和蒸气压符合产品标准即可。计算时可一边计算，一边看饱和蒸气压。饱和蒸气压低，就少脱出点，高了就多脱出点，以饱和蒸气压合格为准。

9. 吸收稳定老厂改造

将常规油吸收改为冷油吸收很方便，只需作如下调整即可：

（1）增加富气和液烃分子筛脱水器；

（2）增加丙烷制冷系统一套；

（3）将吸收塔改为脱乙烷塔（兼吸收塔）；

（4）将解吸塔改为再吸收塔，脱乙烷塔顶气体用粗汽油作吸收剂进行再吸收；

（5）原来的再吸收塔改为粗汽油负压稳定塔，用负压螺杆压缩机将稳定气打入催化分馏塔顶回流罐；

（6）原来的稳定塔不变。

五、炼油厂催化粗汽油负压稳定工艺

炼油厂催化裂化装置产生的富气，目前世界上无一例外地都采用稳定汽油和粗汽油为吸收剂，在吸收过程中粗汽油得到稳定，液化气组分得到回收。此工艺存在如下缺点：吸收剂相对分子质量大，吸收效果差；粗汽油中芳烃、环烷烃含量高，吸收选择性差；溶剂循环量大，能耗高。粗汽油采用负压稳定工艺、富气采用稳定轻油冷油吸收工艺，可大大节约能耗，还可提高丙烯收率。

催化粗汽油在取样和分析化验过程中由于轻组分的损失，分析结果与实际情况区别较大，用 HYSYS 软件进行模拟，还粗汽油的本来面目，对于分析老装置的操作情况和新装置的设计是十分必要的。本文以庆阳石化厂 2012 年 11 月 25 日的分析数据为依据，以常规吸收稳定工艺参数为基准，进行负压稳定工艺的流程模拟分析。

1. 基础数据

（1）粗汽油组成

根据庆阳石化厂 2012 年 11 月 25 日色谱分析，粗汽油组成见表 4-47。

表 4-47　粗汽油组成　　　　　　　　　　　　　　% (mol)

组　分	环烷烃	异构烷烃	正构烷烃	环烯烃	异构烯烃	正构烯烃	芳烃	含氧化合物	合　计
C_4		2.49	1.25		0.20	0.07			4.01
C_5	1.28	14.83	4.23	0.34	0.31	1.85			22.84
C_6	1.83	11.78	0.99	1.95	3.36	3.71	0.29		23.91
C_7	2.98	4.71	0.60	2.62	5.23	1.73	2.24		20.10
C_8	2.57	3.43	0.39	1.18	3.54	0.91	0.10		12.12
C_9	1.49	2.53	0.29	0.43	2.23	0.51	1.20		8.67
C_{10}	0.45	1.77	0.23	0.20	1.31	0.20	0.42		4.57
C_{11}	0.91	0.07	0.33	0.09	0.27	0.14			1.81
C_{12}		1.07					0.30		1.37
pofy								0.60	0.60
总计	11.51	42.68	8.32	6.80	16.46	9.11	4.53	0.60	100.00

（2）催化富气组成

根据庆阳石化厂 2012 年 11 月 25 日富气与粗汽油同时取样分析，催化富气组成见表 4-48。

表 4-48　催化富气组成分析

序号	组　　分	单　位	检验结果	试验方法
1	甲烷	% (体积)	12.21	SH/T 0230
2	乙烷	% (体积)	6.18	SH/T 0230
3	乙烯	% (体积)	6.11	SH/T 0230
4	丙烷	% (体积)	6.24	SH/T 0230
5	丙烯	% (体积)	19.22	SH/T 0230
6	异丁烷	% (体积)	7.28	SH/T 0230
7	正丁烷	% (体积)	2.41	SH/T 0230
8	反丁烯	% (体积)	3.07	SH/T 0230

序号	组分	单位	检验结果	试验方法
9	正丁烯	%(体积)	2.85	SH/T 0230
10	异丁烯	%(体积)	4.16	SH/T 0230
11	顺丁烯	%(体积)	2.17	SH/T 0230
12	异戊烷	%(体积)	2.96	SH/T 0230
13	正戊烷	%(体积)	0.39	SH/T 0230
14	1,3-丁二烯	%(体积)	0.06	SH/T 0230
15	反二戊烯	%(体积)	0.23	SH/T 0230
16	二甲基二丁烯	%(体积)	0.69	SH/T 0230
17	戊烯	%(体积)	0.96	SH/T 0230
18	异己烷	%(体积)	1.56	SH/T 0230
19	未知物[①]	%(体积)	0.85	SH/T 0230
20	碳6及以上	%(体积)	1.45	SH/T 0230
21	氢气	%(体积)	11.90	SH/T 0230
22	二氧化碳	%(体积)	1.12	SH/T 0230
23	一氧化碳	%(体积)	0.82	SH/T 0230
24	氮气	%(体积)	4.79	SH/T 0230
25	硫化氢	%(体积)	0.32	检测管
合计			100.00	

① 计算时按 $n\text{-}C_6$ 处理。

（3）操作条件

气压机入口压力：174kPa(a)。

富气流量：32497m^3/h(0℃，101.325kPa)。

粗汽油流量：96.23t/h。

回流罐温度：36.3℃。

（4）车用汽油质量标准(GB 17930—2011)

饱和蒸气压：从9月1日~2月29日不大于88kPa。

从3月1日~8月31日不大于74kPa。

2. 粗汽油真实组成还原计算

从分析数据可以看出：粗汽油中 C_1 ~ C_3 没有，C_4 只有4.01%，粗汽油饱和蒸气压只有58.6kPa，已经低于成品汽油饱和蒸气压，中富气当中也没有 H_2O，这与实际情况不符。为了求得粗汽油的真实组成，根据图4-22所示的流程，用HYSYS软件进行粗汽油组成还原模拟计算。

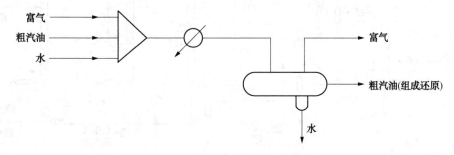

图4-22 粗汽油组成还原计算流程图

因为粗汽油、富气及水汽在分馏塔回流罐中呈气-液平衡状态，为了还原粗汽油的状态，因此，先将富气、粗汽油、水混合。由于混合是吸热过程，因此混合后温度下降，为了求得 36.3℃的平衡数据，加入加热器使温度回复至 36.3℃，然后进入回流罐。此时的粗汽油为平衡状态下真实状态，其饱和蒸气压为真实状态下的饱和蒸气压。

（1）粗汽油 C_5 以前轻组分组成模拟结果

粗汽油 C_5 以前轻组分组成对比见表 4-49。

表 4-49　粗汽油 C_5 以前轻组分组成对比　　　　　　　　　　% (mol)

组　分	C_1	C_2	$C_2^=$	C_3	$C_3^=$	$i\text{-}C_4$	$n\text{-}C_4$	$i\text{-}C_4^=$	$n\text{-}C_4^=$	合计
分析数据						2.49	1.25	0.20	0.07	4.01
模拟数据	0.05	0.13	0.09	0.43	1.14	1.47	0.72	0.78	0.54	5.34

（2）粗汽油饱和蒸气压

粗汽油饱和蒸气压分析与实际情况如下：

根据分析数据计算的饱和蒸气压为：58.56kPa；

模拟后饱和蒸气压为：103.9kPa，相差 45.34kPa。

3. 催化裂化粗汽油负压稳定工艺流程模拟分析

（1）常规吸收稳定工艺流程

庆阳石化厂催化裂化粗汽油的吸收稳定 HYSYS 模拟流程如图 4-23 所示。

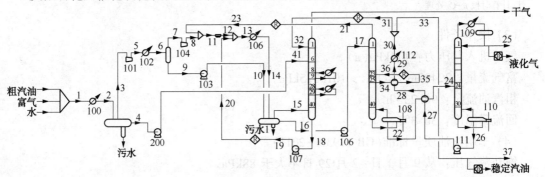

图 4-23　庆阳石化粗汽油常规吸收稳定 HYSYS 模拟流程图

（2）负压稳定工艺流程

以庆阳石化厂常规吸收稳定工艺流程为基础提出的粗汽油负压稳定 HYSYS 模拟流程如图 4-24 所示。

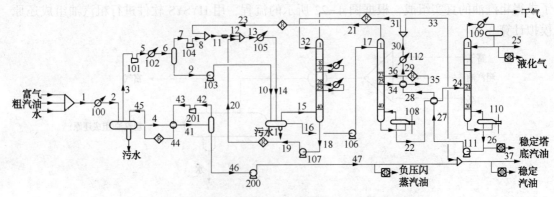

图 4-24　庆阳石化粗汽油负压稳定 HYSYS 模拟流程图

分馏塔回流罐顶气体去气压机一段增压至 600kPa，再经过冷却到 35℃后进入气压机中间气液分离器，分离出的气体进入气压机二段增压至 1240kPa 后与解吸塔顶气体混合进入空冷器冷却至 40℃与吸收塔底富液混合进入压缩富气冷却器进一步冷却至 30℃进入气压机出口油气分离器，进行油、气和水的分离。分离出的气体进入吸收塔底部，用液化气塔底稳定汽油进行吸收，脱除气体中的 C_3 以上烃类后成为催化干气。吸收塔设 2 个中段循环取热，以降低塔内气相负荷和塔内温度。模拟计算时控制两级中段取热的循环量使中段抽出物流的温度在 38℃以上。通过调整塔顶稳定汽油的溶剂循环量将干气中丙烯的浓度控制在 0.3%以下。分离器液相烃类送入解吸塔脱除其中的 C_1 和 C_2 以下烃类后送入液化气塔，塔顶分离出液化气产品，塔底产品即为稳定汽油产品，其饱和蒸气压约为 90kPa，经过与液化气塔进料换热回收部分热量后进一步冷却至 28℃，抽出部分送入吸收塔顶作为溶剂脱除富气中的较重烃类，余下部分与负压闪蒸得到的稳定汽油混合，蒸气压约为 58kPa，已可满足小于 74kPa 的质量控制指标。

负压稳定工艺与常规吸收稳定工艺的区别是分馏塔回流罐出来的粗汽油不是送入吸收塔，而是将粗汽油与抽气压缩机出口的高温气体换热至 40℃送入负压闪蒸塔，负压闪蒸塔的压力控制到 48kPa，通过负压螺杆压缩机抽取负压闪蒸塔顶气相实现。而闪蒸气则被压缩至 300kPa，经与粗汽油换热后进入分馏塔回流罐。负压闪蒸塔底液相即为闪蒸后稳定汽油，其与液化气塔底稳定轻油混合作为稳定汽油产品出装置。

与常规的粗汽油吸收稳定流程相比，负压稳定工艺多出了粗汽油的负压闪蒸罐、抽气压缩机、闪蒸气-压缩闪蒸气换热器及增压泵等设备。但由于粗汽油不再进入吸收塔，使得吸收塔、解吸塔和液化气塔的加工负荷有显著的下降，因此总能耗有相对程度的降低，特别适用于现有装置的扩能改造。

（3）约束条件

① 两种工艺计算方法粗汽油、富气的组成和工艺条件相同。

② 两种工艺的操作条件以干气丙烯浓度相同为准，本例题要求干气丙烯浓度为 0.3%。

③ 两种工艺的塔操作压力相同：吸收塔顶压力 1200kPa(a)，解吸塔顶 1270kPa(a)，液化气塔顶 1030kPa(a)。

④ 由于吸收塔总体温度不高，两种工艺吸收塔一级和二级中段回流抽出量均设定为 65t/h，回流的返回温度均设定为 26℃。

⑤ 解吸塔中段加热循环抽出量均设定为 500kmol/h，换热后返塔温度为 90℃。

4. 计算结果对比

（1）吸收塔

吸收塔工艺条件计算结果如表 4-50 所示。

表 4-50　吸收塔主要工艺参数对比

项　　目	负压稳定工艺	常规工艺	下降幅度/%
塔顶温度/℃	34.49	34.56	0.02
塔底温度/℃	41.99	40.07	-0.61
富气进料量/(t/h)	31.11	31.56	1.43
溶剂总量/(t/h)	81.50	181.46	55.09
稳定汽油/(t/h)	81.50	95.00	14.21
粗汽油/(t/h)	—	86.46	—

项　目	负压稳定工艺	常规工艺	下降幅度/%
一段循环量/(t/h)	65.00	65.00	0.00
一段抽出温度/℃	32.93	36.55	1.17
二段循环量/(t/h)	65.00	65.00	0.00
二段抽出温度/℃	37.33	33.95	−1.10
顶板气相/(kmol/h)	684.02	657.41	−4.05
底板气相/(kmol/h)	1071.87	1072.51	0.06
顶板液相/(kmol/h)	1154.71	1100.24	−4.95
底板液相/(kmol/h)	1446.60	2375.70	39.11

由于负压稳定工艺中回流罐抽出的粗汽油不再送入吸收塔，使得吸收塔的液相进料总量下降55.09%，塔内气相负荷仅有少量上升，而在原塔粗汽油进料段以下位置液相负荷则降低30%以上。

（2）解吸塔

解吸塔工艺条件计算结果如表4-51所示。

表4-51　解吸塔主要工艺参数对比

项　目	负压稳定工艺	常规工艺	下降幅度/%
塔顶温度/℃	44.55	41.80	−0.87
塔底温度/℃	100.2	124.00	5.99
进料量/(t/h)	148.18	250.22	40.78
中段抽出量/(t/h)	31.06	35.86	13.39
中段抽出温度/℃	64.38	54.09	−3.14
中段返回温度/℃	90.00	90.00	0.00
顶板气相/(kmol/h)	321.86	484.41	33.56
底板气相/(kmol/h)	911.41	1681.30	45.79
顶板液相/(kmol/h)	2590.48	3648.80	29.00
底板液相/(kmol/h)	2909.62	4465.64	34.84

由表中数据可见，负压稳定工艺的解吸塔进料量降低40.78%，塔内气相负荷下降33%~45%，液相负荷降低约30%。由于富气中重组分含量降低，塔底操作温度降低至100℃左右，有利于降低加热介质的温位或提高传热温差。

（3）液化气塔工艺条件对比

液化气塔工艺条件计算结果如表4-52所示。

表4-52　液化气塔主要工艺参数对比

项　目	负压稳定工艺	常规工艺	下降幅度/%
塔顶温度/℃	57.43	58.04	0.18
塔底温度/℃	138.79	171.80	7.42
回流温度/℃	42.02	42.60	0.18
回流量/(t/h)	77.67	95.67	18.81
进料量/(t/h)	136.43	250.22	45.48
顶板气相/(kmol/h)	2266.39	2647.38	14.39
底板气相/(kmol/h)	1836.33	1743.23	−5.34
顶板液相/(kmol/h)	1476.68	1823.72	19.03
底板液相/(kmol/h)	3069.24	3738.14	17.89

由表中数据可见，液化气塔的进料量大幅降低45.48%，再沸器温度由常规吸收稳定法的171℃降低至138.79℃，提馏段气相负荷有小幅上升5.34%，液相负荷降低19.03%。而精馏段的气液负荷下降14%~18%。

（4）产品对比

干气、液化气和稳定汽油质量参数对比如表4-53所示。

表4-53　干气、液化气和稳定汽油产品质量参数对比

项　目	负压稳定工艺	常规工艺
干气/(t/h)	15.41	13.51
丙烯含量/%(体积)	0.30	0.30
液化气/(t/h)	35.91	37.32
蒸气压/kPa	934.20	921.90
稳定汽油/(t/h)	100.87	101.43
蒸气压/kPa	58.43	48.74
ASTM D86/%(体积)		
5	48.92	45.99
10	53.36	48.91
30	73.16	66.24
50	90.17	84.88
70	114.30	108.82
90	164.56	153.22
95	171.03	163.83
98	182.40	182.33

从表中数据可见，负压稳定工艺的干气量稍高于常规法，液化气产量略低于常规法。这是因为进入吸收塔的吸收剂主要成分为 C_5、C_6，由于气液平衡的关系，有一部分 C_5 和 C_6 组分留在干气中，导致干气总量约比常规法高15%，但这部分烃类组分可在再吸收塔中以轻柴油为溶剂加以回收。如果计算包括再吸收塔，则干气组成和液化气产量应该与常规吸收稳定法是相近的。负压稳定工艺所生产的稳定汽油轻质烃类含量要稍高于常规稳定工艺，稳定汽油的饱和蒸气压有所上升达到59kPa，但仍低于74kPa的控制标准。

（5）能耗对比情况

负压稳定能耗组成见表4-54。

表4-54　负压稳定能耗组成　　　　　　　　　　　　　　　kW

项　目	负压稳定工艺	常规工艺	下降值	下降幅度/%
气压机1段	2214	2124	-90	-4.24
1段富气冷却器	4951	4779	-172	-3.60
气压机中间液分泵	15	14	-1	-7.14
气压机2段	943	907	-36	-3.97
压缩富气冷却器	2391	3309	918	27.74
气压机出口液分泵	17	28	11	39.29
吸收塔底泵	11	22	11	50.00
解吸塔再沸器	6015	14646	8631	58.93
稳定塔冷凝器	11064	12968	1904	14.68
稳定塔再沸器	10547	13036	2489	19.09

项　　目	负压稳定工艺	常规工艺	下降值	下降幅度/%
稳定塔底泵	26	50	24	48.00
稳定汽油冷却器	4575	13628	9053	66.43
粗汽油泵	56	59	3	5.08
负压螺杆压缩机	391	—	−391	—
吸收塔1段冷却器	282	414	132	31.88
吸收塔2段冷却器	463	311	−152	−48.87
合计	43962	66294	22332	33.69

从能量分布来分析，采用负压稳定工艺须增加一台功率为 391kW 的闪蒸气负压螺杆压缩机，气压机1段和2段功率也将增加约4%，压缩机总功率增加517kW。但由于吸收塔富液量由 199.5t/h 大幅降低至 98.2t/h，使得二级增压机富气冷却器的冷却负荷大幅降低 918kW；稳定塔冷凝器负荷降低 1904kW，降幅 14.68%；稳定汽油冷却器负荷降低 9053kW，降幅达 66.43%；冷却器总负荷降低 11683kW。由于这些油气介质一般通过循环水系统进行冷却，大幅降低后冷器的热负荷可以大大减少循环水用量、降低循环水处理系统的能耗、减少水的蒸发损耗。

采用负压稳定工艺，解吸塔再沸器温度由 124℃ 降低至 100.2℃，加热负荷降低 58.93%；稳定塔再沸器温度由 171.8℃ 降低至 138.8℃，加热负荷降低 19.09%。这些都有利于降低热公用工程的费用。

综合以上各表的数据可见，采用负压稳定工艺进行粗汽油稳定时整体能耗比常规吸收稳定工艺大幅降低 33.69%。调合后稳定汽油的蒸气压为 59kPa，完全可以达到 74kPa 的控制指标，收率与常规法相近。因此，采用负压稳定工艺进行粗汽油的稳定在工艺上是完全可行的，且节能效果明显。

5. 结论

(1) 通过 HYSYS 软件模拟，找出了粗汽油的真实蒸气压，其数值远大于分析数据，对新装置设计和老装置生产分析有一定的借鉴作用。

(2) 催化裂化粗汽油可用负压稳定法进行设计或者老厂扩能改造。

(3) 采用负压稳定工艺需要增加一台负压螺杆压缩机，一座闪蒸塔和一台闪蒸气能量回收换热器，整体能耗可降低 33.69%，节能效果十分显著。

6. HYSYS 模拟计算结果

(1) 常规吸收稳定法

表 4-55　常规吸收稳定工艺计算结果

流　　号	1	2	3	4	5
气相分数	0.5892	0.6419	1.0000	0.0000	1.0000
温度/℃	30.58	36.30	36.30	36.30	101.59
压力/kPa	174.00	160.00	160.00	160.00	600.00
摩尔流率/(kmol/h)	2507.47	2507.47	1609.43	898.04	1609.43
质量流率/(kg/h)	153154.64	153154.64	66692.47	86462.17	66692.47
体积流率/(m³/h)	250.9214	250.9214	125.1152	125.8062	125.1152
热流率/(kJ/h)	$-2.739×10^8$	$-2.685×10^8$	$-9.676×10^7$	$-1.717×10^8$	$-8.911×10^7$

流 号	6	7	8	9	10
气相分数	0.7909	1.0000	1.0000	0.0000	0.0000
温度/℃	35.00	35.00	78.83	35.00	35.68
压力/kPa	580.00	580.00	1240.00	580.00	1700.00
摩尔流率/(kmol/h)	1609.43	1272.94	1272.94	336.49	336.49
质量流率/(kg/h)	66692.47	45508.43	45508.43	21184.04	21184.04
体积流率/(m³/h)	125.1152	91.8067	91.8067	33.3085	33.3085
热流率/(kJ/h)	-1.063×10^8	-5.785×10^7	-5.459×10^7	-4.847×10^7	-4.842×10^7

流 号	11	12	13	14	15
气相分数	1.0000	0.9346	0.3330	0.2813	1.0000
温度/℃	69.28	40.00	47.81	33.00	33.41
压力/kPa	1240.00	1220.00	1220.00	1210.00	1210.00
摩尔流率/(kmol/h)	1758.43	1758.43	4134.98	4134.98	1144.51
质量流率/(kg/h)	61991.60	61991.60	261522.00	261522.00	31562.11
体积流率/(m³/h)	130.1696	130.1696	433.4050	433.4050	74.6796
热流率/(kJ/h)	-7.813×10^7	-8.389×10^7	-4.689×10^8	-4.808×10^8	-4.722×10^7

流 号	16	17	18	19	20
气相分数	0.0000	0.0000	0.0000	0.0000	0.0000
温度/℃	33.41	33.51	40.07	40.17	40.19
压力/kPa	1210.00	1400.00	1210.00	1400.00	1400.00
摩尔流率/(kmol/h)	3275.52	3275.52	2375.70	2375.70	2376.54
质量流率/(kg/h)	250217.06	250217.06	199516.52	199516.52	199530.40
体积流率/(m³/h)	391.1051	391.1051	303.1869	303.1869	303.2354
热流率/(kJ/h)	-4.674×10^8	-4.673×10^8	-3.851×10^8	-3.850×10^8	-3.850×10^8

流 号	21	22	23	24	25
气相分数	1.0000	0.0000	1.0000	0.1719	0.0000
温度/℃	41.80	124.03	41.79	140.00	42.60
压力/kPa	1270.00	1300.00	1270.00	1280.00	1030.00
摩尔流率/(kmol/h)	484.41	2791.07	485.49	2791.07	742.88
质量流率/(kg/h)	16444.41	233751.83	16483.17	233751.83	37318.21
体积流率/(m³/h)	38.2740	352.8024	38.3629	352.8024	67.1613
热流率/(kJ/h)	-2.350×10^7	-3.863×10^8	-2.354×10^7	-3.685×10^8	-4.382×10^7

流 号	26	27	28	29	30
气相分数	0.0000	0.0000	0.0000	0.0000	0.0000
温度/℃	171.76	172.18	140.79	131.99	28.00
压力/kPa	1040.00	1400.00	1380.00	1280.00	1260.00
摩尔流率/(kmol/h)	2048.19	2048.19	2048.19	2048.19	2048.19
质量流率/(kg/h)	196433.62	196433.62	196433.62	196433.62	196433.62
体积流率/(m³/h)	285.6412	285.6412	285.6412	285.6412	285.6412
热流率/(kJ/h)	-3.244×10^8	-3.243×10^8	-3.420×10^8	-3.467×10^8	-3.958×10^8

流 号	31	32	34	35	36
气相分数	0.0000	0.0000	0.0000	0.2442	0.2444
温度/℃	28.00	28.00	54.09	90.00	90.00
压力/kPa	1260.00	1260.00	1288.46	1280.00	1280.00
摩尔流率/(kmol/h)	990.55	990.57	499.98	499.98	499.94
质量流率/(kg/h)	95000.00	95000.00	35882.04	35882.04	35861.22
体积流率/(m³/h)	138.1429	138.1433	57.7373	57.7373	57.7086
热流率/(kJ/h)	$-1.914×10^8$	$-1.914×10^8$	$-6.619×10^7$	$-6.147×10^7$	$-6.140×10^7$

流 号	41	粗汽油	粗汽油蒸气压	富气	干气
气相分数	0.0000	0.0000	0.0000	1.0000	0.9987
温度/℃	36.87	38.20	37.80	36.30	34.56
压力/kPa	1400.00	174.00	58.43	174.00	1180.00
摩尔流率/(kmol/h)	898.04	1002.12	1002.12	1449.85	657.41
质量流率/(kg/h)	86462.17	96230.00	96230.00	55924.80	13507.76
体积流率/(m³/h)	125.8062	140.0980	140.0980	109.8216	35.4421
热流率/(kJ/h)	$-1.715×10^8$	$-1.965×10^8$	$-1.966×10^8$	$-6.163×10^7$	$-2.769×10^7$

流 号	水	稳定汽油	稳油蒸气压	污水	污水1
气相分数	0.0000	0.0000	0.0000	0.0000	0.0000
温度/℃	36.30	28.00	37.80	36.30	33.41
压力/kPa	174.00	1260.00	48.74	160.00	1210.00
摩尔流率/(kmol/h)	55.50	1057.64	1057.64	0.00	51.44
质量流率/(kg/h)	999.84	101433.62	101433.62	0.00	926.87
体积流率/(m³/h)	1.0019	147.4983	147.4983	0.0000	0.9288
热流率/(kJ/h)	$-1.579×10^7$	$-2.044×10^8$	$-2.024×10^8$	0.000	$-1.465×10^7$

流 号	液化气
气相分数	0.0000
温度/℃	37.80
压力/kPa	921.90
摩尔流率/(kmol/h)	742.88
质量流率/(kg/h)	37318.21
体积流率/(m³/h)	67.1613
热流率/(kJ/h)	$-4.430×10^7$

（2）负压稳定法

表 4-56 负压稳定工艺计算结果

流 号	粗汽油	富气	水	1	2
气相分数	0.0000	1.0000	0.0000	0.5892	0.6419
温度/℃	38.20	36.30	36.30	30.58	36.30
压力/kPa	174.00	174.00	174.00	174.00	160.00
摩尔流率/(kmol/h)	1002.12	1449.85	55.50	2507.47	2507.47
质量流率/(kg/h)	96230.00	55924.74	999.84	153154.58	153154.58
体积流率/(m³/h)	140.0980	109.8214	1.0019	250.9213	250.9213
热流率/(kJ/h)	$-1.965×10^8$	$-6.163×10^7$	$-1.584×10^7$	$-2.739×10^8$	$-2.685×10^8$

流　号	3	4	5	6	7
气相分数	1.0000	0.0000	1.0000	0.7844	1.0000
温度/℃	33.77	33.77	98.13	35.00	35.00
压力/kPa	160.00	160.00	600.00	580.00	580.00
摩尔流率/(kmol/h)	1694.76	1029.06	1694.76	1694.76	1329.37
质量流率/(kg/h)	71301.11	96478.35	71301.11	71301.11	48462.69
体积流率/(m³/h)	133.1654	141.2566	133.1654	133.1654	97.0334
热流率/(kJ/h)	-1.022×10^8	-1.911×10^8	-9.426×10^7	-1.121×10^8	-6.119×10^7

流　号	8	9	10	11	12
气相分数	1.0000	0.0000	0.0000	1.0000	0.8901
温度/℃	78.20	35.00	35.70	71.88	40.00
压力/kPa	1240.00	580.00	1700.00	1240.00	1220.00
摩尔流率/(kmol/h)	1329.37	365.39	365.39	1648.33	1648.33
质量流率/(kg/h)	48462.69	22838.42	22838.42	60105.00	60105.00
体积流率/(m³/h)	97.0334	36.1320	36.1320	122.4214	122.4214
热流率/(kJ/h)	-5.779×10^7	-5.089×10^7	-5.084×10^7	-7.192×10^7	-7.910×10^7

流　号	13	14	15	16	17
气相分数	0.4364	0.3627	1.0000	0.0000	0.0000
温度/℃	46.45	33.00	33.90	33.90	34.03
压力/kPa	1220.00	1210.00	1210.00	1210.00	1400.00
摩尔流率/(kmol/h)	3084.88	3084.88	1094.57	2304.71	2304.71
质量流率/(kg/h)	157799.63	157799.63	32129.27	147589.90	147589.90
体积流率/(m³/h)	279.5476	279.5476	72.0261	242.7328	242.7328
热流率/(kJ/h)	-2.502×10^8	-2.587×10^8	-4.280×10^7	-2.522×10^8	-2.521×10^8

流　号	18	19	20	21	22
气相分数	0.0000	0.0000	0.0000	1.0000	0.0000
温度/℃	41.86	41.99	42.02	44.53	100.02
压力/kPa	1210.00	1400.00	1400.00	1270.00	1300.00
摩尔流率/(kmol/h)	1436.86	1436.86	1436.56	319.46	1985.21
质量流率/(kg/h)	97698.73	97698.73	97694.62	11660.29	135926.23
体积流率/(m³/h)	157.1464	157.1464	157.1262	25.4304	217.2923
热流率/(kJ/h)	-1.711×10^8	-1.711×10^8	-1.711×10^8	-1.415×10^7	-2.116×10^8

流　号	23	24	25	26	27
气相分数	1.0000	0.1455	0.0000	0.0000	0.0000
温度/℃	44.54	107.00	42.04	138.98	139.44
压力/kPa	1270.00	1280.00	1030.00	1040.00	1400.00
摩尔流率/(kmol/h)	318.96	1985.21	716.73	1268.48	1268.48
质量流率/(kg/h)	11642.32	135926.23	35920.79	100005.44	100005.44
体积流率/(m³/h)	25.3880	217.2923	64.7522	152.5400	152.5400
热流率/(kJ/h)	-1.412×10^7	-2.046×10^8	-4.185×10^7	-1.646×10^8	-1.645×10^8

流 号	28	29	30	31	32
气相分数	0.0000	0.0000	0.0000	0.0000	0.0000
温度/℃	114.87	96.66	28.00	28.00	28.00
压力/kPa	1380.00	1370.00	1350.00	1350.00	1350.00
摩尔流率/(kmol/h)	1268.48	1268.48	1268.48	1027.41	1026.88
质量流率/(kg/h)	100005.44	100005.44	100005.44	81000.00	81000.00
体积流率/(m³/h)	152.5400	152.5400	152.5400	123.5507	123.5353
热流率/(kJ/h)	−1.715×10⁸	−1.764×10⁸	−1.927×10⁸	−1.561×10⁸	−1.561×10⁸

流 号	33	34	35	36	37
气相分数	0.0000	0.0000	0.3852	0.3854	0.0000
温度/℃	28.00	64.47	90.00	90.00	35.70
压力/kPa	1350.00	1288.46	1188.46	1188.46	1300.00
摩尔流率/(kmol/h)	241.07	499.97	499.97	499.93	1053.43
质量流率/(kg/h)	19005.44	31091.21	31091.21	31087.82	100859.01
体积流率/(m³/h)	28.9893	51.8334	51.8334	51.8233	146.7504
热流率/(kJ/h)	−3.662×10⁷	−4.978×10⁷	−4.493×10⁷	−4.488×10⁷	−2.012×10⁸

流 号	41	42	43	44	45
气相分数	0.2106	1.0000	1.0000	0.1903	0.1902
温度/℃	37.00	37.00	94.18	36.73	36.72
压力/kPa	48.00	48.00	300.00	280.00	280.00
摩尔流率/(kmol/h)	1029.06	216.70	216.70	216.70	216.82
质量流率/(kg/h)	96478.35	14624.77	14624.77	14624.77	14633.36
体积流率/(m³/h)	141.2566	23.4955	23.4955	23.4955	23.5092
热流率/(kJ/h)	−1.853×10⁸	−2.052×10⁷	−1.911×10⁷	−2.497×10⁷	−2.498×10⁷

流 号	46	47	负压闪蒸汽油	干气	稳定汽油
气相分数	0.0000	0.0000	0.0000	0.9993	0.0000
温度/℃	37.00	37.55	37.80	35.56	37.80
压力/kPa	48.00	1300.00	49.18	1180.00	58.35
摩尔流率/(kmol/h)	812.36	812.36	812.36	684.59	1053.43
质量流率/(kg/h)	81853.58	81853.58	81853.58	15430.55	100859.01
体积流率/(m³/h)	117.7610	117.7610	117.7610	38.4149	146.7504
热流率/(kJ/h)	−1.648×10⁸	−1.646×10⁸	−1.646×10⁸	−3.047×10⁷	−2.008×10⁸

流 号	稳定塔底汽油	污水	污水1	液化气	
气相分数	0.0000	0.0000	0.0000	0.0000	
温度/℃	37.80	33.77	33.90	37.80	
压力/kPa	89.52	160.00	1210.00	933.85	
摩尔流率/(kmol/h)	1268.48	0.47	51.00	716.73	
质量流率/(kg/h)	100005.44	8.48	918.87	35920.79	
体积流率/(m³/h)	152.5400	0.0085	0.9208	64.7522	
热流率/(kJ/h)	−1.906×10⁸	−1.345×10⁵	−1.456×10⁷	−4.225×10⁷	

7. 负压稳定法 HYSYS 模拟详细步骤

输入计算所需的全部组分和流体包

步骤	内　容	流号及数据
1	New Case[新建空白文档]	
2	Add[加入]	
3	Components：C_1、C_2、C_3、$i-C_4$、$n-C_4$、$i-C_5$、$n-C_5$、$C_6 \sim C_{12}$、$C_2^=$、$C_3^=$、$1-C_4^=$、$i-C_4^=$、$c-C_4^=$、$t-C_4^=$、$1-C_5^=$、$1c3C_5^{==}$、$1t3C_5^{==}$、CC_5、$13C_4^{==}$、2M1Buten3yne(C_5H_6)、Benzene、Toluene(C_7H_8)、$o-$xylene(C_8H_{10})、$123-M-BZ$(C_9H_{12})、12-hexadiene(C_6H_{10})、$CC_5^=$(C_5H_8)、H_2、H_2O、N_2、CO、CO_2、H_2S	添加库组分
4	×	
5	Fluid Pkgs	加流体包
6	Add	
7	Peng-Robinson	选状态方程
8	×	
9	Enter Simulation Environment	进入模拟环境

加入粗汽油组成和参数

步骤	内　容	流号及数据
1	选中 Material Stream[蓝色箭头]置于 PFD 窗口中	
2	双击[Material Stream]	
3	在 Stream Name 栏填上	粗汽油
4	Temperature/℃	38. 20
5	Pressure/kPa	174
6	Mass Flow/(kg/h)	96230
7	双击 Stream"粗汽油"的 Molar Flow 位置	
8	Composition(填摩尔组成%)	
	Methane	0. 0000
	Ethane	0. 0000
	Propane	0. 0000
	$i-$Butane	2. 4222
	$n-$Butane	1. 2160
	$i-$Pentane	14. 4261
	$n-$Pentane	4. 1148
	$n-$Hexane	22. 9766
	$n-$Heptane	17. 3833
	$n-$Octane	11. 6926
	$n-$Nonane	7. 2665
	$n-$Decane	4. 4455
	$n-C_{11}$	1. 7607

步骤	内 容	流号及数据
8	$n-C_{12}$	1.9163
	Ethylene	0.0681
	Propene	0.1945
	1-Butene	0.0000
	i-Butene	0.0000
	cis2-Butene	1.7996
	tr2-Butene	3.0156
	1-Pentene	0.0000
	$1-ci3-C_5^{==}$	1.2451
	$1-tr3-C_5^{==}$	0.0000
	Cyclopentane	0.0000
	13-Butadiene	0.2821
	2M1Buten3yne	2.1790
	Benzene	0.0973
	Toluene	1.1673
	o-Xylene	0.0000
	123-MBenzene	0.3307
	12-Hexdiene	0.0000
	Cyclopentene	0.0000
	Hydrogen	0.0000
	H_2O	0.0000
	Nitrogen	0.0000
	CO	0.0000
	CO_2	0.0000
	H_2S	0.0000
9	Nomalize(圆整为1)	
10	OK	
11	×	

加入原料富气

步骤	内 容	流号及数据
1	选中 Material Stream［蓝色箭头］置于 PFD 窗口中	
2	双击［Material Stream］	
3	在 Stream Name 栏填上	富气
4	Temperature/℃	36.30
5	Pressure/kPa	174
6	Molar Flow/(kmol/h)	1449.85
7	双击 Stream"富气"的 Molar Flow 位置	

步骤	内　容	流号及数据
8	Composition（填摩尔组成%）	
	Methane	12. 2027
	Ethane	6. 1763
	Propane	6. 2363
	i−Butane	7. 2756
	n−Butane	2. 4086
	i−Pentane	2. 9582
	n−Pentane	0. 3898
	n−Hexane	2. 4086
	n−Heptane	1. 4491
	n−Octane	0. 0000
	n−Nonane	0. 0000
	n−Decane	0. 0000
	n−C$_{11}$	0. 0000
	n−C$_{12}$	0. 0000
	Ethylene	6. 1063
	Propene	19. 2085
	1−Butene	2. 8483
	i−Butene	4. 1575
	cis2−Butene	3. 0682
	tr2−Butene	2. 1687
	1−Pentene	0. 9594
	1−ci3−C$_5^{==}$	0. 0600
	1−tr3−C$_5^{==}$	0. 2299
	Cyclopentane	0. 0000
	13−Butadiene	0. 0600
	2M1Buten3yne	0. 6896
	Benzene	0. 0000
	Toluene	0. 0000
	o−Xylene	0. 0000
	123−MBenzene	0. 0000
	12−Hexdiene	0. 0000
	Cyclopentene	0. 0000
	Hydrogen	11. 8929
	H_2O	0. 0000
	Nitrogen	4. 7871
	CO	0. 8195
	CO_2	1. 1193
	H_2S	0. 3198
9	Nomalize（圆整为 1）	
10	OK	
11	×	

加入补充水分

步骤	内 容	流号及数据
1	选中 Material Stream［蓝色箭头］置于 PFD 窗口中	
2	双击［Material Stream］	
3	在 Stream Name 栏填上	水
4	Temperature/℃	36.3
5	Pressure/kPa	174
6	Molar Flow/（kmol/h）	55.5
7	双击 Stream"水"的 Molar Flow 位置	
8	Composition（填摩尔组成） 　H_2O 　其余	 1.0 0.0
9	OK	
10	×	

加混合器

步骤	内 容	流号及数据
1	从图例板点混合器［Mixer］置于 PFD 窗口中	
2	双击混合器［Mixer］	
3	Inlets	粗汽油，富气，水
4	Outlet	1
5	×	

加加热器

步骤	内 容	流号及数据
1	从图例板点加热器［Heater］置于 PFD 窗口中	
2	双击加热器［Heater］	
3	Inlet	1
4	Outlet	2
5	Energy	100
6	Worksheet	
7	点击 Stream Name 2 下相应位置输入	
8	Temperature/℃	36.3
9	Pressure/kPa	160
10	×	

加三相分离器

步骤	内 容	流号及数据
1	从图例板点三相分离器［3-Phase Separator］置于 PFD 窗口中	
2	双击三相分离器［3-Phase Separator］	
3	Inlet《Stream》	2

348

步骤	内　容	流号及数据
4	Vapour	3
5	Light Liquid	4
6	Heavy Liquid（水）	污水
7	×	

加入换热器

步骤	内　容	流号及数据
1	从图例板点换热器［Heat Exchanger］置于 PFD 窗口中	
2	双击换热器［Heat Exchanger］	
3	Tube Side Inlet	4
4	Tube Side Outlet	41
5	Shell Side Inlet	43
6	Shell Side Outlet	44
7	Parameters	
8	在 Heat Exchanger Model 中单选：Exchanger Design（Weighted）	
9	Shell Side Delta P/kPa	20
10	Worksheet	
11	点击 Stream Name 41 下相应位置输入	
12	Temperature/℃	37
13	Pressure/kPa	48
14	×	

加分离器

步骤	内　容	流号及数据
1	从图例板点二相分离器［Separator］置于 PFD 窗口中	
2	双击二相分离器［Separator］	
3	Inlet《Stream》	41
4	Vapour	42
5	Liquid	46
6	×	

加入抽气压缩机

步骤	内　容	流号及数据
1	从图例板点压缩机［Compressor］置于 PFD 窗口中	
2	双击压缩机［Compressor］	
3	Inlet	42
4	Outlet	43
5	Energy	201

步骤	内　容	流号及数据
6	Worksheet	
7	点击 Stream Name 43 下相应位置输入	
8	Pressure/kPa	300
9	×	

加循环

步骤	内　容	流号及数据
1	从图例板点循环[Recycle]置于 PFD 窗口中	
2	双击循环[Recycle]	
3	Inlet	44
4	Outlet	45
5	×	

将换热后的粗汽油闪蒸气送入回流罐(V100)

步骤	内　容	流号及数据
1	双击回流罐(3 相分离器 V-100)	
2	《Stream》(增加流号 45 为进料)	45
3	×	

程序将完成粗汽油闪蒸气的迭代计算。

加入富气一级压缩机

步骤	内　容	流号及数据
1	从图例板点压缩机[Compressor]置于 PFD 窗口中	
2	双击压缩机[Compressor]	
3	Inlet	3
4	Outlet	5
5	Energy	101
6	Worksheet	
7	点击 Stream Name 5 下相应位置输入	
8	Pressure/kPa	600
9	×	

加富气一级冷却器

步骤	内　容	流号及数据
1	从图例板点冷却器[Cooler]置于 PFD 窗口中	
2	双击冷却器[Cooler]	
3	Inlet	5
4	Outlet	6
5	Energy	102

步骤	内　　容	流号及数据
6	Parameters	
7	Delta P/kPa	20
8	Worksheet	
9	点击 Stream Name 6 下相应位置输入	
10	Temperature/℃	35
11	×	

加富气一级分离器

步骤	内　　容	流号及数据
1	从图例板点二相分离器[Separator]置于 PFD 窗口中	
2	双击二相分离器[Separator]	
3	Inlet《Stream》	6
4	Vapour	7
5	Liquid	9
6	×	

加入泵

步骤	内　　容	流号及数据
1	从图例板点泵[Pump]置于 PFD 窗口中	
2	双击泵[Pump]	
3	Inlet	9
4	Outlet	10
5	Energy	103
6	Worksheet	
7	点击 Stream Name 10 下相应位置输入	
8	Pressure/kPa	1700
9	×	

加入富气二级压缩机

步骤	内　　容	流号及数据
1	从图例板点压缩机[Compressor]置于 PFD 窗口中	
2	双击压缩机[Compressor]	
3	Inlet	7
4	Outlet	8
5	Energy	104
6	Worksheet	
7	点击 Stream Name 8 下相应位置输入	
8	Pressure/kPa	1240
9	×	

加二级富气混合器

步骤	内 容	流号及数据
1	从图例板点混合器[Mixer]置于 PFD 窗口中	
2	双击混合器[Mixer]	
3	Inlets	8
4	Outlet	11
5	×	

注：二级富气实际上是与解吸塔顶塔气体混合，需要设置循环单元。但为了简化模拟过程，此时不导入解吸气，待完成解吸塔的计算后再加入解吸气的迭代。

加二级富气空冷器

步骤	内 容	流号及数据
1	点冷却器[Air Cooler]	
2	双击冷却器[Air Cooler]	
3	Process Stream Inlet	11
4	Process Stream Outlet	12
5	Parameters	
6	Process Stream Delta P/kPa	20
7	Worksheet	
8	点击 Stream Name 12 下相应位置输入	
9	Temperature/℃	40
10	×	

加混合器

步骤	内 容	流号及数据
1	从图例板点混合器[Mixer]置于 PFD 窗口中	
2	双击混合器[Mixer]	
3	Inlets	12
4	Outlet	13
5	×	

注：实际上是富气与吸收塔底富液混合，需要进行迭代。先不导入吸收塔富液，等待完成吸收塔的计算后再加入循环。

加后冷却器

步骤	内 容	流号及数据
1	从图例板点冷却器[Cooler]置于 PFD 窗口中	
2	双击冷却器[Cooler]	

步骤	内　容	流号及数据
3	Inlet	13
4	Outlet	14
5	Energy	105
6	Parameters	
7	Delta P/kPa	10
8	Worksheet	
9	点击 Stream Name 14 下相应位置输入	
10	Temperature/℃	33
11	×	

加三相分离器

步骤	内　容	流号及数据
1	从图例板点三相分离器[3-Phase Separator]置于 PFD 窗口中	
2	双击三相分离器[3-Phase Separator]	
3	Inlet《Stream》	14，10
4	Vapour	15
5	Light Liquid	16
6	Heavy Liquid(水)	污水 1
7	×	

加循环及吸收塔稳定汽油溶剂初值

步骤	内　容	流号及数据
1	从图例板点循环[Recycle]置于 PFD 窗口中	
2	双击循环[Recycle]	
3	Inlet	31
4	Outlet	32
5	Worksheet	
6	点击 Stream Name 32 下相应位置输入	
7	Temperature/℃	28
8	Pressure/kPa	1260
9	Mass Flow/(kg/h)	78000
10	双击 Stream 32 的 Mass Flow 位置	
11	Composition(填质量组成) 　　n-Decane 　　其余	 1.0 0.0

步骤	内　容	流号及数据
12	OK	
13	×	

注：此处流号 32 是吸收塔顶稳定汽油吸收溶剂。因目前还无法确定其条件，故先给定其温度、压力与流量的初值，其组成设定为纯 C_{10} 组分。

加入吸收塔

步骤	内　容	流号及数据
1	从图例板点吸收塔［Absorber］置于 PFD 窗口中	
2	双击吸收塔［Absorber］	
3	理论板数 $n=$	40
4	Top Stage Inlet	32
5	Bottom Stage Inlet	15
6	Ovhd Vapour Outlet	干气
7	Bottoms Liquid Outlet	18
8	Next	
9	Top Stage Pressure/kPa	1180
10	Reboiler Pressure/kPa	1210
11	Next，Done	
12	Run(可完成塔的计算)	
13	Specs	
14	Default Basis 下拉菜单点选	Mass
15	Side Ops	
16	Pump Arounds	
17	Add(加一中循环)	
18	Draw Stage(抽出板)	9
19	Return Stage(返回板)	8
20	Install	
21	1st Active 下选 PA_1_Rate(侧线抽出量，kg/h)	65000
22	2nd Active Spec 下双击 PA_1Dt(Pa)，点选	Return Temperature
23	Spec Value(返塔温度/℃)	26
24	×，×	
25	Add(加二中循环)	
26	Draw Stage(抽出板)	29
27	Return Stage(返回板)	28

354

步骤	内　容	流号及数据
28	Install	
29	1st Active 下选 PA_2_Rate(侧线抽出量，kg/h)	65000
30	2nd Active Spec 下双击 PA_2Dt(Pa)，点选	Return Temperature
31	Spec Value(返塔温度/℃)	26
32	×，×	
33	Run	
34	×	

加入泵

步骤	内　容	流号及数据
1	从图例板点泵[Pump]置于 PFD 窗口中	
2	双击泵[Pump]	
3	Inlet	18
4	Outlet	19
5	Energy	107
6	Worksheet	
7	点击 Stream Name 19 下相应位置输入	
8	Pressure/kPa	1400
9	×	

加循环

步骤	内　容	流号及数据
1	从图例板点循环[Recycle]置于 PFD 窗口中	
2	双击循环[Recycle]	
3	Inlet	19
4	Outlet	20
5	×	

将循环流 20 返回混合器 MIX-102

步骤	内　容	流号及数据
1	双击已有混合器[MIX-102]	
2	Inlet(在 Inlet 栏下增加循环流号 20 为进料)	12，20
3	×	

将流号 20 加入混合器 MIX-102 的进料，程序自动进行迭代计算直到收敛。

加入泵

步骤	内　容	流号及数据
1	从图例板点泵[Pump]置于 PFD 窗口中	
2	双击泵[Pump]	
3	Inlet	16
4	Outlet	17
5	Energy	106
6	Worksheet	
7	点击 Stream Name 17 下相应位置输入	
8	Pressure/kPa	1400
9	×	

加解吸塔

步骤	内　容	流号及数据
1	从图例板点不完全塔[Reboiled Absorber]置于 PFD 窗口中	
2	双击不完全塔[Reboiled Absorber]	
3	理论板数 $n=$	40
4	Top Stage Inlet	17
5	Ovhd Vapour Outlet	21
6	Bottoms Liquid Outlet	22
7	Reboiler Energy Stream(重沸器能流)	108
8	Optional Side Draws： 　Stream　Type　Draw Stage 　　34　　L　　　25	
9	Next，Next	
10	Top Stage Pressure/kPa	1270
11	Reboiler Pressure/kPa	1300
12	Next，Next，Done	
13	Monitor	
14	Add Spec...	
15	Column Component Fraction	
16	Add Spec(s)	
17	《Stage》	
18	Reboiler	
19	《Component》	
20	Ethane	
21	Spec Value	0.001

步骤	内　容	流号及数据
22	×	
23	Specifications 栏下	
24	34 Rate 右侧 Specified Value(侧线抽出量)输入/(kmol/h)	500
25	点击 Ovhd Prod Rate 右侧 Active，使之失效	
26	点击 Comp Fraction 右侧 Active，使之生效	
27	Run(程序收敛，如果不收敛可将数值改小)	
28	×	

加循环

步骤	内　容	流号及数据
1	从图例板点循环[Recycle]置于 PFD 窗口中	
2	双击循环[Recycle]	
3	Inlet	21
4	Outlet	23
5	×	

将循环流 23 返回混合器 MIX-101

步骤	内　容	流号及数据
1	双击已有混合器[MIX-101]	
2	Inlet(在 Inlet 栏下增加循环流号 23 为进料)	8，23
3	×	

将流号 23 加入混合器 MIX-101 的进料，程序自动进行迭代计算直到收敛。

加入稳定塔中间加热器

步骤	内　容	流号及数据
1	从图例板点换热器[Heat Exchanger]置于 PFD 窗口中	
2	双击换热器[Heat Exchanger]	
3	Tube Side Inlet	34
4	Tube Side Outlet	35
5	Shell Side Inlet	28
6	Shell Side Outlet	29
7	Parameters	
8	在 Heat Exchanger Model 中单选：Exchanger Design(Weighted)	
9	Tube Side Delta P/kPa	100
10	Shell Side Delta P/kPa	10

步骤	内　　容	流号及数据
11	Worksheet	
12	点击 Stream Name 35 下相应位置输入	
13	Temperature/℃	90
14	×	

加循环

步骤	内　　容	流号及数据
1	从图例板点循环[Recycle]置于 PFD 窗口中	
2	双击循环[Recycle]	
3	Inlet	35
4	Outlet	36
5	×	

将循环流 36 返回解吸塔 T101 中部

步骤	内　　容	流号及数据
1	双击已有解吸塔[T-101]	
2	在 Optional Inlet Streams 下增加： 　Stream　Inlet Stage 　　36　　　23	
3	Run	
4	×	

程序自动进行迭代计算直到收敛。可能会有流号 36 压力低于进料处压力的警告，可忽略。

加入换热器

步骤	内　　容	流号及数据
1	从图例板点换热器[Heat Exchanger]置于 PFD 窗口中	
2	双击换热器[Heat Exchanger]	
3	Tube Side Inlet	22
4	Tube Side Outlet	24
5	Shell Side Inlet	27
6	Shell Side Outlet	28
7	Parameters	
8	在 Heat Exchanger Model 中单选：Exchanger Design(Weighted)	
9	Tube Side Delta P/kPa	20
10	Shell Side Delta P/kPa	20
11	Worksheet	

步骤	内 容	流号及数据
12	点击 Stream Name 24 下相应位置输入	
13	Temperature/℃	107
14	×	

加入脱丁烷塔(稳定塔)

步骤	内 容	流号及数据
1	从图例板点完全塔[Distillation]置于 PFD 窗口中	
2	双击完全塔[Distillation]	
3	理论板数 $n=$	30
4	Inlet Streams	24
5	Inlet Stage	15
6	Condenser	Total
7	Ovhd Liquid Outlet	25
8	Bottoms Liquid Outlet	26
9	Reboiler Energy Stream(重沸器能流)	110
10	Condenser Energy Stream(冷凝器能流)	109
11	Next，Next	
12	Top Stage Pressure/kPa	1030
13	Reboiler Pressure/kPa	1040
14	Next，Next，Done	
15	Monitor	
16	Add Spec...	
17	Column Component Fraction	
18	Add Spec(s)	
19	《Stage》	
20	Reboiler	
21	《Component》	
22	i-Butane，n-Butane	
23	Spec Value	0.00374
24	×	
25	Add Spec...	
26	Column Component Fraction	
27	Add Spec(s)	
28	《Stage》	
29	Condenser	

步骤	内　　　容	流号及数据
30	《Component》	
231	i-Pentane，n-Pentane	
32	Spec Value(冷凝器 C_5 含量不大于 3%)	0.03
33	×	
34	Specifications 栏下	
35	点击 Reflux Ratio 右侧 Active，使之失效	
36	点击 Distillate Rate 右侧 Active，使之失效	
37	点击 Comp Fraction 右侧 Active，使之生效	
38	点击 Comp Fraction-2 右侧 Active，使之生效	
39	Run，运行结束，Converged 变绿色	
40	×	

加入泵

步骤	内　　　容	流号及数据
1	从图例板点泵[Pump]置于 PFD 窗口中	
2	双击泵[Pump]	
3	Inlet	26
4	Outlet	27
5	Energy	111
6	Worksheet	
7	点击 Stream Name 27 下相应位置输入	
8	Pressure/kPa	1400
9	×	

加冷却器

步骤	内　　　容	流号及数据
1	从图例板点冷却器[Cooler]置于 PFD 窗口中	
2	双击冷却器[Cooler]	
3	Inlet	29
4	Outlet	30
5	Energy	112
6	Parameters	
7	Delta P/kPa	20
8	Worksheet	
9	点击 Stream Name 30 下相应位置输入	
10	Temperature/℃	28
11	×	

加分配器

步骤	内　　容	流号及数据
1	从图例板点分配器［Tee］置于 PFD 窗口中	
2	双击分配器［Tee］	
3	Inlet	30
4	Outlets	33[①]，31
5	Worksheet	
6	点击 Stream Name 31 相应位置输入	
7	Mass Flow/（kg/h）	78000[②]
8	×	

① 流号 31 为循环物流，分配器出口流号必须先输入 33，然后再输入 31，以避免马上开始迭代。

② 此处流号 31 的质量流量为吸收塔稳定汽油吸收剂的初值，须调整该数值直到干气中的丙烯含量为 0.3% 为止，最终稳定汽油吸收剂的用量为 81000kg/h。

加入泵

步骤	内　　容	流号及数据
1	从图例板点泵［Pump］置于 PFD 窗口中	
2	双击泵［Pump］	
3	Inlet	46
4	Outlet	47
5	Energy	200
6	Worksheet	
7	点击 Stream Name 47 下相应位置输入	
8	Pressure/kPa	1300
9	×	

加混合器

步骤	内　　容	流号及数据
1	从图例板点混合器［Mixer］置于 PFD 窗口中	
2	双击混合器［Mixer］	
3	Inlets	47，33
4	Outlet	37
5	×	

加入平衡（Balance）功能计算液化气的饱和蒸气压

步骤	内　　容	流号及数据
1	从图例板选中 Balance 置于 PFD 窗口 Stream 25 附近	
2	双击平衡［Balance］	
3	Inlet Streams	25

步骤	内　　容	流号及数据
4	Outlet Streams	液化气
5	Parameters	
6	在 Balance Type 栏点选：Component Mole Flow	
7	Worksheet	
8	点击 Stream Name "液化气" 下相应位置输入	
9	Vapour	0
10	Temperature/℃	37.8
11	软件自动计算出 Stream "液化气" 的饱和蒸气压：934kPa 液化气饱和蒸气压小于 1380kPa 为合格	
12	×	

调整吸收塔稳定循环量，控制干气丙烯含量

　　流号 31 的质量流量为吸收塔稳定汽油吸收剂的初值，须调整该数值直到干气中的丙烯含量为 0.3% 为止，最终稳定汽油吸收剂的用量为 81000kg/h。

加入平衡(Balance)功能计算稳定塔底汽油的饱和蒸气压

步骤	内　　容	流号及数据
1	从图例板选中 Balance 置于 PFD 窗口 Stream 26 附近	
2	双击平衡[Balance]	
3	Inlet Streams	26
4	Outlet Streams	稳定塔底汽油
5	Parameters	
6	在 Balance Type 栏点选：Component Mole Flow	
7	Worksheet	
8	点击 Stream Name "稳定塔底汽油" 下相应位置输入	
9	Vapour	0
10	Temperature/℃	37.8
11	软件自动计算出 Stream "稳定汽油" 的饱和蒸气压 89.5kPa	
12	×	

加入平衡(Balance)功能计算负压闪蒸汽油的饱和蒸气压

步骤	内　　容	流号及数据
1	从图例板选中 Balance 置于 PFD 窗口 Stream 47 附近	
2	双击平衡[Balance]	
3	Inlet Streams	47
4	Outlet Streams	负压闪蒸汽油
5	Parameters	
6	在 Balance Type 栏点选：Component Mole Flow	
7	Worksheet	

步骤	内　　容	流号及数据
8	点击 Stream Name "负压闪蒸汽油" 下相应位置输入	
9	Vapour	0
10	Temperature/℃	37.8
11	软件自动计算出 Stream "负压闪蒸汽油" 的饱和蒸气压 49.18kPa	
12	×	

加入平衡（Balance）功能计算稳定汽油的饱和蒸气压

步骤	内　　容	流号及数据
1	从图例板选中 Balance 置于 PFD 窗口 Stream 37 附近	
2	双击平衡 [Balance]	
3	Inlet Streams	37
4	Outlet Streams	稳定汽油
5	Parameters	
6	在 Balance Type 栏点选：Component Mole Flow	
7	Worksheet	
8	点击 Stream Name "稳定汽油" 下相应位置输入	
9	Vapour	0
10	Temperature/℃	37.8
11	软件自动计算出 Stream "稳定汽油" 的饱和蒸气压 58.3kPa	
12	×	

最终计算得到稳定汽油调合后的饱和蒸气压为 58.3kPa，低于 74kPa 的最高标准。

第五章 天然气液化

第一节 概 述

我国液化天然气技术起步较晚，至今没有大型天然气液化装置。随着我国天然工业的发展，对液化天然气的需求量不断增加，而液化天然气的设计制约了液化天然气工业的发展，主要是计算问题，没有取得突破，被专家们称为"计算困难"。1998 年，Terry 采用 HYSYS 软件，对典型的调峰型天然气液化流程进行了模拟计算与优化。我国目前缺乏天然气液化流程设计经验，在专用天然气液化模拟软件的开发方面比较欠缺。而 HYSYS 软件正好可以弥补这一缺陷。用 HYSYS 软件可以很方便的对混合冷剂的组成进行优化。以前之所以感到计算困难，一是混合冷剂的组成保密，无法知道；二是对流程的理解尚未清楚。笔者在研究 APCI 和文莱丙烷预冷混合冷剂天然气液化流程的基础上，解读了流程的计算方法，给出了 HYSYS 软件计算模型，并用 HYSYS 软件进行了液化流程计算和混合冷剂的初步筛选，对从事天然气设计人员有一定的借鉴作用。

液化天然气(LNG)自 1964 年在阿尔及利亚投产，经过了 50 多年的发展历程，LNG 产业链也已趋于成熟，贸易量已占世界天然气贸易量的 1/3。大型液化工艺及关键设备都由少数公司垄断，单列液化规模大型化已成为该行业的显著特点。大型液化工艺主要包括 AP(美国气体公司)公司的 C_3/MRC(丙烷混合冷剂制冷技术，卡塔尔 QatargasⅡ单列产能 7.8Mt/a)、壳牌 DMR(双混合冷剂制冷技术)和康菲优化级联技术(单列产能 5.2Mt/a)。从目前在用设备数量上来看，C_3/MRC 技术绝对优势，现存生产线的有 65.9%采用该技术。

自 2015 年以来，全球 LNG 供给侧持续扩张，不断有新的国家加入供应行列。目前，全球 LNG 生产能力快速增长，已投产的 LNG 液化项目共 43 个，分布在 19 个国家，液化能力合计为 2.9×10^{9}t/a；在建项目共 19 个，液化能力合计为 1.38×10^{9}t/a，分布在澳大利亚、美国、俄罗斯、印度尼西亚和马来西亚；规划项目共 29 个，液化能力合计为 2.28×10^{9}t/a；另有机会项目共 20 个，分布在 9 个国家，液化能力合计约 1.25×10^{9}t/a。预计到 2020 年，全球 LNG 生产能力将达到 4.4×10^{9}t/a。

天然气液化各种流程的优缺点比较：级联式液化流程是最初开发的液化流程，其优点是：①能耗低；②制冷剂为纯物质，无配比问题；③技术成熟，操作稳定。缺点是：①机组多，流程复杂；②附属设备多，要有专门生产和储存多种制冷剂的设备；③管道和控制系统复杂，维护不便。混合冷剂液化流程又分闭式混合冷剂制冷液化流程、开式混合冷剂制冷液化流程、带丙烷预冷的混合冷剂制冷液化流程和整体结合式级联型液化流程，简称 CII 液化流程。与级联式流程相比，混合冷剂制冷液化流程的优点：①机组设备少、流程简单、投资省，投资费用比经典级联式流程低 15%~20%；②管理方便；③混合制冷剂组分可以部分或全部从天然气本身获取或补充。缺点是：①能耗较高，比级联式液化流程高 10%~20%；②混合制冷剂的合理配比较为困难；③流程计算须提供各组分可靠地平衡数据与物性参数，计算困难。带膨胀机的液化流程，这类流程的优点是：①流程简单、调节灵活、工作可靠、易启动、易操作、维护方便；②用天然气本身为工质时，省去专门生产、运输、储存冷冻剂的费用。缺点是：①送去装置的气流须全部深度干燥；②回流压力低，换热面积大，设备金属投入量大；③受低压用户多少的限制；④液化率低，如再循环，则在增加循环压缩机后，功耗大大增加。各种液化流程能耗比较见表5-1。基本负荷型三种液化流程主要指标比较见表5-2。液化装置所使用的液化流程及性能指标见表5-3。

表5-1　各种液化流程能耗比较

液化流程	能耗比较
级联式液化流程	1.00
单级混合制冷剂液化流程	1.25
丙烷预冷的单级混合制冷剂液化流程	1.15
多级混合制冷剂液化流程	1.05
单级膨胀机液化流程	2.00
丙烷预冷的单级膨胀机液化流程	1.70
两级膨胀机液化流程	1.70

表5-2　基本负荷型三种液化流程主要指标比较

比较项目	级联式液化流程	闭式混合制冷剂液化流程	丙烷预冷混合冷剂液化流程
每天用于生产液化天然气的气量/$10^4 m^3$	1087	1087	1087
每天用作厂内燃料的气量/$10^4 m^3$	168	191	176
每天进厂天然气总量/$10^4 m^3$	1255	1278	1263
制冷压缩机功率/kW			
丙烷压缩机	58791		45921
乙烯压缩机	72607		
甲烷压缩机	42810		
混合制冷剂压缩机		200342	149886
总功率	175288	200342	195807
换热器总面积/m^2			
翅片式换热器	175063	302332	144257
绕管式换热器	64141	32340	52153
需要钢材及合金/t	15022	14502	14856
工程总投资/10^4美元	9980	10070	10050

表5-3　液化装置所使用的液化流程及性能指标

项目名称	投产时间	采用的液化流程	产量/(10^4t/a)	压缩机/kW	功率[3]/kW
阿尔及利亚 Arzew，CAMEL	1963	级联式液化流程	36	22800	141
阿拉斯加 Kenai	1969	级联式液化流程	115	63100	122
利比亚 Marsa el Brega	1970	MRC[1]	69	45300	147
文莱 LNG	1973	C_3/MRC[2]	108	61500	127
阿尔及利亚 Skikda1、2、3	1974	MRC	103	78300	169
卡塔尔 Cas	1996	C_3/MRC	230	107500	104
马来西亚 MLNG Dua	1995	C_3/MRC	250	102500	91
马来西亚 MLNG Tiga	2002	C_3/MRC	375	140000	83

① MRC 为混合制冷剂液化流程。

② C_3/MRC 为丙烷预冷混合冷剂液化流程。

③ 功率为生产 1kg 的 LNG 所消耗的功。

某些气体液化的最小功(初始点 $p_1 = 101.3kPa$，$T_1 = 300K$)见表5-4。

表 5-4　某些气体液化的最小功

序号	气体名称	沸　点		理论最小功/(kJ/kg)
		K	℃	
1	氦-3	3.19	-269.96	8178
2	氦-4	4.21	-268.94	6819
3	氢	20.27	-252.88	12019
4	氖	27.09	-246.06	1335
5	氮	77.36	-195.79	768.3
6	空气	78.8	-194.35	738.9
7	氩	87.28	-185.87	478.3
8	氧	90.18	-182.97	635.6
9	甲烷	111.7	-161.45	1091
10	氨	239.8	-33.35	359.1

第二节　带丙烷预冷的混合冷剂(C₃/MRC)液化流程

一、工艺流程

典型的带丙烷预冷的混合冷剂(C_3/MRC)液化流程以APCI(美国空气液化公司)流程和文莱天然气液化装置为代表。APCI流程见图5-1。文莱模式见图5-2。

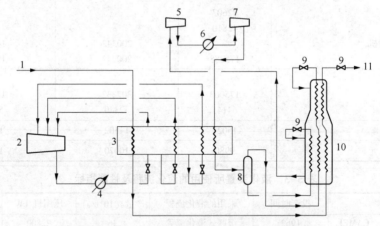

图 5-1　MRC法天然气液化工艺原则流程图(APCI)

1—天然气；2—丙烷压缩机；3—丙烷蒸发器；4—水冷器；5—混合冷剂压缩机；

6—水冷器；7—混合冷剂压缩机；8—分液罐；9—节流阀；10—低温换热器；11—LNG

上述两个流程表现形式不同，其实质是一样的。本文对常规的天然气净化和重烃分离部分不做计算，只计算液化部分。

二、工艺计算

1. 基础资料

(1) 天然气处理量：$100 \times 10^4 m^3$/d(0℃，101.325kPa)。

(2) 天然气组成见表5-5。

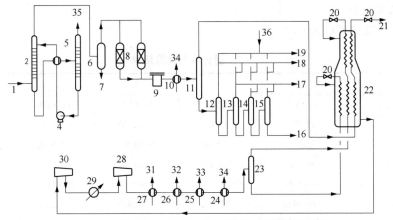

图 5-2 MRC 法天然气液化工艺原则流程图(文莱)

1—天然气；2—吸收塔；3—换热器；4—溶剂循环泵；5—再生塔；6—分离器；7—水；8—分子筛干燥器；9—过滤器；

10—丙烷蒸发器；11—重烃回收器；12—C₁ 分离器；13—C₂ 分离器；14—C₃ 分离器；15—C₄ 分离器；

16—汽油；17—返入产品；18—燃料气；19—补充冷剂；20—节流阀；21—LNG；22—低温换热器；23—气液分离器；

24—低压丙烷蒸发器；25—中压丙烷蒸发器；26—高压丙烷蒸发器；27—水冷器；28—制冷压缩机；29—水冷器；

30—制冷压缩机；31—水；32—高压丙烷；33—中压丙烷；34—低压丙烷；35—酸气；36—氮气

表 5-5　天然气组成

组　　分	CH₄	C₂H₆	C₃H₈	i-C₄H₁₀	n-C₄H₁₀	N₂	合计
组成/%(mol)	82.00	11.20	4.00	1.20	0.90	0.70	100.00

(3) 天然气温度：25℃。

(4) 天然气压力：5150kPa。

(5) 混合冷剂的组成见表 5-6。

表 5-6　混合冷剂的组成

组　　分	CH₄	C₂H₆	C₃H₈	N₂	合计
组成/%(mol)	30.0	36.0	30.0	4.0	100.0

2. HYSYS 软件计算模型

在计算前需将图 5-1 和图 5-2 的冷剂循环和原料天然气部分转化为 HYSYS 软件计算模型图，见图 5-3。

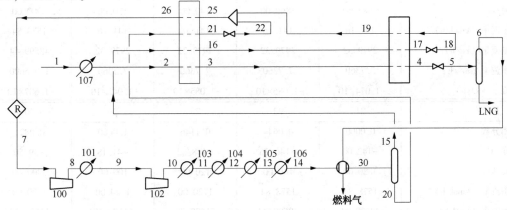

图 5-3　HYSYS 软件计算流程

3. 计算结果汇总

混合冷剂计算结果见表 5-7。

表 5-7　混合冷剂计算结果

流　　　号	1	2	3	4	5
气相分数	1.0000	0.8774	0.0000	0.0000	0.1143
温度/℃	25.00	−35.00	−142.00	−145.00	−158.87
压力/kPa	5150.00	5130.00	5110.00	5090.00	110.00
摩尔流率/(kmol/h)	1860.00	1860.00	1860.00	1860.00	1860.00
质量流率/(kg/h)	36648.66	36648.66	36648.66	36648.66	36648.66
体积流率/(m³/h)	110.2432	110.2432	110.2432	110.2432	110.2432
热流率/(kJ/h)	-1.473×10^{8}	-1.550×10^{8}	-1.741×10^{8}	-1.744×10^{8}	-1.744×10^{8}

流　　　号	6	7	8	9	10
气相分数	1.0000	1.0000	1.0000	1.0000	1.0000
温度/℃	−158.87	−41.18	84.13	40.00	148.19
压力/kPa	110.00	100.00	834.00	810.00	4000.00
摩尔流率/(kmol/h)	212.53	1720.00	1720.00	1720.00	1720.00
质量流率/(kg/h)	3538.34	51578.77	51578.77	51578.77	51578.77
体积流率/(m³/h)	11.1889	127.2960	127.2960	127.2960	127.2960
热流率/(kJ/h)	-1.645×10^{7}	-1.505×10^{8}	-1.395×10^{8}	-1.440×10^{8}	-1.341×10^{8}

流　　　号	11	12	13	14	15
气相分数	0.9624	0.4146	0.2484	0.1071	1.0000
温度/℃	32.00	2.00	−15.00	−35.00	−39.50
压力/kPa	3980.00	3960.00	3940.00	3920.00	3900.00
摩尔流率/(kmol/h)	1720.00	1720.00	1720.00	1720.00	141.16
质量流率/(kg/h)	51578.77	51578.77	51578.77	51578.77	2979.32
体积流率/(m³/h)	127.2960	127.2960	127.2960	127.2960	7.7360
热流率/(kJ/h)	-1.491×10^{8}	-1.605×10^{8}	-1.649×10^{8}	-1.691×10^{8}	-9.253×10^{6}

流　　　号	16	17	18	19	20
气相分数	0.0000	0.0000	0.1997	0.5176	0.0000
温度/℃	−142.00	−155.00	−172.40	−161.16	−39.50
压力/kPa	3880.00	3860.00	140.00	120.00	3900.00
摩尔流率/(kmol/h)	141.16	141.16	141.16	141.16	1578.84
质量流率/(kg/h)	2979.32	2979.32	2979.32	2979.32	48599.44
体积流率/(m³/h)	7.7360	7.7360	7.7360	7.7360	119.5600
热流率/(kJ/h)	-1.074×10^{7}	-1.085×10^{7}	-1.085×10^{7}	-1.042×10^{7}	-1.607×10^{8}

流　　　号	21	22	25	26	30
气相分数	0.0000	0.0644	0.1146	1.0000	0.0821
温度/℃	−142.00	−146.26	−148.82	−41.18	−39.50
压力/kPa	3880.00	140.00	120.00	100.00	3900.00
摩尔流率/(kmol/h)	1578.84	1578.84	1720.00	1720.00	1720.00
质量流率/(kg/h)	48599.44	48599.44	51578.77	51578.77	51578.77

368

流　号	21	22	25	26	30
体积流率/(m³/h)	119.5600	119.5600	127.2960	127.2960	127.2960
热流率/(kJ/h)	$-1.724×10^8$	$-1.724×10^8$	$-1.828×10^8$	$-1.505×10^8$	$-1.699×10^8$

流　号	LNG	燃料气
气相分数	0.0000	0.0000
温度/℃	-158.87	-40.47
压力/kPa	110.00	90.00
摩尔流率/(kmol/h)	1647.47	212.53
质量流率/(kg/h)	33110.32	3538.34
体积流率/(m³/h)	99.0543	11.1889
热流率/(kJ/h)	$-1.579×10^8$	$-1.561×10^7$

4. LNG 及燃料气组成

LNG 及燃料气组成见表5-8、表5-9。

表5-8　LNG 组成

组　分	CH_4	C_2H_6	C_3H_8	i-C_4H_{10}	n-C_4H_{10}	N_2	合计
组成/%(mol)	79.89	12.94	4.62	1.39	1.04	0.12	100.00

表5-9　燃料气组成

组　分	CH_4	C_2H_6	C_3H_8	N_2	合计
组成/%(mol)	95.56	0.03	0.00	4.41	100.00

5. 液化率

原料天然气流率为1860kmol/h(36650kg/h)，LNG 流率为1610kmol/h(32500kg/h)，液化率为86.56%(mol)[88.68%(质量)]。

三、计算要点

(1) 因为原料气中 H_2S、CO_2 等杂质已经脱出，计算时选用 P-R 状态方程。

(2) 在确定冷箱的个数时，按节流阀个数确定，如本案例冷箱个数为2，热端为4股流，冷端为3股流。

(3) 从图5-1、图5-2可知，原料天然气在低温冷箱中是顺流的，在输入冷箱时要按热流输入，只是在节流阀后的冷气流，皆为逆流。

(4) 先给出原料气各级冷却的温度，再确定混合冷剂的流量，用递加的方式直至换热器变成灰色为止。原料气温度有时也要根据热平衡进行调节。

(5) 在计算时混合冷剂的量和组成都可以调，以能耗最低为准。本案例不一定是最佳的，只是介绍一种计算方法。要优化还要对冷剂进一步筛选。

(6) 不是全液化时，与产品平衡的气相温度最低，可以和最后一级丙烷冷却后的冷剂换热以回收冷量。本案例换热后冷剂从-35℃换热后降低到-40.5℃，燃料气温度由-158.7℃复热至-42.74℃，冷剂循环量从1750kmol/h，降低到1640kmol/h，节能效果显著。

四、带丙烷预冷的天然气液化 HYSYS 软件计算详细步骤

输入计算所需的全部组分和流体包

步骤	内 容	流号及数据
1	New Case[新建空白文档]	
2	Add[加入]	
3	Components：C_1、C_2、C_3、i-C_4、n-C_4、N_2	添加库组分
4	×	
5	Fluid Pkgs	加流体包
6	Add	
7	Peng-Robinson	选状态方程
8	×	
9	Enter Simulation Environment	进入模拟环境

加入原料气

步骤	内 容	流号及数据
1	选中 Material Stream[蓝色箭头]置于 PFD 窗口中	
2	双击[Material Stream]	
3	在 Stream Name 栏填上	1
4	Temperature/℃	25
5	Pressure/kPa	5150
6	Molar Flow/(kmol/h)	1860
7	双击 Stream 1 的 Molar Flow 位置	
8	Composition(填摩尔组成) 　Methane 　Ethane 　Propane 　i-Butane 　n-Butane 　Nitrogen	 0.8200 0.1120 0.0400 0.0120 0.0090 0.0070
9	Nomalize(圆整为1。如果偏离1过大，输入有误请检查)	
10	OK	
11	×	

加丙烷蒸发器

步骤	内 容	流号及数据
1	从图例板点冷却器[Cooler]置于 PFD 窗口中	
2	双击冷却器[Cooler]	
3	Inlet	1
4	Outlet	2
5	Energy	107

步骤	内　容	流号及数据
6	Parameters	
7	Delta P/kPa	20
8	Worksheet	
9	点击 Stream Name 2 下相应位置输入	
10	Temperature/℃	−35
11	×	

加入大冷箱换热器

步骤	内　容	流号及数据
1	从图例板点板式换热器[LNG Exchanger]置于 PFD 窗口中	
2	双击板式换热器[LNG Exchanger]	
3	Add Side，Add Side	
4	填流号、压降及属性：	
	Inlet Streams	2
	Outlet Streams	3
	Pressure Drop/kPa	20
	Hot/Cold	Hot
	Inlet Streams	15
	Outlet Streams	16
	Pressure Drop/kPa	20
	Hot/Cold	Hot
	Inlet Streams	20
	Outlet Streams	21
	Pressure Drop/kPa	20
	Hot/Cold	Hot
	Inlet Streams	25
	Outlet Streams	26
	Pressure Drop/kPa	20
	Hot/Cold	Cold
5	Worksheet	
6	在指定 Stream Name 输入指定温度	3，16，21
7	Temperature/℃	−142，−142，−142
8	×	

加入小冷箱换热器

步骤	内　容	流号及数据
1	从图例板点板式换热器[LNG Exchanger]置于 PFD 窗口中	
2	双击板式换热器[LNG Exchanger]	
3	Add Side	

步骤	内 容	流号及数据

4	填流号、压降及属性：
	    Inlet Streams
	    Outlet Streams
	    Pressure Drop/kPa
	    Hot/Cold
	    Inlet Streams
	    Outlet Streams
	    Pressure Drop/kPa
	    Hot/Cold
	    Inlet Streams
	    Outlet Streams
	    Pressure Drop/kPa
	    Hot/Cold
		
		3
		4
		20
		Hot
		16
		17
		20
		Hot
		18
		19
		20
		Cold

5	Worksheet	
6	在指定 Stream Name 输入指定温度	4，17
7	Temperature/℃	−145，−155
8	×	

加入节流阀

步骤	内 容	流号及数据
1	从图例板点节流阀[Valve]置于 PFD 窗口中	
2	双击节流阀[Valve]	
3	Inlet	4
4	Outlet	5
5	Worksheet	
6	点击 Stream Name 5 下相应位置输入	
7	Pressure/kPa	110
8	×	

加分离器

步骤	内 容	流号及数据
1	从图例板点二相分离器[Separator]置于 PFD 窗口中	
2	双击二相分离器[Separator]	
3	Inlet《Stream》	5
4	Vapour	6
5	Liquid	LNG
6	×	

加入冷剂循环一级压缩机及制冷剂条件

步骤	内　　容	流号及数据
1	从图例板点压缩机[Compressor]置于 PFD 窗口中	
2	双击压缩机[Compressor]	
3	Inlet	7
4	Outlet	8
5	Energy	100
6	Worksheet	
7	点击 Stream Name 8 下相应位置输入	
8	Pressure/kPa	834
9	点击 Stream Name 7 下相应位置输入	
10	Temperature/℃	10
11	Pressure/kPa	100
12	Molar Flow/(kmol/h)（初值，最终调整为 1640）	1720
13	双击 Stream 7 的 Molar Flow 位置	
14	Composition(填摩尔组成) 　　Methane 　　Ethane 　　Propane 　　i-Butane 　　n-Butane 　　Nitrogen	 0.30 0.36 0.30 0.00 0.00 0.04
15	×	

先假设制冷循环部分的物流组成和条件，进行制冷循环计算。

加水冷器

步骤	内　　容	流号及数据
1	从图例板点冷却器[Cooler]置于 PFD 窗口中	
2	双击冷却器[Cooler]	
3	Inlet	8
4	Outlet	9
5	Energy	101
6	Parameters	
7	Delta P/kPa	24
8	Worksheet	
9	点击 Stream Name 9 下相应位置输入	
10	Temperature/℃	40
11	×	

加入冷剂循环二级压缩机

步骤	内　　容	流号及数据
1	从图例板点压缩机[Compressor]置于 PFD 窗口中	
2	双击压缩机[Compressor]	
3	Inlet	9
4	Outlet	10
5	Energy	102
6	Worksheet	
7	点击 Stream Name 10 下相应位置输入	
8	Pressure/kPa	4000
9	×	

加水冷器

步骤	内　　容	流号及数据
1	从图例板点冷却器[Cooler]置于 PFD 窗口中	
2	双击冷却器[Cooler]	
3	Inlet	10
4	Outlet	11
5	Energy	103
6	Parameters	
7	Delta P/kPa	20
8	Worksheet	
9	点击 Stream Name 11 下相应位置输入	
10	Temperature/℃	32
11	×	

加高压丙烷蒸发器

步骤	内　　容	流号及数据
1	从图例板点冷却器[Cooler]置于 PFD 窗口中	
2	双击冷却器[Cooler]	
3	Inlet	11
4	Outlet	12
5	Energy	104
6	Parameters	
7	Delta P/kPa	20
8	Worksheet	
9	点击 Stream Name 12 下相应位置输入	
10	Temperature/℃	2
11	×	

加中压丙烷蒸发器

步骤	内　　容	流号及数据
1	从图例板点冷却器[Cooler]置于 PFD 窗口中	
2	双击冷却器[Cooler]	
3	Inlet	12
4	Outlet	13
5	Energy	105
6	Parameters	
7	Delta P/kPa	20
8	Worksheet	
9	点击 Stream Name 13 下相应位置输入	
10	Temperature/℃	−15
11	×	

加低压丙烷蒸发器

步骤	内　　容	流号及数据
1	从图例板点冷却器[Cooler]置于 PFD 窗口中	
2	双击冷却器[Cooler]	
3	Inlet	13
4	Outlet	14
5	Energy	106
6	Parameters	
7	Delta P/kPa	20
8	Worksheet	
9	点击 Stream Name 14 下相应位置输入	
10	Temperature/℃	−35
11	×	

加入燃料气换热器

步骤	内　　容	流号及数据
1	从图例板点换热器[Heat Exchanger]置于 PFD 窗口中	
2	双击换热器[Heat Exchanger]	
3	Tube Side Inlet	14
4	Tube Side Outlet	30
5	Shell Side Inlet	6
6	Shell Side Outlet	燃料气
7	Parameters	
8	在 Heat Exchanger Model 中单选：Exchanger Design(Weighted)	

步骤	内 容	流号及数据
9	Tube Side Delta P/kPa	20
10	Shell Side Delta P/kPa	20
11	Worksheet	
12	点击 Stream Name 30 下相应位置输入	
13	Temperature/℃（初值）	−40.5
14	×	

加冷剂分离器

步骤	内 容	流号及数据
1	从图例板点二相分离器[Separator]置于 PFD 窗口中	
2	双击二相分离器[Separator]	
3	Inlet《Stream》	30
4	Vapour	15
5	Liquid	20
6	×	

加入节流阀

步骤	内 容	流号及数据
1	从图例板点节流阀[Valve]置于 PFD 窗口中	
2	双击节流阀[Valve]	
3	Inlet	21
4	Outlet	22
5	Worksheet	
6	点击 Stream Name 22 下相应位置输入	
7	Pressure/kPa	140
8	×	

加入冷剂节流阀

步骤	内 容	流号及数据
1	从图例板点节流阀[Valve]置于 PFD 窗口中	
2	双击节流阀[Valve]	
3	Inlet	17
4	Outlet	18
5	Worksheet	
6	点击 Stream Name 18 下相应位置输入	
7	Pressure/kPa	140
8	×	

加混合器

步骤	内　　容	流号及数据
1	从图例板点混合器［Mixer］置于 PFD 窗口中	
2	双击混合器［Mixer］	
3	Inlets	19，　22
4	Outlet	25
5	×	

注意：此混合器必须等所有输入流号都完成后才能给定输出流号！否则不易收敛。

加循环

步骤	内　　容	流号及数据
1	从图例板点循环［Recycle］置于 PFD 窗口中	
2	双击循环［Recycle］	
3	Inlet	26
4	Outlet	7
5	×	

在流号 30 初设温度为-40.5℃时，燃料气温度计算值达-14.78℃，已高于热流入口温度(-35℃)，换热过程不可行。可将流号 7 的摩尔流量修改为 1640kmol/h，则可实现换热，且制冷剂循环量减小 4.65%节能效果明显。

第三节　闭式混合冷剂天然气液化流程

一、基本参数

(1) 天然气流率：1860kmol/h(0℃，101.325kPa，$100\times10^4\text{m}^3/\text{d}$)。

(2) 天然气温度：25℃。

(3) 天然气压力：5000kPa。

(4) 天然气组成见表 5-10。

表 5-10　天然气组成

组　　分	CH_4	C_2H_6	C_3H_8	$i\text{-}C_4H_{10}$	$n\text{-}C_4H_{10}$	N_2	合计
组成/%(mol)	82.00	11.20	4.00	1.20	0.90	0.70	100.00

(5) 混合冷剂组成见表 5-11。

表 5-11　筛选后确定的混合冷剂组成

组　　分	CH_4	C_2H_6	C_3H_8	$i\text{-}C_4H_{10}$	$n\text{-}C_4H_{10}$	N_2	合计
组成/%(mol)	28.00	34.00	28.00	4.00	4.00	2.00	100.00

二、利比亚伊索工厂天然气液化流程

混合冷剂液化流程有开式和闭式两种。闭式混合冷剂液化流程是指制冷剂循环与天然气液化过程彼此分开的流程。而开式流程天然气既是制冷剂又是被液化的对象。本研究的对象是闭式混合冷剂液化流程，即利比亚伊索工厂流程模型。见图 5-4。

此流程图在一些文献中皆有引用。笔者认为此图有一处是错误的，有必要提出改正，就是分液罐(11)分出的气相和液相两股流都通过节流阀进入冷箱，而又从已经敞开了的物流中又经过节流阀喷入冷箱，这是不可能的，因为没有了压力，不可能再进入节流阀，因此，此处流程是错误的。其次液化后的天然气进入储罐的压力为 3.94MPa，似乎压力太高，为此，笔者对上述流程进行了更正，正确的液化流程见图 5-5。但计算是按两种压力等级进行液化计算。

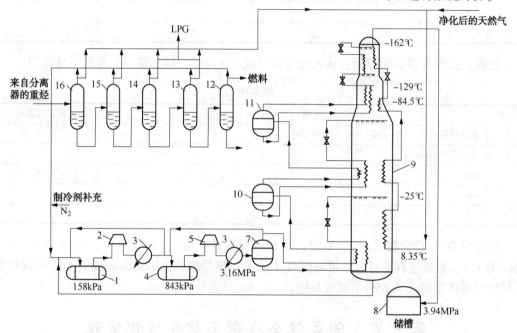

图 5-4　利比亚伊索工厂天然气液化流程

1—缓冲罐；2—低压压缩机；3—水冷器；4—缓冲罐；5—高压压缩机；6—水冷器；7、10、11—气液分离器；

8—LNG 储槽；9—大冷箱；12—C₅分离器；13—C₄分离器；14—C₃分离器；15—C₂分离器；16—C₁分离器

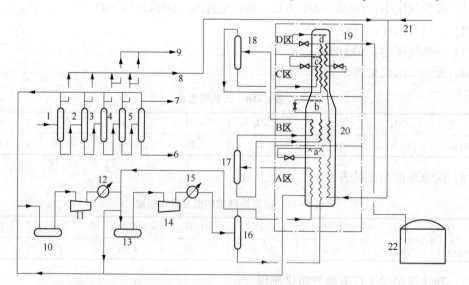

图 5-5　改正后的利比亚伊索天然气闭式混合冷剂液化流程

1—C₁分离器；2—C₂分离器；3—C₃分离器；4—C₄分离器缓冲罐；5—C₅分离；6—汽油，水冷器；

7—燃料；8—去原料气；9—LPG；10—缓冲罐、11—低压压缩机；12—水冷器；13—缓冲罐；14—高压压缩机；

15—水冷器；16、17、18—气液分离器；19—LNG；20—大冷箱；21—原料气；22—储槽

图中用点划线将冷箱分为 A、B、C、D 四个区域和 abcd 四股流是为了帮助理解 HYSYS 软件流程图的编制，原图中没有。

三、绘制 HYSYS 软件计算模型图

根据修改后流程绘制的 HYSYS 软件计算模拟流程见图 5-6。

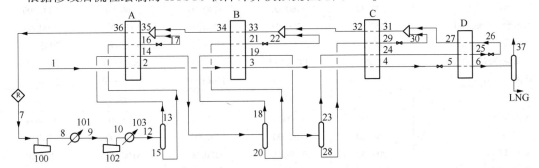

图 5-6　利比亚伊索工厂天然气液化 HYSYS 软件计模型

注：冷箱 A、B、C 为 4 股流，冷箱 D 为 3 股流，与图 5-5 相对应

四、HYSYS 软件计算结果

1. 方案一

液化天然气储存压力 130kPa(部分液化)。

方案一的 HYSYS 软件计算结果见表 5-12。

表 5-12　方案一 HYSYS 软件计算结果

流　　号	1	2	3	4	5
气相分数	1.0000	1.0000	0.8699	0.0000	0.5015
温度/℃	25.00	10.00	−37.00	−90.00	−151.93
压力/kPa	5000.00	4980.00	4960.00	4940.00	150.00
摩尔流率/(kmol/h)	1860.00	1860.00	1860.00	1860.00	1860.00
质量流率/(kg/h)	36648.66	36648.66	36648.66	36648.66	36648.66
体积流率/(m³/h)	110.2432	110.2432	110.2432	110.2432	110.2432
热流率/(kJ/h)	−1.472×10⁸	−1.486×10⁸	−1.551×10⁸	−1.679×10⁸	−1.679×10⁸
流　　号	6	7	8	9	10
气相分数	0.3921	1.0000	1.0000	1.0000	1.0000
温度/℃	−155.00	27.77	143.17	40.00	126.73
压力/kPa	130.00	120.00	834.00	810.00	3200.00
摩尔流率/(kmol/h)	1860.00	5300.00	5300.00	5300.00	5300.00
质量流率/(kg/h)	36648.66	171047.53	171047.53	171047.53	171047.53
体积流率/(m³/h)	110.2432	407.7552	407.7552	407.7552	407.7552
热流率/(kJ/h)	−1.698×10⁸	−4.729×10⁸	−4.343×10⁸	−4.712×10⁸	−4.458×10⁸
流　　号	12	13	14	15	16
气相分数	0.7817	1.0000	0.5313	0.0000	0.0000
温度/℃	32.00	32.00	0.00	32.00	10.00
压力/kPa	3180.00	3180.00	3160.00	3180.00	3160.00
摩尔流率/(kmol/h)	5300.00	4142.85	4142.85	1157.15	1157.15
质量流率/(kg/h)	171047.53	123969.14	123969.14	47078.38	47078.38
体积流率/(m³/h)	407.7552	307.7935	307.7935	99.9617	99.9617
热流率/(kJ/h)	−4.954×10⁸	−3.629×10⁸	−3.912×10⁸	−1.325×10⁸	−1.356×10⁸

流 号	17	18	19	20	21
气相分数	0.3988	1.0000	0.4281	0.0000	0.0000
温度/℃	−42.23	0.00	−52.00	0.00	−37.00
压力/kPa	200.00	3160.00	3140.00	3160.00	3140.00
摩尔流率/(kmol/h)	1157.15	2200.91	2200.91	1941.94	1941.94
质量流率/(kg/h)	47078.38	53946.27	53946.27	70022.87	70022.87
体积流率/(m³/h)	99.9617	147.2515	147.2515	160.5420	160.5420
热流率/(kJ/h)	−1.356×10⁸	−1.786×10⁸	−1.961×10⁸	−2.126×10⁸	−2.196×10⁸

流 号	22	23	24	25	26
气相分数	0.2695	1.0000	0.1634	0.0000	0.0834
温度/℃	−69.80	−52.00	−97.00	−155.00	−162.37
压力/kPa	200.00	3140.00	3120.00	3100.00	200.00
摩尔流率/(kmol/h)	1941.94	942.23	942.23	942.23	942.23
质量流率/(kg/h)	70022.87	18160.87	18160.87	18160.87	18160.87
体积流率/(m³/h)	160.5420	53.1877	53.1877	53.1877	53.1877
热流率/(kJ/h)	−2.196×10⁸	−6.976×10⁷	−7.629×10⁷	−8.036×10⁷	−8.036×10⁷

流 号	27	28	29	30	31
气相分数	0.7768	0.0000	0.0000	0.2659	0.4874
温度/℃	−142.72	−52.00	−90.00	−118.49	−127.44
压力/kPa	180.00	3140.00	3120.00	180.00	180.00
摩尔流率/(kmol/h)	942.23	1258.69	1258.69	1258.69	2200.91
质量流率/(kg/h)	18160.87	35785.40	35785.40	35785.40	53946.27
体积流率/(m³/h)	53.1877	94.0638	94.0638	94.0638	147.2515
热流率/(kJ/h)	−7.440×10⁷	−1.264×10⁸	−1.299×10⁸	−1.299×10⁸	−2.043×10⁸

流 号	32	33	34	35	36
气相分数	1.0000	0.6808	1.0000	0.8995	1.0000
温度/℃	−65.53	−72.48	−38.55	−49.43	27.77
压力/kPa	160.00	160.00	140.00	140.00	120.00
摩尔流率/(kmol/h)	2200.91	4142.85	4142.85	5300.00	5300.00
质量流率/(kg/h)	53946.27	123969.14	123969.14	171047.53	171047.53
体积流率/(m³/h)	147.2515	307.7935	307.7935	407.7552	407.7552
热流率/(kJ/h)	−1.814×10⁸	−4.010×10⁸	−3.700×10⁸	−5.056×10⁸	−4.729×10⁸

流 号	37	LNG			
气相分数	1.0000	0.0000			
温度/℃	−155.00	−155.00			
压力/kPa	130.00	130.00			
摩尔流率/(kmol/h)	729.28	1130.72			
质量流率/(kg/h)	11855.34	24793.33			
体积流率/(m³/h)	38.8544	71.3887			
热流率/(kJ/h)	−5.818×10⁷	−1.116×10⁸			

方案一液化率为67.6%(质量)。

2. 方案二

液化天然气储存压力 3.94MPa(全液化)。

方案二的 HYSYS 软件计算结果见表 5-13。

表 5-13 方案二 HYSYS 软件计算结果

流　　号	1	2	3	4	5
气相分数	1.0000	1.0000	0.8699	0.0000	0.0000
温度/℃	25.00	10.00	−37.00	−90.00	−90.21
压力/kPa	5000.00	4980.00	4960.00	4940.00	3940.00
摩尔流率/(kmol/h)	1860.00	1860.00	1860.00	1860.00	1860.00
质量流率/(kg/h)	36648.66	36648.66	36648.66	36648.66	36648.66
体积流率/(m³/h)	110.2432	110.2432	110.2432	110.2432	110.2432
热流率/(kJ/h)	−1.472×10⁸	−1.486×10⁸	−1.551×10⁸	−1.679×10⁸	−1.679×10⁸

流　　号	6	7	8	9	10
气相分数	0.0000	1.0000	1.0000	1.0000	1.0000
温度/℃	−155.00	27.84	143.25	40.00	126.73
压力/kPa	3920.00	120.00	834.00	810.00	3200.00
摩尔流率/(kmol/h)	1860.00	6620.00	6620.00	6620.00	6620.00
质量流率/(kg/h)	36648.66	213648.04	213648.04	213648.04	213648.04
体积流率/(m³/h)	110.2432	509.3093	509.3093	509.3093	509.3093
热流率/(kJ/h)	−1.755×10⁸	−5.906×10⁸	−5.424×10⁸	−5.886×10⁸	−5.569×10⁸

流　　号	12	13	14	15	16
气相分数	0.7817	1.0000	0.5313	0.0000	0.0000
温度/℃	32.00	32.00	0.00	32.00	10.00
压力/kPa	3180.00	3180.00	3160.00	3180.00	3160.00
摩尔流率/(kmol/h)	6620.00	5174.66	5174.66	1445.34	1445.34
质量流率/(kg/h)	213648.04	154844.48	154844.48	58803.57	58803.57
体积流率/(m³/h)	509.3093	384.4516	384.4516	124.8578	124.8578
热流率/(kJ/h)	−6.188×10⁸	−4.533×10⁸	−4.886×10⁸	−1.655×10⁸	−1.694×10⁸

流　　号	17	18	19	20	21
气相分数	0.3988	1.0000	0.4281	0.0000	0.0000
温度/℃	−42.23	0.00	−52.00	0.00	−37.00
压力/kPa	200.00	3160.00	3140.00	3160.00	3140.00
摩尔流率/(kmol/h)	1445.34	2749.07	2749.07	2425.59	2425.59
质量流率/(kg/h)	58803.57	67381.95	67381.95	87462.53	87462.53
体积流率/(m³/h)	124.8578	183.9255	183.9255	200.5261	200.5261
热流率/(kJ/h)	−1.694×10⁸	−2.231×10⁸	−2.450×10⁸	−2.655×10⁸	−2.742×10⁸

流　　号	22	23	24	25	26
气相分数	0.2695	1.0000	0.1634	0.0000	0.0834
温度/℃	−69.80	−52.00	−97.00	−155.00	−162.37
压力/kPa	200.00	3140.00	3120.00	3100.00	200.00
摩尔流率/(kmol/h)	2425.59	1176.90	1176.90	1176.90	1176.90
质量流率/(kg/h)	87462.53	22683.96	22683.96	22683.96	22683.96
体积流率/(m³/h)	200.5261	66.4344	66.4344	66.4344	66.4344
热流率/(kJ/h)	−2.742×10⁸	−8.713×10⁷	−9.529×10⁷	−1.004×10⁸	−1.004×10⁸

流　号	27	28	29	30	31
气相分数	0.9976	0.0000	0.0000	0.2659	0.5827
温度/℃	-99.29	-52.00	-90.00	-118.49	-110.97
压力/kPa	180.00	3140.00	3120.00	180.00	180.00
摩尔流率/(kmol/h)	1176.90	1572.17	1572.17	1572.17	2749.07
质量流率/(kg/h)	22683.96	44697.99	44697.99	44697.99	67381.95
体积流率/(m³/h)	66.4344	117.4910	117.4910	117.4910	183.9255
热流率/(kJ/h)	-8.774×10^7	-1.578×10^8	-1.623×10^8	-1.623×10^8	-2.500×10^8

流　号	32	33	34	35	36
气相分数	1.0000	0.6993	1.0000	0.9020	1.0000
温度/℃	-47.61	-70.94	-37.01	-49.25	27.84
压力/kPa	160.00	160.00	140.00	140.00	120.00
摩尔流率/(kmol/h)	2749.07	5174.66	5174.66	6620.00	6620.00
质量流率/(kg/h)	67381.95	154844.48	154844.48	213648.04	213648.04
体积流率/(m³/h)	183.9255	384.4516	384.4516	509.3093	509.3093
热流率/(kJ/h)	-2.246×10^8	-4.989×10^8	-4.618×10^8	-6.311×10^8	-5.906×10^8

流　号	37	LNG			
气相分数	1.0000	0.0000			
温度/℃	-155.00	-155.00			
压力/kPa	3920.00	3920.00			
摩尔流率/(kmol/h)	0.00	1860.00			
质量流率/(kg/h)	0.00	36648.66			
体积流率/(m³/h)	0.0000	110.2432			
热流率/(kJ/h)	0.000	-1.755×10^8			

五、计算要点

（1）采用 P-R 方程。

（2）混合冷剂筛选和流量调节可在流号 7 处调节，本案例筛选情况见表 5-14。

表 5-14　混合冷剂筛选情况组成　　　　　　　　　　　%（mol）

组　分	N_2	CH_4	C_2H_6	C_3H_8	$i-C_4H_{10}$	$n-C_4H_{10}$
第一次	3	30	35	20	6	6
第二次	2	25	35	25	6	7
第三次	2	27	33	25	6	7
第四次	2	27	33	26	6	6
第五次	2	28	34	27	5	4
第六次	2	29	35	30	2	2
第七次	2	28	34	28	4	4

这里提供了混合冷剂的筛选方法，最后确定采用第七次筛选的混合冷剂为本次计算混合冷剂，采用该混合冷剂比其他混合冷剂节能。冷剂流率调节到所有的冷箱全部变为灰色为止，且冷剂循环量最小。

（3）冷热流次序不能颠倒，按图 5-6 所示编写 HYSYS 软件计算流程图。

（4）图 5-6 下面的 3 个分离器进料应为两相流，否则调节温度或冷剂组成使之变为两相流。

六、闭式循环混合冷剂天然气液化 **HYSYS** 软件计算详细步骤

1. 部分液化流程

输入计算所需的全部组分和流体包

步骤	内　容	流号及数据
1	New Case[新建空白文档]	
2	Add[加入]	
3	Components：C_1、C_2、C_3、i-C_4、n-C_4、N_2	添加库组分
4	×	
5	Fluid Pkgs	加流体包
6	Add	
7	Peng-Robinson	选状态方程
8	×	
9	Enter Simulation Environment	进入模拟环境

加入原料气

步骤	内　容	流号及数据
1	选中 Material Stream[蓝色箭头]置于 PFD 窗口中	
2	双击[Material Stream]	
3	在 Stream Name 栏填上	1
4	Temperature/℃	25
5	Pressure/kPa	5000
6	Molar Flow/(kmol/h)	1860
7	双击 Stream 1 的 Molar Flow 位置	
8	Composition(填摩尔组成) 　Methane 　Ethane 　Propane 　i-Butane 　n-Butane 　Nitrogen	 0.8200 0.1120 0.0400 0.0120 0.0090 0.0070
9	Nomalize(圆整为 1。如果偏离 1 过大，输入有误请检查)	
10	OK	
11	×	

加入大冷箱换热器(A 区)

步骤	内　容	流号及数据
1	从图例板点板式换热器[LNG Exchanger]置于 PFD 窗口中	
2	双击板式换热器[LNG Exchanger]	
3	Add Side，Add Side	

步骤	内 容	流号及数据
	填流号、压降及属性：	
	Inlet Streams	1
	Outlet Streams	2
	Pressure Drop/kPa	20
	Hot/Cold	Hot
	Inlet Streams	13
	Outlet Streams	14
	Pressure Drop/kPa	20
4	Hot/Cold	Hot
	Inlet Streams	15
	Outlet Streams	16
	Pressure Drop/kPa	20
	Hot/Cold	Hot
	Inlet Streams	35
	Outlet Streams	36
	Pressure Drop/kPa	20
	Hot/Cold	Cold
5	Worksheet	
6	在指定 Stream Name 输入指定温度	2, 14, 16
7	Temperature/℃	10, 0, 10
8	×	

加入大冷箱换热器(B区)

步骤	内 容	流号及数据
1	从图例点板式换热器[LNG Exchanger]置于 PFD 窗口中	
2	双击板式换热器[LNG Exchanger]	
3	Add Side，Add Side	
	填流号、压降及属性：	
	Inlet Streams	2
	Outlet Streams	3
	Pressure Drop/kPa	20
	Hot/Cold	Hot
	Inlet Streams	18
	Outlet Streams	19
	Pressure Drop/kPa	20
4	Hot/Cold	Hot
	Inlet Streams	20
	Outlet Streams	21
	Pressure Drop/kPa	20
	Hot/Cold	Hot
	Inlet Streams	33
	Outlet Streams	34
	Pressure Drop/kPa	20
	Hot/Cold	Cold

384

步骤	内　容	流号及数据
5	Worksheet	
6	在指定 Stream Name 输入指定温度	3, 19, 21
7	Temperature/℃	−37, −52, −37
8	×	

加入大冷箱换热器(C区)

步骤	内　容	流号及数据
1	从图例板点板式换热器[LNG Exchanger]置于 PFD 窗口中	
2	双击板式换热器[LNG Exchanger]	
3	Add Side，Add Side	
4	填流号、压降及属性：	
	Inlet Streams	3
	Outlet Streams	4
	Pressure Drop/kPa	20
	Hot/Cold	Hot
	Inlet Streams	23
	Outlet Streams	24
	Pressure Drop/kPa	20
	Hot/Cold	Hot
	Inlet Streams	28
	Outlet Streams	29
	Pressure Drop/kPa	20
	Hot/Cold	Hot
	Inlet Streams	31
	Outlet Streams	32
	Pressure Drop/kPa	20
	Hot/Cold	Cold
5	Worksheet	
6	在指定 Stream Name 输入指定温度	4, 24, 29
7	Temperature/℃	−90, −97, −90
8	×	

加入节流阀

步骤	内　容	流号及数据
1	从图例板点节流阀[Valve]置于 PFD 窗口中	
2	双击节流阀[Valve]	
3	Inlet	4
4	Outlet	5
5	Worksheet	
6	点击 Stream Name 5 下相应位置输入	
7	Pressure/kPa	150
8	×	

加入小冷箱换热器(D区)

步骤	内 容	流号及数据
1	从图例板点板式换热器[LNG Exchanger]置于PFD窗口中	
2	双击板式换热器[LNG Exchanger]	
3	Add Side	
4	填流号、压降及属性:	
	Inlet Streams	5
	Outlet Streams	6
	Pressure Drop/kPa	20
	Hot/Cold	Hot
	Inlet Streams	24
	Outlet Streams	25
	Pressure Drop/kPa	20
	Hot/Cold	Hot
	Inlet Streams	26
	Outlet Streams	27
	Pressure Drop/kPa	20
	Hot/Cold	Cold
5	Worksheet	
6	在指定Stream Name输入指定温度	6, 25
7	Temperature/℃	$-155, -155$
8	×	

加分离器

步骤	内 容	流号及数据
1	从图例板点二相分离器[Separator]置于PFD窗口中	
2	双击二相分离器[Separator]	
3	Inlet《Stream》	6
4	Vapour	37
5	Liquid	LNG
6	×	

加入冷剂循环一级压缩机及制冷剂初始条件

步骤	内 容	流号及数据
1	从图例板点压缩机[Compressor]置于PFD窗口中	
2	双击压缩机[Compressor]	
3	Inlet	7
4	Outlet	8
5	Energy	100
6	Worksheet	
7	点击Stream Name 8下相应位置输入	
8	Temperature/℃	空

386

步骤	内　容	流号及数据
9	Pressure/kPa	834
10	点击 Stream Name 7 下相应位置输入	
11	Temperature/℃	
12	Pressure/kPa	120
13	Molar Flow/(kmol/h)(初设值，最终调整为5300)	4970
14	双击 Stream 7 的 Molar Flow 位置	
15	Composition(填摩尔组成) 　　Methane 　　Ethane 　　Propane 　　*i*-Butane 　　*n*-Butane 　　Nitrogen	 0.28 0.34 0.28 0.04 0.04 0.02
16	×	

先假设制冷循环部分的物流组成和条件，进行制冷循环计算。最终需要调整制冷剂流量使得冷箱换热器的最小温度大于4.0℃。

加水冷器

步骤	内　容	流号及数据
1	从图例板点冷却器[Cooler]置于 PFD 窗口中	
2	双击冷却器[Cooler]	
3	Inlet	8
4	Outlet	9
5	Energy	101
6	Parameters	
7	Delta P/kPa	24
8	Worksheet	
9	点击 Stream Name 9 下相应位置输入	
10	Temperature/℃	40
11	×	

加入冷剂循环二级压缩机

步骤	内　容	流号及数据
1	从图例板点压缩机[Compressor]置于 PFD 窗口中	
2	双击压缩机[Compressor]	
3	Inlet	9
4	Outlet	10
5	Energy	102

步骤	内　　容	流号及数据
6	Worksheet	
7	点击 Stream Name 10 下相应位置输入	
8	Pressure/kPa	3200
9	×	

加水冷器

步骤	内　　容	流号及数据
1	从图例板点冷却器[Cooler]置于 PFD 窗口中	
2	双击冷却器[Cooler]	
3	Inlet	10
4	Outlet	12
5	Energy	104
6	Parameters	
7	Delta P/kPa	20
8	Worksheet	
9	点击 Stream Name 12 下相应位置输入	
10	Temperature/℃	32
11	×	

加冷剂分离器

步骤	内　　容	流号及数据
1	从图例板点二相分离器[Separator]置于 PFD 窗口中	
2	双击二相分离器[Separator]	
3	Inlet《Stream》	12
4	Vapour	13
5	Liquid	15
6	×	

加入节流阀

步骤	内　　容	流号及数据
1	从图例板点节流阀[Valve]置于 PFD 窗口中	
2	双击节流阀[Valve]	
3	Inlet	16
4	Outlet	17
5	Worksheet	
6	点击 Stream Name 17 下相应位置输入	
7	Pressure/kPa	200
8	×	

加冷剂分离器

步骤	内 容	流号及数据
1	从图例板点二相分离器[Separator]置于 PFD 窗口中	
2	双击二相分离器[Separator]	
3	Inlet《Stream》	14
4	Vapour	18
5	Liquid	20
6	×	

加入冷剂节流阀

步骤	内 容	流号及数据
1	从图例板点节流阀[Valve]置于 PFD 窗口中	
2	双击节流阀[Valve]	
3	Inlet	21
4	Outlet	22
5	Worksheet	
6	点击 Stream Name 22 下相应位置输入	
7	Pressure/kPa	200
8	×	

加冷剂分离器

步骤	内 容	流号及数据
1	从图例板点二相分离器[Separator]置于 PFD 窗口中	
2	双击二相分离器[Separator]	
3	Inlet《Stream》	19
4	Vapour	23
5	Liquid	28
6	×	

加入冷剂节流阀

步骤	内 容	流号及数据
1	从图例板点节流阀[Valve]置于 PFD 窗口中	
2	双击节流阀[Valve]	
3	Inlet	29
4	Outlet	30
5	Worksheet	
6	点击 Stream Name 30 下相应位置输入	
7	Pressure/kPa	180
8	×	

步骤	内　　容	流号及数据
1	从图例板点节流阀[Valve]置于 PFD 窗口中	
2	双击节流阀[Valve]	
3	Inlet	25
4	Outlet	26
5	Worksheet	
6	点击 Stream Name 26 下相应位置输入	
7	Pressure/kPa	200
8	×	

加混合器

步骤	内　　容	流号及数据
1	从图例板点混合器[Mixer]置于 PFD 窗口中	
2	双击混合器[Mixer]	
3	Inlets	30，27
4	Outlet	31
5	×	

注意：此混合器必须等所有输入流号都完成后才能给定输出流号！否则进行迭代计算时很难收敛。

加混合器

步骤	内　　容	流号及数据
1	从图例板点混合器[Mixer]置于 PFD 窗口中	
2	双击混合器[Mixer]	
3	Inlets	32，22
4	Outlet	33
5	×	

注意：此混合器必须等所有输入流号都完成后才能给定输出流号！否则进行迭代计算时很难收敛。

加混合器

步骤	内　　容	流号及数据
1	从图例板点混合器[Mixer]置于 PFD 窗口中	
2	双击混合器[Mixer]	
3	Inlets	17，34
4	Outlet	35
5	×	

注意：此混合器必须等所有输入流号都完成后才能给定输出流号！否则进行迭代计算时很难收敛。

加循环

步骤	内　　　　容	流号及数据
1	从图例板点循环[Recycle]置于PFD窗口中	
2	双击循环[Recycle]	
3	Inlet	36
4	Outlet	7
5	×	

调整冷剂(流号7)循环量为5300kmol/h，直至各换热器由黄色变为灰色为止。

2. 全液化流程

对于天然气全液化流程的模拟，需将上述步骤中流号5的节流压力调整为3940kPa。由于天然气全部液化，制冷符合将增加。因此，还需将制冷剂流号7的摩尔流率调整至6620kmol/h以上，以保证第一台冷箱换热器的最小温差大于4℃。

模拟的具体步骤不再赘述。

第四节　级联式液化流程

级联式也称复迭式天然气液化方法，是最初的天然气液化形式，世界上首座基本负荷型级联式天然气液化装置建在阿尔及利亚。该法因其流程复杂而被后来的丙烷预冷混合冷剂液化流程所代替，但在有些小装置因该流程比较节能，仍有一定的使用价值。

级联式又称阶式或串级制冷天然气液化流程，利用冷剂常压下沸点不同，逐级降低制冷温度达到天然气液化的目的。常用的冷剂为水、丙烷、乙烯、甲烷。第一级为水冷，各冷剂压缩机出口高温气体首先用水冷却，然后用丙烷冷却乙烯，再用乙烯冷却甲烷，最后乙烯和甲烷再冷却原料天然气，达到天然气液化的目的。

一、基础条件

（1）原料气组成见表5-15。

表5-15　原料气组成　　　　　　　　　　　　　　　　　　　%(mol)

组　分	C_1	C_2	C_3	$i-C_4$	$n-C_4$	$i-C_5$	$n-C_5$	$n-C_6$	N_2	CO_2
组成	81.62	7.19	4.00	1.00	0.90	0.30	0.20	0.20	0.70	3.90

（2）原料气温度：25℃。

（3）原料气压力：500kPa。

（4）原料气流率：1860kmol/h(0℃，101.325kPa，100×10⁴m³/d)。

二、工艺原则流程图

工艺原则流程见图5-7。

1. 原料系统

原料气(1)温度为25℃，压力为500kPa，先进分子筛脱水器(2)在此脱出CO₂。然后经过过滤器(3)过滤出携带的杂质，再进入原料气压缩机(4)增压至3800kPa，经过水冷器(5)冷却至35℃进入原料乙烯甲烷换热器(13)，温度降至-21℃，再进入原料乙烯甲烷换热器(14)，温度降至-70℃，最后进入原料甲烷燃料气换热器(15)温度降至-150℃，经节流阀

(9)节流至压力为250kPa，温度-149.4℃，进入分液罐(16)，顶部分出燃料气(18)与原料换热后作为燃料。底部为LNG(17)去储罐。

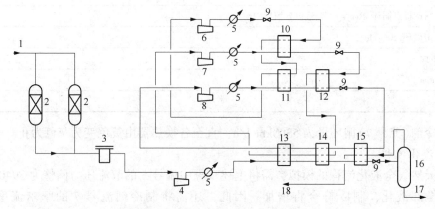

图5-7　级联式天然气液化原则流程图

1—原料气；2—分子筛脱CO_2；3—过滤器；4—原料气压缩机；5—水冷器；

6—丙烷压缩机；7—乙烯压缩机；8—甲烷压缩机；9—节流阀；10—丙烷乙烯换热器；

11—丙烷甲烷换热器；12—乙烯甲烷换热器；13—原料乙烯甲烷换热器；

14—原料乙烯甲烷换热器；15—原料甲烷燃料气换热器；16—分液罐；17—LNG；18—燃料气

2. 冷剂循环系统

（1）丙烷系统循环

由换热器(11)出来的丙烷温度为7.2℃，压力为110kPa进入丙烷压缩机(6)增压至1250kPa，温度为117.8℃，进入水冷器(5)冷却至35℃，经节流阀(9)节流后温度为-32.83℃进入换热器(10)，与水冷后的乙烯换热，温度升为-28℃，再与水冷后的甲烷换热，温度升为7.2℃进入丙烷压缩机，完成丙烷的循环。

（2）乙烯系统循环

乙烯从换热器(13)出来温度为0.0℃，压力为120kPa，进入乙烯压缩机(7)，将乙烯压缩至2000kPa，温度为220.4℃，用水冷却至35℃进入换热器(10)与低温丙烷换热，乙烯被冷却至-29.8℃，然后经节流阀(9)节流至180kPa，温度降至-93.54℃进入换热器(12)与甲烷换热，温度上升至-80℃，然后依次进入换热器(14)、(13)温度回升至0.0℃进入乙烯压缩机，完成一个循环。

（3）甲烷循环系统

从换热器(13)出来的甲烷温度为-22.3℃，压力为110kPa，进入甲烷压缩机(8)，增压至3500kPa，温度为321.6℃，经水冷器(5)冷却至35℃，进入换热器(11)温度冷至-25℃，然后进入换热器(12)温度进一步被冷却至-93.49℃，然后经过节流阀(9)节流至170kPa，温度降至-154.9℃，依次经过换热器(15)、(14)、(13)温度回升至-22.3℃进入甲烷压缩机(8)完成甲烷的循环。

三、HYSYS 软件计算模型

根据级联式天然气液化原则流程图，绘制 HYSYS 软件计算模型，见图5-8。

因为原料气中含有3.9%的CO_2，因此，必须脱出，否则将会造成换热器的堵塞。

四、计算结果汇总

计算结果汇总见表5-16。

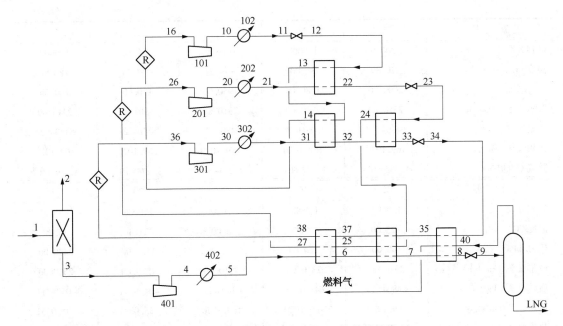

图 5-8　级联式天然气液化 HYSYS 软件计算模型

表 5-16　计算结果汇总

流　　号	1	2	3	4	5
气相分数	1.0000	1.0000	1.0000	1.0000	1.0000
温度/℃	35.00	35.00	35.00	218.82	35.00
压力/kPa	500.00	500.00	490.00	3800.00	3790.00
摩尔流率/(kmol/h)	1860.00	72.53	1787.47	1787.47	1787.47
质量流率/(kg/h)	38256.48	3192.14	35064.34	35064.34	35064.34
体积流率/(m³/h)	108.5871	3.8677	104.7194	104.7194	104.7194
热流率/(kJ/h)	$-1.674×10^8$	$-2.855×10^7$	$-1.389×10^8$	$-1.238×10^8$	$-1.403×10^8$

流　　号	6	7	8	9	10
气相分数	0.9551	0.6993	0.0000	0.0066	1.0000
温度/℃	−21.00	−70.00	−150.00	−149.42	117.75
压力/kPa	3770.00	3750.00	3730.00	250.00	1250.00
摩尔流率/(kmol/h)	1787.47	1787.47	1787.47	1787.47	2460.00
质量流率/(kg/h)	35064.34	35064.34	35064.34	35064.34	108478.62
体积流率/(m³/h)	104.7194	104.7194	104.7194	104.7194	214.0977
热流率/(kJ/h)	$-1.461×10^8$	$-1.538×10^8$	$-1.682×10^8$	$-1.682×10^8$	$-2.389×10^8$

流　　号	11	12	13	14	16
气相分数	0.0000	0.4198	1.0000	1.0000	1.0000
温度/℃	35.00	−32.83	−28.00	7.23	7.23
压力/kPa	1230.00	150.00	130.00	110.00	110.00
摩尔流率/(kmol/h)	2460.00	2460.00	2460.00	2460.00	2460.00
质量流率/(kg/h)	108478.62	108478.62	108478.62	108478.62	108478.62
体积流率/(m³/h)	214.0977	214.0977	214.0977	214.0977	214.0977
热流率/(kJ/h)	$-2.921×10^8$	$-2.921×10^8$	$-2.651×10^8$	$-2.591×10^8$	$-2.591×10^8$

流 号	20	21	22	23	24
气相分数	1.0000	1.0000	0.0866	0.4382	1.0000
温度/℃	220.39	35.00	−29.81	−93.54	−80.00
压力/kPa	2000.00	1980.00	1950.00	180.00	160.00
摩尔流率/(kmol/h)	2310.00	2310.00	2310.00	2310.00	2310.00
质量流率/(kg/h)	64804.28	64804.28	64804.28	64804.28	64804.28
体积流率/(m³/h)	169.1020	169.1020	169.1020	169.1020	169.1020
热流率/(kJ/h)	$1.435×10^8$	$1.197×10^8$	$9.274×10^7$	$9.274×10^7$	$1.108×10^8$

流 号	25	26	27	30	31
气相分数	1.0000	1.0000	1.0000	1.0000	1.0000
温度/℃	−25.00	0.00	0.00	321.46	35.00
压力/kPa	140.00	120.00	120.00	3500.00	3470.00
摩尔流率/(kmol/h)	2310.00	2310.00	2310.00	2520.00	2520.00
质量流率/(kg/h)	64804.28	64804.28	64804.28	40428.11	40428.11
体积流率/(m³/h)	169.1020	169.1020	169.1020	135.0331	135.0331
热流率/(kJ/h)	$1.158×10^8$	$1.183×10^8$	$1.183×10^8$	$−1.567×10^8$	$−1.893×10^8$

流 号	32	33	34	35	36
气相分数	1.0000	0.0000	0.5517	1.0000	1.0000
温度/℃	−25.00	−93.52	−154.92	−92.26	−22.38
压力/kPa	3450.00	3430.00	170.00	150.00	110.00
摩尔流率/(kmol/h)	2520.00	2520.00	2520.00	2520.00	2520.00
质量流率/(kg/h)	40428.11	40428.11	40428.11	40428.11	40428.11
体积流率/(m³/h)	135.0331	135.0331	135.0331	135.0331	135.0331
热流率/(kJ/h)	$−1.954×10^8$	$−2.134×10^8$	$−2.134×10^8$	$−1.990×10^8$	$−1.930×10^8$

流 号	37	38	40	LNG	燃料气
气相分数	1.0000	1.0000	1.0000	0.0000	1.0000
温度/℃	−60.48	−22.38	−149.42	−149.42	−73.00
压力/kPa	130.00	110.00	250.00	250.00	230.00
摩尔流率/(kmol/h)	2520.00	2520.00	11.83	1775.63	11.83
质量流率/(kg/h)	40428.11	40428.11	208.52	34855.82	208.52
体积流率/(m³/h)	135.0331	135.0331	0.6048	104.1146	0.6048
热流率/(kJ/h)	$−1.963×10^8$	$−1.930×10^8$	$−8.399×10^5$	$−1.674×10^8$	$−8.096×10^5$

液化率：1775.63/1787.47＝99.34%(mol)，34855.8/35064.3＝99.4%(质量)。

五、计算要点及说明

（1）采用 P-R(Peng-Robinson)方程。

（2）燃料气因压力低、流量小未进行二次换热。

（3）先给出原料气各级冷却的温度，再确定各冷剂的流量，用递加的方式直至换热器由黄色变成灰色为止，此时，表示参数正确，计算结果收敛。原料气温度有时也要根据热平衡进行调节。

（4）因本原料气含有 3.9% 的 CO_2，因此在进入冷箱前必须脱出。其位置也可以在原料压缩机压缩冷却后再脱 CO_2，然后依次进入冷箱。

（5）液化率是脱 CO_2 后的气体量与 LNG 量之比。

六、级联式天然气液化 HYSYS 软件计算详细步骤

输入计算所需的全部组分和流体包

步骤	内　　容	流号及数据
1	New Case[新建空白文档]	
2	Add[加入]	
3	Components：C_1、C_2、C_3、i-C_4、n-C_4、i-C_5、n-C_5、C_6、N_2、CO_2、$C_2^=$	添加库组分
4	×	
5	Fluid Pkgs	加流体包
6	Add	
7	Peng-Robinson	选状态方程
8	×	
9	Enter Simulation Environment	进入模拟环境

加入原料气

步骤	内　　容	流号及数据
1	选中 Material Stream[蓝色箭头]置于 PFD 窗口中	
2	双击[Material Stream]	
3	在 Stream Name 栏填上	1
4	Temperature/℃	35
5	Pressure/kPa	500
6	Molar Flow/(kmol/h)	1860
7	双击 Stream 1 的 Molar Flow 位置	
8	Composition(填摩尔组成)	
	Methane	0.8162
	Ethane	0.0719
	Propane	0.0400
	i-Butane	0.0100
	n-Butane	0.0090
	i-Pentane	0.0030
	n-Pentane	0.0020
	n-Hexane	0.0020
	Nitrogen	0.0070
	CO_2	0.0390
	Ethylene	0.0000
9	Nomalize(圆整为1。如果偏离1过大，输入有误请检查)	
10	OK	
11	×	

加气相分子筛脱 CO_2

步骤	内　容	流号及数据
1	从图例板点干燥器[Component Splitter]置于 PFD 窗口中	
2	双击干燥器[Component Splitter]	
3	Inlets	1
4	Overhead Outlet	2
5	Bottoms Outlet	3
6	Energy Streams	110
7	Parameters	
8	在 Use Stream Flash Specifications 下指定 Stream 处输入	2, 3
9	Temperature/℃	35, 35
10	Pressure/kPa	500, 490
11	Splits	
12	Stream 2 中 CO_2 填 1.0, 其余填 0.0(即 CO_2 全部从塔顶排出)	
13	×	

加入原料气压缩机

步骤	内　容	流号及数据
1	从图例板点压缩机[Compressor]置于 PFD 窗口中	
2	双击压缩机[Compressor]	
3	Inlet	3
4	Outlet	4
5	Energy	401
6	Worksheet	
7	点击 Stream Name 4 下相应位置输入	
8	Pressure/kPa	3800
9	×	

加水冷却器

步骤	内　容	流号及数据
1	从图例板点冷却器[Cooler]置于 PFD 窗口中	
2	双击冷却器[Cooler]	
3	Inlet	4
4	Outlet	5
5	Energy	402
6	Parameters	
7	Delta P/kPa	10
8	Worksheet	
9	点击 Stream Name 5 下相应位置输入	
10	Temperature/℃	35
11	×	

396

加入原料气冷箱换热器

步骤	内　　容	流号及数据
1	从图例板点板式换热器［LNG Exchanger］置于 PFD 窗口中	
2	双击板式换热器［LNG Exchanger］	
3	Add Side	
4	填流号、压降及属性：	
	Inlet Streams	5
	Outlet Streams	6
	Pressure Drop/kPa	20
	Hot/Cold	Hot
	Inlet Streams	37
	Outlet Streams	38
	Pressure Drop/kPa	20
	Hot/Cold	Cold
	Inlet Streams	25
	Outlet Streams	27
	Pressure Drop/kPa	20
	Hot/Cold	Cold
5	Worksheet	
6	在指定 Stream Name 输入指定温度	6, 27
7	Temperature/℃	−21, 0
8	×	

加入原料气冷箱换热器

步骤	内　　容	流号及数据
1	从图例板点板式换热器［LNG Exchanger］置于 PFD 窗口中	
2	双击板式换热器［LNG Exchanger］	
3	Add Side	
4	填流号、压降及属性：	
	Inlet Streams	6
	Outlet Streams	7
	Pressure Drop/kPa	20
	Hot/Cold	Hot
	Inlet Streams	35
	Outlet Streams	37
	Pressure Drop/kPa	20
	Hot/Cold	Cold
	Inlet Streams	24
	Outlet Streams	25
	Pressure Drop/kPa	20
	Hot/Cold	Cold
5	Worksheet	
6	在指定 Stream Name 输入指定温度	7, 25
7	Temperature/℃	−70, −25
8	×	

397

加入原料气冷箱换热器

步骤	内 容	流号及数据
1	从图例板点板式换热器[LNG Exchanger]置于 PFD 窗口中	
2	双击板式换热器[LNG Exchanger]	
3	Add Side	
4	填流号、压降及属性：	
	Inlet Streams	7
	Outlet Streams	8
	Pressure Drop/kPa	20
	Hot/Cold	Hot
	Inlet Streams	40
	Outlet Streams	燃料气
	Pressure Drop/kPa	20
	Hot/Cold	Cold
	Inlet Streams	34
	Outlet Streams	35
	Pressure Drop/kPa	20
	Hot/Cold	Cold
5	Worksheet	
6	在指定 Stream Name 输入指定温度	8，燃料气
7	Temperature/℃	−150，−73
8	×	

加入节流阀

步骤	内 容	流号及数据
1	从图例板点节流阀[Valve]置于 PFD 窗口中	
2	双击节流阀[Valve]	
3	Inlet	8
4	Outlet	9
5	Worksheet	
6	点击 Stream Name 9 下相应位置输入	
7	Pressure/kPa	250
8	×	

加分离器

步骤	内 容	流号及数据
1	从图例板点二相分离器[Separator]置于 PFD 窗口中	
2	双击二相分离器[Separator]	
3	Inlet《Stream》	9
4	Vapour	40
5	Liquid	LNG
6	×	

398

加入丙烷压缩机及制冷剂条件

步骤	内　　容	流号及数据
1	从图例板点压缩机［Compressor］置于 PFD 窗口中	
2	双击压缩机［Compressor］	
3	Inlet	16
4	Outlet	10
5	Energy	101
6	Worksheet	
7	点击 Stream Name 10 下相应位置输入	
8	Pressure/kPa	1250
9	点击 Stream Name 16 下相应位置输入	
10	Temperature/℃	
11	Pressure/kPa	110
12	Molar Flow/（kmol/h）	2460
13	双击 Stream 16 的 Molar Flow 位置	
14	Composition（填摩尔组成） 　Propane 　其他	 1.0 0.0
15	×	

加水冷器

步骤	内　　容	流号及数据
1	从图例板点冷却器［Cooler］置于 PFD 窗口中	
2	双击冷却器［Cooler］	
3	Inlet	10
4	Outlet	11
5	Energy	102
6	Parameters	
7	Delta P /kPa	20
8	Worksheet	
9	点击 Stream Name 11 下相应位置输入	
10	Temperature/℃	35
11	×	

加入丙烷节流阀

步骤	内　　容	流号及数据
1	从图例板点节流阀［Valve］置于 PFD 窗口中	
2	双击节流阀［Valve］	
3	Inlet	11
4	Outlet	12

步骤	内　　容	流号及数据
5	Worksheet	
6	点击 Stream Name 12 下相应位置输入	
7	Pressure/kPa	150
8	×	

加入乙烯压缩机(加入乙烯循环系统)

步骤	内　　容	流号及数据
1	从图例板点压缩机[Compressor]置于 PFD 窗口中	
2	双击压缩机[Compressor]	
3	Inlet	26
4	Outlet	20
5	Energy	201
6	Worksheet	
7	点击 Stream Name 20 下相应位置输入	
8	Pressure/kPa	2000
9	点击 Stream Name 26 下相应位置输入	
10	Temperature/℃	
11	Pressure/kPa	120
12	Molar Flow/(kmol/h)	2310
13	双击 Stream 26 的 Molar Flow 位置	
14	Composition(填摩尔组成) 　Ethene 　其他	 1.0 0.0
15	×	

加水冷器

步骤	内　　容	流号及数据
1	从图例板点冷却器[Cooler]置于 PFD 窗口中	
2	双击冷却器[Cooler]	
3	Inlet	20
4	Outlet	21
5	Energy	202
6	Parameters	
7	Delta P /kPa	20
8	Worksheet	
9	点击 Stream Name 21 下相应位置输入	
10	Temperature/℃	35
11	×	

加入乙烯-丙烷冷箱换热器

步骤	内 容	流号及数据
1	从图例板点板式换热器[LNG Exchanger]置于 PFD 窗口中	
2	双击板式换热器[LNG Exchanger]	
3	填流号、压降及属性:	
	Inlet Streams	21
	Outlet Streams	22
	Pressure Drop /kPa	30
	Hot/Cold	Hot
	Inlet Streams	12
	Outlet Streams	13
	Pressure Drop /kPa	20
	Hot/Cold	Cold
4	Worksheet	
5	在指定 Stream Name 输入指定温度	13
6	Temperature/℃	−28
7	×	

加入乙烯节流阀

步骤	内 容	流号及数据
1	从图例板点节流阀[Valve]置于 PFD 窗口中	
2	双击节流阀[Valve]	
3	Inlet	22
4	Outlet	23
5	Worksheet	
6	点击 Stream Name 23 下相应位置输入	
7	Pressure/kPa	180
8	×	

加入甲烷压缩机(加入甲烷循环系统)

步骤	内 容	流号及数据
1	从图例板点压缩机[Compressor]置于 PFD 窗口中	
2	双击压缩机[Compressor]	
3	Inlet	36
4	Outlet	30
5	Energy	301
6	Worksheet	
7	点击 Stream Name 30 下相应位置输入	
8	Pressure/kPa	3500
9	点击 Stream Name 36 下相应位置输入	

步骤	内　　容	流号及数据
10	Temperature/℃	空
11	Pressure/kPa	110
12	Molar Flow/(kmol/h)	2520
13	双击 Stream 36 的 Molar Flow 位置	
14	Composition(填摩尔组成) 　　Methane 　　其他	 1. 0 0. 0
15	×	

加水冷器

步骤	内　　容	流号及数据
1	从图例板点冷却器[Cooler]置于 PFD 窗口中	
2	双击冷却器[Cooler]	
3	Inlet	30
4	Outlet	31
5	Energy	302
6	Parameters	
7	Delta P /kPa	30
8	Worksheet	
9	点击 Stream Name 31 下相应位置输入	
10	Temperature/℃	35
11	×	

加入丙烷甲烷冷箱换热器

步骤	内　　容	流号及数据
1	从图例板点板式换热器[LNG Exchanger]置于 PFD 窗口中	
2	双击板式换热器[LNG Exchanger]	
3	填流号、压降及属性: 　　Inlet Streams 　　Outlet Streams 　　Pressure Drop /kPa 　　Hot/Cold 　　Inlet Streams 　　Outlet Streams 　　Pressure Drop /kPa 　　Hot/Cold	 31 32 20 Hot 13 14 20 Cold
4	Worksheet	
5	在指定 Stream Name 输入指定温度	32
6	Temperature/℃	−25
7	×	

加入乙烯甲烷冷箱换热器

步骤	内　容	流号及数据
1	从图例板点板式换热器[LNG Exchanger]置于 PFD 窗口中	
2	双击板式换热器[LNG Exchanger]	
3	填流号、压降及属性：	
	Inlet Streams	32
	Outlet Streams	33
	Pressure Drop /kPa	20
	Hot/Cold	Hot
	Inlet Streams	23
	Outlet Streams	24
	Pressure Drop /kPa	20
	Hot/Cold	Cold
4	Worksheet	
5	在指定 Stream Name 输入指定温度	24
6	Temperature/℃	−80
7	×	

加入甲烷节流阀

步骤	内　容	流号及数据
1	从图例板点节流阀[Valve]置于 PFD 窗口中	
2	双击节流阀[Valve]	
3	Inlet	33
4	Outlet	34
5	Worksheet	
6	点击 Stream Name 34 下相应位置输入	
7	Pressure/kPa	170
8	×	

加丙烷循环

步骤	内　容	流号及数据
1	从图例板点循环[Recycle]置于 PFD 窗口中	
2	双击循环[Recycle]	
3	Inlet	14
4	Outlet	16
5	×	

加乙烯循环

步骤	内 容	流号及数据
1	从图例板点循环[Recycle]置于 PFD 窗口中	
2	双击循环[Recycle]	
3	Inlet	27
4	Outlet	26
5	×	

加甲烷循环

步骤	内 容	流号及数据
1	从图例板点循环[Recycle]置于 PFD 窗口中	
2	双击循环[Recycle]	
3	Inlet	38
4	Outlet	36
5	×	

调整制冷剂流率，使换热器达到热平衡，调整结果丙烷制冷剂流号 16 的流率为 2460kmol/h、乙烯制冷剂流号 26 的流率为 2310 kmol/h、甲烷制冷剂流号 36 的流率 2520kmol/h。此时换热器收敛，说明热量已经平衡。

第五节　CII 法级联式液化流程

天然气液化有带丙烷预冷的混合冷剂流程，典型的是美国空气液化公司(APCI)的 MRC 法液化流程，在世界天然气液化中装置较多，如文莱天然气液化装置(开式)和利比亚伊索天然气液化装置(闭式)。还有级联式天然气液化流程，最早建在阿尔及利亚。法国燃气公司在研究了世界各种天然气液化流程的基础上，从简化流程、减少投资上开发了新型混合冷剂液化流程，即整体结合式级联型液化流程(Integral Incorporated Cascade)，简称 CII 液化流程。CII 液化流程吸收了国外 LNG 技术最新发展成果，代表了天然气液化技术的发展趋势。我国上海浦东 LNG 装置作为调峰用引进了该流程，是我国第一座 CII 法的调峰型天然气液化装置，采用法国燃气公司新型混合冷剂制冷流程，该流程代表了目前国际上天然气液化流程的发展趋势，其设计目的是为液化装置提供投资少，运行成本低的流程。对于该装置的模拟计算不仅可对天然气液化的设计提供参考，还可以对装置的生产状况通过模拟计算进行分析，对设计和生产都有一定的借鉴意义。实际上作为基本负荷型天然气液化装置，CII 工艺也是很好的。有关文献提供了该法的原则流程图、运行参数表和各节点的组成表。在此基础上，笔者用 HYSYS 软件对流程进行了模拟计算。

一、工艺流程简述

1. 原料气流程

工艺原则流程见图 5-9。净化后的原料气(1)温度为 43℃，压力为 4800kPa(表压，下同)，进入冷箱(2)高温段与冷剂换热后温度降至-23℃进入重烃分离器(3)，顶部气相进入冷箱(2)低温段与冷剂换热后温度降至-151℃，然后进入节流阀节流至 111.6kPa，温度降至-154.2℃进入 LNG 储罐(6)，罐顶为闪蒸气。

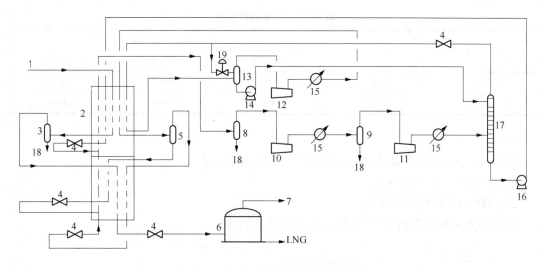

图 5-9　CII 法天然气液化原则流程图

1—原料气；2—冷箱；3—重烃分离器；4—节流阀；5—轻烃混合制冷剂闪蒸塔；6—LNG 储罐；7—闪蒸气；
8—低压吸入桶；9—中压吸入桶；10—压缩机低压级；11—压缩机中压级；12—压缩机高压级；
13—高压吸入桶；14—轻烃泵；15—冷凝器；16—重烃循环泵；17—分馏塔；18—排污；19—循环调节阀

2. 混合冷剂流程

从冷箱热端出来的混合冷剂进入低压吸入桶(8)，顶部气相用压缩机低压端增压至 730kPa 然后进入冷却器(15)，冷却至 59.64℃进入中压吸入桶(9)，顶部气体进入压缩机中压级压缩至 1710kPa，经冷却器(15)冷却至 42.87℃进入分馏塔底部；塔底部重烃用泵(16)抽出打入冷箱高温段换热至 -21℃，经节流阀节流后压力为 326kPa，温度为 -23.38℃。分馏塔顶部轻混合制冷剂分成两路：一路经节流阀节流至 1408Pa 进入冷箱高温段，温度被冷却至 6℃进入高压吸入桶(13)，另一路直接循环至高压吸入桶。高压吸入桶底部轻混烃用泵(14)打入分馏塔顶作回流，顶部气体进入压缩机高压段(12)压缩至 4660kPa，再经冷凝器冷却至 41.92℃进入冷箱高温段，温度降至 -24℃进入轻混合冷剂闪蒸塔，闪蒸塔塔底部液相进入冷箱(2)的低温段被冷至 -152℃；闪蒸塔顶部气相也进入冷箱低温段，温度降至 -152℃，然后经节流阀(4)节流至 358kPa，温度降至 -158℃，与闪蒸塔底部液相混合后温度为 -152.8℃返回冷箱低温段，复热至 -30.31℃，然后与分馏塔底换热后的物流混合进入冷箱高温段，复热至 31.61℃段循环至低压吸入桶，完成冷剂的循环。

二、基础数据

1. 原料气及混合冷剂组成

原料气及冷剂组成见表 5-17。

表 5-17　原料气及混合冷剂组成　　　　　　　　　　　　　%(mol)

组分	CH_4	C_2H_6	C_3H_8	$i\text{-}C_4H_{10}$	$n\text{-}C_4H_{10}$	$i\text{-}C_5H_{12}$	$n\text{-}C_5H_{12}$	N_2
原料气	90.844	7.025	0.103	0.000	0.000	0.000	0.000	2.028
混合冷剂	22.448	33.904	7.539	1.588	5.402	14.078	10.623	4.417

2. 主要操作条件

主要操作条件见表 5-18。

表 5-18　主要操作条件

项　　目	原料气	混合冷剂压缩		
		低压级	中压级	高压级
温度/℃	43	69.86	106.7	90.78
压力/kPa(g)	4800	730	1710	4660

3. 流率

原料气：196.2kmol/h(相当标准状态下 $10.5 \times 10^4 m^3/d$)。

混合冷剂：541.45kmol/h。

三、HYSYS 软件计算模型

根据原则流程图编制 HYSYS 软件计算模型，见图 5-10。

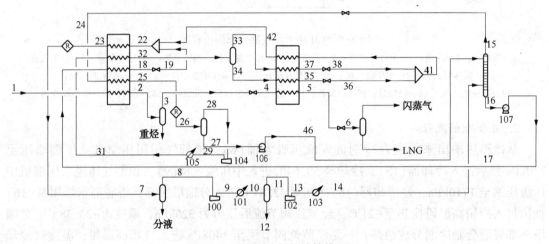

图 5-10　HYSYS 软件计算模型图

四、计算结果与实际操作主要参数比较

1. 计算结果与实际操作的主要参数比较见表 5-19。

表 5-19　计算结果与实际操作结果对比

节点 (流号)	温度/℃		压力/MPa		摩尔流量/(kmol/h)		气体的摩尔分数	
	运行	核算	运行	核算	运行	核算	运行	核算
1(1)	43.0	43	4.8	4.8	196.163	196.16	1.0	1.00
2(2)	-28.63	-23	4.533	4.533	196.163	196.16	1.0	1.00
3(4)	-18.63	-23.91	4.4	4.4	196.163	196.16	1.0	1.00
4(5)	-156.0	-151	4.392	4.39	196.163	196.16	0.0	0.00
5(6)	-161.9	-161.57	0.1116	0.1116	196.163	196.16	0.0728	0.0899
6(31)	41.92	42	4.45	4.65	328.115	332.83	1.0	1.00
7(32)	-20.0	-20	4.406	4.406	328.115	332.83	0.4035	0.3852
8(34)	-20.0	-20	4.406	4.406	195.705	204.62	0.0	0.00
9(33)	-20.1	-20	4.39	4.406	132.41	128.21	1.0	1.00
10(37)	-157.9	-152	4.3725	4.388	132.41	128.21	1.0	1.00
11(38)	-162.8	-158.76	0.358	0.358	132.41	128.21	0.082	0.0999
12(35)	-120.0	-152	4.3855	4.385	195.705	204.62	0.0	0.00
13(36)	-122.95	-149.53	0.342	0.342	195.705	204.62	1.0	0.00

节点	温度/℃		压力/MPa		摩尔流量/(kmol/h)		气体的摩尔分数	
（流号）	运行	核算	运行	核算	运行	核算	运行	核算
14(17)	43.03	43.05	1.64	1.7	213.338	209.02	0.0	0.00
15(18)	−20.0	−21	1.6	1.66	213.338	209.02	0.0	0.00
16(19)	−23.58	−24.72	0.326	0.326	213.338	209.02	0.0549	0.0521
17(24)	32.62	31.84	1.44	1.44	375.84	382.87	1.0	1.00
18(25)	6.0	6	1.408	1.408	375.84	382.87	0.8726	0.8696
19(23)	29.28	25.80	0.294	0.294	541.45	541.85	1.0	1.00
20(8)	28.76	25.90	0.254	0.294	541.45	541.66	1.0	1.00
21(9)	77.0	71.15	0.730	0.73	541.45	541.66	1.0	1.00
22(11)	59.64	60	0.66	0.66	541.45	541.66	1.0	1.00
23(13)	106.0	110.35	1.71	1.71	541.45	541.66	1.0	1.00
24(28)	5.54	6	1.398	1.408	328.12	332.83	1.0	1.00
25(29)	77.0	91.41	4.66	4.66	328.12	332.83	1.0	1.00
26(27)	5.85	6	1.398	1.408	47.73	50.23	0.0	0.00
27(46)	6.148	6.19	1.605	1.65	47.73	50.23	0.0	0.00
28(14)	42.87	43	1.63	1.63	541.451	541.66	0.6857	0.6956
29(16)	42.87	42.99	1.63	1.63	213.34	209.02	0.0	0.00
30(15)	34.15	33.44	1.6	1.6	375.84	382.87	1.0	1.00
31(LNG)	−161.9	−161.57	0.1113	0.1116	181.82	178.53	0.0	0.00
32(闪蒸气)	−161.9	−161.57	0.1116	0.1116	14.287	17.63	1.0	1.00

注：括号内数字为计算时的节点号。

2. 液化率比较

计算液化率与实际生产液化率比较见表 5-20。

表 5-20 计算液化率与实际生产液化率比较

项 目	LNG 量/(kmol/h)	闪蒸气量/(kmol/h)	液化率/%(mol)
操作参数	181.82	14.287	92.72
计算参数	178.53	17.63	91.01

3. LNG 及闪蒸气的组成比较

LNG 及闪蒸气的组成比较见表 5-21。

表 5-21 LNG 及闪蒸气的组成比较 %(mol)

组 分	CH_4	C_2H_6	C_3H_8	N_2
生产 LNG 组成	91.56	7.575	0.11	0.747
计算 LNG 组成	91.52	7.72	0.11	0.64
生产闪蒸气组成	81.667	0.00	0.00	18.321
计算闪蒸气组成	83.92	0.01	0.00	16.06

五、讨论

（1）闪蒸气因压力低、流量小，虽然温度低，但未进行二次换热。

（2）分馏塔顶至压缩机高压吸入桶的循环很重要，直接影响冷剂组成和循环量。模拟计算时考察了循环量由 5kmol/h 到 25kmol/h 时的冷剂组成、分馏塔顶组成、压缩机和冷却器的能耗以及混合冷剂循环量的变化情况。混合冷剂组成见表 5-22、分馏塔顶组成见表 5-23，压缩机和冷却器的能耗见表 5-24，溶剂循环量见表 5-25。

表 5-22　混合冷剂组成　　　　　　　　　　　　　　　　　　% (mol)

循环量/(kmol/h)	0	5	10	15	20	25
组分	组成					
C_1	24.2189	24.1777	24.2144	24.1738	24.1658	24.1336
C_2	34.9342	34.9743	34.8793	34.8882	34.8707	34.9353
C_3	6.9781	7.0104	6.9671	7.0012	6.9821	7.0082
$i\text{-}C_4$	1.2225	1.2300	1.2268	1.2353	1.2338	1.2340
$n\text{-}C_4$	3.9502	3.9740	3.9712	3.9961	3.9984	3.9915
$i\text{-}C_5$	13.5421	13.5289	13.5834	13.5786	13.6128	13.5828
$n\text{-}C_5$	10.3712	10.3327	10.3753	10.3532	10.3656	10.3528
N_2	4.7827	4.7721	4.7824	4.7736	4.7709	4.7616
合计	99.9999	100.0001	99.9999	100.0000	100.0001	99.9998

表 5-23　分馏塔顶组成　　　　　　　　　　　　　　　　　　% (mol)

循环量/(kmol/h)	0	5	10	15	20	25
组分	组成					
C_1	32.4953	32.4179	32.4229	32.4351	32.4228	32.4322
C_2	43.2583	43.2896	43.2649	43.2485	43.2357	43.2165
C_3	7.5505	7.5799	7.5639	7.5413	7.5320	7.5151
$i\text{-}C_4$	1.1066	1.1073	1.1051	1.0988	1.0949	1.0904
$n\text{-}C_4$	3.2264	3.2065	3.2134	3.1945	3.1798	3.1641
$i\text{-}C_5$	4.6280	4.6326	4.6555	4.6752	4.6927	4.7017
$n\text{-}C_5$	1.1846	1.2250	1.2413	1.2706	1.3092	1.3444
N_2	6.5503	6.5313	6.5329	6.5359	6.5329	6.5354
合计	100.0000	99.9901	99.9999	99.9999	100.0000	99.9998

表 5-24　压缩机和冷却器的能耗　　　　　　　　　　　　　　kW

循环量/(kmol/h)	5	10	15	20	25
一级压缩机	529.0	528.8	526.8	525.4	525.2
二级压缩机	501.7	501.6	494.4	490.5	490.2
三级压缩机	324.4	325.2	324.1	324.1	325.0
一级冷却器	176.0	175.7	212.0	242.7	267.5
二级冷却器	1669.0	1667.0	1620.0	1583.0	1548.0
三级冷却器	295.1	297.8	298.3	301.0	302.9
合计	3500.2	3506.1	3490.6	3486.7	3483.8

表 5-25　溶剂循环量　　　　　　　　　　　　　　　　　　kmol/h

塔顶循环量	5	10	15	20	25
总溶剂循环量	553.0	550.7	550.2	538.1	532.2

从表 5-22～表 5-25 可以看出，在热量平衡的前提下，随着塔顶循环量的增加，混合冷剂中的轻组分增多，冷剂的总循环量降低，总能耗下降，液化率提高。但循环量提高到 35kmol/h 时，热平衡被破坏。

（3）本案例液化率高于文献给出的液化率，这是因为经循环后混合冷剂的轻组分比文献报道要多些的缘故。

（4）通过模拟计算分析，该模拟流程与生产实际基本吻合。

（5）低压压缩机出口冷却温度不能低于 50℃，否则将有液体分出，影响压缩机安全运转。

六、计算结果汇总

HYSYS 模拟详细计算结果汇总见表 5-26。

表 5-26 模拟结果汇总

流 号	1	2	3	4	5
气相分数	1.0000	1.0000	1.0000	1.0000	0.0000
温度/℃	43.00	−23.00	−23.00	−23.91	−151.00
压力/kPa	4800.00	4533.00	4533.00	4400.00	4390.00
摩尔流率/(kmol/h)	196.16	196.16	196.16	196.16	196.16
质量流率/(kg/h)	3393.58	3393.58	3393.58	3393.58	3393.58
体积流率/(m³/h)	10.8696	10.8696	10.8696	10.8696	10.8696
热流率/(kJ/h)	-1.457×10^7	-1.513×10^7	-1.513×10^7	-1.513×10^7	-1.739×10^7

流 号	6	7	8	9	10
气相分数	0.0899	1.0000	1.0000	1.0000	1.0000
温度/℃	−161.57	25.90	25.90	71.15	60.00
压力/kPa	111.60	294.00	294.00	730.00	660.00
摩尔流率/(kmol/h)	196.16	541.66	541.66	541.66	541.66
质量流率/(kg/h)	3393.58	21645.62	21645.62	21645.62	21645.62
体积流率/(m³/h)	10.8696	45.5783	45.5783	45.5783	45.5783
热流率/(kJ/h)	-1.739×10^7	-5.409×10^7	-5.409×10^7	-5.245×10^7	-5.290×10^7

流 号	11	12	13	14	15
气相分数	1.0000	0.0000	1.0000	0.6956	1.0000
温度/℃	60.00	60.00	110.35	43.00	33.44
压力/kPa	660.00	660.00	1710.00	1630.00	1600.00
摩尔流率/(kmol/h)	541.66	0.00	541.66	541.66	382.87
质量流率/(kg/h)	21645.62	0.00	21645.62	21645.62	11763.60
体积流率/(m³/h)	45.5783	0.0000	45.5783	45.5783	28.6774
热流率/(kJ/h)	-5.290×10^7	0.0000	-5.105×10^7	-5.701×10^7	-3.268×10^7

流 号	16	17	18	19	22
气相分数	0.0000	0.0000	0.0000	0.0521	0.6180
温度/℃	42.99	43.05	−21.00	−24.72	−26.04
压力/kPa	1630.00	1700.00	1660.00	326.00	326.00
摩尔流率/(kmol/h)	209.02	209.02	209.02	209.02	541.85
质量流率/(kg/h)	12457.75	12457.75	12457.75	12457.75	21657.27
体积流率/(m³/h)	21.7741	21.7741	21.7741	21.7741	45.5986
热流率/(kJ/h)	-3.132×10^7	-3.132×10^7	-3.313×10^7	-3.313×10^7	-6.079×10^7

流 号	23	24	25	26	27
气相分数	1.0000	1.0000	0.8696	0.8689	0.0000
温度/℃	25.80	31.84	6.00	6.00	6.00
压力/kPa	294.00	1440.00	1408.00	1408.00	1408.00
摩尔流率/(kmol/h)	541.85	382.87	382.87	383.06	50.23
质量流率/(kg/h)	21657.27	11763.60	11763.60	11775.24	2575.72
体积流率/(m³/h)	45.5986	28.6774	28.6774	28.6976	4.8732
热流率/(kJ/h)	-5.412×10^7	-3.268×10^7	-3.410×10^7	-3.413×10^7	-6.989×10^6

流 号	28	29	31	32	33
气相分数	1.0000	1.0000	1.0000	0.3852	1.0000
温度/℃	6.00	91.41	42.00	−20.00	−20.00
压力/kPa	1408.00	4660.00	4650.00	4406.00	4406.00
摩尔流率/(kmol/h)	332.83	332.83	332.83	332.83	128.21
质量流率/(kg/h)	9199.52	9199.52	9199.52	9199.52	2870.09
体积流率/(m³/h)	23.8244	23.8244	23.8244	23.8244	7.8013
热流率/(kJ/h)	-2.714×10^7	-2.595×10^7	-2.704×10^7	-2.992×10^7	-9.253×10^6

流 号	34	35	36	37	38
气相分数	0.0000	0.0000	0.0000	0.0000	0.0999
温度/℃	−20.00	−152.00	−149.53	−152.00	−158.76
压力/kPa	4406.00	4385.00	342.00	4388.00	358.00
摩尔流率/(kmol/h)	204.62	204.62	204.62	128.21	128.21
质量流率/(kg/h)	6329.43	6329.43	6329.43	2870.09	2870.09
体积流率/(m³/h)	16.0232	16.0232	16.0232	7.8013	7.8013
热流率/(kJ/h)	-2.066×10^7	-2.266×10^7	-2.266×10^7	-1.093×10^7	-1.093×10^7

流 号	41	42	46	LNG	分液
气相分数	0.0431	0.9842	0.0000	0.0000	0.0000
温度/℃	−153.24	−31.67	6.19	−161.57	25.90
压力/kPa	342.00	332.00	1650.00	111.60	294.00
摩尔流率/(kmol/h)	332.83	332.83	50.23	178.53	0.00
质量流率/(kg/h)	9199.52	9199.52	2575.72	3076.74	0.00
体积流率/(m³/h)	23.8244	23.8244	4.8732	9.9780	0.0000
热流率/(kJ/h)	-3.359×10^7	-2.766×10^7	-6.987×10^6	-1.617×10^7	0.0000

流 号	闪蒸气	重烃			
气相分数	1.0000	0.0000			
温度/℃	−161.57	−23.00			
压力/kPa	111.60	4533.00			
摩尔流率/(kmol/h)	17.63	0.00			
质量流率/(kg/h)	316.84	0.00			
体积流率/(m³/h)	0.8916	0.0000			
热流率/(kJ/h)	-1.219×10^6	0.0000			

七、详细计算步骤

输入计算所需的全部组分和流体包

步骤	内 容	流号及数据
1	New Case[新建空白文档]	
2	Add[加入]	
3	Components：C_1、C_2、C_3、$i-C_4$、$n-C_4$、$i-C_5$、$n-C_5$、N_2	添加库组分
4	×	
5	Fluid Pkgs	加流体包
6	Add	
7	Peng-Robinson	选状态方程
8	×	
9	Enter Simulation Environment	进入模拟环境

加入原料气

步骤	内 容	流号及数据
1	选中 Material Stream[蓝色箭头]置于 PFD 窗口中	
2	双击[Material Stream]	
3	在 Stream Name 栏填上	1
4	Temperature/℃	43
5	Pressure/kPa	4800
6	Molar Flow/(kmol/h)	196.16
7	双击 Stream 1 的 Molar Flow 位置	
8	Composition(填摩尔组成) 　Methane 　Ethane 　Propane 　$i-$Butane 　$n-$Butane 　$i-$Pentane 　$n-$Pentane 　Nitrogen	 0.9084 0.0703 0.0010 0.0000 0.0000 0.0000 0.0000 0.0203
9	Nomalize(圆整为 1。如果偏离 1 过大，输入有误请检查)	
10	OK	
11	×	

加入大冷箱换热器

步骤	内 容	流号及数据
1	从图例板点板式换热器[LNG Exchanger]置于 PFD 窗口中	
2	双击板式换热器[LNG Exchanger]	
3	Add Side，Add Side，Add Side	

步骤	内　　　容	流号及数据
4	填流号、压降及属性：	
	Inlet Streams	1
	Outlet Streams	2
	Pressure Drop /kPa	267
	Hot/Cold	Hot
	Inlet Streams	24
	Outlet Streams	25
	Pressure Drop /kPa	32
	Hot/Cold	Hot
	Inlet Streams	17
	Outlet Streams	18
	Pressure Drop /kPa	40
	Hot/Cold	Hot
	Inlet Streams	31
	Outlet Streams	32
	Pressure Drop /kPa	244
	Hot/Cold	Hot
	Inlet Streams	22
	Outlet Streams	23
	Pressure Drop /kPa	32
	Hot/Cold	Cold
5	Worksheet	
6	在指定 Stream Name 输入指定温度	2，25，18，32
7	Temperature/℃	−23，6，−21，−20
8	×	

加分离器

步骤	内　　　容	流号及数据
1	从图例板点二相分离器［Separator］置于 PFD 窗口中	
2	双击二相分离器［Separator］	
3	Inlet《Stream》	2
4	Vapour	3
5	Liquid	重烃
6	×	

加入节流阀

步骤	内　　　容	流号及数据
1	从图例板点节流阀［Valve］置于 PFD 窗口中	
2	双击节流阀［Valve］	
3	Inlet	3
4	Outlet	4

步骤	内　　容	流号及数据
5	Worksheet	
6	点击 Stream Name 4 下相应位置输入	
7	Pressure/kPa	4400
8	×	

加入小冷箱换热器

步骤	内　　容	流号及数据
1	从图例板点板式换热器[LNG Exchanger]置于 PFD 窗口中	
2	双击板式换热器[LNG Exchanger]	
3	Add Side，Add Side	
4	填流号、压降及属性： Inlet Streams Outlet Streams Pressure Drop /kPa Hot/Cold Inlet Streams Outlet Streams Pressure Drop /kPa Hot/Cold Inlet Streams Outlet Streams Pressure Drop /kPa Hot/Cold Inlet Streams Outlet Streams Pressure Drop /kPa Hot/Cold	 4 5 10 Hot 34 35 21 Hot 33 37 18 Hot 41 42 10 Cold
5	Worksheet	
6	在指定 Stream Name 输入指定温度	5，35，37
7	Temperature/℃	−151，−152，−152
8	×	

加入节流阀

步骤	内　　容	流号及数据
1	从图例板点节流阀[Valve]置于 PFD 窗口中	
2	双击节流阀[Valve]	
3	Inlet	5
4	Outlet	6
5	Worksheet	
6	点击 Stream Name 6 下相应位置输入	
7	Pressure/kPa	111.6
8	×	

加分离器

步骤	内 容	流号及数据
1	从图例板点二相分离器[Separator]置于 PFD 窗口中	
2	双击二相分离器[Separator]	
3	Inlet《Stream》	6
4	Vapour	闪蒸气
5	Liquid	LNG
6	×	

加循环及制冷剂条件

步骤	内 容	流号及数据
1	从图例板点循环[Recycle]置于 PFD 窗口中	
2	双击循环[Recycle]	
3	Inlet	23
4	Outlet	7
5	Worksheet	
6	点击 Stream Name 7 下相应位置输入	
7	Temperature/℃	32
8	Pressure/kPa	294
9	Molar Flow/(kmol/h)	541.5
10	双击 Stream 7 的 Molar Flow 位置	
11	Composition(填摩尔组成)	
	Methane	0.23
	Ethane	0.34
	Propane	0.08
	i-Butane	0.02
	n-Butane	0.05
	i-Pentane	0.14
	n-Pentane	0.10
	Nitrogen	0.04
12	OK	
13	×	

加分离器

步骤	内 容	流号及数据
1	从图例板点二相分离器[Separator]置于 PFD 窗口中	
2	双击二相分离器[Separator]	
3	Inlet《Stream》	7
4	Vapour	8
5	Liquid	分液
6	×	

414

加入低压压缩机

步骤	内　容	流号及数据
1	从图例板点压缩机[Compressor]置于 PFD 窗口中	
2	双击压缩机[Compressor]	
3	Inlet	8
4	Outlet	9
5	Energy	100
6	Worksheet	
7	点击 Stream Name 9 下相应位置输入	
8	Pressure/kPa	730
9	×	

加水冷器

步骤	内　容	流号及数据
1	从图例板点冷却器[Cooler]置于 PFD 窗口中	
2	双击冷却器[Cooler]	
3	Inlet	9
4	Outlet	10
5	Energy	101
6	Parameters	
7	Delta P /kPa	70
8	Worksheet	
9	点击 Stream Name 10 下相应位置输入	
10	Temperature/℃	60
11	×	

加分离器

步骤	内　容	流号及数据
1	从图例板点二相分离器[Separator]置于 PFD 窗口中	
2	双击二相分离器[Separator]	
3	Inlet《Stream》	10
4	Vapour	11
5	Liquid	12
6	×	

加入中压压缩机

步骤	内　容	流号及数据
1	从图例板点压缩机[Compressor]置于 PFD 窗口中	
2	双击压缩机[Compressor]	
3	Inlet	11
4	Outlet	13

步骤	内　容	流号及数据
5	Energy	102
6	Worksheet	
7	点击 Stream Name 13 下相应位置输入	
8	Pressure/kPa	1710
9	×	

加水冷器

步骤	内　容	流号及数据
1	从图例板点冷却器[Cooler]置于 PFD 窗口中	
2	双击冷却器[Cooler]	
3	Inlet	13
4	Outlet	14
5	Energy	103
6	Parameters	
7	Delta P /kPa	80
8	Worksheet	
9	点击 Stream Name 14 下相应位置输入	
10	Temperature/℃	43
11	×	

加循环及初值

步骤	内　容	流号及数据
1	从图例板点循环[Recycle]置于 PFD 窗口中	
2	双击循环[Recycle]	
3	Inlet	25
4	Outlet	26
5	Worksheet	
6	点击 Stream Name 26 下相应位置输入	
7	Temperature/℃	6
8	Pressure/kPa	1398
9	Molar Flow/(kmol/h)	381
10	双击 Stream 26 的 Molar Flow 位置	
11	Composition(填摩尔组成) Methane Ethane Propane i-Butane n-Butane i-Pentane n-Pentane Nitrogen	 0.31 0.43 0.08 0.02 0.05 0.04 0.01 0.06
12	OK	
13	×	

加分离器

步骤	内 容	流号及数据
1	从图例板点二相分离器[Separator]置于 PFD 窗口中	
2	双击二相分离器[Separator]	
3	Inlet《Stream》	26
4	Vapour	28
5	Liquid	27
6	×	

加泵

步骤	内 容	流号及数据
1	从图例板点泵[Pump]置于 PFD 窗口中	
2	双击泵[Pump]	
3	Inlet	27
4	Outlet	46
5	Energy	106
6	Worksheet	
7	点击 Stream Name 46 下相应位置输入	
8	Pressure/kPa	1650
9	×	

加入吸收塔

步骤	内 容	流号及数据
1	从图例板点吸收塔[Absorber]置于 PFD 窗口中	
2	双击吸收塔[Absorber]	
3	理论板数 $n =$	15
4	Top Stage Inlet	46
5	Bottom Stage Inlet	14
6	Ovhd Vapour Outlet	15
7	Bottoms Liquid Outlet	16
8	Next	
9	Top Stage Pressure /kPa	1600
10	Reboiler Pressure /kPa	1630
11	Next，Done	
12	Run	
13	×	

加入节流阀

步骤	内 容	流号及数据
1	从图例板点节流阀[Valve]置于 PFD 窗口中	
2	双击节流阀[Valve]	

步骤	内 容	流号及数据
3	Inlet	15
4	Outlet	24
5	Worksheet	
6	点击 Stream Name 24 下相应位置输入	
7	Pressure/kPa	1440
8	×	

加泵

步骤	内 容	流号及数据
1	从图例板点泵[Pump]置于 PFD 窗口中	
2	双击泵[Pump]	
3	Inlet	16
4	Outlet	17
5	Energy	107
6	Worksheet	
7	点击 Stream Name 17 下相应位置输入	
8	Pressure/kPa	1700
9	×	

加入高压压缩机

步骤	内 容	流号及数据
1	从图例板点压缩机[Compressor]置于 PFD 窗口中	
2	双击压缩机[Compressor]	
3	Inlet	28
4	Outlet	29
5	Energy	104
6	Worksheet	
7	点击 Stream Name 29 下相应位置输入	
8	Pressure/kPa	4660
9	×	

加水冷器

步骤	内 容	流号及数据
1	从图例板点冷却器[Cooler]置于 PFD 窗口中	
2	双击冷却器[Cooler]	
3	Inlet	29
4	Outlet	31
5	Energy	105

步骤	内 容	流号及数据
6	Parameters	
7	Delta P /kPa	10
8	Worksheet	
9	点击 Stream Name 31 下相应位置输入	
10	Temperature/℃	42
11	×	

加入节流阀

步骤	内 容	流号及数据
1	从图例板点节流阀[Valve]置于 PFD 窗口中	
2	双击节流阀[Valve]	
3	Inlet	18
4	Outlet	19
5	Worksheet	
6	点击 Stream Name 19 下相应位置输入	
7	Pressure/kPa	326
8	×	

加分离器

步骤	内 容	流号及数据
1	从图例板点二相分离器[Separator]置于 PFD 窗口中	
2	双击二相分离器[Separator]	
3	Inlet《Stream》	32
4	Vapour	33
5	Liquid	34
6	×	

加入节流阀

步骤	内 容	流号及数据
1	从图例板点节流阀[Valve]置于 PFD 窗口中	
2	双击节流阀[Valve]	
3	Inlet	35
4	Outlet	36
5	Worksheet	
6	点击 Stream Name 36 下相应位置输入	
7	Pressure/kPa	342
8	×	

加入节流阀

步骤	内 容	流号及数据
1	从图例板点节流阀[Valve]置于 PFD 窗口中	
2	双击节流阀[Valve]	
3	Inlet	37
4	Outlet	38
5	Worksheet	
6	点击 Stream Name 38 下相应位置输入	
7	Pressure/kPa	358
8	×	

加混合器

步骤	内 容	流号及数据
1	从图例板点混合器[Mixer]置于 PFD 窗口中	
2	双击混合器[Mixer]	
3	Inlets	19, 42
4	Outlet	41
5	×	

注意：此混合器必须等所有输入流号都完成后才能给定输出流号！否则不易收敛。

加混合器

步骤	内 容	流号及数据
1	从图例板点混合器[Mixer]置于 PFD 窗口中	
2	双击混合器[Mixer]	
3	Inlets	19, 42
4	Outlet	22
5	×	

注意：此混合器必须等所有输入流号都完成后才能给定输出流号！否则不易收敛。

本题计算的关键是准确估算两股循环制冷剂的组成，给定的初值不同，可能会导致两个冷箱换热器的换热效果不同。特别是精馏塔顶气相的迭代是内圈迭代，组成初值对整个流程的收敛影响很大。

第六节　调峰型液化天然气工艺计算

调峰型天然气液化装置的特点是规模比较小，主要用于用气不平衡时的调峰用，有的输气管道末端常设计有调峰型天然气液化装置。该法流程多采用膨胀制冷，虽然能耗较高，但流程简单。现介绍一种常用的、用氮气为冷却介质的膨胀制冷流程的 HYSYS 软件计算模型，供从事天然气液化设计人员参考。

调峰型天然气液化装置主要是作为用气负荷不均时的调峰时使用。如白天和晚上、冬季和夏季一般用气是不均匀的。为了保证用气，常在长输管道末端、城市管网附近或某些交通不便的地方设置调峰站，一方面调峰，另一方面供给管道未到达的地区的天然气用户。调峰型天然气液化装置一般采用膨胀制冷流程，有的利用天然气管道的压力能，用膨胀机直接膨胀制冷使部分天然气液化，如美国西北天然气公司1968年建立的一座调峰站，进气压力为2.67MPa，膨胀后压力为490kPa，循环液化率为10%左右。这种流程建立在管道压力高，实际使用压力低的基础上，即有压力能可以利用的场合。其优点是利用管道压差能，几乎不需要耗电，流程简单、设备少、操作维护方便。缺点是液化率低，一般在7%~15%。

另一种为氮或氮和甲烷的混合物膨胀制冷的天然气液化装置，此种装置制冷剂自成系统，与天然气分开。该装置的特点是液化率高，体积小，操作方便，制冷剂来源方便。下面主要介绍氮膨胀制冷和氮甲烷混合冷剂制冷的 HYSYS 软件计算模型。

一、基础条件

1. 原料气组成见表5-27。

表 5-27　原料气组成　　　　　　　　　　　　　　%(mol)

组分	C_1	C_2	C_3	$i-C_4$	$n-C_4$	$i-C_5$	$n-C_5$	$n-C_6$	N_2	H_2	He
组成	96.53	2.73	0.28	0.04	0.05	0.01	0.01	0.01	0.31	0.01	0.02

2. 原料气温度35℃。

3. 原料气压力：2670kPa。

4. 原料气流率：1860kmol/h(0℃，101.325kPa，$100×10^4 m^3/d$)。

二、工艺原则流程图

工艺原则流程见图5-11。

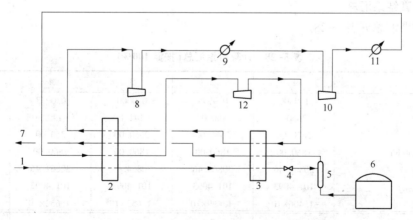

图 5-11　氮膨胀制冷天然气液化原则流程图

1—天然气；2—大冷箱；3—小冷箱；4—节流阀；5—分液罐；6—LNG 储罐；7—燃料气；
8—冷剂一级压缩机；9—水冷器；10—冷剂二级压缩机；11—水冷器；12—冷剂膨胀机

1. 原料气部分

净化后的天然气(1)压力为2670kPa，温度为35℃进入大冷箱(2)被冷却至-60℃，进入小冷箱(3)被冷却至-141℃，再经节流阀(4)节流至压力为250kPa，温度降至-149.3℃进入分离器(5)，分离器顶部分出燃料气(7)，分别经小冷箱、大冷箱换热后作为燃料气供装置使用。此部分气体因含有氦0.29%，如果进一步回收氦气，可不进行换热，继续冷冻分离出氦。分离器底部为LNG产品去储罐(6)储存。

2. 冷剂循环部分(按氮100%叙述)

氮气(或氮+甲烷)从大冷箱(1)出来后温度为32.78℃，压力为180kPa，进入冷剂压缩机一级(8)，冷剂被压缩至850kPa，进入水冷器(9)冷却至35℃，进入冷剂二级压缩机(10)压缩至6500kPa。然后进入大冷箱被冷却至-60℃，再进入膨胀机(12)膨胀至200kPa，温度降为-175℃进入小冷箱(3)与原料气换热，原料气被冷却至-141℃。冷剂从小冷箱出来进入大冷箱复热至32.8℃去压缩机，完成一个循环。

三、HYSYS 软件计算模型

按照图5-11原则流程图编制出HYSYS软件计算模型，见图5-12。

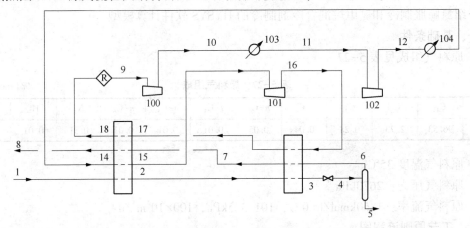

图 5-12　氮膨胀制冷天然气液化 HYSYS 软件计算模型

四、计算结果汇总

计算结果汇总见表5-28。

表 5-28　计算结果汇总(按氮100%)

流　　号	1	2	3	4	5
气相分数	1.0000	0.9998	0.0000	0.0678	0.0000
温度/℃	25.00	-60.00	-141.00	-149.30	-149.30
压力/kPa	2670.00	2660.00	2650.00	250.00	250.00
摩尔流率/(kmol/h)	1860.00	1860.00	1860.00	1860.00	1733.96
质量流率/(kg/h)	30864.46	30864.46	30864.46	30864.46	28811.67
体积流率/(m³/h)	101.4093	101.4093	101.4093	101.4093	94.7263
热流率/(kJ/h)	-1.406×10^8	-1.469×10^8	-1.652×10^8	-1.652×10^8	-1.552×10^8

流　　号	6	7	8	9	10
气相分数	1.0000	1.0000	1.0000	1.0000	1.0000
温度/℃	-149.30	-80.00	25.00	30.33	250.80
压力/kPa	250.00	240.00	230.00	180.00	850.00
摩尔流率/(kmol/h)	126.04	126.04	126.04	9000.00	9000.00
质量流率/(kg/h)	2052.79	2052.79	2052.79	252117.00	252117.00
体积流率/(m³/h)	6.6830	6.6830	6.6830	312.6552	312.6552
热流率/(kJ/h)	-9.925×10^6	-9.628×10^6	-9.170×10^6	1.279×10^6	6.032×10^7

流　　号	11	12	14	15	16
气相分数	1.0000	1.0000	1.0000	1.0000	1.0000
温度/℃	35.00	353.11	35.00	-65.00	-178.46
压力/kPa	830.00	6500.00	6470.00	6460.00	200.00
摩尔流率/(kmol/h)	9000.00	9000.00	9000.00	9000.00	9000.00
质量流率/(kg/h)	252117.00	252117.00	252117.00	252117.00	252117.00
体积流率/(m³/h)	312.6552	312.6552	312.6552	312.6552	312.6552
热流率/(kJ/h)	2.097×10^6	8.860×10^7	-1.085×10^6	-3.178×10^7	-5.325×10^7

流　　号	17	18
气相分数	1.0000	1.0000
温度/℃	-109.91	30.33
压力/kPa	190.00	180.00
摩尔流率/(kmol/h)	9000.00	9000.00
质量流率/(kg/h)	252117.00	252117.00
体积流率/(m³/h)	312.6552	312.6552
热流率/(kJ/h)	-3.532×10^7	1.279×10^6

五、混合冷剂与氮制冷剂的比较

在计算模型相同，操作条件相同和冷剂出大冷箱的温度与原料气的温差在 2~3℃ 的情况下，单独用氮和用氮与甲烷混合冷剂制冷的比较，见表 5-29。

表 5-29　混合冷剂与氮制冷剂的比较

冷剂组成/%		冷剂循环量		能耗/(10^7kJ/h)[①]			
N₂	CH₄	kmol/h	kg/h	压缩机一级	压缩机二级	水冷器1	水冷器2
100	0	8760	245400	5.793	8.420	5.776	8.730
90	10	8630	231400	6.831	8.201	6.823	8.541
80	20	8460	216700	6.643	7.954	6.640	8.325
70	30	8330	203400	6.493	7.753	6.494	8.159
60	40	8230	191100	6.369	7.587	6.374	8.030
50	50	8140	179300	6.260	7.434	6.272	7.919
40	60	8080	168300	6.175	7.314	6.190	7.844
30	70	7880	154700	5.984	7.070	5.999	7.640
20	80	7690	141800	5.807	6.841	5.828	7.452
10	90	6950	119800	5.214	6.131	5.227	6.736
5	95	6800	113200	5.087	5.973	5.100	6.594

① 未考虑膨胀机能量回收。

混合冷剂的组成与液化率的关系，见表 5-30。

表 5-30　混合冷剂的组成与液化率的关系

混合冷剂组成/%		温度/℃			LNG 量		LNG 收率	
N₂	CH₄	冷剂出大冷箱	原料出小冷箱	原料节流阀后	kmol/h	kg/h	%(mol)	%(质量)
100	0.0	32.78	-141.0	-149.3	1734	28810	93.23	93.36
90	10	32.92	-147.0	-149.6	1813	30100	97.47	97.54
80	20	32.95	-147.0	-149.6	1813	30100	97.47	97.54

混合冷剂组成/%		温度/℃			LNG 量		LNG 收率	
N_2	CH_4	冷剂出 大冷箱	原料出 小冷箱	原料节 流阀后	kmol/h	kg/h	%(mol)	%(质量)
70	30	32.97	−147.0	−149.6	1813	30100	97.47	97.54
60	40	32.94	−147.0	−149.6	1813	30100	97.47	97.54
50	50	33.04	−147.0	−149.6	1813	30100	97.47	97.54
40	60	33.02	−147.0	−149.6	1813	30100	97.47	97.54
30	70	32.86	−144.0	−149.4	1774	29460	95.38	95.46
20	80	32.89	−141.0	−149.3	1734	28810	93.26	93.36
10	90	32.47	−128.0	−149.0	1550	25840	83.33	83.73
5	95	32.40	−125.0	−149.0	1505	25120	80.91	81.40

六、结论

调峰型天然气液化装置，从表 5-29 可以看出，随着氮气中加入的甲烷量的增加，能耗是逐渐下降的，采用混合冷剂对节能有利。从表 5-30 中可以看出，在冷剂出大冷箱去压缩机的温度基本相同的情况下，冷剂中加入 10%~60% 的甲烷，其变化对液化率没有影响。甲烷量加入从 70% 开始，液化率开始下降。在液化率 93.36% 相同的情况下，用混合冷剂（氮∶甲烷＝20∶80）可以节能 9.72%。从表 5-29 看，显然采用混合冷剂（甲烷含量在 10%~60%）可以得到高的液化率，且在甲烷加入量在 30% 以后，能量消耗较低。

七、调峰型天然气液化 HYSYS 软件计算详细步骤

输入计算所需的全部组分和流体包

步骤	内　容	流号及数据
1	New Case［新建空白文档］	
2	Add［加入］	
3	Components：C_1、C_2、C_3、i-C_4、n-C_4、i-C_5、n-C_5、C_6、He、N_2、H_2	添加库组分
4	×	
5	Fluid Pkgs	加流体包
6	Add	
7	Peng-Robinson	选状态方程
8	×	
9	Enter Simulation Environment	进入模拟环境

加入原料气

步骤	内　容	流号及数据
1	选中 Material Stream［蓝色箭头］置于 PFD 窗口中	
2	双击［Material Stream］	
3	在 Stream Name 栏填上：	1
4	Temperature/℃	25
5	Pressure/kPa	2670
6	Molar Flow/(kmol/h)	1860
7	双击 Stream 1 的 Molar Flow 位置	

步骤	内　容	流号及数据
8	Composition(填摩尔组成)	
	Methane	0.9653
	Ethane	0.0273
	Propane	0.0028
	i-Butane	0.0004
	n-Butane	0.0005
	i-Pentane	0.0001
	n-Pentane	0.0001
	n-Hexane	0.0001
	Helium	0.0002
	Nitrogen	0.0031
	Hydrogen	0.0001
9	Nomalize(圆整为1。如果偏离1过大，输入有误请检查)	
10	OK	
11	×	

加入大冷箱换热器

步骤	内　容	流号及数据
1	从图例板点板式换热器[LNG Exchanger]置于PFD窗口中	
2	双击板式换热器[LNG Exchanger]	
3	Add Side，Add Side	
4	填流号、压降及属性：	
	Inlet Streams	1
	Outlet Streams	2
	Pressure Drop /kPa	10
	Hot/Cold	Hot
	Inlet Streams	14
	Outlet Streams	15
	Pressure Drop /kPa	10
	Hot/Cold	Hot
	Inlet Streams	17
	Outlet Streams	18
	Pressure Drop /kPa	10
	Hot/Cold	Cold
	Inlet Streams	7
	Outlet Streams	8
	Pressure Drop /kPa	10
	Hot/Cold	Cold
5	Worksheet	
6	在指定 Stream Name 输入指定温度	2，15，8
7	Temperature/℃	-60，-65，25
8	×	

加入小冷箱换热器

步骤	内　　容	流号及数据
1	从图例板点板式换热器[LNG Exchanger]置于PFD窗口中	
2	双击板式换热器[LNG Exchanger]	
3	Add Side	
4	填流号、压降及属性： 　Inlet Streams 　Outlet Streams 　Pressure Drop/kPa 　Hot/Cold 　Inlet Streams 　Outlet Streams 　Pressure Drop /kPa 　Hot/Cold 　Inlet Streams 　Outlet Streams 　Pressure Drop /kPa 　Hot/Cold	 2 3 10 Hot 6 7 10 Cold 16 17 10 Cold
5	Worksheet	
6	在指定Stream Name输入指定温度	3，7
7	Temperature/℃	−141，−80
8	×	

加入节流阀

步骤	内　　容	流号及数据
1	从图例板点节流阀[Valve]置于PFD窗口中	
2	双击节流阀[Valve]	
3	Inlet	3
4	Outlet	4
5	Worksheet	
6	点击Stream Name 4下相应位置输入	
7	Pressure/kPa	250
8	×	

加分离器

步骤	内　　容	流号及数据
1	从图例板点二相分离器[Separator]置于PFD窗口中	
2	双击二相分离器[Separator]	
3	Inlet《Stream》	4
4	Vapour	6
5	Liquid	5
6	×	

426

加循环及制冷剂初始条件

步骤	内 容	流号及数据
1	从图例板点循环［Recycle］置于 PFD 窗口中	
2	双击循环［Recycle］	
3	Inlet	18
4	Outlet	9
5	Worksheet	
6	点击 Stream Name 9 下相应位置输入	
7	Pressure/kPa	180
8	Molar Flow/（kmol/h）	6000 *
9	双击 Stream 9 的 Molar Flow 位置	
10	Composition（填摩尔组成） 　Nitrogen 　其他	 1.0 0.0
11	×	

注：* 制冷剂循环量为初值，需要保证两个冷箱的最小温差均不低于 4℃（可在 LNG 换热器的 Performance 表单下查看最小换热温差 Min Approach）。

加入一级压缩机

步骤	内 容	流号及数据
1	从图例板点压缩机［Compressor］置于 PFD 窗口中	
2	双击压缩机［Compressor］	
3	Inlet	9
4	Outlet	10
5	Energy	100
6	Worksheet	
7	点击 Stream Name 10 下相应位置输入	
8	Pressure/kPa	850
9	×	

加水冷器

步骤	内 容	流号及数据
1	从图例板点冷却器［Cooler］置于 PFD 窗口中	
2	双击冷却器［Cooler］	
3	Inlet	10
4	Outlet	11
5	Energy	103
6	Parameters	
7	Delta P /kPa	20
8	Worksheet	

步骤	内　　容	流号及数据
9	点击 Stream Name 11 下相应位置输入	
10	Temperature/℃	35
11	×	

加入二级压缩机

步骤	内　　容	流号及数据
1	从图例板点压缩机[Compressor]置于 PFD 窗口中	
2	双击压缩机[Compressor]	
3	Inlet	11
4	Outlet	12
5	Energy	102
6	Worksheet	
7	点击 Stream Name 12 下相应位置输入	
8	Pressure/kPa	6500
9	×	

加水冷器

步骤	内　　容	流号及数据
1	从图例板点冷却器[Cooler]置于 PFD 窗口中	
2	双击冷却器[Cooler]	
3	Inlet	12
4	Outlet	14
5	Energy	104
6	Parameters	
7	Delta P /kPa	30
8	Worksheet	
9	点击 Stream Name 14 下相应位置输入	
10	Temperature/℃	35
11	×	

加入膨胀机

步骤	内　　容	流号及数据
1	从图例板点膨胀机[Expander]置于 PFD 窗口中	
2	双击膨胀机[Expander]	
3	Inlet	15
4	Outlet	16
5	Energy	101
6	Worksheet	

步骤	内　　容	流号及数据
7	点击 Stream Name 16 下相应位置输入	
8	Pressure/kPa	200
9	×	

在给定的制冷剂循环量下，大冷箱的制冷负荷不足，出现逆向传热，需要将流号9冷剂循环量增加至9000kmol/h，大小冷箱收敛。

第七节　煤层气的液化

一、概述

煤层气属非常规天然气，是优质能源和化工原料，具有广阔的市场前景。我国是世界上煤层气资源最丰富的国家之一。"十二五"期间，煤层气地面开发利用步伐加快，规划期末煤层气产量、利用量是"十一五"末的3倍。沁水盆地、鄂尔多斯盆地东缘产业化基地初步形成，潘庄、樊庄、潘河、保德、韩城等重点开发项目建成投产，四川、新疆、贵州等省（区）煤层气勘探开发取得突破性进展。全国新钻煤层气井11300余口，新增煤层气探明地质储量 $3504 \times 10^9 m^3$，分别比"十一五"增长 109.3% 和 77.0%；2015年，煤层气产量 $44 \times 10^9 m^3$、利用量 $38 \times 10^9 m^3$，分别比2010年增长 193.3% 和 216.7%，年均分别增长 24.0% 和 25.9%；2015年煤层气利用率 86.4%，比2010年提高了 6.4 个百分点。

煤矿瓦斯抽采利用量逐年大幅度上升。2015年，煤矿瓦斯抽采量 $136 \times 10^9 m^3$、利用量 $48 \times 10^9 m^3$，分别比2010年增长 78.9% 和 100%，年均分别增长 12.3% 和 14.9%；煤矿瓦斯利用率 35.3%，比2010年提高了 3.7 个百分点。全国大中型高瓦斯和煤与瓦斯突出矿井均按要求建立了瓦斯抽采系统，建成了 30 个年抽采量达到亿立方米级的煤矿瓦斯抽采矿区，分区域建设了 80 个煤矿瓦斯治理示范矿井，山西、贵州、安徽、河南、重庆等5省（市）煤矿瓦斯年抽采量超过 $5 \times 10^9 m^3$。

国内煤层气的发展目标是"十三五"期间，新增煤层气探明地质储量 $4200 \times 10^9 m^3$，建成 2~3 个煤层气产业化基地。2020年，煤层气（煤矿瓦斯）抽采量达到 $240 \times 10^9 m^3$，其中地面煤层气产量 $100 \times 10^9 m^3$，利用率 90% 以上；煤矿瓦斯抽采 $140 \times 10^9 m^3$，利用率 50% 以上，煤矿瓦斯发电装机容量 $280 \times 10^4 kW$，民用超过 168 万户。

煤层气作为一个资源丰富的独立能源新矿种，可望成为中国 21 世纪天然气以外最重要的清洁能源之一。煤层气除了管输之外，煤层气的液化也是一种储运方式。

二、基础条件

（1）煤层气组成见表5-31，以山西沁水煤层气中央处理厂煤层气组成为例。

表5-31　山西沁水煤层气中央处理厂煤层气组成　　　　%（体积）

序号	组分	冬季	夏季
1	CH_4	97.6915	97.6900
2	C_2H_6	0.0398	0.0400
3	CO_2	0.4279	0.4300

序号	组分	冬季	夏季
4	N_2	1.3433	1.3400
5	H_2O	0.4975	0.5000
6	合计	100.0000	100.0000

（2）温度：35℃。

（3）压力：200kPa(a)。

（4）流率：$20×10^8 m^3/a = 25×10^4 m^3/h = 11160kmol/h$（0℃，101.325kPa）。

（5）运行时间：8000h/a。

三、工艺流程

煤层气液化工艺原则流程见图5-13。

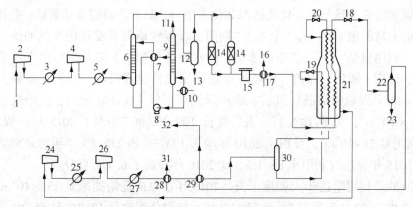

图5-13 煤层气液化工艺原则流程图

1—煤层气；2—压缩机（一级）；3—水冷器；4—压缩机（二级）；5—水冷器；6—吸收塔；7—换热器；
8—溶剂循环泵；9—再生塔；10—重沸器；11—CO_2；12—分液罐；13—吸收剂；14—分子筛脱水器；
15—过滤器；16—丙烷；17—煤层气丙烷蒸发器；18—节流阀1；19—节流阀2；20—节流阀3；21—冷箱；
22—分液罐；23—LNG；24—冷剂压缩机（一级）；25—水冷器；26—冷剂压缩机（二级）；27—水冷器；
28—冷剂丙烷蒸发器；29—冷剂燃料气换热器；30—分液罐；31—丙烷；32—燃料气

煤层气（1）温度为35℃，压力为200kPa，经压缩机一级（2）压缩至1000kPa，温度升至200℃进入水冷器（3），冷却至35℃进入压缩机二级（4）压缩至5200kPa，温度升为208℃，经水冷器（5）冷却至35℃进入吸收塔（6），塔顶打入吸收剂—乙醇胺（MEA）脱出煤层气中的CO_2，吸收了CO_2的溶剂与再生塔（9）来的贫吸收剂换热后进入再生塔，在塔底重沸器（10）的作用下脱出CO_2（11）。贫溶剂用溶剂循环泵（8）抽出，换热后打入吸收塔，完成溶剂循环。脱出CO_2的煤层气进入分液罐（12），分出携带的吸收剂（13）后，进入分子筛脱水器（14）脱出煤层气中的水分，经过滤器（15）过滤出机械杂质，然后进入丙烷蒸发器（17），煤层气被冷却至-35℃从下部进入冷箱（21）。在冷箱中煤层气被冷却到-150℃再经节流阀1(18)节流至150kPa进入分离器（22），分离器顶部未液化的气体作为燃料气（32）与冷剂换热后出装置。分离器底部为成品LNG（23）。

从冷箱出来的混合冷剂温度-39℃进入冷剂压缩机（24）一级，压缩至1000kPa，温度为110℃进入水冷器（25）冷却至35℃进入压缩机二级（26），混合冷剂被压缩至5300kPa经水冷器（27）冷却至35℃进入冷剂丙烷蒸发器（28），混合冷剂被冷却至-35℃进入换热器（29）换热后进入分离器(30)。分离器底部液相进入冷箱，被冷却至-138℃，再经节流阀2(19)节流至150kPa，进入冷箱壳体下部；分离器(30)顶部气相也从下部进入冷箱被冷却至-150℃进入节流阀3(20)节流至150kPa，温度为-178.6℃进入冷箱壳体上部，自上而下与煤层气、冷剂换热，与分离器液相汽化后的气体混合一起出冷箱进入冷剂循环压缩机，完成一个循环。

四、HYSYS 软件计算模型

这里选择了两个方案：方案一为出大冷箱的混合冷剂不换热直接去冷剂压缩机；方案二为出大冷箱的混合冷剂与原料气换热，代替原料气的丙烷蒸发器。两个方案的 HYSYS 软件计算模型分别见图5-14、图5-15。图中用分子筛切割器代替吸收塔，切割出 CO_2。

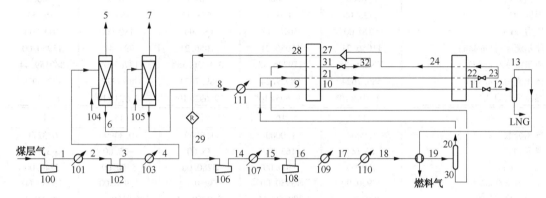

图5-14　煤层气液化 HYSYS 软件计算模型(方案一)

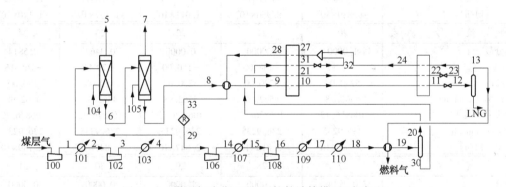

图5-15　煤层气液化 HYSYS 软件计算模型(方案二)

五、HYSYS 软件计算结果汇总

(1)方案一计算结果汇总见表5-32。

表5-32　方案一计算结果汇总

流　　号	煤层气	1	2	3	4
气相分数	1.0000	1.0000	1.0000	1.0000	0.9963
温度/℃	35.00	199.83	35.00	208.08	35.00
压力/kPa	200.00	1000.00	980.00	5200.00	5180.00
摩尔流率/(kmol/h)	11160.00	11160.00	11160.00	11160.00	11160.00
质量流率/(kg/h)	182343.56	182343.56	182343.56	182343.56	182343.56
体积流率/(m³/h)	593.3286	593.3286	593.3286	593.3286	593.3286
热流率/(kJ/h)	$-8.457×10^8$	$-7.724×10^8$	$-8.472×10^8$	$-7.715×10^8$	$-8.569×10^8$

流　号	5	6	7	8	9
气相分数	1.0000	0.9963	0.0000	1.0000	1.0000
温度/℃	35.00	35.00	35.00	35.00	-35.00
压力/kPa	5180.00	5180.00	5130.00	5130.00	5110.00
摩尔流率/(kmol/h)	47.99	11112.01	55.80	11056.21	11056.21
质量流率/(kg/h)	2111.94	180231.62	1005.24	179226.38	179226.38
体积流率/(m³/h)	2.5589	590.7697	1.0073	589.7624	589.7624
热流率/(kJ/h)	-1.900×10⁷	-8.379×10⁸	-1.592×10⁷	-8.225×10⁸	-8.561×10⁸

流　号	10	11	12	13	14
气相分数	0.0000	0.0000	0.0716	1.0000	1.0000
温度/℃	-138.00	-150.00	-158.17	-158.17	108.53
压力/kPa	5090.00	5070.00	150.00	150.00	1000.00
摩尔流率/(kmol/h)	11056.21	11056.21	11056.21	791.47	13950.00
质量流率/(kg/h)	179226.38	179226.38	179226.38	13763.07	389159.44
体积流率/(m³/h)	589.7624	589.7624	589.7624	40.7327	937.5979
热流率/(kJ/h)	-9.619×10⁸	-9.695×10⁸	-9.695×10⁸	-5.751×10⁷	-9.295×10⁸

流　号	15	16	17	18	19
气相分数	1.0000	1.0000	1.0000	0.3399	0.3271
温度/℃	35.00	163.76	35.00	-35.00	-37.17
压力/kPa	980.00	5300.00	5280.00	5260.00	5240.00
摩尔流率/(kmol/h)	13950.00	13950.00	13950.00	13950.00	13950.00
质量流率/(kg/h)	389159.44	389159.44	389159.44	389159.44	389159.44
体积流率/(m³/h)	937.5979	937.5979	937.5979	937.5979	937.5979
热流率/(kJ/h)	-9.839×10⁸	-8.966×10⁸	-1.011×10⁹	-1.137×10⁹	-1.140×10⁹

流　号	20	21	22	23	24
气相分数	1.0000	0.0000	0.0000	0.3462	0.5814
温度/℃	-37.17	-138.00	-150.00	-179.09	-165.16
压力/kPa	5240.00	5220.00	5200.00	150.00	130.00
摩尔流率/(kmol/h)	4562.98	4562.98	4562.98	4562.98	4562.98
质量流率/(kg/h)	106876.12	106876.12	106876.12	106876.12	106876.12
体积流率/(m³/h)	236.9235	236.9235	236.9235	236.9235	236.9235
热流率/(kJ/h)	-2.385×10⁸	-2.815×10⁸	-2.847×10⁸	-2.847×10⁸	-2.739×10⁸

流　号	27	28	29	30	31
气相分数	0.2914	1.0000	1.0000	0.0000	0.0000
温度/℃	-153.80	-39.13	-39.13	-37.17	-138.00
压力/kPa	130.00	110.00	110.00	5240.00	5220.00
摩尔流率/(kmol/h)	13950.00	13950.00	13950.00	9387.02	9387.02
质量流率/(kg/h)	389159.44	389159.44	389159.44	282283.32	282283.32
体积流率/(m³/h)	937.5979	937.5979	937.5979	700.6744	700.6744
热流率/(kJ/h)	-1.243×10⁹	-1.026×10⁹	-1.026×10⁹	-9.013×10⁸	-9.690×10⁸

流　号	32	LNG	燃料气		
气相分数	0.1310	0.0000	1.0000		
温度/℃	-147.25	-158.17	-40.00		
压力/kPa	130.00	150.00	130.00		
摩尔流率/(kmol/h)	9387.02	10264.75	791.47		
质量流率/(kg/h)	282283.32	165463.31	13763.07		
体积流率/(m³/h)	700.6744	549.0297	40.7327		
热流率/(kJ/h)	-9.690×10⁸	-9.120×10⁸	-5.440×10⁷		

432

液化率：脱出 CO_2 和水后的原料气总量为 179226kg/h，产 LNG 165463kg/h，液化率为 92.32%。

（2）方案二计算结果汇总见表 5-33。

表 5-33　方案二计算结果汇总

流　　号	煤层气	1	2	3	4
气相分数	1.0000	1.0000	1.0000	1.0000	0.9963
温度/℃	35.00	199.83	35.00	208.08	35.00
压力/kPa	200.00	1000.00	980.00	5200.00	5180.00
摩尔流率/(kmol/h)	11160.00	11160.00	11160.00	11160.00	11160.00
质量流率/(kg/h)	182343.56	182343.56	182343.56	182343.56	182343.56
体积流率/(m³/h)	593.3286	593.3286	593.3286	593.3286	593.3286
热流率/(kJ/h)	-8.457×10^8	-7.724×10^8	-8.472×10^8	-7.715×10^8	-8.569×10^8

流　　号	5	6	7	8	9
气相分数	1.0000	0.9963	0.0000	1.0000	1.0000
温度/℃	35.00	35.00	35.00	35.00	-35.00
压力/kPa	5180.00	5180.00	5130.00	5130.00	5120.00
摩尔流率/(kmol/h)	47.99	11112.01	55.80	11056.21	11056.21
质量流率/(kg/h)	2111.94	180231.62	1005.24	179226.38	179226.38
体积流率/(m³/h)	2.5589	590.7697	1.0073	589.7624	589.7624
热流率/(kJ/h)	-1.900×10^7	-8.379×10^8	-1.592×10^7	-8.225×10^8	-8.561×10^8

流　　号	10	11	12	13	14
气相分数	0.0000	0.0000	0.0716	1.0000	1.0000
温度/℃	-138.00	-150.00	-158.17	-158.17	181.53
压力/kPa	5100.00	5080.00	150.00	150.00	1000.00
摩尔流率/(kmol/h)	11056.21	11056.21	11056.21	791.69	13950.00
质量流率/(kg/h)	179226.38	179226.38	179226.38	13766.79	389159.44
体积流率/(m³/h)	589.7624	589.7624	589.7624	40.7445	937.5979
热流率/(kJ/h)	-9.619×10^8	-9.695×10^8	-9.695×10^8	-5.753×10^7	-8.691×10^8

流　　号	15	16	17	18	19
气相分数	1.0000	1.0000	1.0000	0.3399	0.3271
温度/℃	35.00	163.76	35.00	-35.00	-37.17
压力/kPa	980.00	5300.00	5280.00	5260.00	5240.00
摩尔流率/(kmol/h)	13950.00	13950.00	13950.00	13950.00	13950.00
质量流率/(kg/h)	389159.44	389159.44	389159.44	389159.44	389159.44
体积流率/(m³/h)	937.5979	937.5979	937.5979	937.5979	937.5979
热流率/(kJ/h)	-9.839×10^8	-8.966×10^8	-1.011×10^9	-1.137×10^9	-1.140×10^9

流　　号	20	21	22	23	24
气相分数	1.0000	0.0000	0.0000	0.3462	0.5814
温度/℃	-37.17	-138.00	-150.00	-179.09	-165.16
压力/kPa	5240.00	5220.00	5200.00	150.00	130.00
摩尔流率/(kmol/h)	4562.92	4562.92	4562.92	4562.92	4562.92
质量流率/(kg/h)	106874.80	106874.80	106874.80	106874.80	106874.80
体积流率/(m³/h)	236.9200	236.9200	236.9200	236.9200	236.9200
热流率/(kJ/h)	-2.385×10^8	-2.815×10^8	-2.847×10^8	-2.847×10^8	-2.739×10^8

流　号	25	26	27	28	29
气相分数	0.0000	1.0000	0.2914	1.0000	1.0000
温度/℃	-153.80	-153.80	-153.80	-39.19	14.61
压力/kPa	130.00	130.00	130.00	110.00	100.00
摩尔流率/(kmol/h)	9884.99	4065.01	13950.00	13950.00	13950.00
质量流率/(kg/h)	296429.89	92729.56	389159.44	389159.44	389159.44
体积流率/(m³/h)	762.7636	174.8343	937.5979	937.5979	937.5979
热流率/(kJ/h)	$-1.087×10^9$	$-1.556×10^8$	$-1.243×10^9$	$-1.026×10^9$	$-9.928×10^8$

流　号	30	31	32	LNG	燃料气
气相分数	0.0000	0.0000	0.1310	0.0000	1.0000
温度/℃	-37.17	-138.00	-147.25	-158.17	-40.00
压力/kPa	5240.00	5220.00	130.00	150.00	130.00
摩尔流率/(kmol/h)	9387.08	9387.08	9387.08	10264.52	791.69
质量流率/(kg/h)	282284.65	282284.65	282284.65	165459.59	13766.79
体积流率/(m³/h)	700.6779	700.6779	700.6779	549.0179	40.7445
热流率/(kJ/h)	$-9.013×10^8$	$-9.690×10^8$	$-9.690×10^8$	$-9.120×10^8$	$-5.441×10^7$

流　号	33				
气相分数	1.0000				
温度/℃	14.61				
压力/kPa	100.00				
摩尔流率/(kmol/h)	13950.00				
质量流率/(kg/h)	389159.44				
体积流率/(m³/h)	937.5979				
热流率/(kJ/h)	$-9.928×10^8$				

液化率：脱出 CO_2 和水后的原料气总量为 179226kg/h，产 LNG 165460kg/h，液化率为 92.32%。

六、方案对比

两个方案的 LNG 收率基本相同，能耗比较见表 5-34。

表 5-34　两个方案的能耗比较　　　　　　　　　　　　　kW

序号	项目	方案一	方案二(冷剂换热)	增加值
1	原料一级压缩	20360	20360	0
2	原料二级压缩	21012	21012	0
3	冷剂一级压缩	26907	34353	7446
4	冷剂二级压缩	24250	24250	0
5	原料一级水冷	20772	20772	0
6	原料二级水冷	23704	23704	0
7	冷剂一级水冷	15122	31893	16770
8	冷剂二级水冷	31686	31686	0
9	原料气丙烷蒸发器	9325	0	-9325
10	冷剂丙烷蒸发器	34990	34990	0
	合计	228129	243021	14892

从表中可以看出，方案二比方案一每小时多耗能 14892kW。从能量构成看，经过冷量

回收，方案二取消了原料气丙烷蒸发器，减少蒸发能耗 9325kW，且可减少投资。但方案二冷剂一级压缩负荷增加了 7446kW，更主要的是冷剂一级水冷器负荷大幅增加 16770kW，总能耗大幅增加，对于节能与节水都非常不利。显然方案一比较合理。

七、要点说明

（1）煤层气的组成主要是甲烷和氮气，比一般的天然气液化困难，因此在选择混合冷剂时，要增加 N_2 的含量。本案例冷剂组成见表535。

表 5-35 冷剂组成

组　　分	CH_4	C_2H_6	C_3H_8	N_2
组成/%（mol）	30	36	17	17

（2）本案例是煤层气大规模液化，储存压力为常压 120kPa(a)。如果规模较小，可提高储存压力至 300kPa(a)，此时液化率可达 99.39%，燃料与混合冷剂换热已经没有必要，换热器可以取消。

（3）燃料气换热后压力较低，且含氮量为 10.24%，直接利用热值较低，可采用变压吸附工艺脱出氮气，同时提高了燃料气的压力。

八、HYSYS 软件计算详细步骤

【方案一】

输入计算所需的全部组分和流体包

步骤	内　　容	流号及数据
1	New Case[新建空白文档]	
2	Add[加入]	
3	Components：C_1、C_2、C_3、CO_2、N_2、H_2O	添加库组分
4	×	
5	Fluid Pkgs	加流体包
6	Add	
7	Peng-Robinson	选状态方程
8	×	
9	Enter Simulation Environment	进入模拟环境

加入原料气

步骤	内　　容	流号及数据
1	选中 Material Stream[蓝色箭头]置于 PFD 窗口中	
2	双击[Material Stream]	
3	在 Stream Name 栏填上	煤层气
4	Temperature/℃	35
5	Pressure/kPa	200
6	Molar Flow/(kmol/h)	11160
7	双击 Stream"煤层气"的 Molar Flow 位置	

步骤	内　　容	流号及数据
8	Composition（填摩尔组成） 　　Methane 　　Ethane 　　Propane 　　CO_2 　　Nitrogen 　　H_2O	0.9769 0.0004 0.0000 0.0043 0.0134 0.0050
9	Nomalize（圆整为1。如果偏离1过大，输入有误请检查）	
10	OK	
11	×	

加入冷剂初始条件

步骤	内　　容	流号及数据
1	选中 Material Stream［蓝色箭头］置于 PFD 窗口中	
2	双击［Material Stream］	
3	在 Stream Name 栏填上	29
4	Temperature/℃	35
5	Pressure/kPa	110
6	Molar Flow/（kmol/h）	11160
7	双击 Stream"原料气"的 Molar Flow 位置	
8	Composition（填摩尔组成） 　　Methane 　　Ethane 　　Propane 　　CO_2 　　Nitrogen 　　H_2O	（制冷剂初始组成）* 0.33 0.43 0.17 0.00 0.03 0.00
9	OK	
10	×	

注：* 此组成制冷剂在-35℃、5280kPa下完全液化，装置无法操作。完成模拟后需要调整制冷剂组成。

加入原料气压缩机

步骤	内　　容	流号及数据
1	从图例板点压缩机［Compressor］置于 PFD 窗口中	
2	双击压缩机［Compressor］	
3	Inlet	煤层气
4	Outlet	1
5	Energy	100
6	Worksheet	

步骤	内 容	流号及数据
7	点击 Stream Name 1 下相应位置输入	
8	Pressure/kPa	1000
9	×	

加冷却器

步骤	内 容	流号及数据
1	从图例板点冷却器[Cooler]置于 PFD 窗口中	
2	双击冷却器[Cooler]	
3	Inlet	1
4	Outlet	2
5	Energy	101
6	Parameters	
7	Delta P /kPa	20
8	Worksheet	
9	点击 Stream Name 2 下相应位置输入	
10	Temperature/℃	35
11	×	

加入原料二级气压缩机

步骤	内 容	流号及数据
1	从图例板点压缩机[Compressor]置于 PFD 窗口中	
2	双击压缩机[Compressor]	
3	Inlet	2
4	Outlet	3
5	Energy	102
6	Worksheet	
7	点击 Stream Name 3 下相应位置输入	
8	Pressure/kPa	5200
9	×	

加冷却器

步骤	内 容	流号及数据
1	从图例板点冷却器[Cooler]置于 PFD 窗口中	
2	双击冷却器[Cooler]	
3	Inlet	3
4	Outlet	4
5	Energy	103
6	Parameters	

步骤	内 容	流号及数据
7	Delta P /kPa	20
8	Worksheet	
9	点击 Stream Name 4 下相应位置输入	
10	Temperature/℃	35
11	×	

加气相分子筛脱 CO_2

步骤	内 容	流号及数据
1	从图例板点干燥器[Component Splitter]置于 PFD 窗口中	
2	双击干燥器[Component Splitter]	
3	Inlets	4
4	Overhead Outlet	5
5	Bottoms Outlet	6
6	Energy Streams	104
7	Parameters	
8	在 Use Stream Flash Specifications 下指定 Stream 处输入	5, 6
9	Temperature/℃	35, 35
10	Pressure/kPa	5160, 5180
11	Splits	
12	Stream 5 中 CO_2 填 1.0, 其余填 0.0(即 CO_2 全部从塔顶排出)	
13	×	

加气相分子筛脱水

步骤	内 容	流号及数据
1	从图例板点干燥器[Component Splitter]置于 PFD 窗口中	
2	双击干燥器[Component Splitter]	
3	Inlets	6
4	Overhead Outlet	7
5	Bottoms Outlet	8
6	Energy Streams	105
7	Parameters	
8	在 Use Stream Flash Specifications 下指定 Stream 处输入	7, 8
9	Temperature/℃	35, 35
10	Pressure/kPa	5150, 5130
11	Splits	
12	Stream 7 中 H_2O 填 1.0, 其余填 0.0(即水全部从塔顶排出)	
13	×	

加丙烷蒸发器

步骤	内　容	流号及数据
1	从图例板点冷却器[Cooler]置于 PFD 窗口中	
2	双击冷却器[Cooler]	
3	Inlet	8
4	Outlet	9
5	Energy	111
6	Parameters	
7	Delta P /kPa	20
8	Worksheet	
9	点击 Stream Name 9 下相应位置输入	
10	Temperature/℃	−35
11	×	

加入大冷箱换热器

步骤	内　容	流号及数据
1	从图例板点板式换热器[LNG Exchanger]置于 PFD 窗口中	
2	双击板式换热器[LNG Exchanger]	
3	Add Side, Add Side	
4	填流号、压降及属性：	
	Inlet Streams	9
	Outlet Streams	10
	Pressure Drop /kPa	20
	Hot/Cold	Hot
	Inlet Streams	20
	Outlet Streams	21
	Pressure Drop /kPa	20
	Hot/Cold	Hot
	Inlet Streams	30
	Outlet Streams	31
	Pressure Drop /kPa	20
	Hot/Cold	Hot
	Inlet Streams	27
	Outlet Streams	28
	Pressure Drop /kPa	20
	Hot/Cold	Cold
5	Worksheet	
6	在指定 Stream Name 输入指定温度	10, 21, 31
7	Temperature/℃	−138, −138, −138
8	×	

加入小冷箱换热器

步骤	内　容	流号及数据
1	从图例板点板式换热器［LNG Exchanger］置于 PFD 窗口中	
2	双击板式换热器［LNG Exchanger］	
3	Add Side	
4	填流号、压降及属性： 　　Inlet Streams 　　Outlet Streams 　　Pressure Drop /kPa 　　Hot/Cold 　　Inlet Streams 　　Outlet Streams 　　Pressure Drop /kPa 　　Hot/Cold 　　Inlet Streams 　　Outlet Streams 　　Pressure Drop /kPa 　　Hot/Cold	10 11 20 Hot 21 22 20 Hot 23 24 20 Cold
5	Worksheet	
6	在指定 Stream Name 输入指定温度	11，22
7	Temperature/℃	−150，−150
8	×	

加入节流阀

步骤	内　容	流号及数据
1	从图例板点节流阀［Valve］置于 PFD 窗口中	
2	双击节流阀［Valve］	
3	Inlet	11
4	Outlet	12
5	Worksheet	
6	点击 Stream Name 12 下相应位置输入	
7	Pressure/kPa	150
8	×	

加分离器

步骤	内　容	流号及数据
1	从图例板点二相分离器［Separator］置于 PFD 窗口中	
2	双击二相分离器［Separator］	
3	Inlet《Stream》	12
4	Vapour	13
5	Liquid	LNG
6	×	

440

加入一级冷剂循环压缩机

步骤	内　　容	流号及数据
1	从图例板点压缩机[Compressor]置于PFD窗口中	
2	双击压缩机[Compressor]	
3	Inlet	29
4	Outlet	14
5	Energy	106
6	Worksheet	
7	点击Stream Name 14下相应位置输入	
8	Pressure/kPa	1000
9	×	

加冷却器

步骤	内　　容	流号及数据
1	从图例板点冷却器[Cooler]置于PFD窗口中	
2	双击冷却器[Cooler]	
3	Inlet	14
4	Outlet	15
5	Energy	107
6	Parameters	
7	Delta P /kPa	20
8	Worksheet	
9	点击Stream Name 15下相应位置输入	
10	Temperature/℃	35
11	×	

加入二级冷剂循环压缩机

步骤	内　　容	流号及数据
1	从图例板点压缩机[Compressor]置于PFD窗口中	
2	双击压缩机[Compressor]	
3	Inlet	15
4	Outlet	16
5	Energy	108
6	Worksheet	
7	点击Stream Name 16下相应位置输入	
8	Pressure/kPa	5300
9	×	

加冷却器

步骤	内　　容	流号及数据
1	从图例板点冷却器[Cooler]置于PFD窗口中	
2	双击冷却器[Cooler]	
3	Inlet	16
4	Outlet	17
5	Energy	109
6	Parameters	
7	Delta P /kPa	20
8	Worksheet	
9	点击Stream Name 17下相应位置输入	
10	Temperature/℃	35
11	×	

加丙烷蒸发器

步骤	内　　容	流号及数据
1	从图例板点冷却器[Cooler]置于PFD窗口中	
2	双击冷却器[Cooler]	
3	Inlet	17
4	Outlet	18
5	Energy	110
6	Parameters	
7	Delta P /kPa	20
8	Worksheet	
9	点击Stream Name 18下相应位置输入	
10	Temperature/℃	−35
11	×	

加入燃料气换热器

步骤	内　　容	流号及数据
1	从图例板点换热器[Heat Exchanger]置于PFD窗口中	
2	双击换热器[Heat Exchanger]	
3	Tube Side Inlet	18
4	Tube Side Outlet	19
5	Shell Side Inlet	13
6	Shell Side Outlet	燃料气
7	Parameters	
8	在Heat Exchanger Model中单选：Exchanger Design(Weighted)	
9	Tube Side Delta P /kPa	20

442

步骤	内　　容	流号及数据
10	Shell Side Delta P /kPa	20
11	Worksheet	
12	点击 Stream Name"燃料气"下相应位置输入	
13	Temperature/℃	−40
14	×	

加分离器

步骤	内　　容	流号及数据
1	从图例板点二相分离器[Separator]置于 PFD 窗口中	
2	双击二相分离器[Separator]	
3	Inlet《Stream》	19
4	Vapour	20
5	Liquid	30
6	×	

注意：由于制冷剂组合不合理，在当前的温度与压力下，制冷剂已经全部液化，导致没有气相产生。在最后需要调整制冷剂组成。

加入节流阀

步骤	内　　容	流号及数据
1	从图例板点节流阀[Valve]置于 PFD 窗口中	
2	双击节流阀[Valve]	
3	Inlet	31
4	Outlet	32
5	Worksheet	
6	点击 Stream Name 32 下相应位置输入	
7	Pressure/kPa	130
8	×	

加入节流阀

步骤	内　　容	流号及数据
1	从图例板点节流阀[Valve]置于 PFD 窗口中	
2	双击节流阀[Valve]	
3	Inlet	22
4	Outlet	23
5	Worksheet	
6	点击 Stream Name 23 下相应位置输入	
7	Pressure/kPa	150
8	×	

加混合器

步骤	内　　容	流号及数据
1	从图例板点混合器[Mixer]置于 PFD 窗口中	
2	双击混合器[Mixer]	
3	Inlets	24，32
4	Outlet	27
5	×	

注意： 此混合器必须等所有输入流号都完成后才能给定输出流号！否则进行迭代计算时很难收敛。

加循环

步骤	内　　容	流号及数据
1	从图例板点循环[Recycle]置于 PFD 窗口中	
2	双击循环[Recycle]	
3	Inlet	28
4	Outlet	29
5	×	

在压力为 5240kPa、温度为 -35℃ 时，初设的冷剂已全部液化，使得换热无法完成。因此，要调整冷剂流号 29 的组成，通过增加 N_2 含量，使之在分离器中有两相存在。调整后的冷剂组成见表 5-36。

表 5-36　调整后的冷剂组成

内　　容	数　　据
Composition（填摩尔组成）	
Methane	0.30
Ethane	0.36
Propane	0.17
CO_2	0.00
Nitrogen	0.17
H_2O	0.00

调整制冷剂组成重新运算后，计算出冷剂流号 28 出大冷箱温度高达 5.46℃，远远高出进冷箱热流的最高温度（-35℃），说明制冷剂循环量不够，需增加制冷剂循环量。

在流号 29 处调整冷剂流率，使之换热器达到热平衡，调整结果冷剂流率为 13950kmol/h 时换热器由黄色变为灰色，流号 28 出第一台冷箱换热器的温度为 -29℃，冷箱最小温差已达 4℃，说明热量已经平衡。

【方案二】

方案二与方案一的区别是出大冷箱的制冷剂与脱碳、脱水后的原料气进行换热。只需在方案一模拟文件的基础上将丙烷蒸发器（能流 111）替换为管壳式换热器，并在制冷剂出换热器物流 33 与一级压缩机入口流号 29 之间设置一个收敛单元 Recycle 即可。原料气出换热器的温度可仍然设定为 -35℃。具体步骤不再赘述。

计算结果表明，在冷剂循环量同为 13950kmol/h 时，原料换热器的温差大于 4℃，可以实现换热。

第八节 从 LNG 中回收乙烷

一、我国的乙烯工业发展现状

乙烯是石化工业的基础原料，是衡量一个国家石油化工发展水平的重要标志之一，其产品占石化产品的 70% 以上，主要用于生产下游衍生物高密度聚乙烯（HDPE）、低密度聚乙烯（LDPE）、线性低密度聚乙烯（LLDPE）、聚氯乙烯（PVC）、环氧乙烷/乙二醇（EO/EG）、二氯乙烷、苯乙烯、乙醇以及醋酸乙烯等多种化工产品。

近年来，随着国民经济的快速发展，我国乙烯工业发展迅速，成为仅次于美国的世界第二大乙烯生产国。2016 年国内乙烯总产能达 $2310×10^4$t/a，新增的 3 个项目计 $110×10^4$t/a 产能首次均为煤（甲醇）基烯烃，非石油基乙烯产能已占总产能的 19%。全年乙烯产量 $1790×10^4$t，增长 4.4%，装置总体开工率下降至 77.5%。低油价下石油化工原料成本较低，石脑油裂解制乙烯盈利水平回升明显，竞争力相对增强。

总体来看，我国乙烯裂解原料中石脑油所占比例（47%）远高于世界平均水平，而轻烃所占比例（49%）严重低于世界平均水平。随着中东、北美等地区以廉价乙烷为原料的乙烯产能快速扩张，国内乙烯裂解装置以液体原料为主的现状导致其成本缺乏竞争力。

2016 年，国内天然气需求量提升，LNG 进口量出现恢复性增长；而 LNG 国际价格跟随原油价格处于低位徘徊，LNG 进口成本下降也一定程度上利好进口市场。2016 年，中国 LNG 进口量同比增长 32.97% 至 $2615.40×10^4$t。根据 Wood Meckenzie（伍德－麦肯兹）预测，中国到 2020 年 LNG 需求达到 $6400×10^4$t/a。

随着我国 LNG 进口的扩大，从 LNG 中回收乙烷、丙烷和丁烷作为乙烯原料就十分有必要。不仅乙烯收率高、生产成本低，而且可以节省大量宝贵的、紧缺的燃料油，缓解市场油品的供需矛盾。

二、乙烯对原料的要求

乙烷是生产乙烯的最好原料，因为它在裂解过程中，比其他任何原料所得的副产品收率要少，而乙烯收率高。不同原料裂解典型收率见表 5-37。

表 5-37 不同原料裂解典型收率　　　　　　　　　　　　% (质量)

原　料	产　品				
	乙烯	丙烯	丁二烯	芳烃(苯、甲苯、二甲苯)	其他
乙烷	84.0	1.4	1.4	0.4	12.8
丙烷	44.0	15.6	3.4	2.8	34.2
正丁烷	44.0	17.3	4.0	3.4	30.9
轻石脑油	40.3	15.8	4.9	4.8	34.2
全馏分石脑油	31.7	13.0	4.7	13.7	36.9
重整抽余油	32.9	15.5	5.3	11.0	35.3
轻柴油	38.3	13.5	4.8	10.9	42.5
重柴油	25.0	12.4	4.8	11.2	46.6
蜡油	28.3	16.3	6.4	4.5	44.5
拔头油	21.0	7.0	2.0	11.0	59.0
原油	32.8	4.4	3.0	14.4	45.4

注：包括乙烷循环。

鲁姆斯公司提供的不同原料的典型产品收率见表 5-38。

表 5-38　不同原料的典型产品收率

原料名称	乙烷	丙烷	正丁烷	石脑油	常压柴油	减压柴油
每吨乙烯原料消耗/t	1.29	2.37	2.50	2.98	3.86	4.88
产品收率/%（质量）						
氢		2.27	1.57	1.56	0.94	0.78
甲烷	8.82	27.43	22.12	17.20	11.19	8.75
乙烯	6.27	42.01	40.00	33.62	25.92	20.49
丙烯	77.73	16.82	17.27	15.53	16.15	14.07
丁二烯	2.76	3.01	3.50	4.56	4.56	5.38
丁烷、丁烯	1.81	1.29	6.72	4.21	4.84	6.26
苯	0.82	2.47	3.02	6.74	6.03	3.73
甲苯	0.87	0.53	0.83	3.34	2.90	2.90
C_8芳烃	0.12		0.35	1.76	2.17	1.87
抽余油		3.62	2.92	6.78	7.30	10.77
重质残油	0.80	0.55	1.70	4.70	18.0	25.00

注：包括乙烷循环。

　　从上面的乙烯收率看，在回收乙烷时，丙烷等更重烃类产品也同时回收，因此，作为乙烯原料的轻烃也是很好的原料，使得原料加工中乙烷含量在 6% 甚至更低时都有回收价值。由于石油产品价格上涨，我国乙烯规模的扩大，2016 年，我国乙烯产量已达 $1781.1×10^4 t/a$，对乙烷的需求有所增加，这就为从天然气和伴生气中生产乙烷创造了条件。这种情况驱使人们去研究从天然气中深度分离乙烷、丙烷的一系列新的低温工艺流程。

三、从 LNG 中回收乙烯原料

（一）典型的 LNG 产品组成

典型的 LNG 产品组成见表 5-39、表 5-40。

表 5-39　我国（GB/T 19204—2003）列出的三种典型的 LNG 产品组成　　　　%（mol）

组分	N_2	CH_4	C_2H_6	C_3H_8	$i\text{-}C_4H_{10}$	$n\text{-}C_4H_{10}$	C_5H_{12}
组成 1	0.50	97.50	1.80	0.20			
组成 2	1.79	93.90	3.26	0.69	0.12	0.15	0.09
组成 3	0.36	87.20	8.61	2.74	0.42	0.65	0.02

表 5-40　世界主要负荷型 LNG 工厂的产品组成　　　　%（mol）

LNG 工厂名称	CH_4	C_2H_6	C_3H_8	C_4H_{10}	C_5^+	N_2
利比亚（卜雷加）	70.00	15.00	10.00	3.50	0.60	0.90
阿联酋（达斯岛）	84.83	13.39	1.34	0.28	0.00	0.17
印度尼西亚（民都鲁）	88.94	8.75	1.77	0.50	0.00	0.04
阿尔及利亚（阿尔泽）	87.40	8.60	2.40	0.50	0.02	0.35
澳大利亚西北大陆架	89.02	7.33	2.56	1.03	0.00	0.06
卡塔尔	89.87	6.65	2.30	0.98	0.01	0.19
特立尼达和多巴哥	92.26	6.39	0.91	0.43	0.00	0.00
文莱（卢穆特）	89.40	6.30	2.80	1.30	0.05	0.05

注：乙烷含量低于 6% 的未列入。

（二）回收工艺

从 LNG 中回收乙烯原料工艺比较简单，因为 LNG 本身为低温液体状态，在供给用户时还需要加温汽化，因此，在回收 LNG 中的乙烯原料时可以充分利用其冷量。回收工艺可分为回收乙烯混合料和回收乙烷两个方案。下面以 300×10^4 t/a LNG 接受站为例，用 HYSYS 软件进行计算。

1. 回收乙烯混合料

（1）工艺流程简述

从 LNG 中国收乙烯混合料原则流程图见图 5-16。

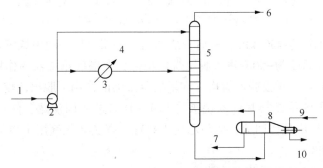

图 5-16　从 LNG 中回收乙烯混合料原则流程图

1—LNG；2—原料泵；3—加热器；4—加热介质；5—脱甲烷塔；6—甲烷；7—乙烯混合料；
8—重沸器；9—加热介质乙醇；10—乙醇

LNG 用泵抽来加压至 4000kPa，分成两路，一路直接进入脱甲烷塔顶部，另一路经加热器加热至 -50℃ 进入脱甲烷塔中部。脱甲烷塔压力控制在 3600kPa，在塔底重沸器的作用下，脱出其中的甲烷，塔底即为乙烯混合料。

（2）300×10^4 t/a LNG 可回收的乙烯混合料

根据国外 LNG 的组成情况，用 HYSYS 软件计算结果列于表 5-41，其中 C_2 含量低于 6% 的无回收价值，未列入其中。

表 5-41　乙烯混合料组成及数量

LNG 产地	混合料组成/%（mol）					数量/
	C_1	C_2	C_3	C_4	C_5	（$\times 10^4$ t/a）
利比亚（卜雷加）	0.24	50.16	35.08	12.40	2.13	145.280
阿联酋（达斯岛）	0.24	88.30	9.45	2.01	—	72.048
阿尔及利亚（阿尔泽）	0.24	73.09	21.86	4.63	0.19	61.44
文莱（卢穆特）	0.24	58.36	27.79	13.11	0.51	61.168
澳大利亚（西北大陆架）	0.24	65.32	24.45	10.00	—	61.096
印度尼西亚（邦坦）	0.24	77.97	16.93	4.86	—	57.536
卡塔尔	0.24	65.05	24.14	10.46	0.11	56.272
特立尼达和多巴哥	0.24	81.26	12.49	6.01	—	41.008

2. 回收乙烷

（1）工艺流程简述

回收乙烷原则流程见图 5-17。

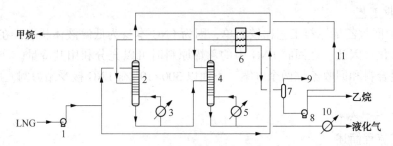

图 5-17 从 LNG 中回收乙烷工艺原则流程图

1—原料泵；2—脱甲烷塔；3—重沸器；4—脱乙烷塔；5—重沸器；
6—冷箱；7—回流罐；8 回流泵；9—不凝气；10—水冷器；11—回流

LNG 用泵抽来加压至 4500kPa，然后分成两路，一路直接去脱甲烷塔顶部，另一路与脱乙烷塔顶气体换热，温度为 -50℃进入脱甲烷塔中部，在塔底重沸器的作用下，脱出甲烷组分。脱甲烷塔底混合轻烃靠去脱乙烷塔，在塔底重沸器的作用下脱出乙烷组分。塔顶气相乙烷与脱甲烷塔顶脱出的甲烷换热，乙烷被冷却至 -18℃进入回流罐，然后用泵抽出加压至 3200kPa，打入脱乙烷塔顶作回流，成品乙烷出装置。塔底液化气用水冷却至 35℃进入液化气储罐，甲烷气体外输。

（2）300×10⁴t/a LNG 可回收的乙烷量

300×10⁴t/a LNG 可回收的乙烷量见表 5-42。

表 5-42 可回收的乙烷

LNG 产地	乙烷组成/%(mol)				产品数量/(×10⁴t/a)	
	C_1	C_2	C_3	C_4	乙烷	液化气
利比亚(卜雷加)	0.47	97.15	2.39	—	57.312	88.00
阿联酋(达斯岛)	0.28	98.23	1.49	—	61.152	10.904
阿尔及利亚(阿尔泽)	0.32	96.90	2.78	—	40.528	20.912
印尼度尼西亚(邦坦)	0.36	98.82	0.82	—	40.328	17.192
澳大利亚(西北大陆架)	0.38	98.03	1.59	—	32.608	28.496
特立尼达和多巴哥	0.30	99.56	0.15	—	29.440	11.568
卡塔尔	0.38	98.75	0.87	—	29.384	26.880
文莱(卢穆特)	0.39	98.18	1.38	—	20.072	34.096

（三）2017 年乙烯原料用量

2017 年，中国乙烯总产能将达到 2480.5×10⁴t，新增产能 170×10⁴t，增长 7.4%，乙烯自给率进一步提高。完成产能所需的各种原料量见表 5-43。

表 5-43 1800×10⁴t/a 乙烯需要的各种原料量

原料	乙烯收率/%(mol)	原料用量比	2480.5×10⁴t 乙烯需要的原料数量/×10⁴t
乙烷	84.0	1.0	2953
丙烷	44.0	1.91	5638
正丁烷	44.0	1.91	5638
轻石脑油	40.3	2.08	6155
全馏分石脑油	31.7	2.65	7825

原　料	乙烯收率/%(mol)	原料用量比	2480.5×10⁴ t 乙烯需要的原料数量/×10⁴t
重整抽余油	32.9	2.55	7540
轻柴油	28.3	2.97	8765
重柴油	25.0	3.36	9922
蜡油	28.2	2.98	8796

从表中可以看出，如果乙烯原料全部用燃料油或石脑油数量特别巨大，不仅成品油市场压力大，而且需要进口更多的原油生产乙烯料。因此，进口更多的可以回收乙烷等乙烯原料的 LNG 十分必要，用乙烷或混合原料为原料生产乙烯可以节省大量的燃料油，经济上是合算的，技术上是可行的。

（四）外输和调峰

在回收乙烷时设计压力比较高，一方面是由于回收工艺需要，另一方面还考虑了回收乙烯料后的天然气从乙烯料回收站供给附近城市外，还可输送 500km 以内城市的可能，同时利用外输管道的压力变化达到调峰的目的。晚间用气量小，管道升压；白天用气量大，管道降压。此外，还考虑了 LNG 乙烯料回收站的调峰功能和设备的制造，因此，300×10⁴m³/a LNG 接收站在回收乙烯料时，不可能只建一套。流程是一样的，但装置要根据调峰需要可能是 4 套或更多，当外输管道压力达到设计压力时，说明下游用户用气量不足，可以根据情况开停装置数量。这样做的好处是，由于每套装置规模比较小，设备制造和选型也比较方便，乙烯料可以充分回收，还具有调峰功能。

（五）HYSYS 软件计算详细步骤

1. 回收乙烷

（1）基础数据

以利比亚 LNG 为计算依据，其组成见表5-44。

表 5-44　以利比亚 LNG 组成

组分	C_1	C_2	C_3	C_4	C_5	N_2
组成/%	0.7000	0.1500	0.1000	0.0350	0.0060	0.0090

（2）绘制 HYSYS 软件计算模型图

回收乙烷 HYSYS 软件计算模型见图 5-18。

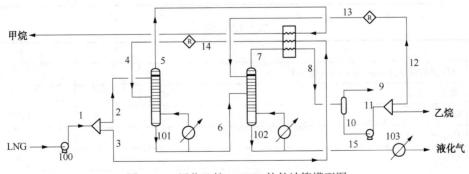

图 5-18　回收乙烷 HYSYS 软件计算模型图

（3）详细的计算步骤

输入计算所需的全部组分和流体包

步骤	内　　　容	流号及数据
1	New Case［新建空白文档］	
2	Add［加入］	
3	Components：C_1、C_2、C_3、$n-C_4$、$n-C_5$、N_2	添加库组分
4	×	
5	Fluid Pkgs	加流体包
6	Add	
7	Peng-Robinson	选状态方程
8	×	
9	Enter Simulation Environment	进入模拟环境

加入 LNG

步骤	内　　　容	流号及数据
1	选中 Material Stream［蓝色箭头］置于 PFD 窗口中	
2	双击［Material Stream］	
3	在 Stream Name 栏填上	LNG
4	Temperature/℃	−162
5	Pressure/kPa	120
6	Molar Flow/（kmol/h）	16400
7	双击 Stream "LNG" 的 Molar Flow 位置	
8	Composition（填摩尔组成） Methane Ethane Propane $n-$Butane $n-$Pentane Nitrogen	 0.700 0.150 0.100 0.035 0.006 0.009
9	Nomalize（圆整为 1。如果偏离 1 过大，输入有误请检查）	
10	OK	
11	×	

加入 LNG 泵

步骤	内　　　容	流号及数据
1	从图例板点泵［Pump］置于 PFD 窗口中	
2	双击泵［Pump］	
3	Inlet	LNG
4	Outlet	1
5	Energy	100
6	Worksheet	

450

步骤	内　　容	流号及数据
7	点击 Stream Name 1 下相应位置输入	
8	Pressure/kPa	4500
9	×	

加分配器

步骤	内　　容	流号及数据
1	从图例板点分配器[Tee]置于 PFD 窗口中	
2	双击分配器[Tee]	
3	Inlet	1
4	Outlets	2, 3
5	Worksheet	
6	点击 Stream Name 2 下相应位置输入	
7	Molar Flow/(kmol/h)	13000
8	×	

加循环并给脱甲烷塔回流液赋初值

步骤	内　　容	流号及数据
1	从图例板点循环[Recycle]置于 PFD 窗口中	
2	双击循环[Recycle]	
3	Inlet	14
4	Outlet	4
5	Worksheet	
6	点击 Stream Name 4 相应位置输入	
7	Temperature/℃	−50
8	Pressure/kPa	4490
9	Molar Flow/(kmol/h)	0
10	双击 Stream 4 的 Molar Flow 位置	
11	Composition(填 Stream 4 初始摩尔组成) 　Methane 　其他	 1.0 0.0
12	×	

加脱甲烷塔

步骤	内　　容	流号及数据
1	从图例板点不完全塔[Reboiled Absorber]置于 PFD 窗口中	
2	双击不完全塔[Reboiled Absorber]	
3	理论板数 $n =$	15
4	Top Stage Inlet	2

步骤	内　　容	流号及数据
5	Optional Inlet Streams： 　Stream　　　Inlet Stage 　　4　　　　　8	
6	Ovhd Vapour Outlet	5
7	Bottoms Liquid Outlet	6
8	Reboiler Energy Stream（重沸器能流）	101
9	Next，Next	
10	Top Stage Pressure /kPa	3600
11	Reboiler Pressure /kPa	3620
12	Next，Next，Done	
13	Monitor	
14	Add Spec...	
15	Column Component Fraction	
16	Add Spec(s)	
17	《Stage》	
18	Reboiler	
19	《Component》	
20	Methane	
21	Spec Value	0. 00239
22	×	
23	Specifications 栏下	
24	点击 Ovhd Prod Rate 右侧 Active，使之失效	
25	点击 Comp Fraction 右侧 Active，使之生效	
26	×	

加循环并给脱乙烷塔回流液赋初值

步骤	内　　容	流号及数据
1	从图例板点循环[Recycle]置于 PFD 窗口中	
2	双击循环[Recycle]	
3	Inlet	12
4	Outlet	13
5	Worksheet	
6	点击 Stream Name 13 下相应位置输入	
7	Temperature/℃	−50
8	Pressure/kPa	4490
9	Molar Flow/(kmol/h)	0
10	双击 Stream 13 的 Molar Flow 位置	

步骤	内　　容	流号及数据
11	Composition(填摩尔组成) 　　Ethane 　　Propane 　　其余组分	 0.5 0.5 0(或空着)
12	OK	

加脱乙烷塔

步骤	内　　容	流号及数据
1	从图例板点不完全塔[Reboiled Absorber]置于 PFD 窗口中	
2	双击不完全塔[Reboiled Absorber]	
3	理论板数 $n =$	15
4	Top Stage Inlet	13
5	Optional Inlet Streams： 　　Stream　　　Inlet Stage 　　　6　　　　　8	
6	Ovhd Vapour Outlet	7
7	Bottoms Liquid Outlet	15
8	Reboiler Energy Stream(重沸器能流)	102
9	Next，Next	
10	Top Stage Pressure /kPa	2970
11	Reboiler Pressure /kPa	3000
12	Next，Next，Done	
13	Monitor	
14	Add Spec...	
15	Column Component Fraction	
16	Add Spec(s)	
17	《Stage》	
18	Reboiler	
19	《Component》	
20	Ethane	
21	Spec Value(要求重沸器乙烷含量1%，尽量多回收乙烷)	0.01
22	×	
23	Specifications 栏下	
24	在 Ovhd Prod Rate 右侧 Specified Value 栏输入气相估算值(kmol/h)	1000
25	点击 Ovhd Prod Rate 右侧 Active，使之失效	
26	点击 Comp Fraction 右侧 Active，使之生效	
27	×，×	

加入板式换热器

步骤	内 容	流号及数据
1	从图例板点板式换热器[LNG Exchanger]置于PFD窗口中	
2	双击板式换热器[LNG Exchanger]	
3	Add Side	
4	填流号、压降及属性： 　Inlet Streams 　Outlet Streams 　Pressure Drop /kPa 　Hot/Cold 　Inlet Streams 　Outlet Streams 　Pressure Drop /kPa 　Hot/Cold 　Inlet Streams 　Outlet Streams 　Pressure Drop /kPa 　Hot/Cold	 7 8 10 Hot 3 14 10 Cold 5 甲烷 10 Cold
5	Worksheet	
6	在指定Stream Name输入指定温度	8, 14
7	Temperature/℃	−18, −50
8	×	

加两相分离器

步骤	内 容	流号及数据
1	从图例板点二相分离器[Separator]置于PFD窗口中	
2	双击二相分离器[Separator]	
3	Inlet《Stream》	8
4	Vapour	9
5	Liquid	10
6	×	

加入回流泵

步骤	内 容	流号及数据
1	从图例板点泵[Pump]置于PFD窗口中	
2	双击泵[Pump]	
3	Inlet	10
4	Outlet	11
5	Energy	103
6	Worksheet	
7	点击Stream Name 11下相应位置输入	
8	Pressure/kPa	3200
9	×	

加分配器

步骤	内　　容	流号及数据
1	从图例板点分配器[Tee]置于 PFD 窗口中	
2	双击分配器[Tee]	
3	Inlet	11
4	Outlets	乙烷，12*
5	Worksheet	
6	点击 Stream Name 12 下相应位置输入	
7	Molar Flow/(kmol/h)	5000
8	×	

注：* 为了避免错误迭代，在输入分配器出口流号时，应首先输入乙烷。如果先输入流号 12，程序将马上进行迭代，可能导致迭代计算失败。

加水冷却器

步骤	内　　容	流号及数据
1	从图例板点冷却器[Cooler]置于 PFD 窗口中	
2	双击冷却器[Cooler]	
3	Inlet	15
4	Outlet	液化气
5	Energy	104
6	Parameters	
7	Worksheet	
8	点击 Stream Name"液化气"下相应位置输入	
9	Temperature/℃	35
10	Pressure/kPa	1200
11	×	

（4）计算结果汇总

计算结果汇总见表 5-45。

表 5-45　计算结果汇总

流　　号	LNG	1	2	3	4
气相分数	0.0000	0.0000	0.0000	0.0000	0.5086
温度/℃	−162.00	−159.96	−159.96	−159.96	−50.00
压力/kPa	120.00	4500.00	4500.00	4500.00	4490.00
摩尔流率/(kmol/h)	16400.00	16400.00	13000.00	3400.00	3400.00
质量流率/(kg/h)	375061.08	375061.08	297304.52	77756.57	77756.57
体积流率/(m³/h)	1039.4608	1039.4608	823.9628	215.4980	215.4980
热流率/(kJ/h)	$-1.639×10^9$	$-1.635×10^9$	$-1.296×10^9$	$-3.390×10^8$	$-3.077×10^8$

流 号	5	6	7	8	9
气相分数	1.0000	0.0000	1.0000	0.0000	1.0000
温度/℃	-84.42	53.02	12.11	-18.00	-18.00
压力/kPa	3600.00	3620.00	2970.00	2960.00	2960.00
摩尔流率/(kmol/h)	11778.68	4621.32	7334.47	7334.47	0.00
质量流率/(kg/h)	193334.35	181726.73	223185.82	223185.82	0.00
体积流率/(m³/h)	633.4687	405.9922	619.5483	619.5483	0.0000
热流率/(kJ/h)	-9.395×10^8	-4.998×10^8	-6.500×10^8	-7.321×10^8	0.000

流 号	10	11	12	13	14
气相分数	0.0000	0.0000	0.0000	0.0000	0.5086
温度/℃	-18.00	-17.71	-17.71	-17.71	-50.00
压力/kPa	2960.00	3200.00	3200.00	3200.00	4490.00
摩尔流率/(kmol/h)	7334.47	7334.47	5000.00	5000.00	3400.00
质量流率/(kg/h)	223185.82	223185.82	152148.65	152126.66	77756.57
体积流率/(m³/h)	619.5483	619.5483	422.3541	422.3499	215.4980
热流率/(kJ/h)	-7.321×10^8	-7.319×10^8	-4.989×10^8	-4.989×10^8	-3.077×10^8

流 号	15	甲烷	乙烷	液化气	
气相分数	0.0000	1.0000	0.0000	0.0000	
温度/℃	91.00	8.77	-17.71	35.00	
压力/kPa	3000.00	3590.00	3200.00	1200.00	
摩尔流率/(kmol/h)	2286.86	11778.68	2334.47	2286.86	
质量流率/(kg/h)	110667.58	193334.35	71037.17	110667.58	
体积流率/(m³/h)	208.7938	633.4687	197.1942	208.7938	
热流率/(kJ/h)	-2.711×10^8	-8.887×10^8	-2.330×10^8	-2.911×10^8	

2. 回收乙烯混合料

（1）基础数据

澳大利亚 LNG 组成见表 5-46。

表 5-46　澳大利亚 LNG 组成

组分	C_1	C_2	C_3	C_4	N_2
组成/%	89.02	7.33	2.56	1.03	0.06

（2）HYSYS 软件计算模型

回收乙烯混合料 HYSYS 软件计算模型见图 5-19。

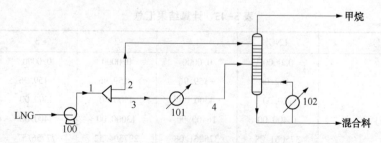

图 5-19　回收乙烯混合料 HYSYS 软件计算模型

（3）详细计算步骤

输入计算所需的全部组分和流体包

步骤	内 容	流号及数据
1	New Case[新建空白文档]	
2	Add[加入]	
3	Components：C_1、C_2、C_3、$n-C_4$、N_2	添加库组分
4	×	
5	Fluid Pkgs	加流体包
6	Add	
7	Peng-Robinson	选状态方程
8	×	
9	Enter Simulation Environment	进入模拟环境

加入 LNG

步骤	内 容	流号及数据
1	选中 Material Stream[蓝色箭头]置于 PFD 窗口中	
2	双击[Material Stream]	
3	在 Stream Name 栏填上	LNG
4	Temperature/℃	-162
5	Pressure/kPa	120
6	Molar Flow/(kmol/h)	20570
7	双击 Stream "LNG" 的 Molar Flow 位置	
8	Composition(填摩尔组成) 　　Methane 　　Ethane 　　Propane 　　$n-$Butane 　　Nitrogen	 0.8902 0.0733 0.0256 0.0103 0.0006
9	Nomalize(圆整为 1。如果偏离 1 过大，输入有误请检查)	
10	OK	
11	×	

加入 LNG 泵

步骤	内 容	流号及数据
1	从图例板点泵[Pump]置于 PFD 窗口中	
2	双击泵[Pump]	
3	Inlet	LNG
4	Outlet	1
5	Energy	100
6	Worksheet	
7	点击 Stream Name 1 下相应位置输入	
8	Pressure/kPa	4500
9	×	

加分配器

步骤	内 容	流号及数据
1	从图例板点分配器[Tee]置于 PFD 窗口中	
2	双击分配器[Tee]	
3	Inlet	1
4	Outlets	2, 3
5	Worksheet	
6	点击 Stream Name 3 下相应位置输入	
7	Molar Flow/(kmol/h)	370.6
8	×	

加入加热器

步骤	内 容	流号及数据
1	从图例板点加热器[Heater]置于 PFD 窗口中	
2	双击加热器[Heater]	
3	Inlet	3
4	Outlet	4
5	Energy	101
6	Parameters	
7	Delta P /kPa	10
8	Worksheet	
9	点击 Stream Name 4 下相应位置输入	
10	Temperature/℃	−50
11	×	

加脱甲烷塔

步骤	内 容	流号及数据
1	从图例板点不完全塔[Reboiled Absorber]置于 PFD 窗口中	
2	双击不完全塔[Reboiled Absorber]	
3	理论板数 n =	15
4	Top Stage Inlet	2
5	Optional Inlet Streams： 　　Stream　　　Inlet Stage 　　　4　　　　　　8	
6	Ovhd Vapour Outlet	甲烷
7	Bottoms Liquid Outlet	混合料
8	Reboiler Energy Stream(重沸器能流)	102
9	Next，Next	
10	Top Stage Pressure /kPa	4350
11	Reboiler Pressure /kPa	4400
12	Next，Next，Done	

步骤	内　容	流号及数据
13	Monitor	
14	Add Spec...	
15	Column Component Fraction	
16	Add Spec(s)	
17	《Stage》	
18	Reboiler	
19	《Component》	
20	Methane	
21	Spec Value(甲烷含量应为1%，但不易收敛，先松后紧)	0.1
22	×	
23	Specifications 栏下进行如下操作	
24	点击 Ovhd Prod Rate 右侧 Active，使之失效	
25	点击 Comp Fraction 右侧 Active，使之生效，运行收敛	
26	改 Spec Value 为 0.01，本塔收敛	
27	×	

（4）计算结果

计算结果汇总见表5-47。

表5-47　计算结果汇总

流　号	LNG	1	2	3	4
气相分数	0.0000	0.0000	0.0000	0.0000	0.9235
温度/℃	-162.00	-159.74	-159.74	-159.74	-50.00
压力/kPa	120.00	4500.00	4500.00	4500.00	4490.00
摩尔流率/(kmol/h)	20570.00	20570.00	20199.40	370.60	370.60
质量流率/(kg/h)	374988.66	374988.66	368232.67	6755.99	6755.99
体积流率/(m³/h)	1176.0530	1176.0530	1154.8646	21.1884	21.1884
热流率/(kJ/h)	$-1.912×10^9$	$-1.908×10^9$	$-1.873×10^9$	$-3.437×10^7$	$-3.046×10^7$

流　号	甲烷	混合料			
气相分数	1.0000	0.0000			
温度/℃	-81.49	51.50			
压力/kPa	4350.00	4400.00			
摩尔流率/(kmol/h)	18514.69	2055.31			
质量流率/(kg/h)	300576.99	74411.68			
体积流率/(m³/h)	998.5313	177.5217			
热流率/(kJ/h)	$-1.505×10^9$	$-2.103×10^8$			

混合料中 C_2 以上烃类质量回收率为91.21%。

（5）要点说明

加热器采用乙醇为加热介质。乙醇凝固点为-114℃，当回收乙烷或混合料装置调峰时需要停工时，此时加热器中的介质不至于凝固。

第六章　HYSYS 用于管网和设备计算

除了工艺计算之外，HYSYS 还能进行简单的设备核算和管道计算。但通常都是简易模型的计算，主要用于对流程中涉及的设备进行简单的分析，要进行详细的设备和管道计算还需使用专用模块或软件。本章简单介绍气体管网的计算、管壳式换热器的简单设计和精馏塔的水力学核算。

第一节　管道计算

HYSYS 用于管道计算的模块有 Pipe Segment 和 Gas Pipe 两种。其中 Gas Pipe 模块主要用于可压缩气体管道输送的瞬态过程计算，使用 Lax-Wendroff 两步差分格式求解管道内速度等矢量系统。Gas Pipe 模块事前需用稳态计算来产生管道状态的初值。

管段(Pipe Segment)可广泛用于多种类型的管道计算，从具有严格的传热估算的单相流/多相流管网系统，到大规模的闭环管网问题均可模拟。管段模块有多种压降关联式可选，复杂的四级传热估算使得用户可快速得到一些典型问题所需的广义严格解。

Pipe Segment 模块提供了三种计算模式：管长、流率和降压。在给定管径后，指定其中两种参数即可计算出另外一个参数。

下面通过一个 HYSYS 范例的模拟来说明用 Gas Segment 计算天然气集输管网的计算过程。

一、管网流程

图 6-1 为某天然气集输管网的示意图，该气田位于丘陵地区，共有 4 座气井，区

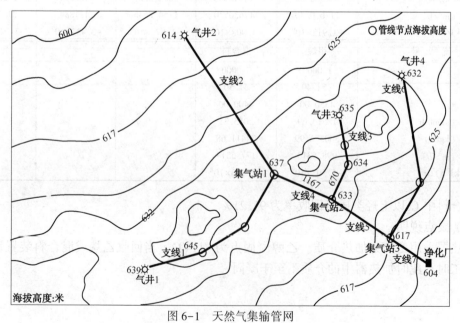

图 6-1　天然气集输管网

域面积约 2km²，将分散在各处的气井所产天然气集中后输送到净化厂进行集中处理。各段集输管线的管段长度和海拔高度如表 6-1 所示。管网全部使用 schedule 40 规格钢管，同一支线的钢管直径都相同，不同支线的管径设计参数如表 6-2 所示。所有钢管均无保温层，埋藏于地表 1m 深处，周围环境温度为 5℃。要求计算每个分支的压降和热损失。

表 6-1 管段参数和海拔

支线	气源和分段	管段长度/m	海拔高度/m	高度差/m
支线 1	气井 1 → 集气站 1		639	
	1	150	645	6
	2	125	636.5	−8.5
	3	100	637	0.5
支线 2	气井 2 → 集气站 1		614	
	1	200	637	23
支线 3	气井 3 → 集气站 2		635.5	
	1	160	648	12.5
	2	100	634	−14
	3	205	633	−1
支线 4	集气站 1 → 集气站 2		637	
	1	355	633	−4
支线 5	集气站 2 → 集气站 3		633	
	1	300	617	−16
支线 6	气井 4 → 集气站 3		632.5	
	1	180	625	−7.5
	2	165	617	−8
支线 7	集气站 3 → 净化厂		617	
	1	340	604	−13

表 6-2 支线钢管直径   mm

支线 1	支线 2	支线 3	支线 4	支线 5	支线 6	支线 7
76.2(3″)	76.2(3″)	76.2(3″)	101.6(4″)	152(6″)	76.2(3″)	152(6″)

二、天然气组成和工艺条件

各气井的天然气组成如表 6-3 所示。气井 1 和气井 3 天然气中含有少量凝析油，初步分析得到两种凝析油的常压沸点均为 110℃，模拟时以一个假组分 C_7^+ 表示。气井 4 除了产出天然气外还有 32.74%(mol) 的石油组分。通过色谱法分析得到凝析油中烷烃、芳香烃和环烷烃的族组成含量，如表 6-4 所示。由于涉及到的组分太多，而在集输过程中并不会出现重组分的分离现象。因此，为了减少集输过程的计算工作量，将气井 4 中的石油组分切割为 5 个假组分，可大大减少模拟时的组分数量。

表 6-3 气井天然气组成和工艺条件

项　目	气井 1	气井 2	气井 3	气井 4
温度/℃	40	45	40	35
压力/kPa	4135	3450		
流量/(kmol/h)	425	375	575	545
组成/%(mol)				
N_2	0.0002	0.0025	0.0050	0.0098
H_2S	0.0405	0.0237	0.0141	0.0000
CO_2	0.0151	0.0048	0.0205	0.0037
C_1	0.7250	0.6800	0.5664	0.4183
C_2	0.0815	0.1920	0.2545	0.0887
C_3	0.0455	0.0710	0.0145	0.0711
$i-C_4$	0.0150	0.0115	0.0041	0.0147
$n-C_4$	0.0180	0.0085	0.0075	0.0375
$i-C_5$	0.0120	0.0036	0.0038	0.0125
$n-C_5$	0.0130	0.0021	0.0037	0.0163
C_6	0.0090	0.0003	0.0060	0.0000
H_2O	0.0000	0.0000	0.0909	0.0000
凝析油	0.0252	0.0000	0.0090	0.3274
合计	1.0000	1.0000	1.0000	1.0000
凝析油构成/%(mol)				
C_7^+	0.0252	0.0000	0.0090	
烷烃类				0.2815
芳香烃类				0.0145
环烷烃类				0.0314
沸点/℃	110		110	
平均分子质量				79.6
相对重度				0.6659

表 6-4 天然气中凝析油族组成分析

物质	%(mol)	物质	%(mol)
烷烃类			
Hexane(C_6)	2.68	Nonadecane(C_{19})	0.49
Heptane(C_7)	3.71	Eicosane(C_{20})	0.46
Octane(C_8)	3.48	Heneicosane(C_{21})	0.39
Nonane(C_9)	2.31	Docosane(C_{22})	0.36
Decane(C_{10})	2.40	Tricosane(C_{23})	0.32
Undecane(C_{11})	1.83	Tetracosane(C_{24})	0.27
Dodecane(C_{12})	1.42	Pentacosane(C_{25})	0.24
Tridecane(C_{13})	1.41	Hexacosane(C_{26})	0.21
Tetradecane(C_{14})	1.13	Heptacosane(C_{27})	0.20
Pentadecane(C_{15})	0.99	Octacosane(C_{28})	0.18
Hexadecane(C_{16})	0.74	Nonacosane(C_{29})	0.16
Heptadecane(C_{17})	0.82	TriconanePlus(C_{30}^+)	1.33
Octadecane(C_{18})	0.62		

物　　质	%（mol）	物　　质	%（mol）
芳香烃类		环烷烃类	
Benzene（C_6H_6）	0.04	Cyclopentane（C_5H_{10}）	0.02
Toluene（C_7H_8）	0.15	MethylCycloPentane（C_6H_{12}）	1.06
EBZ，$p+m$-Xylene（C_8H_{10}）	0.70	Cyclohexane（C_6H_{12}）	0.50
o-Xylene（C_8H_{10}）	0.28	MethylCycloHexane（C_7H_{14}）	1.56
1,2,4 TriMethylBenzene（C_9H_{12}）	0.28		

三、集输过程 HYSYS 模拟流程

HYSYS 模拟流程如图 6-2 所示。

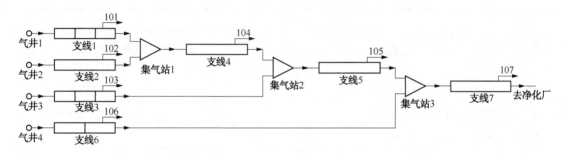

图 6-2　集输系统 HYSYS 模拟流程图

四、模拟结果

天然气集输管道的模拟结果如表 6-5 所示。

表 6-5　天然气集输管道模拟结果

流　　号	气井 1	气井 2	气井 3	气井 4	1
气相分数	0.9188	1.0000	0.8951	0.4172	0.9217
温度/℃	40.00	45.00	40.00	35.00	36.46
压力/kPa	4135.00	3450.00	3496.70	4394.47	3496.67
摩尔流率/(kmol/h)	425.00	375.00	575.00	545.00	425.00
质量流率/(kg/h)	10747.87	8438.23	13351.05	43382.00	10747.87
体积流率/(m³/h)	26.8846	23.6057	34.9297	65.2793	26.8846
热流率/(kJ/h)	$-3.793×10^7$	$-3.024×10^7$	$-6.082×10^7$	$-1.038×10^8$	$-3.794×10^7$
流　　号	2	3	4	5	6
气相分数	1.0000	0.8960	0.4951	0.9648	0.9672
温度/℃	43.40	34.29	30.63	36.75	31.60
压力/kPa	3275.59	2486.51	2205.13	3275.59	2486.51
摩尔流率/(kmol/h)	375.00	575.00	545.00	800.00	800.00
质量流率/(kg/h)	8438.23	13351.05	43382.00	19186.10	19186.10
体积流率/(m³/h)	23.6057	34.9297	65.2793	50.4903	50.4903
热流率/(kJ/h)	$-3.025×10^7$	$-6.083×10^7$	$-1.038×10^8$	$-6.819×10^7$	$-6.820×10^7$

流　　号	7	8	9	去净化厂	
气相分数	0.9386	0.9396	0.8063	0.8397	
温度/℃	31.84	29.94	31.52	21.34	
压力/kPa	2486.51	2205.13	2205.13	805.83	
摩尔流率/(kmol/h)	1375.00	1375.00	1920.00	1920.00	
质量流率/(kg/h)	32537.14	32537.14	75919.14	75919.14	
体积流率/(m³/h)	85.4200	85.4200	150.6993	150.6993	
热流率/(kJ/h)	-1.290×10^8	-1.290×10^8	-2.328×10^8	-2.328×10^8	

五、详细模拟步骤

输入计算所需的全部组分和流体包

步骤	内　　容	流号及数据
1	New Case[新建空白文档]	
2	Add[加入]	
3	Components：N_2、H_2S、CO_2、C_1、C_2、C_3、$i\text{-}C_4$、$n\text{-}C_4$、$i\text{-}C_5$、$n\text{-}C_5$、C_6、H_2O	添加库组分
4	Add Component 栏下点击：Hypothetical	添加假组分
5	Quick Create a Hypo Component	
6	在 Component Name 下将 Hypo20000 修改为	C_7^+
7	Critical	
8	Normal Boiling Pt/℃	110
9	点击：Estimate Unknown Props	物性估算
10	×	
11	点击：<---Add Group	加假组分到组分清单
12	×	
13	Fluid Pkgs	加流体包
14	Add	
15	Peng-Robinson	选状态方程
16	×	
17	Oil Manager	
18	Enter Oil Environment	油假组分切割
19	Assay	
20	Add	
21	Bulk Properties 右侧下拉菜单，点选	Used
22	Molecular Weight	79.6
23	Standard Density	0.6659 SG_ 60/60api
24	Assay Data Type 右侧下拉菜单，点选	Chromatograph

464

步骤	内　　容	流号及数据
25	点击：Paraffinic(烷烃构成) Assay Basis 下列组分右侧位置输入相关组成： Hexane(C_6) Heptane(C_7) Octane(C_8) Nonane(C_9) Decane(C_{10}) Undecane(C_{11}) Dodecane(C_{12}) Tridecane(C_{13}) Tetradecane(C_{14}) Pentadecane(C_{15}) Hexadecane(C_{16}) Heptadecane(C_{17}) Octadecane(C_{18}) Nonadecane(C_{19}) Eicosane(C_{20}) Heneicosane(C_{21}) Docosane(C_{22}) Tricosane(C_{23}) Tetracosane(C_{24}) Pentacosane(C_{25}) Hexacosane(C_{26}) Heptacosane(C_{27}) Octacosane(C_{28}) Nonacosane(C_{29}) TriconanePlus(C_{30}^+)	mole 0.0268 0.0371 0.0348 0.0231 0.0240 0.0183 0.0142 0.0141 0.0113 0.0099 0.0074 0.0082 0.0062 0.0049 0.0046 0.0039 0.0036 0.0032 0.0027 0.0024 0.0021 0.0020 0.0018 0.0016 0.0133
26	点击：Aromatic(芳香烃构成) Assay Basis 下列组分右侧位置输入相关组成： Benzene(C_6H_6) Toluene(C_7H_8) EBZ, $p+m$−Xylene(C_8H_{10}) o−Xylene(C_8H_{10}) 1,2,4 TriMethylBenzene (C_9H_{12})	mole 0.0004 0.0015 0.0070 0.0028 0.0028

步骤	内　容	流号及数据
27	点击：Naphthenic(环烷烃构成) Assay Basis 下列组分右侧位置输入相关组成： Cyclopentane（C_5H_{10}） MethylCycloPentane（C_6H_{12}） Cyclohexane（C_6H_{12}） MethylCycloHexane（C_7H_{14}）	mole 0.0002 0.0106 0.0050 0.0156
28	Light Ends 右侧下拉菜单，点选	Input Composition
29	Input Data 下点击：Light Ends	
30	Light Ends Basis 右侧下拉菜单，点选	%（mol）
31	在下方表格中依次输入轻组分百分组成数据： Nitrogen H_2S CO_2 Methane Ethane Propane i-Butane n-Butane i-Pentane n-Pentane n-Hexane H_2O	%（mol） 0.98 0.00 0.37 41.83 8.87 7.11 1.47 3.75 1.25 1.63 0.00 0.00
32	Calculate	
33	×	
34	Cut/Blend	
35	Add	
36	在 Available Assays 栏下，点选	Assay-1
37	Add--->	（加入分析数据）
38	Cut Option Selection 右侧下拉菜单，点选	User Points
39	在出现的 Number of Cuts 栏中输入给定的假组分数	5
40	回车后将自动完成假组分的切割	
41	×	
42	Install Oil	
43	Stream Name 下输入	气井4
44	Calculate All	
45	Return to Basis Environment	
46	Enter Simulation Environment	进入模拟环境

输入气井 4 温度和流量

步骤	内 容	流号及数据
1	双击"气井 4"（已在油品表征中产生了组成）	
2	Temperature/℃	35
3	Molar Flow/(kmol/h)	545
4	×	

加入气井 1 组成和参数

步骤	内 容	流号及数据
1	选中 Material Stream[蓝色箭头]置于 PFD 窗口中	
2	双击[Material Stream]	
3	在 Stream Name 栏填上	气井 1
4	Temperature/℃	40
5	Pressure/kPa	4135
6	Molar Flow/(kmol/h)	425
7	双击 Stream"气井 1"的 Molar Flow 位置	
8	Composition（填摩尔组成） 　Nitrogen 　H_2S 　CO_2 　Methane 　Ethane 　Propane 　i-Butane 　n-Butane 　i-Pentane 　n-Pentane 　n-Hexane 　H_2O 　C_7^+	 0.0002 0.0405 0.0151 0.7250 0.0815 0.0455 0.0150 0.0180 0.0120 0.0130 0.0090 0.0000 0.0252
9	Nomalize（圆整为 1）	
10	OK	
11	×	

加入气井 2 组成和参数

步骤	内 容	流号及数据
1	选中 Material Stream[蓝色箭头]置于 PFD 窗口中	
2	双击[Material Stream]	
3	在 Stream Name 栏填上	气井 2
4	Temperature/℃	45
5	Pressure/kPa	3450

步骤	内 容	流号及数据
6	Molar Flow/(kmol/h)	375
7	双击 Stream"气井 2"的 Molar Flow 位置	
8	Composition(填摩尔组成)	
	Nitrogen	0.0025
	H_2S	0.0237
	CO_2	0.0048
	Methane	0.6800
	Ethane	0.1920
	Propane	0.0710
	i-Butane	0.0115
	n-Butane	0.0085
	i-Pentane	0.0036
	n-Pentane	0.0021
	n-Hexane	0.0003
	H_2O	0.0000
	C_7^+	0.0000
9	Nomalize(圆整为 1)	
10	OK	
11	×	

加入气井 3 组成和参数

步骤	内 容	流号及数据
1	选中 Material Stream[蓝色箭头]置于 PFD 窗口中	
2	双击[Material Stream]	
3	在 Stream Name 栏填上	气井 3
4	Temperature/℃	40
5	Pressure/kPa	
6	Molar Flow/(kmol/h)	575
7	双击 Stream"气井 3"的 Molar Flow 位置	
8	Composition(填摩尔组成)	
	Nitrogen	0.0050
	H_2S	0.0141
	CO_2	0.0205
	Methane	0.5664
	Ethane	0.2545
	Propane	0.0145
	i-Butane	0.0041
	n-Butane	0.0075
	i-Pentane	0.0038
	n-Pentane	0.0037
	n-Hexane	0.0060
	H_2O	0.0909
	C_7^{+*}	0.0090

步骤	内　　容	流号及数据
9	Nomalize(圆整为 1)	
10	OK	
11	×	

加入管段 Gas Segment(支线 1 计算)

步骤	内　　容	流号及数据
1	从图例板点管段[Gas Segment]置于 PFD 桌面	
2	双击管段[Gas Segment]	
3	Name	支线 1
4	Inlet	气井 1
5	Outlet	1
6	Energy	101
7	Rating	
8	Sizing	
9	Append Segment	
10	输入支线 1 第 1 段参数	
11	Length/Equivalent Length/m	150
12	Elevation Change/m	6
13	双击"Outer Diameter"	
14	Pipe Schedule	Schedule 40
15	点击 Available Nominal Diameter 下的管径"76.20"	
16	Specify(指定管子尺寸及材料参数)	
17	×	
18	Append Segment	
19	输入支线 1 第 2 段参数	
20	Length/Equivalent Length/m	125
21	Elevation Change/m	-8.5
22	双击"Outer Diameter"	
23	Pipe Schedule	Schedule 40
24	点击 Available Nominal Diameter 下的管径"76.20"	
25	Specify(指定管子尺寸及材料参数)	
26	×	
27	Append Segment	
28	输入支线 1 第 3 段参数	
29	Length/Equivalent Length/m	100
30	Elevation Change/m	0.5
31	双击"Outer Diameter"	

步骤	内　容	流号及数据
32	Pipe Schedule	Schedule 40
33	点击 Available Nominal Diameter 下的管径"76.20"	
34	Specify(指定管子尺寸及材料参数)	
35	×	
36	Heat Transfer	
37	点击"Estimate HTC"(估算管段传热系数)	
38	Ambient Temperature	5
39	Include Pipe Wall	勾选
40	Include Inner HTC 　　Correlation(选择管内壁传热系数计算关联式)	勾选 默认
41	Include Insulation 如果有管外保温层,可勾选,并选择相应材料 　　Insulation Type(保温材料类型) 　　Thermal Conductivity(材料导热系数) 　　Thickness(保温层厚度)	不勾选
42	Include Outer HTC 　　Ambient Medium(周边介质) 　　Ground Type(土壤类型) 　　Ground Conductivity(土壤导热系数) 　　Buried Depth(埋藏深度,m)	勾选 1
43	×(完成支线1计算,得到出口温度与压力)	

加入管段 Gas Segment(支线 2 计算)

步骤	内　容	流号及数据
1	从图例板点管段[Gas Segment]置于 PFD 桌面	
2	双击管段[Gas Segment]	
3	Name	支线2
4	Inlet	气井2
5	Outlet	2
6	Energy	102
7	Rating	
8	Sizing	
9	Append Segment	
10	输入支线2第1段参数	
11	Length/Equivalent Length/m	200
12	Elevation Change/m	23
13	双击"Outer Diameter"	
14	Pipe Schedule	Schedule 40
15	点击 Available Nominal Diameter 下的管径"76.20"	

步骤	内 容	流号及数据
16	Specify(指定管子尺寸及材料参数)	
17	×	
18	Heat Transfer	
19	点击"Estimate HTC"(估算管段传热系数)	
20	Ambient Temperature	5
21	Include Pipe Wall	勾选
22	Include Inner HTC 　　Correlation(选择管内壁传热系数计算关联式)	勾选 默认
23	Include Insulation 如果有管外保温层,可勾选,并选择相应材料 　　Insulation Type(保温材料类型) 　　Thermal Conductivity(材料导热系数) 　　Thickness(保温层厚度)	不勾选
24	Include Outer HTC 　　Ambient Medium(周边介质) 　　Ground Type(土壤类型) 　　Ground Conductivity(土壤导热系数) 　　Buried Depth(埋藏深度,m)	勾选 1
25	×(完成支线2计算,得到出口温度与压力)	

加混合器(集气站1)

步骤	内 容	流号及数据
1	从图例板点混合器[Mixer]置于PFD窗口中	
2	双击混合器[Mixer]	
3	Name	集气站1
4	Inlets	1,2
5	Outlet	5
6	×	

加入管段 Gas Segment(支线4计算)

步骤	内 容	流号及数据
1	从图例板点管段[Gas Segment]置于PFD桌面	
2	双击管段[Gas Segment]	
3	Name	支线4
4	Inlet	5
5	Outlet	6
6	Energy	104
7	Rating	
8	Sizing	

步骤	内　　容	流号及数据
9	Append Segment	
10	输入支线 4 第 1 段参数	
11	Length/Equivalent Length/m	355
12	Elevation Change/m	−4
13	双击"Outer Diameter"	
14	Pipe Schedule	Schedule 40
15	点击 Available Nominal Diameter 下的管径"101.6"	
16	Specify(指定管子尺寸及材料参数)	
17	×	
18	Heat Transfer	
19	点击"Estimate HTC"(估算管段传热系数)	
20	Ambient Temperature	5
21	Include Pipe Wall	勾选
22	Include Inner HTC 　　Correlation(选择管内壁传热系数计算关联式)	勾选 默认
23	Include Insulation 如果有管外保温层，可勾选，并选择相应材料 　　Insulation Type(保温材料类型) 　　Thermal Conductivity(材料导热系数) 　　Thickness(保温层厚度)	不勾选
24	Include Outer HTC 　　Ambient Medium(周边介质) 　　Ground Type(土壤类型) 　　Ground Conductivity(土壤导热系数) 　　Buried Depth(埋藏深度，m)	勾选 1
25	×(完成支线 2 计算，得到出口温度与压力)	

加入管段 Gas Segment(支线 3 计算)

步骤	内　　容	流号及数据
1	从图例板点管段[Gas Segment]置于 PFD 桌面	
2	双击管段[Gas Segment]	
3	Name	支线 3
4	Inlet	气井 3
5	Outlet	3
6	Energy	103
7	Rating	
8	Sizing	
9	Append Segment	
10	输入支线 3 第 1 段参数	

472

步骤	内　　容	流号及数据
11	Length/Equivalent Length/m	160
12	Elevation Change/m	12.5
13	双击"Outer Diameter"	
14	Pipe Schedule	Schedule 40
15	点击 Available Nominal Diameter 下的管径"76.20"	
16	Specify(指定管子尺寸及材料参数)	
17	×	
18	Append Segment	
19	输入支线 3 第 2 段参数	
20	Length/Equivalent Length	100
21	Elevation Change	−14
22	双击"Outer Diameter"	
23	Pipe Schedule	Schedule 40
24	点击 Available Nominal Diameter 下的管径"76.20"	
25	Specify(指定管子尺寸及材料参数)	
26	×	
27	Append Segment	
28	输入支线 3 第 3 段参数	
29	Length/Equivalent Length/m	205
30	Elevation Change/m	−1
31	双击"Outer Diameter"	
32	Pipe Schedule	Schedule 40
33	点击 Available Nominal Diameter 下的管径"76.20"	
34	Specify(指定管子尺寸及材料参数)	
35	×	
36	Heat Transfer	
37	点击"Estimate HTC"(估算管段传热系数)	
38	Ambient Temperature	5
39	Include Pipe Wall	勾选
40	Include Inner HTC 　Correlation(选择管内壁传热系数计算关联式)	勾选 默认
41	Include Insulation 如果有管外保温层,可勾选,并选择相应材料 　Insulation Type(保温材料类型) 　Thermal Conductivity(材料导热系数) 　Thickness(保温层厚度)	不勾选

步骤	内　　容	流号及数据
42	Include Outer HTC 　　Ambient Medium(周边介质) 　　Ground Type(土壤类型) 　　Ground Conductivity(土壤导热系数) 　　Buried Depth(埋藏深度，m)	勾选 1
43	×	

由于没有给定气井 3 的出口压力，因此支线 3 目前还无法计算，等完成了集气站 2 后即可管道的压降计算。

加混合器(集气站 2)

步骤	内　　容	流号及数据
1	从图例板点混合器[Mixer]置于 PFD 窗口中	
2	双击混合器[Mixer]	
3	Name	集气站 2
4	Inlets	6，3
5	Outlet	7
6	Parameters	
7	Equalize All(可完成支线 3 的计算)	
8	×	

加入管段 Gas Segment(支线 5 计算)

步骤	内　　容	流号及数据
1	从图例板点管段[Gas Segment]置于 PFD 桌面	
2	双击管段[Gas Segment]	
3	Name	支线 5
4	Inlet	7
5	Outlet	8
6	Energy	105
7	Rating	
8	Sizing	
9	Append Segment	
10	输入支线 5 第 1 段参数	
11	Length/Equivalent Length/m	300
12	Elevation Change/m	−16
13	双击"Outer Diameter"	
14	Pipe Schedule	Schedule 40
15	点击 Available Nominal Diameter 下的管径"152.4"	
16	Specify(指定管子尺寸及材料参数)	

步骤	内 容	流号及数据
17	×	
18	Heat Transfer	
19	点击"Estimate HTC"(估算管段传热系数)	
20	Ambient Temperature	5
21	Include Pipe Wall	勾选
22	Include Inner HTC 　　Correlation(选择管内壁传热系数计算关联式)	勾选 默认
23	Include Insulation 如果有管外保温层, 可勾选, 并选择相应材料 　　Insulation Type(保温材料类型) 　　Thermal Conductivity(材料导热系数) 　　Thickness(保温层厚度)	不勾选
24	Include Outer HTC 　　Ambient Medium(周边介质) 　　Ground Type(土壤类型) 　　Ground Conductivity(土壤导热系数) 　　Buried Depth(埋藏深度, m)	勾选 1
25	×(完成支线 5 计算, 得到出口温度与压力)	

加入管段 Gas Segment(支线 6 计算)

步骤	内 容	流号及数据
1	从图例板点管段[Gas Segment]置于 PFD 桌面	
2	双击管段[Gas Segment]	
3	Name	支线 6
4	Inlet	气井 4
5	Outlet	4
6	Energy	106
7	Rating	
8	Sizing	
9	Append Segment	
10	输入支线 3 第 1 段参数	
11	Length/Equivalent Length/m	180
12	Elevation Change/m	−7.5
13	双击"Outer Diameter"	
14	Pipe Schedule	Schedule 40
15	点击 Available Nominal Diameter 下的管径"76.20"	
16	Specify(指定管子尺寸及材料参数)	
17	×	
18	Append Segment	

步骤	内　容	流号及数据
19	输入支线 3 第 2 段参数	
20	Length/Equivalent Length	165
21	Elevation Change	−8
22	双击"Outer Diameter"	
23	Pipe Schedule	Schedule 40
24	点击 Available Nominal Diameter 下的管径"76.20"	
25	Specify(指定管子尺寸及材料参数)	
26	×	
27	Heat Transfer	
28	点击"Estimate HTC"(估算管段传热系数)	
29	Ambient Temperature	5
30	Include Pipe Wall	勾选
31	Include Inner HTC 　Correlation(选择管内壁传热系数计算关联式)	勾选 默认
32	Include Insulation 如果有管外保温层，可勾选，并选择相应材料 　Insulation Type(保温材料类型) 　Thermal Conductivity(材料导热系数) 　Thickness(保温层厚度)	不勾选
33	Include Outer HTC 　Ambient Medium(周边介质) 　Ground Type(土壤类型) 　Ground Conductivity(土壤导热系数) 　Buried Depth(埋藏深度，m)	勾选 1
34	×	

　　由于没有给定气井 4 的出口压力，因此支线 6 目前还无法计算，等完成了集气站 3 后即可管道的压降计算。

加混合器(集气站 3)

步骤	内　容	流号及数据
1	从图例板点混合器[Mixer]置于 PFD 窗口中	
2	双击混合器[Mixer]	
3	Name	集气站 3
4	Inlets	8，4
5	Outlet	9
6	Parameters	
7	Equalize All（可完成支线 6 的计算）	
8	×	

加入管段 Gas Segment(支线 7 计算)

步骤	内 容	流号及数据
1	从图例板点管段[Gas Segment]置于 PFD 桌面	
2	双击管段[Gas Segment]	
3	Name	支线 7
4	Inlet	9
5	Outlet	净化厂
6	Energy	107
7	Rating	
8	Sizing	
9	Append Segment	
10	输入支线 7 第 1 段参数	
11	Length/Equivalent Length/m	340
12	Elevation Change/m	−13
13	双击"Outer Diameter"	
14	Pipe Schedule	Schedule 40
15	点击 Available Nominal Diameter 下的管径"152.4"	
16	Specify(指定管子尺寸及材料参数)	
17	×	
18	Heat Transfer	
19	点击"Estimate HTC"(估算管段传热系数)	
20	Ambient Temperature	5
21	Include Pipe Wall	勾选
22	Include Inner HTC 　　Correlation(选择管内壁传热系数计算关联式)	勾选 默认
23	Include Insulation 如果有管外保温层,可勾选,并选择相应材料 　　Insulation Type(保温材料类型) 　　Thermal Conductivity(材料导热系数) 　　Thickness(保温层厚度)	不勾选
24	Include Outer HTC 　　Ambient Medium(周边介质) 　　Ground Type(土壤类型) 　　Ground Conductivity(土壤导热系数) 　　Buried Depth(埋藏深度, m)	勾选 1
25	×(完成支线 7 计算,得到出口温度与压力)	

　　由于支线 6 和支线 7 选择的管线管径较小,流动压降较大,超出了入口压力的10%,故图中显示为黄色,增加管道直径可解决此问题。

第二节　管壳式换热器核算

管壳式换热器广泛应用于工艺过程的能量回收。在进行换热器的工艺计算时，一般需要已知冷流与热流的入口条件，合理假设冷流及热流的流动压降，并给出一股出口物流的温度，从而可计算出另外一股出口物流的温度、进出口物流的各种物化性质、换热器的对数平均温差等参数。再根据经验初步确定换热器的管程数、壳程数，查询相关图表估算换热器的传热系数，即可通过传热公式计算得到换热器估算面积。如果选用标准换热器即可对比工艺计算结果和标准换热器的结构与面积进行设备选型。如果采用非标换热器则须自主确定换热器直径及长度、管子规格及数量、管子排列方式、折流板数量等结构参数。不管是选用标准换热器还是选用非标换热器，在完成设备结构后还需进行换热器的核算，以确定该换热器能否实现工艺要求。

一、换热器设计的一般步骤

1. 标准系列化管壳式换热器的设计计算步骤

(1) 了解换热流体的物理化学性质和腐蚀性能；

(2) 计算传热量，并确定第二种流体的流量；

(3) 确定流体进入的空间；

(4) 计算流体的定性温度，确定流体的物性数据；

(5) 计算有效平均温度差，一般先按逆流计算，然后再校核；

(6) 选取经验传热系数；

(7) 计算传热面积；

(8) 查换热器标准系列，获取其基本参数；

(9) 校核传热系数，包括管程、壳程对流给热系数的计算，假如核算的传热系数 K 与所选的经验值相差不大，就不再进行校核，若相差较大，则需重复(6)以下步骤；

(10) 校核有效平均温度差；

(11) 校核传热面积；

(12) 计算流体流动阻力，若阻力超过允许值，则需调整设计。

2. 非标准系列化列管式换热器的设计计算步骤

(1) 了解换热流体的物理化学性质和腐蚀性能；

(2) 计算传热量，并确定第二种流体的流量；

(3) 确定流体进入的空间；

(4) 计算流体的定性温度，确定流体的物性数据；

(5) 计算有效平均温度差，一般先按逆流计算，然后再校核；

(6) 选取管径和管内流速；

(7) 计算传热系数，包括管程和壳程的对流传热系数，由于壳程对流传热系数与壳径、管束等结构有关，因此，一般先假定一个壳程传热系数，以计算 K，然后再校核；

(8) 初估传热面积，考虑安全因素和初估性质，常采用实际传热面积为计算传热面积值的 1.15~1.25 倍；

(9) 选取管长；

(10) 计算管数；

（11）校核管内流速，确定管程数；

（12）画出排管图，确定壳径和壳程挡板形式及数量等；

（13）校核壳程对流传热系数；

（14）校核平均温度差；

（15）校核传热面积；

（16）计算流体流动阻力，若阻力超过允许值，则需调整设计。

二、利用 HYSYS 软件进行管壳式换热器的设计

首先需要注意的是，HYSYS 的 Heat Exchanger 模块中 Steady State Rating 模式只能进行无相变管壳式换热器的简单核算，更详细的换热器核算结果还需使用 HTFS、HTRI 等其他模块。

在进行工艺计算时，都需要指定管程和壳程的流动压降，然后再给定一个设计规定计算物流的出口温度。但 HYSYS 的 Heat Exchanger 模块可进行无相变管壳式换热器的核算，在输入了换热器的结构信息之后，根据热流与冷流的组成和工艺条件数据计算得到热流与冷流的出口温度和压力。就是说，在进行换热器的核算时，换热器的自由度变成了换热器的结构，HYSYS 根据换热器内部结构信息进行流体力学和传热计算，从而计算得到物流的流动压降和出口温度。

下面通过一个示例来说明 HYSYS 进行换热器设计的基本步骤。

1. 工艺参数

在节能改造中，乙醇车间为回收系统内第一萃取塔釜液的热量，用其釜液将原料液从 95℃ 预热至 128℃，原料液及釜液均为乙醇-水溶液，用 HYSYS 辅助设计一台管壳式换热器，实现换热目标。其操作条件如表 6-6 所示。

表 6-6　设计条件数据

物料	流量/ （kg/h）	组成 （含乙醇量）/%（mol）	温度/℃		操作压力/ MPa
			进口	出口	
釜液	109779	3.3	145		0.9
原料液	102680	7	95	128	0.53

2. 原料液-釜液换热过程的工艺计算

输入计算所需的全部组分和流体包

步骤	内　　　　容	流号及数据
1	New Case[新建空白文档]	
2	Add[加入]	
3	Components：Ethanol、H_2O	添加库组分
4	×	
5	Fluid Pkgs	加流体包
6	Add	
7	NRTL	选状态方程
8	×	
	Enter Simulation Environment	进入模拟环境

加入原料液组成和参数

步骤	内　　容	流号及数据
1	选中 Material Stream［蓝色箭头］置于 PFD 窗口中	
2	双击［Material Stream］	
3	在 Stream Name 栏填上	原料液
4	Temperature /℃	95
5	Pressure/kPa	530
6	Mass Flow /（kg/h）	102680
7	双击 Stream"原料液"的 Molar Flow 位置	
8	Composition（填摩尔组成） 　　Ethanol 　　H$_2$O	 0.07 0.93
9	Nomalize（圆整为 1）	
10	OK	
11	×	

加入釜液组成和参数

步骤	内　　容	流号及数据
1	选中 Material Stream［蓝色箭头］置于 PFD 窗口中	
2	双击［Material Stream］	
3	在 Stream Name 栏填上	釜液
4	Temperature /℃	145
5	Pressure/kPa	900
6	Mass Flow/（kg/h）	109779
7	双击 Stream"釜液"的 Molar Flow 位置	
8	Composition（填摩尔组成） 　　Ethanol 　　H$_2$O	 0.033 0.967
9	Nomalize（圆整为 1）	
10	OK	
11	×	

加入换热器

步骤	内　　容	流号及数据
1	从图例板点换热器［Heat Exchanger］置于 PFD 窗口中	
2	双击换热器［Heat Exchanger］	
3	Tube Side Inlet	原料液
4	Tube Side Outlet	换后原料液
5	Shell Side Inlet	釜液

480

步骤	内　　　容	流号及数据
6	Shell Side Outlet	换后釜液
7	Parameters	
8	Tube Side Delta P/kPa(估算值)	20
9	Shell Side Delta P/kPa(估算值)	20
10	Worksheet	
11	点击 Stream Name"换后原料液"下相应位置输入	
12	Temperature/℃	128
13	Performance	
14	Plots(显示温度-热流曲线)	
15	图形右侧 Plot Type 下，Y 右侧单选	Temperature
16	X 右侧单选	Heat Flow
17	在显示的 T-H 图*上点鼠标右键	
18	Copy to Clipboard▶	
19	Scale by 200%(放大复制图片)	
20	将图片复制到"画图"或其他电子文档中	
21	在图上绘制平衡线和垂直线，如图6-3所示	

注：* 可以通过 Control Graph 对图例进行微调。

通过工艺计算可知釜液换热后温度降至 114.7℃，换热负荷为 1.404×10^7 kJ/h(图6-3)。

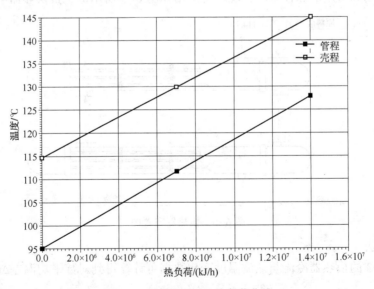

图6-3　换热器温度-热负荷曲线

3. 换热器壳程数的确定

(1) T-H 图法

工程中所采用的管壳式换热器一般都为偶数管程，并非完全的逆流传热。如果设计不当，有时会出现冷流温度还要高于热流的逆向传热现象。为了避免出现逆向传热，首先必须核算完成传热目标所需的壳程数量。管壳式换热器的壳程数可通过在换热温度-热负荷曲线绘制水平线段的方式来确定，形式如图 6-4 所示。

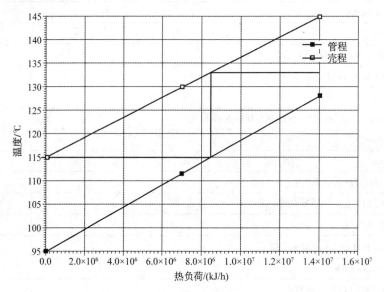

图 6-4　换热器壳程数的确定

从图 6-4 可以发现在同一水平线段区域内，热流的最低温度至少不低于冷流的最高温度，足以避免在同一壳程内出现逆向传热的问题。根据图 6-4，要完成换热目标，至少需要 2 个壳程。要实现 2 个壳程，既可设置一台 2 壳程换热器，也可设置 2 台单壳程换热器串联操作。经过现场和费用的综合考虑，现决定采用如图 6-5 所示的 2 台换热器串联操作流程。

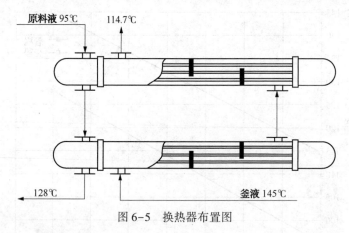

图 6-5　换热器布置图

（2）图表法

根据图 6-3 的换热器冷流与热流温度变化数据可计算得到对数平均温差 Δt_{m}：

$$\Delta t_{\mathrm{m}} = \frac{(T_1 - t_2) - (T_2 - t_1)}{\ln \dfrac{T_1 - t_2}{T_2 - t_1}} = 18.33(\text{℃})$$

由于整个换热过程要采用 1 台 2 壳程换热器或者 2 个单壳程换热器串联操作，且管程通常为多管程，因此需要对 Δt_{m} 进行修正。温差修正因子 F_{t} 计算过程如下：

$$R = \frac{T_1 - T_2}{t_2 - t_1} = \frac{145 - 114.7}{128 - 95} = 0.918$$

$$P = \frac{t_2 - t_1}{T_1 - t_1} = \frac{128 - 95}{145 - 95} = 0.66$$

由 R、P 数据，查询换热器设计手册中温差修正系数与壳程数和管程数相关的图表(图6-6)即可得知不同壳程结构下的 F_t 数值。如果 F_t 数值大于 0.8，则该换热器结构可行；否则就需要增加壳程数量。

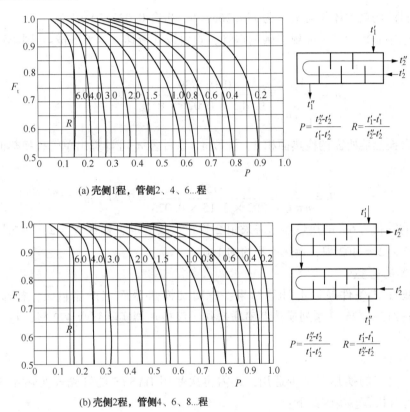

图 6-6 管壳式换热器温差修正因子

由图 6-6 可知，如果采用 1 壳程换热器，查得的 F_t 小于 0.5，已无法满足 F_t 不低于 0.8 的最低要求。而在 2 壳程图表中查得的修正系数为 0.86，2 壳程可实现换热目标。故最终确定的换热器流程结构如图 6-5 所示。

4. 换热面积的估算

冷流与热流的主要组分都为水，根据相关设计手册，参考水-水系统换热过程的经验传热系数数值，并对物料中含有的少量乙醇进行修正，初步给定换热器的传热系数为 800 W/($m^2 \cdot \text{℃}$)，根据传热计算公式可得到所需的总换热面积为

$$A = \frac{Q}{K \cdot F_t \cdot \Delta t_m} = \frac{(1.404 \times 10^7 / 3600) \times 1000}{800 \times 0.86 \times 18.33} = 309 \ (m^2)$$

由于设置 2 台换热器，故单台换热器的面积约为 $A = 155 m^2$。

5. 管子数量的估算

为保证釜液能快速降温，确定冷流原料液走管程、热流走壳程。冷流换热后温度升温至

128℃，此处其体积流量最大，可通过查询工艺计算结果计算出其实时体积流量，步骤如下：

物流实际体积流量查询

步骤	内　　容	流号及数据
1	Worksheet	
2	Properties	
3	从"原料液出"Act. Volume Flow/(m^3/h)可读出体积流量	114.26

查得原料液的最大体积流量 V_t 为 114.26m^3/h，折合 0.031739 m^3/s。

换热管选用 ϕ25×2.5 mm 规格碳钢钢管，管内设计流速 u_t = 0.5m/s，则单程换热所需管子数量 n 为

$$n = \frac{V_t}{\frac{\pi}{4}d_{ti}^2 u_t} = \frac{0.031739}{0.785 \times 0.02^2 \times 0.5} = 202 \quad 根$$

根据单台换热器所需的换热面积 A、管数 n、管外径 d_0 可计算出单管程换热时所需的管子长度 L：

$$L = \frac{A}{n\pi d_0} = \frac{155}{202 \times 3.15 \times 0.025} = 9.77 \quad m$$

如果选购管长为 6m 的换热器则需采用 2 管程。故选定管程数 N_p = 2，换热器所需的管子总数为 202 × 2 = 402 根，换热面积约约 190m^2。

6. 换热器的选型

综合考虑工艺条件及以上计算结果，查阅某换热器厂家产品目录，初步选择 2 台 BES900-1.6-215-6/25-2 系列换热器串联操作。该换热器实际管数 472 根，每台实际传热面积 217.9 m^2。

7. 换热器的核算

对于初步选出的换热器是否适用，还需再次利用 HYSYS 的管壳式换热器 Steady State Rating 模式进行核算。步骤如下：

换热器传热系数核算步骤

步骤	内　　容	流号及数据
1	双击打开换热器	
2	Rating	
3	Overall	
4	TEMA Type 下单选： 左(头箱)A▼ 中(壳体)E▼ 右(尾箱)L▼	B（封头管箱） E（单壳程） S（钩圈浮头）
5	Number of Shell Passes(壳程数，须由 TEMA Type 定)	1
6	Number of Shells in Series(换热器串联数)	2
7	Number of Shells in Parallel(换热器并联，不能用)	1
8	Tube Passes per Shell(每个壳的管程数)	2
9	Exchanger Orientation(换热器布置，动态用)	Horizontal

步骤	内　　容	流号及数据
10	First Tube Pass Flow Direction(壳第一根管流向)	Counter
11	Elevation（Base）(换热器基高，动态用)	0.0
12	Calculated Information 下	
13	Shell DP/kPa(管程与壳程的压降都是计算得到)	(删除 20)
14	Tube DP/kPa	(删除 20)
15	Shell	
16	Shell Diameter/mm(壳内径)	900
17	Number of Tubes per Shell(每个壳程内的管数)	472
18	Tube Pitch/mm(管束管心距)	32
19	单选 0Tube Layout Angle(管束排列方式)	Triangular(30degrees)
20	Shell Fouling/（C-h-m²/kJ）(壳程污垢热阻)	0.000072
21	Shell Baffle Type(折流板类型)	Single
22	Shell Baffle(折流板开口方式)	Horizontal
23	Baffle Cut（%Height）/%(折流板切口高/壳径) *	25
24	Baffle Spacing/mm(折流板间距)	400
25	Tube	
26	OD/mm(管子外径)	25
27	ID/mm(管子内径)	20
28	Tube Thickness/mm(管子厚度，以上三者选二)	
29	Tube Length/m(换热管长度)	6
30	Tube Fouling/（C-h-m²/kJ）(管程污垢热阻)	0.000072
31	Worksheet	
32	流号"原料液出"下删除 Temperature/℃ 数值	(删除 128)
33	Design	
34	Parameters	
35	在 Heat Exchanger Model 下单选	Steady State Rating
36	可得到换热器出口物流温度、压力等	

注：* 在换热器计算报表 Report 中显示为 Area%。

HYSYS 计算得到管程压降 4.37kPa、壳程压降 16.67kPa，低于估算值。较低的压降有利于减少动力消耗。换热器的温差修正因子 F_t 只有 0.773，稍低于 0.8。考虑到此时原料液出换热器的最终温度计算值为 130.4℃，高于目标值 2.4℃，故可认为采用此换热器是可以完成设计目标的。

8. 打印换热器计算报告

步骤	内容
1	主菜单下，点击 Tools
2	Report Manager
3	Create
4	Insert Datasheet
5	Objects 下点选：E-100(换热器单元)
6	在 Available Datablocks 下勾选需要显示的参数
7	Add
8	×

步骤	内容
9	点击 Preview 按钮即可显示计算报告
10	点击 Print 按钮即可打印计算报告
11	×

第三节　精馏塔水力学核算

HYSYS 的 Tray Sizing 工具可以对一个已经收敛的塔进行部分或全塔的简单水力学设计。指定塔内填料或塔板结构设计信息，可计算出塔径、板压降、降液管压降、开孔数量、泛点率或填料层高度等参数。

下面通过一个示例来说明塔的水力学设计的一般步骤。

一、工艺参数

苯含量为 38%(质量)的苯–甲苯混合物，流率为 11 t/h，加热泡点后进入精馏塔分离成产物苯和甲苯。产品的工艺指标：塔顶产品中苯的质量含量不低于 99%、塔底产品中苯的质量含量不高于 1%。要求进行分离塔的的工艺设计。

二、HYSYS 进行板式塔水力学设计的一般步骤

(1) 通过简捷塔模块 Short Cut 确定操作压力、理论板数和进料位置；

(2) 估算压降，通过严格法模块 Distillation 进行分离过程计算；

(3) 通过 Tray Sizing 工具进行塔的水力学初步设计；

(4) 局部修改初步设计参数，通过 Tray Sizing 工具进行塔盘设计的水力学核算；

(5) 导出塔盘水力学计算所得到的塔板压降；

(6) 利用新的塔板压降重新进行 Distillation 模块的计算；

(7) 通过 Tray Sizing 工具重新进行塔盘的水力学核算，得到新的塔板压降；

(8) 对比步骤(5)与步骤(7)所得的塔板压降数值，若不相等，返回步骤(4)；否则结束。

三、浮阀塔水力学设计过程

1. Short Cut 模块确定操作压力、理论板数和进料位置

输入计算所需的全部组分和流体包

步骤	内　　容	流号及数据
1	New Case[新建空白文档]	
2	Add[加入]	
3	Components：Benzene、Toluene	添加库组分
4	×	
5	Fluid Pkgs	加流体包
6	Add	
7	Peng-Robinson	选状态方程
8	×	
9	Enter Simulation Environment	进入模拟环境

加入进料工艺参数

步骤	内　容	流号及数据
1	选中 Material Stream[蓝色箭头]置于 PFD 窗口中	
2	双击[Material Stream]	
3	在 Stream Name 栏填上	1
4	Vapour / Phase Fraction(泡点进料)	0
5	Pressure/kPa	160
6	Mass Flow/(kg/h)	11000
7	双击 Stream 1 的 Mass Flow 位置	
8	Composition(填质量组成) 　Benzene 　Toluene	 0. 38 0. 62
9	Nomalize(圆整为 1)	
10	OK	
11	×	

加入简捷塔模块

步骤	内　容	流号及数据
1	选中[Short Cut Distillation]模块置于 PFD 窗口中	
2	双击[Short Cut Distillation]	
3	Inlet	1
4	Distillate	2
5	Bottoms	3
6	Condenser Duty	102
7	Reboiler Duty	101
8	Top Product Phase	Liquid
9	Parameters	
10	Light Key in Bottoms 　Mole Fraction	Benzene 0. 0085
11	Heavy Key in Distillate 　Mole Fraction	Toluene 0. 0118
12	Condenser Pressure /kPa	100
13	Reboiler Pressure /kPa	100
14	External Reflux Ratio	2. 2
15	Performance 看结果	
16	×	

在 Performance 下可以看到最小理论板数、外部回流比为 2. 2(R/R_{min} = 1. 2)时的实际理论板数和最优进料位置等结构参数。

该塔冷凝器温度 80℃、再沸器温度 109℃,操作温度比较温和,因此采用常压操作比较有利。增加回流比可减少分离所需的理论板数,但会增加冷凝器和再沸器能耗和塔内气液负荷。经过综合分析，确定 $R/R_{min} = 1.8$ 可取得投资与操作费用的综合平衡。在 Design 表单下将 External Reflux Ratio 改为 3.2，在 Performance 下可看到理论板数 $n = 18$，进料位置 $N_F = 9$。考虑到流动压降，确定塔顶压力为 130kPa，初步设定全塔压降为 10kPa。

2. 严格法模块 Distillation 进行分离过程计算

加入平衡(Balance)产生分离塔进料

步骤	内　　容	流号及数据
1	从图例板选中 Balance 置于 PFD 窗口 1 附近	
2	双击平衡[Balance]	
3	Inlet Streams	1
4	Outlet Streams	4
5	Parameters	
6	在 Balance Type 栏点选：Component Mole Flow	
7	Worksheet	
8	点击 Stream Name 4 下相应位置输入	
9	Vapour	0
10	Pressure /kPa	160
11	×	

加入分离塔

步骤	内　　容	流号及数据
1	从图例板点完全塔[Distillation]置于 PFD 窗口中	
2	双击完全塔[Distillation]	
3	理论板数 n =	18
4	Inlet Streams	4
5	Inlet Stage	9
6	Condenser	Total
7	Ovhd Liquid Outlet	5
8	Bottoms Liquid Outlet	6
9	Reboiler Energy Stream(重沸器能流)	201
10	Condenser Energy Stream(冷凝器能流)	202
11	Next，Next	
12	Top Stage Pressure /kPa	130
13	Reboiler Pressure /kPa	140
14	Next，Next，Done	
15	Monitor	
16	Add Spec...	
17	Column Component Fraction	
18	Add Spec(s)	
19	《Stage》	

488

步骤	内 容	流号及数据
20	Condenser	
21	《Component》	
22	Bezene	
23	Flow Basis	Mass Fraction
24	Spec Value	0.99
25	×	
26	Add Spec…	
27	Column Component Fraction	
28	Add Spec(s)	
29	《Stage》	
30	Reboiler	
31	《Component》	
32	Bezene	
33	Flow Basis	Mass Fraction
34	Spec Value	0.01
35	×	
36	Specifications 栏下	
37	点击 Reflux Ratio 右侧 Active，使之失效	
38	点击 Distillate Rate 右侧 Active，使之失效	
39	点击 Comp Fraction 右侧 Active，使之生效	
40	点击 Comp Fraction-2 右侧 Active，使之生效	
41	Run，运行结束，Converged 变绿色	
42	Parameters	
43	删除 Pressure 下 Condenser 对应的压力	
44	在 1_ Main TS 下输入顶板压力	130
45	删除 Pressure 下 Reboiler 对应的压力	
46	在 18_ Main TS 下输入底板压力	140
47	×	

此时已完成精馏塔的工艺计算。步骤 43~46 是为了将塔顶和塔底塔板的压力变为自变量，这样才能在塔板水力学核算时导入压力分布。

3. 通过 Tray Sizing 工具进行塔的水力学初步设计

步骤	内 容
1	Tools
2	Utilities
3	Tray Sizing
4	Add Utility

步骤	内容
5	Select TS...
6	T-101
7	Main TS
8	OK
9	Auto Section...(自动划分塔段,也可手动分段)
10	Valve(精馏塔类型选择)
11	Next
12	Tray Section Information 中可修改阀、塔、降液管参数(表6-7) 此处将 Hole Area(% of AA)修改为 14.6(开孔率)
13	Complete AutoSection
14	Performance 下可看水力学初步核算结果

表6-7 默认塔内件结构参数

Item	项目	默认数值
Valve Type	浮阀类型	
Orifice Type	阀孔类型选项:Straight Venturi	Straight
Design Manual	泛点计算方法选项:Glitsch Koch Nutter	Glitsch
Valve Mat'l Density	阀体材料密度/(kg/m³)	8220
Valve Mat'l Thickness	阀厚/mm	1.524
Hole Area (% of AA)	开孔率/%	10.00
Common Tray Properties	塔板公共参数	
Tray Spacing	板间距/mm	609.6
Tray Thickness	塔板厚度/mm	3.175
Tray Foaming Factor	物流发泡因子	1.0
Max Tray dP (ht of liquid)	最大允许板压降(液柱/mm)	203.2
Max Tray Flooding	最大允许塔板泛点率/%	80.0
DC/Weir Info	降液管/溢流堰参数	
Weir Height	堰高/mm	50.8
Max Weir Loading	最大允许堰流强度/(m³/h-m)	89.4
Downcomer Type	降液管形式选项:Vertical Sloped	Vertical
Downcomer Clearance	降液管底部空隙高度/mm	38.1
Maximum DC Backup	降液管最高液位/%	50.0

根据用户的输入数据,HYSYS 将自动完成塔盘的设计水力学计算,得到溢流通道数、塔径、降液管结构、最大板压降、最大降液管压降、塔盘泛点率和降液管泛点率等参数,具

体结果如表 6-8 所示。中心降液管、偏中心降液管和偏边降液管等参数只有在相应的多溢流通道塔板设计中才会出现。

表 6-8　塔盘水力学核算结果

Item	项目	数值
Internals	塔内件	Valve
Number of Flow Paths	溢流通道数(1~5)	1
Jet Flooding Method	水力学设计方法	Glitsch
Column Geometry	塔几何参数	
Section Diameter/m	塔内径	1.372
X-Sectional Area/m²	塔截面积	1.478
Hole Area/m²	开孔面积	0.178
Active Area/m²	溢流面积	1.216859
DC Area/m²	降液管面积	0.13035
Tray Spacing/m	板间距	0.6096
Section Height/m	塔段高度	10.97
Hydraulic Results	水力学结果	
Max Flooding/%	塔板最大泛点率	62.51
Max DC Backup/%	降液管最大泛点率	33.01
Max DP/Tray/kPa	单板最大压降	0.822
Section DeltaP/kPa	塔段压降	14.04
Max Weir Load/(m³/h-m)	最大堰流强度	34.61
Tray Details	塔板尺寸参数	
Total Weir Length/mm	总堰长	961.8
Weir Height/mm	堰高	50.8
DC Clearance/mm	降液管底部空隙高度	38.1
Side Weir Length/m	边堰长	0.961768
Estimated # of Holes/Valves	开孔率 15.3% 时的阀孔数	157.7182
Side DC Top Width/mm	边降液管顶宽	196.85
Side DC Btm Width/mm	边降液底顶宽	196.85
Side DC Top Length/m	边降液底顶长	0.9618
Side DC Btm Length/m	边降液底底长	0.9618
Side DC Top Area/m²	边降液底顶部面积	0.13035
Side DC Btm Area/m²	边降液底底部面积	0.13035
Centre DC Top Width/mm	中心降液管顶宽	0
Centre DC Btm Width/mm	中心降液底顶宽	0
Centre DC Top Length/m	中心降液底顶长	0
Centre DC Btm Length/m	中心降液底底长	0
Centre DC Top Area/m²	中心降液底顶部面积	0

Item	项目	数值
Centre DC Btm Area/m²	中心降液底底部面积	0
O. C. DC Top Width/mm	偏中心降液管顶宽	0
O. C. DC Btm Width/mm	偏中心降液底顶宽	0
O. C. DC Top Length/m	偏中心降液底顶长	0
O. C. DC Btm Length/m	偏中心降液底底长	0
O. C. DC Top Area/m²	偏中心降液底顶部面积	0
O. C. DC Btm Area/m²	偏中心降液底底部面积	0
O. S. DC Top Width/mm	偏边降液管顶宽	0
O. S. DC Btm Width/mm	偏边降液底顶宽	0
O. S. DC Top Length/m	偏边降液底顶长	0
O. S. DC Btm Length/m	偏边降液底底长	0
O. S. DC Top Area/m²	偏边降液底顶部面积	0
O. S. DC Btm Area/m²	偏边降液底底部面积	0
Relief Area/m²	后掠堰面积	0
Relief-S/mm	后掠堰尺寸-S	
Relief-A/mm	后掠堰尺寸-A	
Relief-B/mm	后掠堰尺寸-B	
Flow Length/mm	通道长	977.9
Flow Width/mm	通道宽	1244
Chinmey/Sump Res Time	升气孔/集液槽停留时间	

需要注意的是，Performance 表单中的 Estimated # of Holes/Valves 项显示的是开孔率为默认开孔率 15.3% 时的阀孔估算数目(12 孔/ft²)，实际的阀孔估算数目需要根据以下公式手工换算得到：

$$实际阀孔数 = \frac{实际开孔率 \%}{15.3} \times 表中估算阀孔数$$

此处计算得到实际阀孔数为 150(个)。

表 6-8 中 Number of Flow Paths 是指塔内液体溢流通道的数目，数目可为 1~5。HYSYS会根据用户数据自动计算得到，用户也可以在 Design 选项卡中的 Specs 表单中手工指定溢流通道数目。溢流通道的示意图如图 6-7 所示。

HYSYS 中的边降液管溢流堰有 Straight(平直堰)与 Relief(后掠堰)两种选项。图 6-8 为辅堰的示意图。

4. 局部修改初步设计参数，通过 Tray Sizing 工具进行塔盘设计的水力学核算

在步骤 3 中所得到的塔盘水力学设计是根据工艺计算中假设的塔板压降数据得到的，数值为 14kPa，还需要根据塔盘水力学设计参数重新进行水力学核算，从而计算出每块塔盘的压降。必要时用户可自主给出塔盘水力学结构参数进行水力学核算。

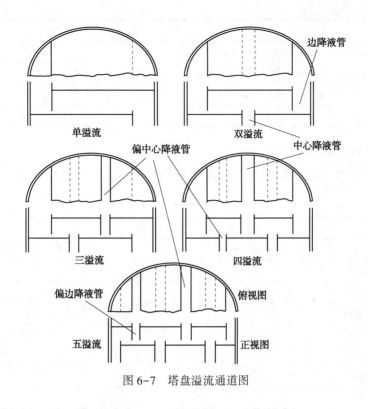

图 6-7　塔盘溢流通道图

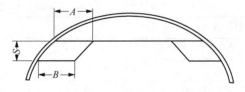

图 6-8　后掠堰(Relief Weir)示意图

A—主堰缺口至塔内壁距离；*B*—平行后掠堰长度；

S—主堰与平行后掠堰间距

步骤	内　　容	流号及数据
1	Tray Sizing 页面下点击 Design 选项卡	
2	Mode 下单选	Rating
3	勾选 Active (对外到处塔板压力分布)	
4	Specs	
5	Number of Flow Paths (先输入)	1
6	Section Diameter/m	1. 372
7	Performance 下可看结果	
8	×	

在核算(Rating)模式下降液管和阀孔数会重新计算。

5. 导出塔板压降分布，核算压降

步骤	内容
1	Tray Sizing 页面下点击 Performance 选项卡
2	点击 Export Pressure 按钮，将压力分布导出到塔环境，塔重新收敛
3	点击 Performance，此时塔段压降为 14.3kPa，与前次相差不大，完成设计
4	×

四、填料塔水力学设计步骤

工艺计算部分与板式塔相同，现直接通过 Tray Sizing 工具进行填料塔的水力学初步设计。

步骤	内　　容
1	Tools
2	Utilities
3	Tray Sizing
4	Add Utility
5	Select TS...
6	T-101
7	Main TS
8	OK
9	Auto Section...
10	Packed(精馏塔类型)
11	Packing Type 下单选填料类型(表6-9)
12	Next
13	在 Internals 页面的 Packing Details 中修改填料塔设计的规定(表6-10)
14	Complete AutoSection
15	Performance 下点击 Packed 可看填料塔水力学初步核算结果(表6-11)

表 6-9　填料类型与材料

填料类型	材料	填料类型	材料
Ballast Rings	M、P	Jaeger MaxPack SS	M
Ballast Plus Rings	M	Jaeger Tripacks	P
Ballast Saddles	P	Jaeger_ VSP_ SS	M
Berl Saddles	C	Koch-Sulzer(BX) Structured	S
B-ETA rings	M、P	Lessing Experimental	M
Cascade MiniRing	M、P、C	Levapacking	P
Chempak	M	Maspak	P
Flexeramic	C	Montz A-2 Structured	S
Fleximax	M	Neo-Kloss Structured	S
Flexipac Mellapac	S	Neo-Kloss Structured	S
Flexipac HC	S	Nutter Rings	M

494

填料类型	材料	填料类型	材料
Flexirings	M	Pall Rings	M、P
Flexisaddle LPD	C	Protruded	M
Gempak	S	Raschig Rings 1/32 in wall	CSteel
Glitsch Grid	S	Raschig Rings 1/16 in wall	CSteel
Goodloe	S	Raschig Rings	C、Carbon
HcKp	M	Snowflake	P
Hy-Pak Rings	M	Super Intalox Saddles	P
Hyperfil	S	Tellerettes	P
Intalox Saddles	C	Cross-Partition Rings	C
I-Ring	M	Wire Coil Packing	P
ISP	S		

注：阀体材料代号(特别标注者除外)：Metal(M，金属)，Plastic(P，塑料)，Ceramic(C，陶瓷)，Metal Structured(S，规整填料)，CSteel(碳钢)。

表 6-10　填料塔设计参数规定

Item	项目	默认数值
Correlation Type	填料塔关联式选项： 　SLE 　Robbins 　SLEv73 　Wallis	SLEv73
Packing Flooding Factor*	物料发泡因子	1.00
Maximum Flooding	最大允许泛点率/%	80
Maximum dP per length	最大允许的单位长度压降/(kPa/m)	0.4086

注：* 软件页面如此，但帮助说明中内容为物料的发泡性能。

　　1.00—不起泡；0.90—低起泡；0.75—中等起泡；0.60—易起泡。

表 6-11　填料塔水力学设计结果

Item	项目	数值
Internals	塔内件	Packed
Packing Type	填料类型	Flexipac…
Flooding Correlation	水力学关联方法	SLEv73
HETP Correlation	等板高度关联式	Frank
Est. # Pieces of Packing	估算填料件数目	
Est. Mass of Packing/kg	估算填料质量	
Est. Packing Cost (US $)	估算填料成本	
Column Geometry	塔几何参数	
Section Diameter/m	塔内径	1.372
X-Sectional Area/m^2	塔截面积	1.478

Item	项目	数值
Section Height/m	塔段高度	9.89
Hydraulic Results	水力学结果	
Max Flooding/%	最大泛点率	54.25
Section DeltaP/kPa	塔段总压降	2.56
DP per Length/(kPa/m)	单位长度填料压降	0.26
Flood Gas Vel/(m³/h-m²)	泛点气体流率	6892
Flood Gas Vel/(m/s)	泛点气速	1.91

附 录

附表 1　部分烃和非烃组分的物理化学常数（一）

序号	化合物	分子式	相对分子质量	沸点(1atm ℉)/℃	蒸气压(37.8℃)/atm(1atm ℉)	凝固点(1atm ℉)/℃	临界常数			比热容(15℃, 1atm ℉) [kcal/(kg·℃)]		偏心因子
							压力/atm	温度/℃	比体积/(L/kg)	理想气体	液体	
1	甲烷	CH_4	16.043	-161.49	(340.228)	-182.48	45.44	-82.57	6.186	0.5266	—	0.0104
2	乙烷	C_2H_6	30.070	-88.60	(54.436)	-183.23	48.16	32.27	4.919	0.4097	0.9256	0.0986
3	丙烷	C_3H_8	44.097	-42.04	12.929	-187.69	41.94	96.67	4.601	0.3881	0.5920	0.1524
4	正丁烷	$n-C_4H_{10}$	58.124	-0.50	3.511	-138.36	37.47	152.03	4.382	0.3867	0.5636	0.2010
5	异丁烷	$i-C_4H_{10}$	58.124	-11.72	4.913	-159.61	36.00	134.94	4.520	0.3872	0.5695	0.1848
6	正戊烷	$n-C_5H_{12}$	72.151	36.07	1.059	-129.73	33.25	196.50	4.214	0.3883	0.5441	0.2539
7	异戊烷	$i-C_5H_{12}$	72.151	27.88	1.390	-159.91	33.37	187.28	4.239	0.3827	0.5353	0.2223
8	新戊烷	$neo-C_5H_{12}$	72.151	9.50	2.443	-16.57	31.57	160.63	4.208	(0.3866)	0.5540	0.1969
9	正己烷	$n-C_6H_{14}$	86.178	68.73	0.337	-95.32	29.73	234.28	4.295	0.3864	0.5332	0.3007
10	2-甲基戊烷	C_6H_{14}	86.178	60.26	0.462	-153.68	29.71	224.35	4.251	0.3872	0.5264	0.2825
11	3-甲基戊烷	C_6H_{14}	86.178	63.27	0.415	—	30.83	231.28	4.251	0.3815	0.507	0.2741
12	新己烷	$neo-C_6H_{14}$	86.178	49.73	0.671	-99.84	30.42	215.63	4.164	0.3809	0.5165	0.2369
13	2,3-二甲基丁烷	C_8H_{14}	86.178	57.98	0.504	-128.54	30.86	226.83	4.151	0.378	0.5127	0.2495
14	正庚烷	$n-C_7H_{16}$	100.205	98.43	0.110	-90.58	27.00	267.11	4.314	0.3875	0.5283	0.3498
15	2-甲基己烷	C_7H_{16}	100.205	90.05	0.154	-118.27	26.98	257.22	4.201	(0.390)	(0.5223)	0.3336

序号	化合物	分子式	相对分子质量	沸点(1atm下)/℃	蒸气压(37.8℃)/atm	凝固点(1atm下)/℃	临界常数 压力/atm	温度/℃	比体积/(L/kg)	比热容(15℃,1atm下)[kcal/(kg·℃)] 理想气体	液体	偏心因子
16	3-甲基己烷	C₇H₁₆	100.205	91.84	0.145	—	27.77	262.10	4.033	(0.390)	0.511	0.3257
17	3-乙基戊烷	C₇H₁₆	100.205	93.47	0.137	-118.60	28.53	267.49	4.151	(0.390)	0.5145	0.3095
18	2,2-二甲基戊烷	C₇H₁₆	100.205	79.19	0.238	-123.81	27.37	247.35	4.151	(0.395)	0.5171	0.2998
19	2,4-二甲基戊烷	C₇H₁₆	100.205	80.49	0.224	-119.24	27.00	246.64	4.170	0.3906	0.5247	0.3048
20	3,3-二甲基戊烷	C₇H₁₆	100.205	86.06	0.189	-134.45	29.07	263.25	4.133	(0.395)	0.502	0.2840
21	2,2,3-三甲基丁烷	C₇H₁₆	100.205	80.88	0.230	-24.90	29.15	258.02	3.970	0.3812	0.4995	0.2568
22	正辛烷	n-C₈H₁₈	114.232	125.68	0.0365	-56.77	24.54	295.68	4.307	(0.3876)	0.5239	0.4018
23	二异丁烷	C₈H₁₈	114.232	109.10	0.0749	-91.15	24.54	276.91	4.220	(0.373)	0.5114	0.3596
24	异辛烷	C₈H₁₈	114.232	99.24	0.116	-107.37	25.34	270.81	4.095	0.3758	0.4892	0.3041
25	正壬烷	n-C₉H₂₀	128.259	150.70	0.0122	-53.49	22.59	321.49	4.270	0.3840	0.5228	0.4455
26	正癸烷	n-C₁₀H₂₂	142.286	174.15	0.00406	-29.64	20.68	344.50	4.239	0.3835	0.5208	0.4885
27	环戊烷	C₅H₁₀	70.135	49.25	0.675	-93.84	44.49	238.60	3.683	0.2712	0.4216	0.1955
28	甲基环戊烷	C₆H₁₂	84.162	71.80	0.306	-142.47	37.35	259.64	3.789	0.3010	0.4407	0.2306
29	环己烷	C₆H₁₂	84.162	80.72	0.222	6.54	40.22	280.39	3.658	0.2900	0.4332	0.2133
30	甲基环己烷	C₇H₁₄	98.189	100.93	0.109	-126.59	34.26	299.04	3.746	0.3170	0.4397	0.2567
31	乙烯	C₂H₄	28.054	-103.68	—	-169.14	49.66	9.21	4.601	0.3622	—	0.0868
32	丙烯	C₃H₆	42.081	-47.72	15.405	-185.25	45.52	91.61	4.301	0.3541	0.585	0.1405

续表

| 序号 | 化合物 | 分子式 | 相对分子质量 | 沸点(1atm下)/℃ | 蒸气压(37.8℃下)/atm | 凝固点(1atm下)/℃ | 临界常数 | | | 比热容(15℃，1atm下)/[kcal/(kg·℃)] | | 偏心因子 |
							压力/atm	温度/℃	比体积/(L/kg)	理想气体	液体	
33	1-丁烯	C$_4$H$_8$	56.108	-6.25	4.290	-185.35	39.67	146.44	4.276	0.3548	0.535	0.1906
34	2-顺丁烯	C$_4$H$_8$	56.108	3.72	3.099	-138.92	41.51	162.43	4.170	0.3269	0.5271	0.1953
35	2-反丁烯	C$_4$H$_8$	56.108	0.88	3.389	-105.53	40.49	155.48	4.245	0.3654	0.5351	0.2220
36	异丁烯	C$_4$H$_8$	56.108	-6.89	4.314	-140.34	39.47	144.75	4.257	0.3701	0.549	0.1951
37	1-戊烯	C$_5$H$_{10}$	70.135	29.96	1.301	-165.22	40.15	191.63	4.351	0.3635	0.5196	0.2925
38	1,2-丁二烯	C$_4$H$_6$	54.092	10.85	1.361	-136.20	(44.43)	(170.56)	(4.051)	0.3458	0.5408	0.2485
39	1,3-丁二烯	C$_4$H$_6$	54.092	-4.41	4.083	-108.90	42.73	152.22	4.083	0.3412	0.5079	0.1955
40	2-甲基丁二烯	C$_5$H$_8$	68.119	34.05	1.134	-145.97	(38.00)	(211.11)	4.058	0.357	0.5192	0.2323
41	乙炔	C$_2$H$_2$	26.038	-83.89	—	-81.11	60.59	35.17	4.339	0.3966	—	0.1803
42	苯	C$_6$H$_6$	78.114	80.09	0.219	5.53	48.34	289.01	3.315	0.2429	0.4098	0.2125
43	甲苯	C$_7$H$_8$	92.141	110.63	0.0702	-94.97	40.55	318.64	3.427	0.2598	0.4012	0.2596
44	乙苯	C$_8$H$_{10}$	106.168	136.20	0.0252	-94.95	35.62	344.02	3.521	0.2795	0.4114	0.3169
45	邻二甲苯	C$_8$H$_{10}$	106.168	144.43	0.0180	-25.17	36.84	357.22	3.477	0.2914	0.4418	0.3023
46	间二甲苯	C$_8$H$_{10}$	106.168	139.12	0.0222	-47.84	34.95	343.90	3.540	0.2782	0.4045	0.3278
47	对二甲苯	C$_8$H$_{10}$	106.168	138.36	0.0233	13.26	34.45	343.11	3.571	0.2769	0.4083	0.3138
48	苯乙烯	C$_8$H$_8$	104.152	145.16	(0.0163)	-30.61	39.47	374.44	3.377	0.2711	0.4122	—
49	异丙苯	C$_9$H$_{12}$	120.195	152.41	0.0128	-96.01	31.67	358.00	3.558	0.2917	(0.414)	0.2862

序号	化 合 物	分子式	相对分子质量	沸点(1atm下)/℃	蒸气压(37.8℃)/atm(1atm下)	凝固点(1atm下)/℃	临 界 常 数			比热容(15℃,1atm下)/[kcal/(kg·℃)]		偏心因子
							压力/atm	温度/℃	比体积/(L/kg)	理想气体	液体	
50	甲醇	CH_4O	32.042	64.50	0.315	-97.68	79.90	239.43	3.677	0.3231	0.594	—
51	乙醇	C_2H_6O	46.069	78.29	0.156	-114.11	62.96	243.10	3.621	0.3323	0.562	—
52	一氧化碳	CO	28.010	-192.00	—	-207.00	34.50	-140.00	3.321	0.2484	—	0.041
53	二氧化碳	CO_2	44.010	-78.50	—	—	72.88	31.06	2.136	0.1991	—	0.225
54	硫化氢	H_2S	34.076	-60.33	26.810	-82.89	88.87	100.39	2.865	0.238	—	0.100
55	二氧化硫	SO_2	64.059	-10.00	5.988	-75.50	77.91	157.50	1.910	0.145	0.325	0.246
56	氨	NH_3	17.031	-33.44	14.426	-77.72	111.32	132.39	4.251	0.5002	1.114	0.255
57	空气	N_2+O_2	28.964	-194.22	—	—	37.22	-140.72	3.227	0.2400	—	—
58	氢	H_2	2.016	-252.78	—	-259.33	12.79	-239.89	32.256	3.408	—	0.000
59	氧	O_2	31.999	-183.00	—	-218.77	50.14	-118.39	2.385	0.2188	—	0.0213
60	氮	N_2	28.013	-195.78	—	-210.00	33.55	-146.89	3.209	0.2482	—	0.040
61	氯	Cl_2	70.906	-34.05	10.751	-101.00	76.10	143.89	1.754	0.119	—	—
62	水	H_2O	18.015	100.00	0.0646	0.00	21.83	374.22	3.121	0.4446	1.0009	0.348
63	氦	He	4.003	—	—	—	—	—	—	—	—	—
64	氯化氢	HCl	36.461	-85	62.942	-114.22	81.52	51.39	1.298	0.190	—	—

附表 2 部分烃和非烃组分的物理常数（二）

序号	化合物	液体的密度（15.5℃，1atm）				液体密度的温度系数	理想气体的密度（15.5℃，1atm）				热值（15.5℃）				1大气压下沸点下汽化热/（kcal/kg）
		相对密度 15.5℃/15.5℃	kg/L（真空中称重）	kg/L（空气中称重）	L/kg 分子		相对密度（空气=1）	L/kg	L(气体)/L(液体)	kg/m³	低热值 1大气压理想气体/（kcal/m³）	高热值 1大气压理想气体/（kcal/m³）	高热值 液体真空中称重/（kcal/kg）	高热值 液体空气中称重/（kcal/L）	
1	甲烷	0.3	0.2996	0.2996	53.41	—	0.5539	1476.38	441.36	0.6773	8090.3	8985.6	—	—	121.79
2	乙烷	0.3564	0.3560	0.3549	84.45	—	1.0382	787.82	280.53	1.2693	14397	15741	—	—	116.89
3	丙烷	0.5077	0.5072	0.5060	86.96	0.00152	1.5225	537.24	272.52	1.8614	20612	22403	11952	6062.32	101.69
4	正丁烷	0.5844	0.5838	0.5829	99.56	0.00117	2.0068	407.58	237.96	2.4535	26790	29030	11744	6856.12	92.03
5	异丁烷	0.5631	0.5626	0.5615	103.32	0.00119	2.0068	407.58	229.28	2.4535	26707	28947	11717	6592.03	87.52
6	正戊烷	0.6310	0.6304	0.6292	114.42	0.00087	2.4911	328.36	206.99	3.0454	32994	35682	11627	7329.64	85.33
7	异戊烷	0.6247	0.6240	0.6230	115.58	0.00090	2.4911	328.36	204.90	3.0454	32912	35600	11605	7242.30	81.74
8	新戊烷	0.5967	0.5961	0.5949	121.01	0.00104	2.4911	328.36	195.77	3.0454	32773	35460	11569	6896.73	75.32
9	正己烷	0.6640	0.6634	0.6622	129.94	0.00075	2.9753	274.92	182.38	3.6374	39190	42326	11547	7659.70	79.97
10	2-甲基戊烷	0.6579	0.6572	0.6560	131.11	0.00078	2.9753	274.92	180.66	3.6374	39120	42255	11532	7579.29	77.04
11	3-甲基戊烷	0.6689	0.6683	0.6672	128.94	0.00075	2.9753	274.92	183.73	3.6374	39145	42280	11538	7710.50	77.83
12	新己烷	0.6540	0.6534	0.6522	131.94	0.00078	2.9753	274.92	179.61	3.6374	39002	42138	11505	7518.04	72.91
13	2,3-二甲基丁烷	0.6664	0.6658	0.6645	129.44	0.00075	2.9753	274.92	183.05	3.6374	39083	42218	11523	7671.89	75.60
14	正庚烷	0.6882	0.6876	0.6864	145.71	0.00069	3.4596	236.41	162.56	4.2299	45388	48972	11489	7899.89	75.56
15	2-甲基己烷	0.6830	0.6823	0.6812	146.88	0.00068	3.4596	236.41	161.36	4.2299	45316	48898	11477	7830.59	73.10
16	3-甲基己烷	0.6917	0.6910	0.6899	145.04	0.00069	3.4596	236.41	163.38	4.2299	45344	48927	11482	7934.78	73.39

序号	化合物	液体的密度(15.5℃,1atm)				液体密度的温度系数	理想气体的密度(15.5℃,1atm)				热 值(15.5℃)				1大气压沸点下汽化热(kcal/kg)
		相对密度 15.5℃/15.5℃	kg/L(真空中称重)	kg/L(空气中称重)	L/kg分子		相对密度(空气=1)	L/kg	L(气体)/L(液体)	kg/m³	低热值 1大气压理想气体(kcal/m³)	高热值 1大气压理想气体(kcal/m³)	高热值 液体真空中称重(kcal/kg)	高热值 液体空气中称重(kcal/L)	
17	3-乙基戊烷	0.7028	0.7020	0.7010	142.71	0.00070	3.4596	236.41	166.00	4.2299	45370	48954	11488	8065.66	73.79
18	2,2-二甲基戊烷	0.6782	0.6775	0.6764	147.88	0.00072	3.4596	236.41	160.16	4.2299	45203	48787	11455	7761.23	69.52
19	2,4-二甲基戊烷	0.6773	0.6767	0.6755	148.13	0.00072	3.4596	236.41	160.01	4.2299	45247	48830	11464	7757.63	70.32
20	3,3-二甲基戊烷	0.6976	0.6969	0.6958	143.8	0.00065	3.4596	236.41	164.80	4.2299	45253	48836	11465	7990.63	70.67
21	2,2,3-三甲基丁烷	0.6946	0.6939	0.6928	144.37	0.00069	3.4596	236.41	164.05	4.2299	45217	48800	11459	7952.02	69.00
22	正辛烷	0.7068	0.7061	0.7049	161.82	0.00062	3.9439	207.38	146.48	4.8221	51587	55618	11447	8083.03	71.96
23	二异丁烷	0.6979	0.6973	0.6962	163.82	0.00065	3.9439	207.38	144.60	4.8221	51450	55480	11424	7966.06	68.22
24	异辛烷	0.6962	0.6955	0.6944	164.23	0.00065	3.9439	207.38	144.23	4.8221	51436	55468	11428	7947.82	64.83
25	正壬烷	0.7217	0.7210	0.7199	177.92	0.00063	4.4282	184.72	133.16	5.4136	57786	62265	11413	8229.09	68.75
26	正癸烷	0.7342	0.7335	0.7324	193.95	0.00055	4.9125	166.49	122.16	6.0064	63973	68901	11385	8350.98	65.93
27	环戊烷	0.7504	0.7496	0.7485	93.55	0.00070	2.4215	337.79	253.22	2.9604	31254	33494	11215	8407.70	92.97
28	甲基环戊烷	0.7536	0.7529	0.7518	111.83	0.00071	2.9057	281.48	211.93	3.5526	37363	40050	11183	8419.75	82.13
29	环己烷	0.7834	0.7826	0.7815	107.57	0.00068	2.9057	281.48	220.31	3.5526	37188	39876	11130	8710.8	85.00
30	甲基环己烷	0.7740	0.7732	0.7722	127.02	0.00063	3.3900	241.28	186.57	4.1446	43275	46412	11112	8592.10	75.72
31	乙烯	—	0.5215	0.5204	—	—	0.9686	844.63	—	1.1840	13340	14236	—	—	115.32
32	丙烯	0.5220	—	—	80.70	0.00189	1.4529	562.96	293.62	1.7763	19425	20768	—	—	104.54

序号	化合物	液体的密度 (15.5℃)					理想气体的密度 (15.5℃, 1atm)				热 值 (15.5℃)				1大气压沸点下汽化热/(kcal/kg)
		相对密度 15.5℃/15.5℃	kg/L (真空中称重)	kg/L (空气中称重)	L/kg 分子	液体密度的温度系数	相对密度 (空气=1)	L/kg	L(气体)/L(液体)	kg/m³	低热值 1大气压理想气体/(kcal/m³)	高 热 值			
												1大气压理想气体/(kcal/m³)	液体真空中称重/(kcal/kg)	液体空气中称重/(kcal/L)	
33	1-丁烯	0.6013	0.6007	0.5996	93.38	0.00116	1.9372	422.25	253.67	2.3683	25625	27416	11488	6900.72	93.30
34	2-顺丁烯	0.6271	0.6264	0.6254	89.55	0.00098	1.9372	422.25	264.52	2.3683	25556	27348	11450	7173.33	99.39
35	2-反丁烯	0.6100	0.6094	0.6082	92.05	0.00107	1.9372	422.25	257.34	2.3683	25512	27305	11435	6969.36	96.88
36	异丁烯	0.6004	0.5998	0.5986	93.55	0.00120	1.9372	422.25	253.30	2.3683	25455	27248	11415	6847.73	94.15
37	1-戊烯	0.6457	0.6450	0.6440	108.74	0.00089	2.4215	337.79	217.90	2.9604	31817	34057	11415	7363.46	85.81
38	1,2-丁二烯	0.658	0.6574	0.6554	82.28	0.00098	1.8676	437.98	287.93	2.2832	24820	26164	11359	7467.45	(100.55)
39	1,3-丁二烯	0.6272	0.6266	0.6255	86.29	0.00113	1.8676	437.98	274.47	2.2832	24295	25639	11137	6978.41	(96.67)
40	2-甲基丁二烯	0.6861	0.6854	0.6843	99.39	0.00086	2.3519	347.78	238.41	2.8754	30354	32145	11091	7602.05	(84.99)
41	乙炔	0.615	—	—	—	—	0.8990	909.55	—	1.0994	12658	13107	—	—	—
42	苯	0.8844	0.8835	0.8825	88.38	0.00066	2.6969	303.27	267.96	3.2974	31955	33298	9995	8831.03	94.00
43	甲苯	0.8718	0.8709	0.8699	105.82	0.00060	3.1812	257.13	223.97	3.8891	38029	39822	10140	8831.09	86.02
44	乙苯	0.8718	0.8709	0.8698	121.93	0.00054	3.6655	223.11	194.35	4.4821	44230	46470	10274	8948.13	80.00
45	邻二甲苯	0.8848	0.8840	0.8829	120.09	0.00055	3.6655	223.11	197.27	4.4821	44125	46365	10247	9058.30	82.83
46	间二甲苯	0.8687	0.8679	0.8668	122.34	0.00054	3.6655	223.11	193.7	4.4821	44112	46352	10245	8891.81	81.78
47	对二甲苯	0.8657	0.8649	0.8638	122.76	0.00054	3.6655	223.11	193.00	4.4821	44113	46352	10247	8863.05	80.29
48	苯乙烯	0.9110	0.9101	0.9090	114.42	0.00057	3.5959	227.48	207.00	4.3960	42972	44764	10083	9176.80	(83.89)

序号	化合物	液体的密度(15.5℃, 1atm)				液体密度的温度系数	理想气体的密度(15.5℃, 1atm)				热值(15.5℃)				1大气压沸点下汽化热 (kcal/kg)
		相对密度 15.5℃/15.5℃	kg/L (真空中称重)	kg/L (空气中称重)	L/kg 分子		相对密度 (空气=1)	L/kg	L(气体)/ L(液体)	kg/m³	低热值 1大气压 理想气体 (kcal/m³)	高热值 1大气压 理想气体 (kcal/m³)	高热值 液体真空 中称重 (kcal/kg)	高热值 液体空气 中称重 (kcal/L)	
49	异丙苯	0.8663	0.8655	0.8644	138.87	0.00054	4.1498	197.08	170.56	5.0741	50382	53070	10369	8974.95	74.61
50	甲醇	0.796	0.7956	0.7944	40.31	—	1.1063	739.13	587.99	1.3529	—	—	5422	4311.90	262.78
51	乙醇	0.794	0.7932	0.7920	58.08	—	1.5906	514.20	407.70	1.9448	—	—	7100	5631.94	203.89
52	一氧化碳	0.801	0.8004	0.7992	34.97	—	0.9671	845.88	—	1.1822	—	2856.7	—	—	51.50
53	二氧化碳	0.827	0.8256	0.8244	53.24	—	1.5195	538.30	445.10	1.8577	—	—	—	—	132.33
54	硫化氢	0.79	0.7896	0.7885	43.14	—	1.1765	695.43	548.34	1.4380	5232.8	5668.9	—	—	130.89
55	二氧化硫	1.397	1.3960	1.3948	45.90	—	2.2117	369.81	516.17	2.7041	—	—	—	—	92.61
56	氨	0.6713	0.6171	0.6159	27.62	—	0.5880	1390.85	858.04	0.7190	3195.0	3862.3	—	—	326.22
57	空气	0.856	0.8556	0.8544	33.88	—	1.0000	817.78	—	1.2228	—	—	—	—	51.11
58	氢	0.07	—	—	—	—	0.0696	11748.6	—	0.08512	2438.4	2883.4	—	—	107.72
59	氧	1.14	1.1384	1.1372	28.12	—	1.1048	740.37	—	1.3507	—	—	—	—	50.89
60	氮	0.808	0.8076	0.8064	34.72	—	0.9672	845.87	—	1.1822	—	—	—	—	48.78
61	氯	1.414	1.4128	1.4116	50.15	—	2.4481	334.10	472.03	2.9931	—	—	—	—	68.78
62	水	1.000	0.9990	0.9979	18.03	—	0.6220	1314.70	1313.62	0.7606	—	—	—	—	539.05
63	氦	—	—	—	—	—	—	—	—	—	—	—	—	—	—
64	氯化氢	0.8558	0.8550	0.8539	42.64	0.003359	1.2588	649.86	555.82	1.5388	—	—	—	—	103.05

附表3　部分烃和非烃组分的物理化学常数（三）

序号	化合物	压缩系数（15.5℃，1atm）	折射系数（20℃）	理想气体燃烧所需空气量/（m³/m³）	可燃性极限(在空气混合物中体积%)		ASTM 辛烷值	
					低限	高限	马达法 D-357	研究法 D-908
1	甲烷	0.9981	—	9.54	5.0	15.0	—	—
2	乙烷	0.9916	—	16.70	2.9	13.0	+0.05*	+1.6*
3	丙烷	0.9820	—	23.86	2.1	9.5	97.1	+1.8*
4	正丁烷	0.9667	1.3326	31.02	1.8	8.4	89.6	93.8
5	异丁烷	0.9696	—	31.02	1.8	8.4	97.6	+0.10*
6	正戊烷	0.9549	1.35748	38.18	1.4	8.3	62.6	61.7
7	异戊烷	0.9544	1.35373	38.18	1.4	(8.3)	90.3	92.3
8	新戊烷	0.9510	1.342	38.18	1.4	(8.3)	80.2	85.5
9	正己烷	—	1.37486	45.34	1.2	7.7	26.0	24.8
10	2-甲基戊烷	—	1.37145	45.34	1.2	(7.7)	73.5	73.4
11	3-甲基戊烷	—	1.37652	45.34	(1.2)	(7.7)	74.3	74.5
12	新己烷	—	1.36876	45.34	1.2	(7.7)	93.4	91.8
13	2,3-二甲基丁烷	—	1.37495	45.34	(1.2)	(7.7)	94.3	+0.3*
14	正庚烷	—	1.38764	52.50	1.0	7.0	0.0	0.0
15	2-甲基己烷	—	1.38485	52.50	(1.0)	(7.0)	46.4	42.4
16	3-甲基己烷	—	1.38864	52.50	(1.0)	(7.0)	55.8	52.0
17	3-乙基戊烷	—	1.39339	52.50	(1.0)	(7.0)	69.3	65.0
18	2,2-二甲基戊烷	—	1.38215	52.50	(1.0)	(7.0)	95.6	92.8
19	2,4-二甲基戊烷	—	1.38145	52.50	(1.0)	(7.0)	83.8	83.1
20	3,3-二甲基戊烷	—	1.39092	52.50	(1.0)	(7.0)	86.6	80.8
21	2,2,3-三甲基丁烷	—	1.38944	52.50	(1.0)	(7.0)	+0.1*	+1.8*
22	正辛烷	—	1.39743	59.65	0.96	—	—	—
23	二异丁烷	—	1.39246	59.65	(0.98)	—	55.7	55.2
24	异辛烷	—	1.39145	59.65	1.0	—	100	100
25	正壬烷	—	1.40542	66.81	0.87	2.9	—	—
26	正癸烷	—	1.41189	73.97	0.78	2.6	—	—
27	环戊烷	0.9657	1.40645	35.79	(1.4)	—	84.9	+0.1*
28	甲基环戊烷	—	1.40970	42.95	(1.2)	8.35	80.0	91.3
29	环己烷	—	1.42623	42.95	1.3	7.8	77.2	83.0
30	甲基环己烷	—	1.42312	50.11	1.2	—	71.1	74.8
31	乙烯	0.9938	—	14.32	2.7	34.0	75.6	+0.03*
32	丙烯	0.9844	—	21.48	2.0	10.0	84.9	+0.2*
33	1-丁烯	0.9704	—	28.63	1.6	9.3	80.8	97.4

序号	化合物	压缩系数 (15.5℃, 1atm)	折射系数 (20℃)	理想气体燃烧所需空气量/ (m³/m³)	可燃性极限(在空气混合物中体积%)		ASTM 辛烷值	
					低限	高限	马达法 D-357	研究法 D-908
34	2-顺丁烯	0.9661	—	28.63	(1.6)	—	83.5	100
35	2-反丁烯	0.9662	—	28.63	(1.6)	—	—	—
36	异丁烯	0.9689	—	28.63	(1.6)	—	—	—
37	1-戊烯	0.9550	1.37148	35.79	1.4	8.7	77.1	90.9
38	1,2-丁二烯	(0.969)	—	26.25	(2.0)	(12.0)	—	—
39	1,3-丁二烯	(0.965)	—	26.25	2.0	11.5	—	—
40	2-甲基丁二烯	(0.962)	1.42194	33.41	(1.5)	—	81.0	99.1
41	乙炔	0.9925	—	11.93	2.5	80	—	—
42	苯	0.929	1.50112	35.79	1.3	7.9	+2.8*	—
43	甲苯	0.903	1.49693	42.95	1.2	7.1	+0.3*	+5.8*
44	乙苯	—	1.49588	50.11	0.99	6.7	97.9	+0.8*
45	邻二甲苯	—	1.50545	50.11	1.1	6.4	100	—
46	间二甲苯	—	1.49722	50.11	1.1	6.4	+2.8*	+4.0*
47	对二甲苯	—	1.49582	50.11	1.1	6.6	+1.2*	+3.4*
48	苯乙烯	—	1.54682	47.72	1.1	6.1	+0.2*	>+3.0*
49	异丙苯	—	1.49145	57.27	0.88	6.5	99.3	+2.1*
50	甲醇	—	1.3288	7.16	6.72	36.50	—	—
51	乙醇	—	1.3614	14.32	3.28	18.95	—	—
52	一氧化碳	0.9995	—	2.39	12.50	74.20	—	—
53	二氧化碳	0.9943	—	—	—	—	—	—
54	硫化氢	0.9903	—	7.16	4.30	45.50	—	—
55	二氧化硫	—	—	—	—	—	—	—
56	氨		—	3.58	15.50	27.00	—	—
57	空气	0.9996	—	—	—	—	—	—
58	氢	1.0006	—	2.39	4.00	74.20	—	—
59	氧	—	—	—	—	—	—	—
60	氮	0.9997	—	—	—	—	—	—
61	氩	—	—	—	—	—	—	—
62	水	—	1.3330	—	—	—	—	—
63	氦	—	—	—	—	—	—	—
64	氯化氢	—	—	—	—	—	—	—

注：* 辛烷值=2,2,4-三甲基戊烷的辛烷值+xmL 四乙基铅的辛烷值。x 为表中所列的数字。

附表4　天然气中有机硫化物的主要性质

名　称	分　子　式	相对分子质量	相对密度	熔点/℃	沸点/℃	临界温度/℃	临界压力/atm	临界密度/(kg/L)	溶　解　性　能		
									水	醇	醚
甲硫醇	CH₃SH	48.1	0.896(0℃)	-121	5.8	196.8	71.4	0.323	溶	极易溶	极易溶
乙硫醇	C₂H₅SH	62.13	0.839(20/4℃)	-121	36~37	225.5	54.2	0.301	1.5g/100g	溶	溶
正丙硫醇	C₃H₇SH	76.15	0.836(25/4℃)	-112	67~68	—	—	—	难溶	溶	溶
异丙硫醇	(CH₃)₂CHSH	76.15	0.809(25/4℃)	-130.7	58~60	—	—	—	极难溶	无限溶	无限溶
正丁硫醇	C₄H₉SH	90.18	0.837(25/4℃)	-116	97~98	—	—	—	微溶	易溶	易溶
2-甲基丙硫醇	(CH₃)₂CHCH₂SH	90.18	0.836(20/4℃)	<-79	88	—	—	—	极微溶	易溶	易溶
叔丁硫醇	(CH₃)₃CSH	90.18	—	—	65~67	—	—	—	—	—	—
甲硫醚	(CH₃)₂S	62.13	0.846(21/4℃)	-83.2	37.3	229.9	54.1	0.306	不溶	溶	溶
乙硫醚	(C₂H₅)₂S	90.18	0.837(20/4℃)	-99.5	92~93	283.8	39.1	0.279	0.31g/100g	无限溶	无限溶
硫化羰	COS	60.07	2.719g/L	-138.2	-50.2	105.0	61.0	—	80mg/100g	溶	溶
噻吩	C₄H₄S	84.13	1.070(15/4℃)	-30	84	317.0	48.0	—	不溶	溶	溶
硫	S	32.06	—	120	444.6	1040	116	—	—	—	—

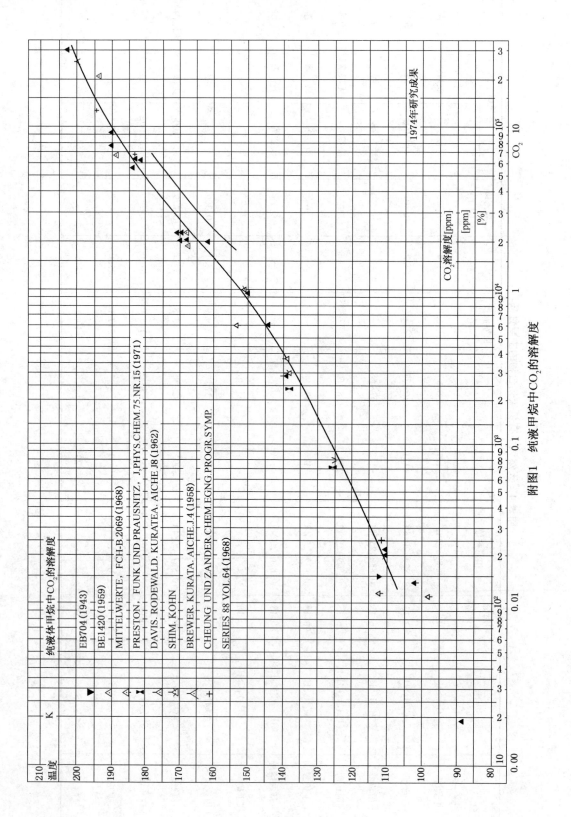

附图1 纯液甲烷中CO₂的溶解度

508

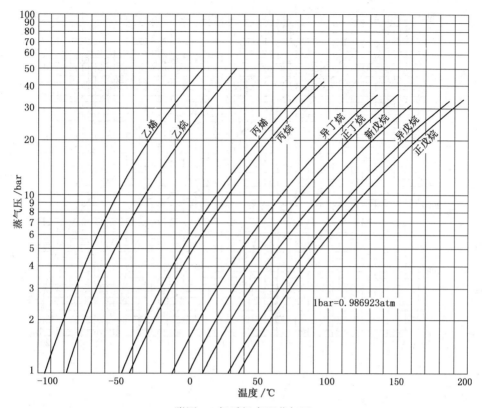

附图 2　轻质烃高温蒸气压

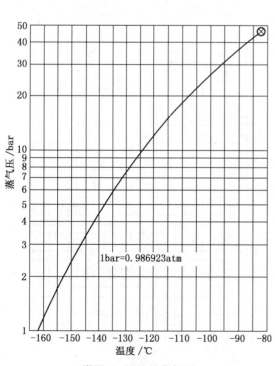

附图 3　甲烷的蒸气压

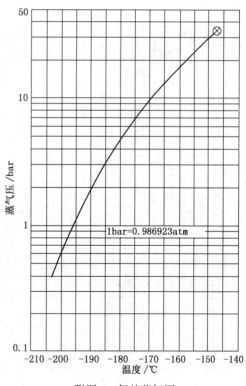

附图 4　氮的蒸气压

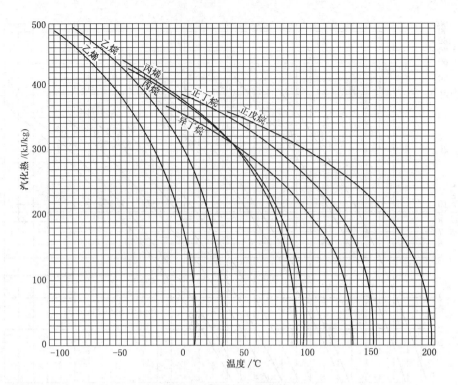

附图 5　轻质烃的汽化热

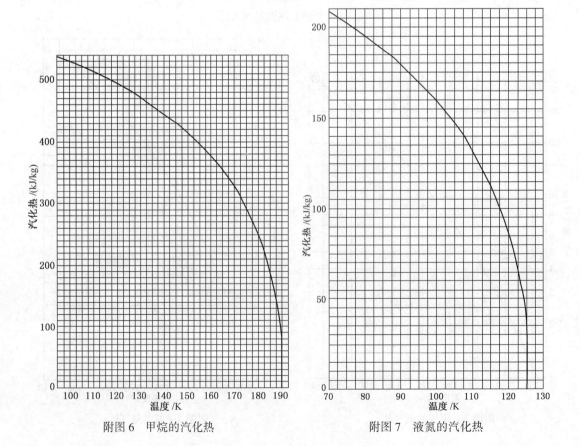

附图 6　甲烷的汽化热

附图 7　液氮的汽化热

参 考 文 献

[1] 罗光熹，周安．天然气加工过程原理与技术[M]．黑龙江：黑龙江科学技术出版社，1990.

[2] 王遇冬．天然气处理原理与工艺[M]．北京：中国石化出版社，2007.

[3] 徐文渊，蒋长安．天然气利用手册[M]．第二版．北京：中国石化出版社，2006.

[4] 王开岳．天然气净化工艺[M]．北京：石油工业出版社，2005.

[5] 四川石油管理局．天然气工程手册[M]．北京：石油工业出版社，1982.

[6] 冯叔初，郭揆常，王学敏．油气集输[M]．北京：石油大学出版社，1988.

[7] 王松汉．乙烯装置技术[M]．北京：中国石化出版社，1994.

[8] 李作政，冷寅正．乙烯生产与管理[M]．北京：中国石化出版社，1992.

[9] [日]玉置明善，玉置正和．化工装置工程手册[M]．北京：兵器工业出版社，1991.

[10] 徐岳峰．我国原油电脱盐技术的进展[J]．炼油设计，1993年第2期．

[11] 李云浩等．常减压蒸馏装置提高轻质油收率的措施[J]．炼油设计，2002(2).

[12] 孙秀涛．BWJ-1型喷嘴在RFCCU上的工业应用[J]．炼油设计，2001(2).

[13] 余仁明，胡惠芳．我国第一套千万吨级常减压装置的设计与运行[J]．炼油设计，2002，32(4).

[14] 李云浩，王德会．常减压蒸馏装置的扩能改造[J]．炼油设计，2002，32(4).

[15] 舒秀萍．原油蒸馏装置改造中电脱盐工艺技术的优化及新型缓蚀剂的应用[J]．2003，33(12).

[16] 姚国欣，刘伯华．21世纪的炼油技术和炼油厂(1)[J]．炼油设计，2001，31(1)

[17] 郝希仁．催化裂化装置大型化设计[J]．炼油设计，2001，31(11).

[18] 张振千．催化裂化新型气提器的开发与应用[J]．炼油设计，2001，31(11).

[19] 史伟等．高速电脱盐工艺操作条件的优化及探讨[J]．炼油技术与工程，2009.38(9).

[20] 侯祥麟．中国炼油技术[M]．北京：中国石化出版社，1991.

[21] 张世文．减压蒸馏塔分段抽真空新工艺实现工业化[J]．炼油设计，2000，30(3).

[22] 田永亮，陈德胜．ROCC-VA型重油催化裂化装置的运行[J]．炼油设计，2001，31(11).

[23] 陈志坚，等．KH型喷嘴的研制及技术发展[J]．炼油技术与工程，2009，38(11).

[24] 周学深，孟凡斌．轻烃回收装置中DHX工艺的应用[J]．石油规划设计，2002，13(6).

[25] 郭揆常．液化天然气(LNG)应用及安全[M]．北京：中国石化出版社，2008.

[26] 赵学波．轻烃回收装置DXH工艺研究(Ⅰ)[N]．石油化工高等学校学报，1996，9(4).

[27] 赵学波．轻烃回收装置DXH工艺研究(Ⅱ)[N]．石油化工高等学校学报，1996，10(1).

[28] 赵学波，等．轻烃回收装置DXH工艺研究(Ⅲ)[N]．石油化工高等学校学报，1998，18(1).

[29] 王康鹏．中化1200万吨炼油一体化项目获准[M]．石油商报，2009，03，18(4).

[30] 顾安忠，等．液化天然气技术[M]．北京：机械工业出版社，2008.

[31] 郑德馨，刘芙蓉．多组分气体分离[M]．西安：西安交通大学出版社，1988.

[32] 张鸿仁，张松．油田气处理[M]．北京：石油工业出版社1995.

[33] 白执松，罗光熹．石油及天然气物性预测[M]．北京：石油工业出版社，1995.

[34] 美国气体加工和供应者联合会．天然气处理与加工工程数据手册[M]．西南油气田分公司天然气研究所，译．北京：石油工业出版社，2002.

[35] 刁海燕．我国石化市场持续旺盛发展[N]．石油商报，2008，01，01.

[36] 石卫．2015年世界主要国家和地区原油加工能力统计[J]．世界石油经济，2016(5).

[37] 刘远编，译．全球今年LNG产能增长将出现高峰[N]．石油商报，2008，01，01(11).

[38] 戴云飞，等．天然气增压站配套与选型研究[J]．燃气轮机技术，2002(1).

[39] 付秀勇．对轻烃回收装置直接换热工艺原理的认识与分析[J]．石油与天然气化工，2008(1).

[40] 杨雯．大炼厂大乙烯项目的近忧与远虑[N]．石油商报，2009，08，14.

[41] 贾庆，焦大刚．油气田地面工程科技成果专辑：吸收法脱除油田伴生气中CO_2混合胺溶剂筛选及其吸

收性能研究[M].北京：石油工业出版，2008.

[42] 林存瑛.天然气矿场集输[M].北京：石油工业出版社，1997.

[43] 曾自强，张育芳.天然气集输工程[M].北京：石油工业出版社，2001.

[44] 吕晓东.2015年世界及中国乙烯工业发展现状与2016年展望[J].当代石油化工，2016(4).

[45] 钱兴坤，姜学峰.2015年国内外油气行业发展概述及2016年展望[J].世界石油经济，2016(1).

[46] 庞江竹，宋爱萍，缪超.近年我国炼油行业相关政策及其导向[J].国际石油经济，2015(5).